건축물 환경 안전 관리

건축물 환경 안전 관리

펴낸날 1판1쇄 | 2021년 1월 31일

지은이 | 맹경호
펴낸이 | 김혜라
펴낸곳 | 상상미디어
등록번호 | 제312-1998-065

주소 | 서울 중구 퇴계로30길 15-8
전화 | 02.313.6572
팩스 | 02.313.6570
이메일 | 3136572@hanmail.net
홈페이지 | www.상상미디어.com

ISBN 978-89-88738-82-5(13540)
값 30,000원

BUILDING ENVIRONMENT SAFETY MANAGEMENT

건축물 환경 안전 관리

맹경호 지음

상상미디어

책을 내며

지구 온난화에 따른 대책 마련과 그에 따른 에너지 절감 방안이 전 세계의 화두가 된 지 이미 오래다. 우리나라는 2010년 저탄소 녹색성장 기본법을 공포, 시행하며 강력한 법적·제도적 장치를 마련하였다. 이에 따른 실천 방안으로 온실가스 목표관리제 및 배출권거래제 등의 환경규제에 나섰다. 온실가스 다배출 기업 및 기관 등이 에너지 절감을 위한 혁신적인 방법을 강구하며 이에 동참하고 있다. 특히 대형 건축물의 경우, 에너지 사용량이 대부분 온실가스 배출로 발생되기 때문에 더욱 확실한 개선책을 강구해야 하는 상황에 직면했다. 그러나 고객에 대한 서비스를 최우선으로 하는 호텔에서 온실가스 배출량 저감을 위해 에너지 사용량을 감축하기란 쉬운 일이 아니다. 고객의 마음을 감동시킬 수 있는 서비스를 위해 물의 온도, 객실의 적정온도와 습도 및 공기제어 등에 에너지는 필수이기 때문이다.

'쾌적하고 청결한 고품격 서비스를 제공하는 호텔이 온실가스를 비롯한 오염 물질 배출로 지구 환경파괴에 일조한다면 이는 공익은 물론 기업으로서의 사회적 역할에도 위배되는 것이 아닌가?'

호텔 시설관리의 엔지니어로서 호텔을 신축하거나 보수, 리모델링을 해오며 이 문제는 나를 늘 고민하게 만들었다. 어떻게 하면 호텔을 쾌적하게 유지하면서 동시에 에너지 절감을 이룰까? 틈나는 대로 관련 도서들을 들추고 논문을 찾으며 방법을 모색했다. 그리고 답을 찾기 위해 행동으로 옮겼다. 먼저, 건축물의 에너지 절감 사례에 대한 1차 문헌 조사와 국내의 특급 A호텔에 대한 2차 심층조사를 진행하였다. 문헌 조사는 국내·외 전문 논술지 및 학술지를 참고했다. 심층조사는 제3자 외부 검증기관의 검증을 통해 신뢰성을 확보한 데이터를 기반으로 진행했는데 이 과정에서 해외 우수 건축물의 벤치마킹 실시 결과도 함께 살폈다. 이와 더불어 호텔의 시설관리에 있어 가장 중요한 '안전'에 대해서도 그 기준과 대책을 정리해야겠다는 생각이 들었다. 고객들이 호텔 서비스를 이용하는 과정에서 '안전'상의 문제가 발생한다면, 이 또한 호텔의 책임과 의무를 소홀히 하는 것이자 고객들의 믿음을 저버리는 일 아닌가?

안전관리는 경영관리, 인사관리의 일환으로 인적·물적 재해를 미연에 방지하고 특히 고객의 귀중한 생명과 신체를 보전하고 생활을 유지 발전시키며 사회에 공헌하기 위한 중요한 가치에 해당한다. 안전관리는 대형 건축물의 시설, 즉 외형적인 건물뿐만 아니라 그 시설 내에 있는 재산과 모든 사람의 생명과 재산에 대한 안전의 책임을 내포하고 있는 것이다.

대형 건축물, 그 중에서도 호텔 등의 서비스업 또한 안전지역이라고 말할 수 없다. 안전한 곳이라고 생각했던 리조트, 바다 위에 떠다니는 호텔인 여객선에서 안전사고가 일어나면서 호텔서비스업계의 안전관리에 대해서도 관심의 목소리가 커지게 되었다. 이처럼 고객 및 호텔근로자의 안전한 환경 조성은 생명과 직결됨에 따라, 가장 최우선으로 중요시되어야만 한다. 관광서비스 상품을 판매하는 대형 건축물의 경우, 첫 번째가 안전이며, 그 다음으로 기능 및 디자인 관련 항목들을 갖추어야 한다고 강조한 이유가 바로 여기에 있다.

그러나 관광서비스업 특성상 협력사의 위탁 경영에 대한 비율이 높으며 주로 건물, 객실청소, 세탁 시설물 보수, 주차관리 등 다양한 직종에 분포되어 있기에 산업재해에 쉽게 노출되어 있는 것이 현실이다. 따라서 관광서비스산업의 안전관리 수준을 높이기 위해서는 협력사와 함께하는 현장 중심의 상생안전협력 방안을 강구해야만 할 것이다.

호텔의 환경 안전 관리는 '우문현답'을 명심해야 한다. 풀이하자면, 우려되는 문제에는 현장에 답이 있다는 뜻이다. 고객과 주주, 그리고 협력사 임직원을 모두 포함한 상생안전협력을 구축하기 위해서는 현장 중심의 안전관리가 반드시 실천되어야 한다.

《건축물 환경 안전 관리》에는 그동안의 고민과 연구와 대책 및 방안 등이 담겨있다. 30여 년간 나름대로 고민하며 찾은 건축물의 환경 안전 관리에 대한 방법들을 정리하고 또 제안하는 것도 의미가 있을 거란 판단이 들어 이 책을 만들게 되었다.

시중에 나와 있는 이론 위주의 도서와 달리 이 책은 전세계적 추세인 친환경 에너지 정책의 필요성과 실제 현장에서 활용 가능한 방법들을 제시했으며, 안전관리에 대해서도 실무자들이 업무에 직접 활용할 수 있도록 구성하였다. 정답이 될 수는 없지만 우리나라 호텔을 비롯한 대형 건축물들의 최우선 과제인 환경과 안전의 문제 해결에 지침서로 활용되었으면 하는 바람이다.

화려한 호텔의 보이지 않는 그 뒤켠에서 묵묵히 열과 성을 다하고 있는 동종업계 종사자들에게는 응원과 격려를 보내며, 도서출판 상상미디어 김혜라 대표에게 고마움을 전한다. 이 책이 앞으로 우리나라 호텔의 환경·안전관리 분야를 발전적으로 정립하는데 작은 디딤돌 역할을 하고 실무자들에게도 도움이 되길 기대해본다.

2021년 1월

맹경호

PART Ⅰ 건축물 에너지·환경 관리

제1장 기후변화 및 에너지·환경정책의 이해

제2장 호텔서비스업의 에너지 사용 분석

PART II 건축물 안전 관리

제1장 건축물 안전관리의 이해

제2장 재난위험과 방지대책

건 · 축 · 물 · 환 · 경 · 안 · 전 · 관 · 리

PART I

건축물 에너지 · 환경 관리

제 1 장

기후변화 및 에너지·환경정책의 이해

호텔서비스업의 에너지 사용량과 온실가스 배출량을 저감하기 위한 다양한 방법들을 논의하기에 앞서 기후변화를 야기시키는 온실가스의 실체에 대해 정확히 알고, 국제적으로 이슈화되고 있는 기후변화 대응 동향, 그리고 우리나라에서 시행 중인 저탄소 녹색성장 기본법 등에 대한 이해가 선행되어야 할 것이다. 이러한 환경 규제의 태동 배경에 대해 이해함으로써 고객만족을 최고의 가치로 제공하는 호텔서비스업에서 에너지 경영시스템 및 에너지관리시스템 도입의 필요성에 대해 알 수 있고, 해외의 대형 건축물에서 현재 도입하고 있는 선진 에너지 절감 기술의 도입이 왜 필요한지에 대해서도 공감하게 될 것이다.

1. 기후변화에 대한 이해

(1) 지구 온난화 현상 정의

지구 표면에는 태양에너지가 도달하고 이를 복사에너지라고 한다. 복사에너지의 절반 이상은 지구 외부로 빠져나가지만 일정 수준의 에너지는 지구에 남게 된다. 이로 인해 지구는 온도를 유지하고 생명체가 살 수 있는 여건이 만들어진다. 그런데 문제는 빠져나가지 못하고 갇혀 있는 에너지가 늘어난다는 점이다. 당연히 지구의 온도는 계속 올라가고 이로 인한 예상할 수 없는 다양한 기후 변화가 일어나고 문제가 발생된다. 이렇듯 지구가 온난화되고 있는 현상의 주범으로 온실가스가 지목되고 있다.

지구 온난화에 영향을 미치는 온실 기체는 일반적으로 특정한 파장 범위를 지닌 적외선 복사열 에너지를 흡수하여 열을 저장한 후 다시 지구로 방출하는 기체를 일컫는다. 주로 수증기, 이산화탄소, 아산화질소, 메탄 등이 지구 대기의 주요 온실가스로 분류된다. 기후변화협약을 통해 채택된 교토의정서에서는 이산화탄소CO2 : Carbondioxide, 메탄CH4 : Methane, 아산화질소N2O : Nitrousoxide, 수소불화탄소HFCs, 과불화탄소PFCs, 육불화항SF6을 6대 온실가스로 지정하였다. 이산화탄소는 주로 생물의 호흡과정과 석유, 석탄 등의 화석연료 연소, 화산의 분화 활동을 통해 만들어지는데 식물의 광합성 작용이나 바다로 흡수되어 제거되기도 하지만 남은 이산화탄소는 대기 중에 남아 쌓이게 된다. 천연가스의 주성분인 메탄은 석유, 석탄 및 천연가스 시설의 탈루공정과 음식물 쓰레기, 가축물의 배설

[그림 1-1-1] 온실효과 메커니즘

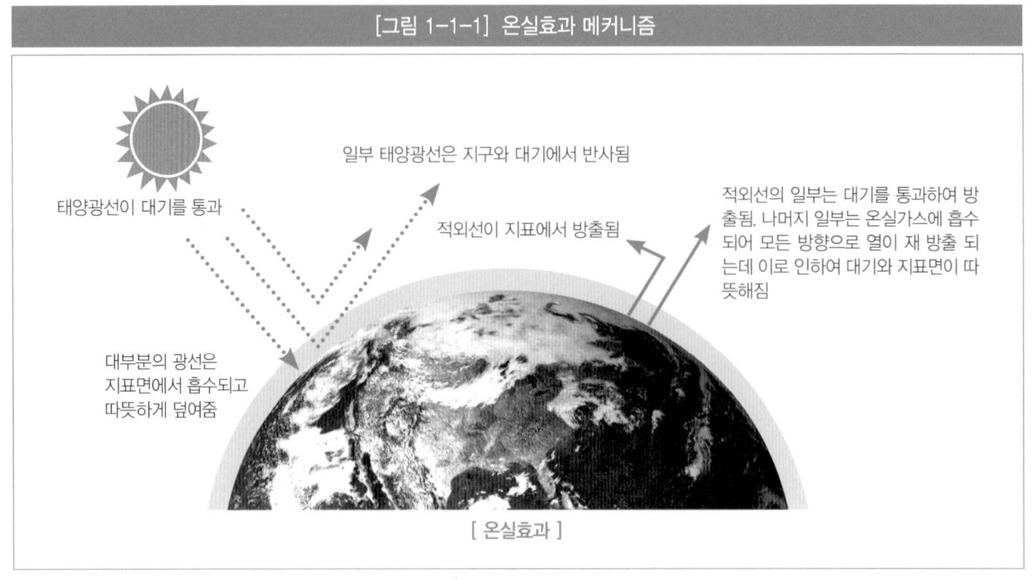

[온실효과]

자료 : 한국에너지공단

물이 부패하여 발생하며, 전체 온실효과의 10~15%를 차지하고 있다. 아산화질소는 주로 석탄을 채광하거나 화석 연료가 고온에서 연소시 발생되며, 온실가스 전체 배출량의 0.03% 정도를 차지한다. 수소불화탄소는 오존층 파괴물질인 염화불화탄소CFC : Chloro Fluoro Carbon 일명 프레온가스 대체 물질로 개발되어 냉장고 및 에어컨의 냉매로 사용되는 불연성 무독성 가스이다. 염화불화탄소는 염소와 불소를 포함한 일련의 유기 화합물로, 1928년 미국의 토마르 미즈리에 의해 발견되었으며, 미국 듀폰사 상품명인 '프레온가스Freon gas'로 일반화되어 널리 사용되었다. 과불화탄소는 탄소와 불소의 화합물로 소화기 및 폭발방지물, 전자제품, 도급산업 등의 세정 용도로 쓰이는 염화불화탄소 대체 물질이다. 육불화황의 정식 명칭은 육플루오린화황으로, 1960년대부터 전기제품이나 변압기의 절연체 등으로 폭넓게 사용되고 있다.

이러한 가스들은 지구 온난화 주범으로 꼽히며 다양한 국제 기구와 협의를 통해 사용 금지 및 제한이 이루어지고 있는 상태이다.

(2) 지구 온난화의 영향

지구 온난화는 해수면 상승으로 기후변화로 인한 자연재해, 생태계 변화를 초래하고 있다. 그중에서 우리가 가장 피부로 느끼는 지구의 온도 상승을 들 수 있다. 기후변화에 관한 정부간 협의체IPCC : Intergovernmental Panel on Climate Change의 제4차 평가보고서에 따르면 지구의 평균기온은 지난 100년

1906~2006년 동안 0.74℃ 상승하였으며, 특히 지난 50년 간의 온도상승폭은 100년 동안 상승폭에 비해 2배 가량 높다고 되어 있다. 지구 온도의 상승은 농작물의 변화를 가져오고 물 공급량을 감소시킨다. 동식물의 생태계와 생존과도 연결되어 있다. 해수면 상승도 우리 삶에 큰 재앙으로 다가오고 있다. 지구 온도 상승으로 빙산이 녹음에 따라 해수면이 높아지게 되는데 북반구의 빙산은 1950년 이래 10% 이상 감소했다. 그 결과 해수면도 이미 지난 100년간 10~25㎝ 상승했다. 현재와 같은 추세로 온실가스가 증가할 경우 2100년 지구 평균 해수면은 15~95㎝ 상승할 것이라는 예측이 나오고 있다. 해수면 상승은 태평양 도서 국가들의 소멸 위기를 가져올 수 있으며 연안 도시들의 생존을 위협하고 있다.

지구 온난화는 자연 재해를 통해 이미 우리에게 엄중한 경고를 보내오고 있다. 1950년대 기상이변으로 인한 피해액은 30억 달러에 불과하였으나, 1990년대 400억 달러로 증가하였으며, 21세기 이후 피해액은 1,000억 달러에 이를 것으로 전망하고 있다「뮌헨 재해보험사 피해보고서」. 자연재해에 따른 인명피해도 점차 증가해왔으며 2005년 미국 뉴올리언스 시가 수몰되어 1,077명 사망, 2007년 방글라데시 사이클론 시드로는 3,274명이 사망하는 일이 발생하였다.

[그림 1-1-2] 한반도 평균기온 변화 추이

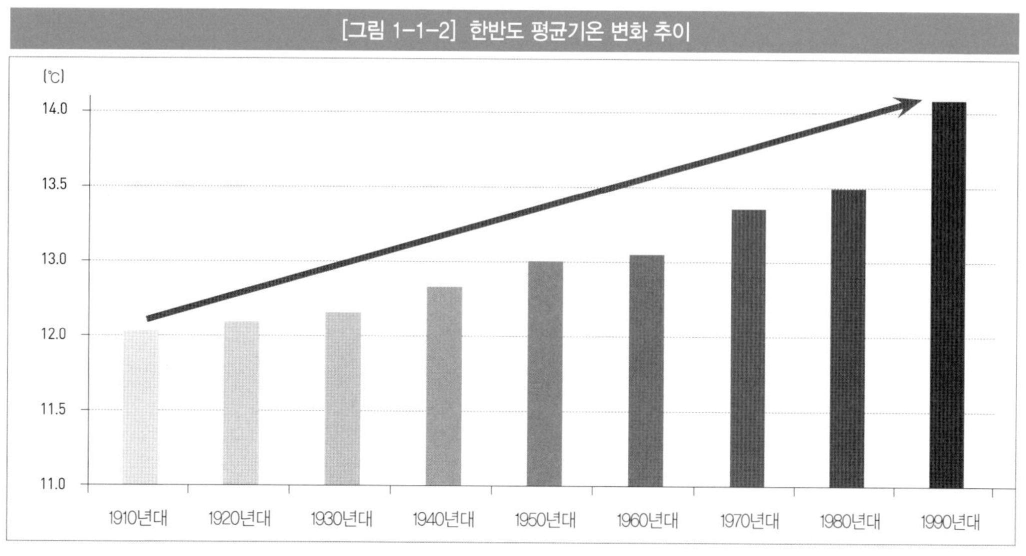

자료 : 국립기상연구소

우리의 식탁에서도 지구 온난화의 변화를 체감할 수 있다. 해양 생태계의 변화로 우리에게 친숙했던 어류는 사라지고 따뜻한 바다에 살던 어류들이 잡히고 있다. 그보다 더 두려운 위험 신호는 바다의 온도가 높아지면서 그 안에 살던 산호들이 죽거나 생명체들이 멸종되고 있다는 점이다.

이미 200여 종의 어류가 멸종 위기에 처해 있다. 빠르게 진행되는 사막화도 지구 온난화가 주범이다. 사하라 사막은 점점 넓어지고 있으며 그로 인한 인명 피해, 가축 피해, 경작지 감소, 물 부족 현상이 심화되고 있는 상황이다. 또 최근 미국 캘리포니아 지방을 비롯한 대형 산불도 사막화와 관련이 있다. 이런 현상은 우리나라의 지형과 생태계에도 많은 영향을 주고 있다. 이미 일정 기온 이상에서 재배 되는 수목한계선의 변화는 진행 중이며, 이로 인해 제주도에서만 경작되던 작물들이 영호남 지역에서도 재배되고 있다. 또 갯벌도 감소하고 있으며 지리산 구상나무 분포 면적도 감소 추세다.

국립환경과학원에서 2010년 발간된 「한반도 기후변화 요약보고서」에서는 한반도를 기후변화 민감 지역으로 지정하고, 100년 후 한반도에서 아열대 기후지역의 확장과 빠른 식생변화는 불가피할 것으로 예측했다.

미국항공우주국NASA과 미국지질조사소USGS연구 결과에 따르면 미국 알래스카주 '놈Nome' 지역의 자연환경이 급격히 변하고 있다. '놈'지역은 한여름 7월의 기온이 영상 7.9℃, 한겨울 1월의 최저기온이 영하 19℃로 1년 내내 상시 추운 날씨를 유지하는 곳이다. 이러한 기후환경의 영향으로 '놈'지역은 영구동토층에 해당한다. 영구동토층은 땅이 얼어붙어 있어서 영상의 기온으로 올라가도 땅 속의 기운이 침투하지 못하여 상시 얼려있다는 것을 뜻한다.

지질학자에 따르면 영구동토층은 지구의 온도를 유지하는데 중요한 중추적 역할을 수행하게 된다. 즉, 지구가 평균 기온을 유지할 수 있도록 이산화탄소를 저장하는 냉동고의 기능을 수행한다. 그러나 최근 국제학술지 '네이처 기후변화'의 연구결과를 살펴보면 2003년도부터 2017년까지 영구동토층이 녹기 시작하면서 거대한 변화가 일어나기 시작했다매년 17억 tCO2의 이산화탄소가 배출되는 것으로 확인. 즉, 영구동토층이 녹기 시작하면서 수만 년 동안 땅에 갇혀 있었던 온실가스가 지상으로 뿜어져 나오게 된 것이다.

[그림 1-1-3] '놈(Nome)' 영구동토층의 자연변화(급격한 해빙)

자료 : 미국항공우주국(NASA) 및 미국지질조사소(USGS)

매년 17억 tCO2의 이산화탄소를 배출하게 되면 이를 식물에서 흡수해야 되는데 식물의 흡수능력을 초과하여 매년 7억 tCO2의 온실가스가 지구 대기층에 차곡차곡 쌓이고 있다는 것이다. 미국항공우주국NASA 연구 결과에 따르면 영구동토층에서 배출되는 이산화탄소 양은 현재보다 41% 증가할 것이며, 이는 다시 지구 온난화를 가속화하게 되고, 지구 온난화는 다시 영구동토층을 녹이게 되는 최악의 악순환을 초래한다. 더욱 무서운 것은 영구동토층이 녹으면서 이상 지형땅이 녹으면서 기둥의 역할을 하고 있는 얼음이 물로 바뀌면서 호수가 생기게 됨이 생겨나게 되며, 이를 열카르스트thermokarst라 부른다. 열카르스트는 이산화탄소보다 21배의 지구 온난화 지수가 높은 메탄을 배출하게 되고, 이는 결국 지구 온난화의 불쏘시개 역할을 하게 된다. 더욱이 우려스러운 것은 영구동토층이 녹게 되면서 녹지 전체가 건조하게 되고, 이로 인해 대형 산불의 원인이 된다는 것이다.

NASA에서 발표한 글로벌 지구 온도 변화 추이를 살펴보면 장기 기간 동안의 평균 온도 대비 최근 10년 기간의 온도 변화는 1900년도에 비해 2010년 이후 기간 동안 지속 상승한 것을 확인할 수 있다.

[그림 1-1-4] 장기 평균 온도 대비 최근 10년간의 온도 증감 변화 추이

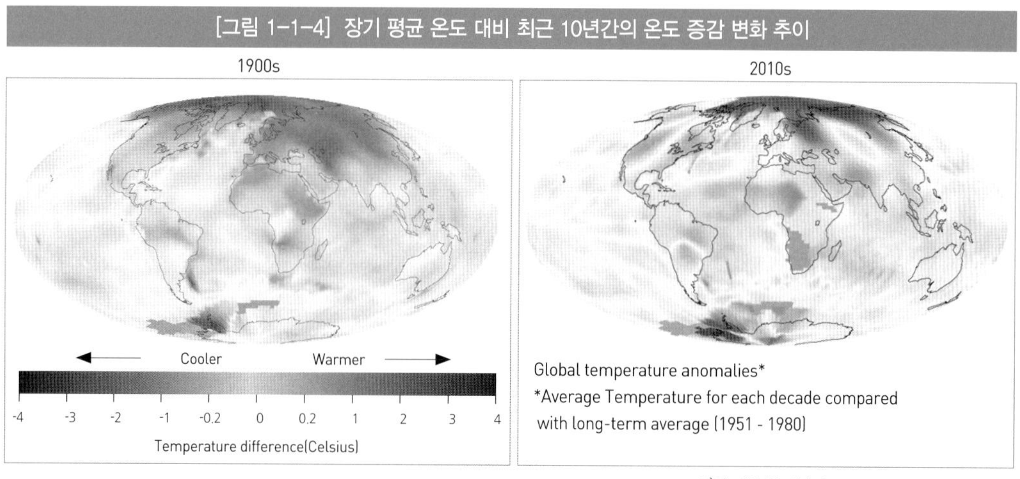

자료 : NASA global temperature anomalies data

2. 기후변화의 산업 영향 및 대응

(1) 산업 영향

기후변화에 따른 심각성은 그 원인에 대한 책임 소재 묻기와 그에 따른 규제 및 비용 부담까지 초래하고 있다. 자동차 산업은 이미 80년대부터 배출가스, 배기가스 규제 대상이 되었으며 탄소세 부과와 같은 제도가 마련되고 있는 중이다. 결국 세계의 자동차 회사들은 전기나 수소 등의 친환경 자

동차 생산, 바이오 대체 연료 개발에 뛰어들 수 밖에 없었고 현재도 빠른 속도로 진행 중이다. 화학 산업 역시 에너지 다소비 분야로써 화석 연료 대신 태양광이나 바이오 에너지와 같은 대체 에너지원 개발에 몰두하고 있다. 철강 산업 또한 화석 연료가 아닌 대체 연료 개발에 눈을 돌리고 있으며 에너지 효율 향상을 위한 기술 개발에 힘쓰고 있다.

(2) 기후변화 대응 완화 및 적응

기후변화에 대한 대응은 일반적으로 완화Mitigation분야와 적응Adaptation분야로 구분할 수 있다. 완화분야는 인위적 조정 행위를 의미하는 것으로, 온실가스 배출량을 파악하고 흡수원을 강화하는 활동으로, 신재생에너지 개발과 친환경 자동차 개발 및 구매, 그리고 탄소제로 도시 건설 등이 해당한다. 이에 반해 적응분야는 기후변화로 인한 피해를 최소화하여 사회를 운영하는 것으로, 각종 모형을 활용하여 기후예측 파급효과를 분석한 후 취약산업에 대한 대책을 수립하는 농작물 품종 개량, 인공강우 기술 개발 등이 해당한다.

3. 국제적 기후변화 대응 동향

국제사회의 기후변화 대응을 위한 움직임은 인간환경회의 20주년을 기념하여 1992년 6월 브라질 리우데자네이루에서 개최되었던 유엔환경개발회의UNCED : United Nations Conference on Environment and Development에서 처음 시작되었다. 유엔환경개발회의는 114개국 국가정상, 185개국 정부대표, 3만여 명의 환경전문가 및 민간환경단체 대표 등이 참여한 인류 최대의 환경회의로 'Earth Summit'이라고 불린다. 유엔환경개발회의는 '환경적으로 건전하고 지속가능한 개발ESSD : Environmentally Sound and Sustainable Development'을 주요 논제로 삼고, 향후 지구환경 보전의 기본원칙이 될 기후변화협약을 채택하게 되었다.

(1) 기후변화협약(UNFCCC)

기후변화협약UNFCCC : United Nations Framework Convention on Climate Change은 1990년 기본적인 협약을 체결하고, 1992년 6월 채택되었다. 이후 50개국 이상이 가입하며 1994년 3월 발효되었다. 우리나라는 1993년 12월 47번째로 가입했으며 현재 194개국이 가입되어 있다. 기후변화협약의 주된 목적은 인류의 활동에 의해 발생되는 위험하고 인위적인 영향이 기후 시스템에 미치지 않도록 대기 중 온실가스의 농도를 안정화시키는 것으로, 기후변화협약 체결국가들은 대상 온실가스의 배출량과 제거량을 조사하여 이를 협상위원회에 보고해야 하며 기후변화 방지를 위한 국가계획도 작성해야 하는 의무를 가진다. 지구 온난화를 일으키는 온실가스에는 탄산가스, 메탄, 아산화질소, 염화불화탄소 등 여러 가지 물질이 있는데, 이 중 인위적 요인에 의해 배출량이 가장 많은 물질이 탄산가스이기 때문에 주로 탄산가스 배출량의 규제에 초점이 맞춰져 있다. 기후변화협약 체결국은 염화불화탄소 CFC를 제외한 모든 온실가스의 배출량과 제거량을 조사하여 이를 협상위원회에 보고해야 하며, 기후변화 방지를 위한 국가계획도 작성해야 한다.

[표 1-1-1] 기후변화협약 주요 조항

구분	조항		주요 내용
목적	2조		선진국들이 이산화탄소를 비롯 각종 온실 기체의 방출을 제한하고 지구 온난화를 막는 것
원칙	3조		형평성 : 공통의 차별화된 책임, 국가별 특수사정 고려
			효율성 : 예방의 원칙, 정책 및 조치, 대상 온실가스의 포괄성, 공동이행
			경제발전 : 지속가능한 개발의 촉진, 개방적 국제경제체제 촉진
의무 사항	4조	선진국	기후변화 완화 정책의 도입 및 시행
			2000년까지 온실가스 배출량을 1990년 수준으로 감축 정책 수단
			개도국으로의 자금 및 기술 지원
			온실가스 배출과 흡수에 관한 목록 작성
		모든 당사국	온실가스 배출원 및 흡수원 목록을 포함한 국가 보고서 작성 및 제출
			기후변화 완화 프로그램 채택
			에너지 분야에서의 기술 개발
			산림 등 온실가스 흡수원의 보존 및 확충
			연구·조사·관측 등의 국제협력
주요 기구	7~10조		당사국 총회(COP : Conference of Parties) : 기후변화협약의 최고 의결기구
			과학기술자문보조기구(SBSTA : Subsidary Body for Scientific and Technological Advice)
			이행보조기구(SBI : Subsidary Body for Implementation)

기후변화협약에서는 모든 국가의 지속가능한 성장의 보장을 위한 기본원칙을 협약서 제 3조에서 규정하고 있으며, 기후변화의 예측, 방지를 위한 예방적 조치 시행의 원칙과 공통의 차별화된 책임 및 능력에 입각한 의무부담의 원칙을 명시하고 있다. 선진국과 개도국은 온실가스 배출감축을 위한 국가전략을 자체적으로 수립하고, 시행하는 것을 공통의무사항으로 규정하였으며, 공동·차별화 원칙에 따라 협약 당사국을 Annex I, Annex II 및 Non-Annex I 국가로 구분하여 각각 다른 의무를

부담하도록 하였다.

기후변화협약은 몬트리올의정서에 의하여 규제되지 않는 모든 온실가스 배출원 및 흡수원에 의한 배출 및 흡수에 관한 국가통계를 작성하여 당사국 총회에 통보하도록 '법'으로 규정하고 있다. 기후변화협약에 관한 '시행령', '시행규칙'의 성격을 갖는 교토의정서와 마라케쉬 합의문은 온실가스 배출량 산정 작성과 보고 과정에 대해 구체적인 사항을 명시하고 있다. 특히 교토의정서에 따르면, 모든 의무감축국가 당사국들은 제1차 의무공약기간이 시작되기 1년 전까지 모든 온실가스 배출 흡수원에 의한 인위적 배출량 및 흡수량을 산정하기 위한 국가배출통계 작성체제를 규명해야 한다. 또한, 마라케쉬 합의문은 활동자료 수집, 배출계수 선택, 온실가스 배출량 및 흡수량 산정 불확실성 평가 및 품질관리 활동 이행 등을 명시하여 사업장 내 배출량 산정에 대한 보고체계를 구체화하고 있다.

(2) 교토의정서(Kyoto Protocol)

교토의정서는 기후변화협약이 갖고 있던 실질적인 구속력이 없는 한계를 극복하기 위해 맺어졌다. 누가, 얼마만큼, 어떤 온실가스를 어떻게 감축할 지에 대해 방법을 규명함으로써 구체적인 감축목표를 설정하도록 되어 있다. 교토의정서는 부속서 국가Annex I - 기후변화협약에서 구속력 있는 감축의무를 부담하는 국가를 의미 중, 터키, 벨라루스를 제외한 38개국 국가를 대상으로 제1차 공약기간2008~2012년동안 1990년 대비 평균 5.2%의 온실가스 배출을 감축하는 것에 합의하였다.

우리나라는 1997년 교토의정서를 서명할 당시 비부속서국가로 분류되어 온실가스 감축대상 국가에서 제외되었으며, 2002년 공식 비준되었다. 교토의정서에서 주목해야 할 점은 배출 감축의 유연성 제고를 위한 공동이행, 청정개발체제, 배출권거래제도 등이 포함된 교토 매커니즘에 있다.

(3) 코펜하겐 합의문과 파리협정

두 합의문은 포스트 교토의정서 시대를 위한 합의문이라고 볼 수 있다. 코펜하겐 회의를 통해 기온상승을 산업화 이전 대비 2℃ 이내로 억제하는 사항에는 동의하여 개도국 지원을 위해 2012년까지 300억 불, 이후 매년 천 억불 수준의 재원을 조성하기로 하였으나, 구체적인 재원분담 방식은 합의되지 않은 채 종료되었다.

또한, 온실가스 감축 1차 의무이행2008~2012년기간 동안 감축량 할당 방식에 대한 이의가 제기되면서, 환경성, 비용 효과성, 형평성을 고려한 새로운 의무부담 방식에 대한 논의가 진행되었다. 이에 따라 2010년 1월까지 197개 당사국 중 87개국의 선진국 그룹Annex I 은 중기 감축목표를 UNFCCC에 제출하도록 되었으며, 우리나라를 비롯한 인도, 브라질, 멕시코 등 23개 국가의 개도국은 자발적 감축행동NAMA : Nationally Appropriate Mitigation Actions을 제출하기로 협의하였다.

파리협정은 선진국만 온실가스 감축 의무가 있었던 교토의정서와 달리 195개 당사국 모두 구속력이 있는 보편적인 기후합의라는 점에서 큰 역사적 의의를 갖는다. 2020년 만료되는 교토의정서를 대체할 새로운 기후체제에 해당하는 파리협정은 교토의정서가 만료되는 직후인 2021년 1월부터 적용하게 된다. 파리협정의 주요 내용을 살펴보면 지구 온난화 억제 목표를 강화하여 지구 전체의 온도 증가를 2℃에서 1.5℃ 이내에 노력한다는 부분과 온실가스 감축 행동을 선진국뿐만 아니라, 개도국 및 극빈국 등 모든 국가로 확대, 그리고 5년마다 상향된 온실가스 감축목표를 제출하고, 이행 여부를 검증하는 것을 골자로 하고 있다.

교토의정서와 파리협정을 비교하면 아래의 그림과 같다.

[그림 1-1-5] 교토의정서와 파리협정 차이점

자료 : 탄소시장 주요 이슈 및 대응 방향

교토의정서와 파리협정의 가장 큰 차이점은 교토의정서는 Annex B 당사국만 감축 의무가 있는 반면 파리협정은 모든 당사국에 대해 온실가스 감축 의무를 부여한다는 것이다. 또한 감축목표 부여 방식을 비교하면 교토의정서는 다년도 및 절대량 목표를 기준으로 표준화된 감축 목표를 부여하는 반면 파리협정은 당사국 국가별 자발적으로 온실가스 자체 감축 목표를 설정하고, 이행NDC : Nationally Determined Contribution 한다는 것이다. NDC는 각 국가의 온실가스 감축 목표 등을 담았다고 하여 '국가기여목표'라고 불리기도 한다. 2015년 12월 파리에서 채택되고 2016년 4월 미국 뉴욕에서 서명된 파리협정에서는 모든 협정 당사국가들이 자율적으로 자국의 온실가스 감축목표 즉, NDC를 설정하고 이를 주기적으로 기후변화협약 사무국에 제출해야 되며, 이에 대한 목표 이행 상황을 정기적으로 보고하게 되어 있다. 2019년 10월 발표한 "제2차 기후변화대응 기본계획"이 우리나라가 국제사회에 제출한 NDC에 해당한다. NDC는 온실가스 감축의 목표기간, 범위 등의 다양성이 존재하게 된다. 즉, 국가별로 NDC 목표기간을 단년도1개년도로 수립하는 국가와 다년도로 설정하는 국가의 차이가 있으며, NDC 포함 대상 여부 또한 국가별로 큰 차이가 발생하게 된다. 국가별 NDC 대상부문과 NDC 목표기간은 아래의 그림과 같다.

[그림 1-1-6] NDC 대상부문 및 국가별 NDC 목표기간

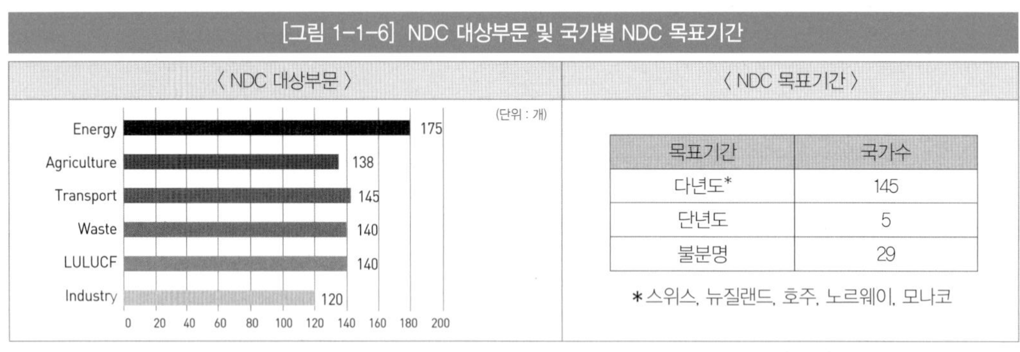

목표기간	국가수
다년도*	145
단년도	5
불분명	29

*스위스, 뉴질랜드, 호주, 노르웨이, 모나코

자료 : 탄소시장 주요 이슈 및 대응 방향

파리협정은 협력적 접근법과 SDSustainability Development 메커니즘에 기반하고 있으며, 위 2개의 접근은 모두 환경적 건전성 강화, 지속가능발전 촉진, 이중계산 방지라는 공통원칙에 입각하여 진행하게 되어 있다. 협력적 접근법은 분산형 거버넌스에 따라, 양자 및 다자간 협력이 가능한 방법이며, SD 메커니즘은 중앙형 거버넌스감독기구에 의해 통제된다. 협력적 접근법을 통해 온실가스 배출의 완화적인 감축이 가능하게 되며, SD 메커니즘에 의해 직접적인 온실가스 감축Emission Reduction이 가능해진다.

교토의정서는 감축목표의 법적 구속력이 있는 반면 파리협정, 신기후체제는 비구속적인 감축목표를 갖고 있다. 이에 따라 교토의정서는 감축결과에 대한 의무obligation of result를 준수 평가하는 반면 파리협정은 행위에 대한 의무obligation of conduct를 검토하게 된다. 이에 따라 파리협정에서는 투명성체계에 대한 세부 이행규칙이 수립되고, 검토하는 단계별 절차가 중요하다.

[그림 1-1-7] 파리기후변화협정 투명성 체계 정립

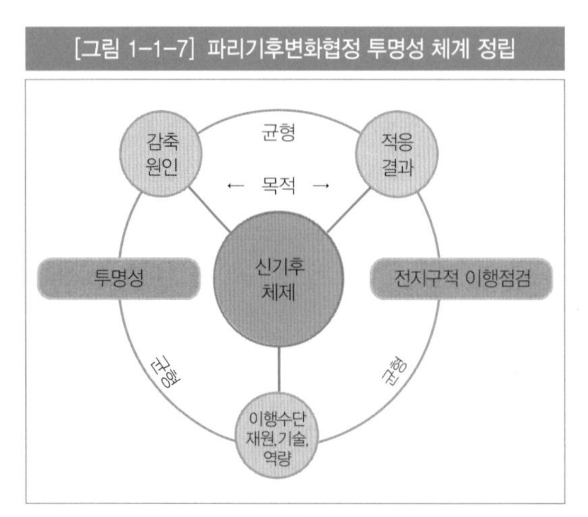

자료 : 탄소시장 주요 이슈 및 대응 방향

기존 교토의정서 상에서는 선진국과 개도국가 사이의 명확한 의무차별이 존재하였다. 선진국의 경우 구속력 있는 감축목표를 이행해

야 하는 의무를 준수해야 하며 이에 대한 엄격한 검토 및 평가절차가 진행되어야 한다. 이에 반면 개도국은 자발적 감축행동에 대한 의무적 제출이 미요구됨에 따라, 투명성에 대한 이슈가 존재하게 된다. 파리기후변화협정 하에서 국가기여목표 NDC를 통해 선진국과 개도국 모두 동일한 온실가스 감축목표의 법적 지위를 갖게 됨에 따라, 투명성에 대한 새로운 체제의 정립이 필요하게 된다. 특히 개도국의 경우, 선진국에 비해 MRVMeasuring, Reporting, Verification : 온실가스 배출량 산정의 절차에 해당 역량이 부족하므로, 국가별 NDC의 공통성과 역량의 차별성을 균형적으로 반영한 체제 설계가 절실하다.

2019년 9월 스페인 마드리드에서 진행된 제25차 유엔기후변화협약 당사국 총회COP 25는 'Time for action' 주제로 진행되었으며, 파리기후협정의 세부 이행규칙에 대해 논의가 진행되었다. 본 당사국 총회에서 파리기후협정의 투명성 체계 세부이행지침modalities, procedures and guidelines, MPGs이 도출되는 성과를 거두었다. 투명성 체계의 세부이행지침은 아래의 표와 같다.

[표 1-1-2] 파리기후협정 투명성체계 COP25 협상결과

주요 결정 사항	내용
지침의 구조	공통의 규제적인 지침 노출
유연성 적용 방식	역량이 요구되는 조항에 대한 선별적 유연성을 부여 유연성의 적용은 당사국의 자체 결정사항으로 규정
국가 인벤토리 보고서	인벤토리 정보에 대한 개도국 보고 의무 강화 (2년 주기, 단독 보고서 또는 격년투명성 보고서의 일부)
격년 투명성 보고서	감축목표에 대한 강화된 이행점검 정보 보고 (2년 주기, 감축목표 이행 및 달성 관련 상세정보 제출)
기술 전문가 검토	이행 정보에 대한 4가지 검토(서면 검토, 방문 검토 등) 시행
다자 고려	이행 현황에 대한 국가간 점검
신규 체제 출범 시점	격년 투명성 보고서와 국가 인벤토리 보고서 '24년 12월 31일까지 제출토록 규정

자료 : 투명성체계 세부이행규칙 및 후속협상

투명성 체계가 마련되었다는 것은 감축목표의 이행 및 달성에 대한 사후적 정보2년 주기의 인벤토리 보고서를 통해 온실가스 배출량에 대한 상세 정보 제공 및 사전적 이행 점검이 시행되었다는 것에 큰 의의가 있다. 2년 주기의 지속적 이행 현황 점검을 통해 국가별 NDC 이행을 지속적으로 압박할 것으로 예상된다.

4. 우리나라의 에너지 환경 정책

(1) 국내 에너지 수요 전망

산업혁명 이후로 전 세계의 지속적인 산업 성장은 화석 연료의 고갈을 초래했다. 전 세계 에너지원의 85%는 화석연료였다. 그로 인해 온실가스 배출량도 급증했다.

우리나라 역시 중화학, 전자 산업을 중심으로 성장함에 따라 화석연료에 대한 수입의존도가 높은 편이며 신재생에너지의 보급수준은 미미하다1차 에너지원별 비중(2006년) : 석유 43.6%, 석탄 24.3%, 원자력 15.9%, LNG 13.7%, 신재생에너지 등 2.5%. 우리나라는 에너지의 97%를 수입에 의존하며 에너지는 가격 변동에 매우 민감하게 영향을 받고 있으며, 이에 따른 대안 모색이 시급한 실정이다.

한국에너지공단의 2019년 8월 "에너지 효율 혁신전략 발표자료"에 따르면 주요 선진국 독일, 미국, 일본의 국가 GDP 성장과 에너지 사용이 탈동조화Decoupling를 이루고 있는 반면 우리나라는 아직 GDP의 성장과 에너지 사용의 증가 추세가 비례적으로 증가되는 것을 확인할 수 있다.

[그림 1-1-8] 주요 선진국가 에너지 탈동조화(GDP : 조 $ 단위, Energy : 백만 TOE 단위)

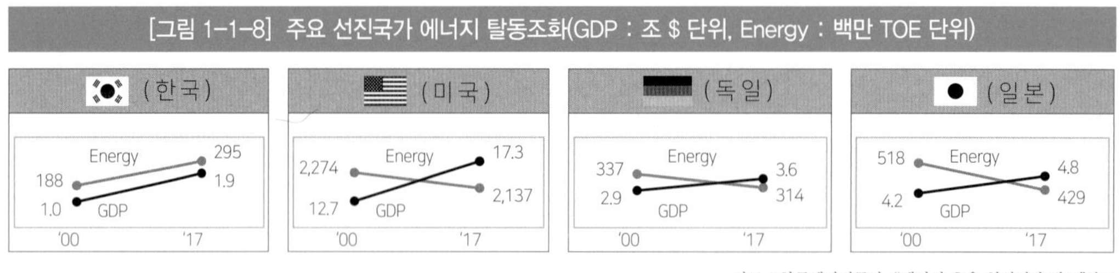

자료 : 한국에너지공단, "에너지 효율 혁신전략 발표"자료

주요 선진국가들은 지속적인 에너지 탈동조화를 위해 공급효율성 증대를 위한 에너지저장과 4차 산업혁명기술을 추진하고 있다. 미국의 빌게이츠는 2016년 혁신적인 에너지 스타트업 기업에 10억 이상의 자본을 투자할 목표로 Breakthrough Energy Venture를 설립하였으며, 2018년 11개의 투자 기술 중 4개가 에너지 저장 기술에 집중하고 있다. 4개의 에너지 저장 기술은 가압수셰일저장 펌프, 리튬이온 대체 장기 저장, 소금열/부동액 냉매 교차 저장, 그리고 플라즈마저장 초전도자석이 해당한다. Breakthrough Energy Venture는 2019년 11개의 신기술 투자 전략을 발표하여 열저장 및 배터리소재기술의 저장 기술투자를 지속할 예정이며, 4차 산업혁명 기술과 연계, 수송/농업/제조/폐기물 등 다양한 업종에서의 에너지 관련 투자를 검토 계획하고 있다.

[그림 1-1-9] 대한민국 부문별 에너지 사용 증가률 및 국가별 에너지원

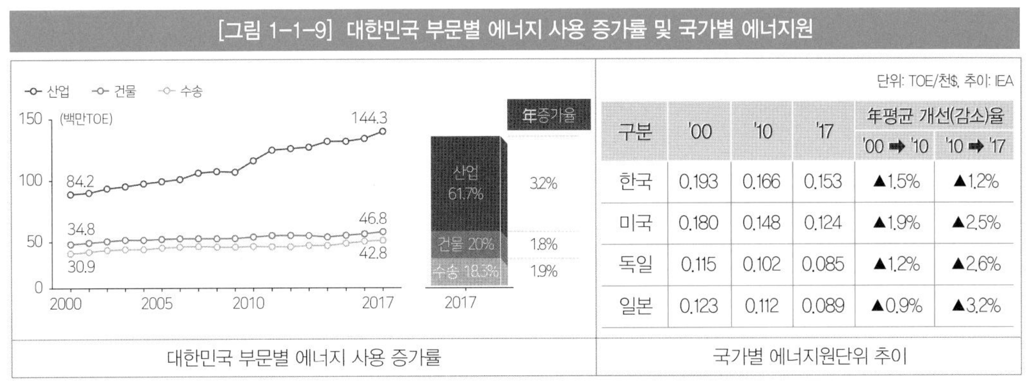

단위: TOE/천$, 추이: IEA

구분	'00	'10	'17	年평균 개선(감소)율	
				'00 ➡ '10	'10 ➡ '17
한국	0.193	0.166	0.153	▲1.5%	▲1.2%
미국	0.180	0.148	0.124	▲1.9%	▲2.5%
독일	0.115	0.102	0.085	▲1.2%	▲2.6%
일본	0.123	0.112	0.089	▲0.9%	▲3.2%

대한민국 부문별 에너지 사용 증가률 / 국가별 에너지원단위 추이

자료 : 산업통상자원부

2017년 전체 에너지 사용 현황 중 산업 61.7%, 건물 20%, 수송 18.3%의 비율을 차지하고 있으며, 연간 증가률을 보면 산업 3.2%, 건물 1.8%, 수송 1.9%이다. 산업부문이 에너지 소비를 주도하고 있으며, 건물 및 수송부문도 꾸준히 증가하는 추세이다. 국가 에너지 이용 효율수준 비교 지표로 활용되는 에너지원단위총에너지/GDP는 2000년 이후 꾸준히 개선 중에 있으나, OECD 35개국가 중 33위로, 최하위 수준에 머무르고 있다.

건물부문은 전체 에너지 소비의 20%를 차지하고 있으며, 연간 1.8%로 꾸준히 증가하고 있다. 다만 이를 업종별로 구분하여 살펴보면 가정용 소비 증가세는 둔화되고 있으며, 가정 용도별로 소비량을 살펴보면 난방 42%, 온수 27%로 가장 큰 부분을 차지하며, 다음으로는 가전기기냉장고, 세탁기, TV 순으로 사용 전력이 많음가 해당한다. 또한 전기식 냉·난방, 가정·조명기기 보급 확대에 따라 건물부문 내 1인당 전력소비량도 전세계적으로 증가 추세에 있다.

[그림 1-1-10] 가정 용도별 전력 소비 및 국가별 1인당 전력소비량 현황

구분	2000년	2016년	증감률	비고
대한민국	0.19	0.39	105%	단위 : TOE/인
미국	0.73	0.74	1%	
독일	0.27	0.29	7%	
일본	0.35	0.41	17%	

가정 용도별 전력 소비 / 국가별 1인당 전력소비량 현황

자료 : 산업통상자원부

수송부문은 건축물의 온실가스 배출과 에너지 사용량에 직접적인 연관은 없으나, 호텔업 서비스의 경우 고객 편의를 위해 차량 서비스를 제공함에 따라 이동수송에 대한 에너지 감축 가능 부분도 뒷장에 일부 수록하였다. 수송부문은 전체 에너지 소비의 18.3%를 차지하고 있으며, 2000년대 이

후부터 매년 1%의 꾸준한 증가세를 유지하고 있다. 수송부문의 에너지 소비 증가는 세계적인 유가 안정과 차량의 대형화로 인한 것으로 분석 되어지고 있다. 우리나라는 주요 선진국 대비 도로용 소비 전체 수송 부문의 79.7% 증가율이 높은 편에 해당한다. 수송부문 연도별 에너지 사용 증가 현황과 도로부문의 에너지 소비 비중은 아래의 그림과 같다.

[그림 1-1-11] 수송부문 연도별 에너지 사용 증가 현황과 도로부문의 에너지 소비 비중

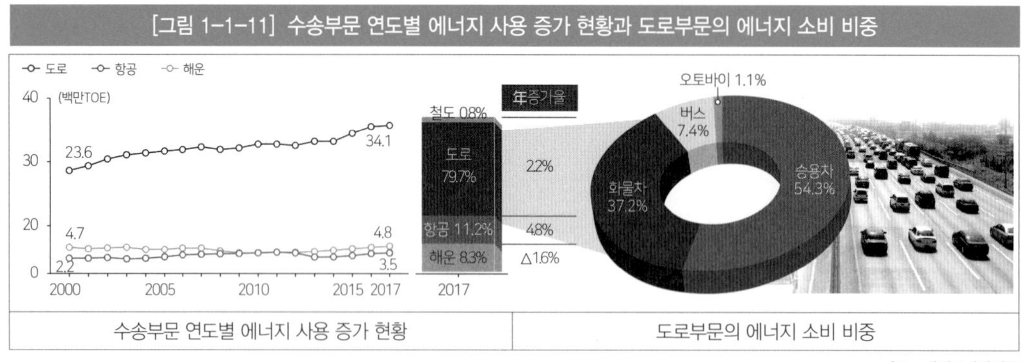

수송부문 연도별 에너지 사용 증가 현황	도로부문의 에너지 소비 비중

자료 : 산업통상자원부

승용차의 연비 향상으로 인해 도로용 에너지 효율은 전체적으로 개선되고 있으나, 차량의 대형화 추세로 인하여 효율악화가 효율 제고에 한계점으로 작용하고 있다. 2015년 도로용 소비기준을 살펴보면 승용차 54.3%, 화물차 37.2%, 버스 7.4%를 차지하고 있다.

(2) 저탄소 녹색성장 기본법 제정

대한민국은 저탄소 사회를 구현하여 국민의 삶의 질을 높이고, 국제사회에서 책임을 다하는 성숙한 선진 일류국가로 도약하는데 이바지함을 목적으로 '저탄소 녹색성장 기본법'을 2010년 1월 13일 제정, 시행하게 되었다.

[표 1-1-3] 녹색성장 3대 추진 방향

3대 방향	세부 내용
기대에 부합하는 국가위상 정립	• 국제기후변화 논의에 적극적 대응 • 녹색 가교국가로서 글로벌 리더십 발휘
환경과 경제의 선순환	• 환경과 경제 양측의 시너지 극대화 – 녹색기술 개발 및 녹색산업 육성 – 산업구조 녹색화 및 청정에너지 확대
삶의 질 개선 및 생활의 녹색혁명	• 저탄소형 국토개발, 생태공간 조성확대 • 녹색교통체계, 대중교통 활성화 • 녹색소비를 통한 녹색시장 조성

(3) 온실가스 목표관리제의 탄생

저탄소 녹색성장을 근간으로 녹색성장 기본법이 발효되었고, 그 기본법을 근거로 하여 산업의 국제경쟁력을 반영한 비교적 효과적인 온실가스 감축을 이루고자, 이행강제수단을 강화한 목표관리제를 도입하였다. 현재는 관리 대상업체 기준을 고시하고 지정하였으며, 관리업체가 이행하여야 할 세부 지침을 명시하고 있다.

온실가스는 직접온실가스와 간접온실가스로 나뉘는데 직접온실가스란 CO_2, CH_4, HFCs, PFCs, SF_6, CFCs, H_2O 등 가스가 직접적으로 온실효과에 관여하는 가스를 말하며, 간접온실가스란 NOx, CO, SO 등 대기 중에 배출되어 다른 물질과 반응하여 온실가스로 전환될 수 있는 여지가 있는 물질을 말한다. 이 중 6가지 종류의 온실가스를 교토의정서 상의 대상 가스로 규정하고 있으며, 국내 목표관리제에서도 6대 온실가스를 배출할 경우, 온실가스 배출량으로 산정하도록 규정하고 있다. 온실가스 배출량을 산정할 시에는 5가지 원칙에 준하여 배출량을 산정하여야 한다. 온실가스 배출량 산정·보고 절차는 6단계에 따라 진행된다.

[표 1-1-4] 온실가스 배출량 산정 5대 원칙

적절성	의도된 사용자의 요구에 적합한 온실가스 배출원, 흡수원, 저장소, 데이터 및 방법론을 선택함.
완전성	사업장 경계 내 발생하는 모든 배출원을 포함해야 하며 예외사항에 대해서는 반드시 명시해야 함.
일관성	시간과 경과에 따른 배출량의 의미 있는 비교를 위해 범위, 산정방법 등의 일관성을 유지하고, 변화사항에 대해 명확히 기술함.
투명성	조사과정, 절차, 가정 등의 정보가 명확하고, 제 3자가 납득할 수 있도록 공개하는 정도로 제 3자 검증시 투명성이 높아짐.
정확성	판단 가능한 범위 내에서 온실가스 배출수치가 실제 배출량을 초과하거나 미달되지 않도록 불확실성을 가능한 범위 안에서 최소화해야 함.

(4) 온실가스 배출량 산정 · 보고 절차

가. 조직 경계 설정

공동주택 관리법 등 관련 법률에 따라 정부에 등록 보고 허가 받은 근거문서사업자등록증, 사업보고서, 시설 배치도, 사업장 약도, 사진 등를 이용하여 사업장의 부지경계를 식별하고 분류 형태업종 등를 파악한다. 조직경계는 사업장 경계 외부의 기숙사, 영업소 등도 관리업체의 통제 하에 있으면 조직경계 내에 포함 된다.

나. 배출활동 확인구분

배출량 산정방법론에 따라 사업장 내 온실가스 배출활동을 구분하여 식별하고 소량 배출원 임을 확인한다. 보고대상 활동의 파악시 활용 가능한 자료로는 공정의 설계자료, 설비의 목록, 연료 등의 구매전표 등을 활용 가능하다.

다. 모니터링 유형 및 방법의 설정

각 배출활동 및 배출시설에 대하여 모니터링 유형을 선정한다. 모니터링 유형은 사업장의 데이터 관리현황 및 지침의 규정에 알맞게 선정해야 한다. 관리업체는 모니터링 유형에 따른 활동자료의 수집방법론을 활용하여 배출시설별로 활동자료를 수집·결정할 수 있다. 사업장에서 사용하는 모니터링 기기를 파악하고 그에 따른 유형을 파악한 후, 유형에 따른 모니터링 방법을 결정한다.

라. 모니터링 유형

모니터링 유형에는 첫 번째로, 연료 등의 구매량에 따른 모니터링 방법A이 있다. 이 방법은 연료 및 원료의 공급자가 상거래 등의 목적으로 설치·관리하는 모니터링 장비를 이용하여 활동자료의 양을 결정한다. 두 번째는 연료 등의 직접 계량에 따른 모니터링 방법B이 있다. 이 방법은 사업자가 배출시설별로 설치하여 주기적으로 모니터링 기기를 사용하여 활동 자료의 양을 결정하는 경우이다. B유형은 배출시설별로 관리할 필요성 있으며, 연료 및 원료의 사용량, 부생가스 사용량, 폐기물 처리량, 제품 생산량, 불소화 온실가스 사용량 등의 활동자료 결정에 사용할 수 있다. 세 번째는 근사법에 따른 모니터링 유형C이 있다. 활동자료를 결정하는 과정에서 부득이한 사유로 인하여 모니터링 방법 A구매량 기준에 따른 모니터링, B직접계량에 따른 모니터링를 적용하지 못할 경우에는 다음과 같은 근사적인 방법론을 통하여 활동자료를 결정할 수 있다. 이 경우 사업자는 이를 모니터링 방법에 포함하여 관장기관에 제출하여야 한다. 다음과 같은 배출시설 등에 대하여 모니터링 유형 C근사법에 따른 모니터링를 적용할 수 있다.

① 식당 LPG, 비상발전기, 소방펌프 및 소방설비 등 저배출원

② 이동연소배출원사업장에서 개별 차량별로 온실가스 배출량을 산정하는 경우를 의미한다

③ 기타 모니터링이 불가능하다고 관장기관이 인정하는 경우

마. 모니터링 체계 구축

사업장 내 온실가스 배출량 산정을 위한 모니터링 포인트, 배출량 산정 책임자 및 모니터링 지점의 관리책임자·담당자 등을 정한다. '누가', '어디를', '어떤 방법으로' 활동자료 혹은 배출가스 등을 감시하고 산정하는지, 세부적인 방법론, 역할 및 책임들을 정하며 체계를 구축한다.

바. 배출활동별 산정방법론 선택

배출량 산정방법론계산 기반 혹은 연속측정방법 및 최소 산정 등급Tier 요구기준에 따라 배출활동별 산정

방법론을 선택한다. 이 기준은 배출시설에 따른 최소 요구 기준이기 때문에 배출시설이 A그룹에 포함되어 Tier 1의 수준이 최소요구 기준이라고 할지라도, 더 높은 정확도를 가지는 Tier 2, 3의 기준에 따를 수 있다.

(5) 제2차 기후변화대응 기본계획 확정

대한민국은 2019년 10월 기후변화 대응 최상위 계획에 해당하는 "제2차 기후변화대응 기본계획"을 국무회의 심의하고, 최종 확정하였다. 큰 골자를 보면 우리나라의 지속가능한 저탄소 녹색사회 구현을 위해 2030년까지 온실가스 배출량을 5억 3,600만 톤으로 줄이고, 전 부문 기후변화 적응력 향상을 도모한다는 것이다. 기후변화대응 기본계획이란 저탄소 녹색성장기본법에 따라 계획기간2차 계획 2020~2040년 5년마다 수립 및 시행하는 기후변화대응 최상위 계획에 해당한다. 거시적 관점에서의 국가 온실가스 감축목표와 기후변화 적응 등의 하위 계획 원칙과 방향을 제시한다는 것에 큰 의미가 있는 계획이다. 금번 제2차 기후변화대응 기본계획의 주요 비전과 목표, 그리고 중점 추진과제는 아래의 그림과 같다.

[그림 1-1-12] 대한민국 기후변화 기본계획 발표(2019년 10월)

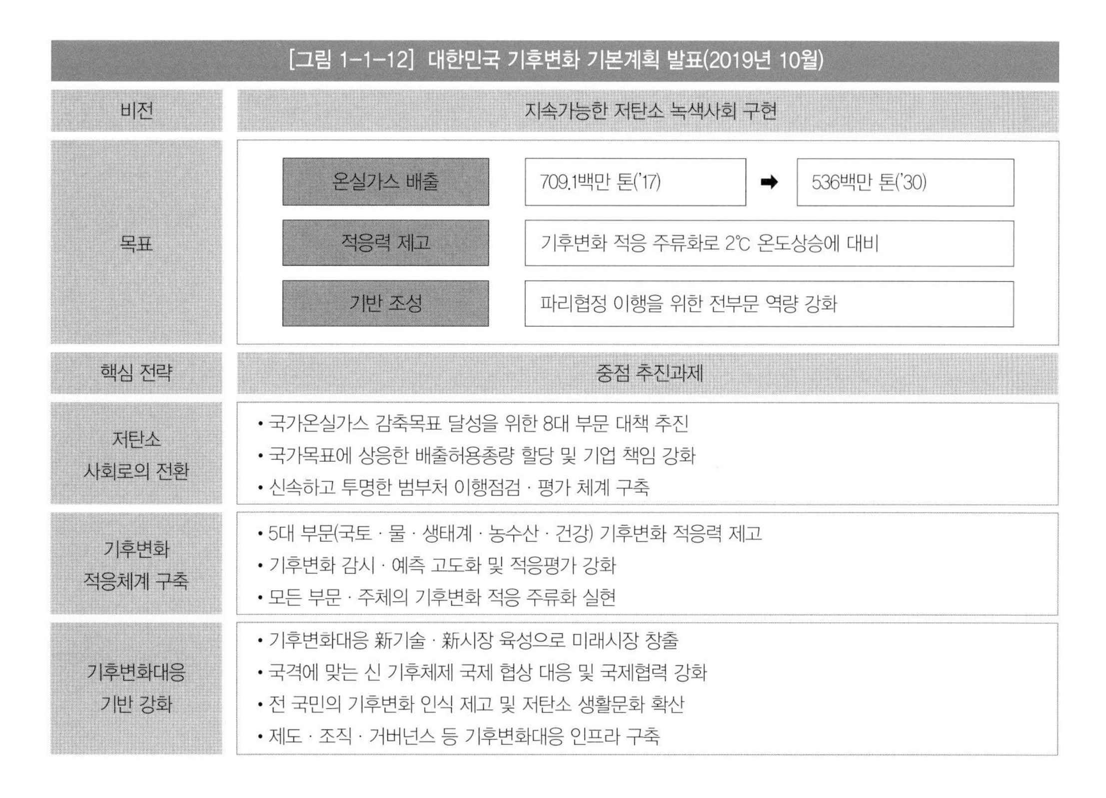

과거 제1차 기후변화대응 기본계획이 2016년 12월에 수립된 것에 비해 제2차 기후변화대응 기본계획은 신 기후체제 출범에 따른 기후변화 전반에 대한 대응체계 강화 및 '2030 국가 온실가스 감축 로드맵' 이행 및 점검, 평가 체계를 수행하기 위해 조기에 수립된 부분이 있다.

제2차 기본계획에 따라 2030년까지 온실가스 배출량을 5억 3,600만 톤으로 감축하고, 전 세계의 파리협정 이행을 위해 산업 전 부문의 역량 강화를 목표로 한다. 건축물의 내용을 살펴보면 신축 공공 건축물에 대해서만 적용되었던 녹색건축물을 기존 공공 건축물로 확대하며, 민간 건축물은 향후 에너지 소요량을 최소화하는 제로에너지 건축물 인증을 의무적으로 받을 수 있도록 확대 시행한다는 계획을 발표하였다. 그리고 '2030 국가 온실가스 감축 로드맵'을 기준으로 온실가스 배출허용총량 및 업체별 할당량을 설정하고, 유상할당 비율을 점진적으로 확대할 예정이다. 배출권거래제 2차 계획기간 유상할당 비율 3%를 3차 계획기간2021년~2025년 10%, 그리고 그 이후에도 점차 강화한다는 것이다. 이는 곧 유럽 EU-ETS처럼 100% 유상 할당의 시장 메커니즘을 추구하게 되는 것이다.

기업의 감축투자 촉진기반 마련 및 배출권거래제 유동성 제고를 위해 업체별 배출권 할당시 과거 온실가스 배출량 기반GF : Grand Fathering에서 배출원단위 기반BM : Bench-Mark으로 확대 적용하고, 시설단위의 배출권 할당을 사업장 단위로 개편 추진한다. 다만 건축물 내에서 아직 적용 가능한 BM 계수가 개발되지 않음에 따라, 추후 건축물 부문도 BM 할당을 받을 지 여부는 불투명한 상태이다. 정부의 에너지 감축 목표가 핵심 4대 배출원전환, 산업, 건물, 수송에 집중 부여함에 따라, 건축물 또한 상당히 높은 수준의 감축목표를 부여 받았다.

제2차 기후변화 기본계획 상의 각 산업 부문별 감축목표는 아래와 같다.

[표 1-1-5] 대한민국 기후변화 기본계획 산업 부문별 감축목표

(단위 : 백만 톤 tCO_2, %)

부문		배출량('17)	배출전망('30 BAU)	감축목표		
				목표 배출량	BAU대비 감축량(감축률)	주요 감축수단
국내 부문별 목표			850.8	574.3	△276.4(32.5%)	
배출원 감축	산업	392.5	481.0	382.4	△98.5(20.5%)	• 효율개선 • 냉매대체 • 폐열활용
	건물	155.0	197.2	132.7	△64.5(32.7%)	• 단열강화(신규 · 기존) • 설비개선 BEMS 확대
	수송	99.7	105.2	74.4	△30.8(29.3%)	• 친환경차 확대 • 친환경선박 보급 • 바이오디젤

부문		배출량 ('17)	배출전망 ('30 BAU)	감축목표		
				목표 배출량	BAU대비 감축량(감축률)	주요 감축수단
배출원 감축	폐기물	16.8	15.5	11.0	△4.5(28.9%)	• 재활용확대 • 메탄가스 회수
	공공(기타)	20.0	21.0	15.7	△5.3(25.3%)	• LED 조명 • 재생에너지 확대
	농축산	20.4	20.7	19.0	△1.6(7.9%)	• 분뇨 에너지화
	탈루 등	4.8	10.3	7.2	△3.1(30.5%)	• 자연 배출
감축수단 활용	전환	(253.1)	(333.2)	(192.7)	(△140.5)(42.2%)	• 전원믹스 개선 • 수요관리
	에너지신산업		–	–	△10.3	• 탄소포집 · 활용 · 저장
국외 감축 등			–	–	△38.3(4.5%)	산림흡수+국제시장활용
감축수단 활용	산림흡수원	(–41.6)	–	–	△22.1	• 도시숲 확대
	국외감축 등		–	–	△16.2	• 양자협력
합계		709.1	850.8	536.0	△314.8(37%)	국내(32.5%)+국외(4.5%)

우리나라가 최근 제2차 기본계획을 발표하는 등 국제사회의 온실가스 감축 의무를 이행하려는 의지를 보이고 있으나, 전세계 환경단체는 '국제적으로 기후악당으로 혹평받는 현실을 외면한 자화자찬이자 정책에 대한 무지를 드러내고 있다'면서 혹평하고 있다.

그 근거로는 2017년 대한민국의 온실가스 배출량은 역대급 가장 많은 7억 900만 tCO_2으로 발표하였으며, 이러한 원인으로는 원자력 발전의 중지에 따른 석탄화력발전소 추가 가동에 원인을 찾을 수 있다. 산업통상자원부에서 발표한 석탄화력발전소 연도별 변화 추세를 살펴보면 2019년 말 기준 4기를 폐쇄하고, 2020년까지 6기를 폐쇄한다는 미래 계획을 발표하였으나, 폐기된 만큼 신증설이 추가됨에 따라 석탄화력발전소의 가동 기수는 변화가 없게 된다.

2017년 석탄화력발전소가 6기 추가됨에 따라, 2017년 대한민국 총 온실가스 배출량은 전년보다 2.4% 증가한 7억9백만 tCO_2이었다. 2014년 발표한 '2020 온실가스 감축 로드맵'에 따르면 우리나라의 2017년 배출 계획은 6억 천4백3십만 tCO_2이었으나, 당초 계획보다 15%를 초과한 온실가스를 배출한 셈이다. 대한민국 정부는 반도체 및 철강업계의 호황 때

[그림 1-1-13] 석탄화력발전소 연도별 변화

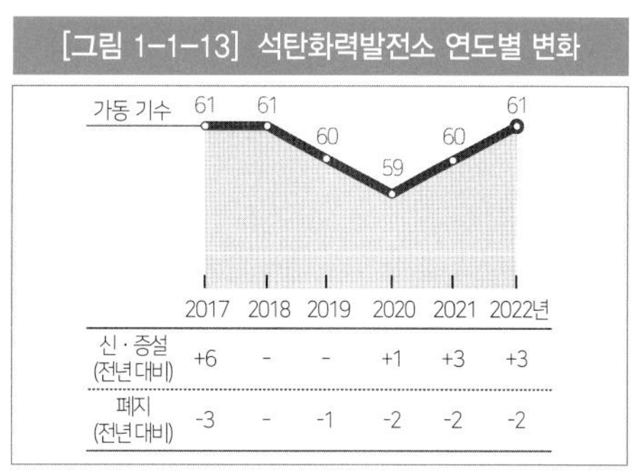

자료 : 산업통상자원부 제8차 전력수급기본계획

문이라고 책임을 전가하였지만 2017년 국가 온실가스 부문별 배출량을 살펴보면 에너지부분에서의 증가가 큰 것으로 확인되었다. 더 부정적인 전망은 2017년에 신설로 석탄화력발전소는 하반기에 가동 개시된 것으로, 1년의 정상가동이 운전하게 되면 향후 국가온실가스 배출량 총합은 지속적으로 증가할 것이라는 점이다.

[그림 1-1-14] 2017년 국가 온실가스 부문별 배출량

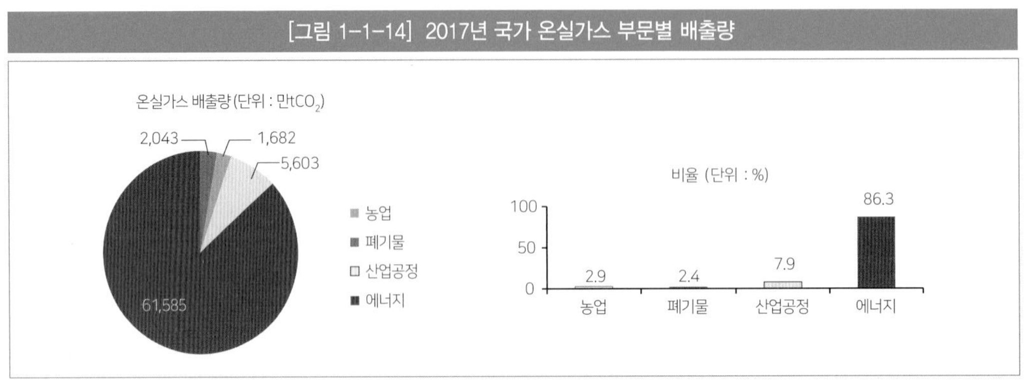

자료 : 온실가스 종합정보센터

2019년 9월 23일 미국 뉴욕에서 개최된 유엔 기후행동정상회의에서 65개 국가 정상이 2050년 넷제로탄소 순배출량 제로를 발표하였다. 영국 등 선진국 국가만 넷제로를 선언한 것이 아니라, 덴마크, 핀란드 등의 친환경 국가 표명국과 칠레, 코스타리카, 에티오피아, 우루과이 등 개도국도 참여하기로 하였다. 전 세계 10개 주와 102개 도시도 2050 탄소 넷제로를 선언할 계획임에 따라, 우리나라의 온실가스 감축 의무에 대한 요구는 강화될 예정이며, 이러한 의무 감축의 일환으로 건물부문은 2030년 BAU대비 32.7% 약 6천4백만 톤의 높은 감축 목표를 부과하였다. 주요 감축수단으로는 기존 및 신축 건축물의 단열 강화, 에너지 효율 개선을 위한 설비개선, 그리고 BEMS의 확대 부분이다. 단열 강화를 위한 구체적인 방안 및 BEMS의 시장 전망에 대한 내용은 본 도서의 뒷장에 자세히 기술하였다.

배출시설의 배출량 규모 기준 및 산정등급(Tier) 정의

산정등급(Tier) 분류체계

① Tier 1 : 활동자료, IPCC 기본 배출계수(기본 산화계수, 발열량 등 포함)를 활용하여 배출량을 산정하는 기본방법론

② Tier 2 : Tier 1보다 더 높은 정확도를 갖는 활동자료, 국가 고유 배출계수 및 발열량 등 일정부분 시험 · 분석을 통하여 개발한 매개변수 값을 활용하는 배출량 산정방법론

③ Tier 3 : Tier 2보다 더 높은 정확도를 갖는 활동자료, 사업장 · 배출시설 및 감축기술단위의 배출계수 등 상당부분 시험 · 분석을 통하여 개발한 매개변수 값을 활용하는 배출량 산정방법론

④ Tier 4 : 굴뚝자동측정기기 등 배출가스 연속측정방법을 활용한 배출량 산정방법론(주기적 정도검사 방법을 포함한다)

배출시설의 배출량 규모에 따른 산정등급(Tier) 분류 기준

① A그룹 : 연간 5만 톤 미만의 배출시설

② B그룹 : 연간 5만 톤 이상, 연간 50만 톤 미만의 배출시설

③ C그룹 : 연간 50만 톤 이상의 배출시설

제 2 장

호텔서비스업의 에너지 사용 분석

기후변화에 대한 심각성과 위기감이 고조되며 세계 각국이 대책 마련에 부심하고, 우리나라도 저탄소 녹색성장 기본법을 제정하는 등 국제기후변화 논의에 적극적으로 대응하고 있다. 국내 기업이나 기관들도 국내 · 외 환경규제 정책에 동참하며 개선 방안을 모색 중인데 특히 대형 건축물 중에서도 호텔서비스업은 에너지 사용량 및 온실가스 배출량이 날로 증가되고 있어 방안 모색에 시급한 상황이다. 그러기에 앞서 전체 건축물 용도별 에너지 사용 현황과 A호텔 개별 체인호텔의 에너지 사용량 및 온실가스 배출량 특성을 살펴 참고로 하고, 이는 향후 호텔서비스업에서 적용 가능한 감축 잠재량 방법론의 타당성 평가에 척도로 활용될 것이다.

1. 호텔서비스업의 에너지 사용

에너지관리공단에서 발표한 에너지 사용량 통계에 따르면 매년 2,000TOE 이상 사용량을 신고한 에너지 다소비 기업체 수는 총 3,252개에 이르며, 그 중에서도 건축물 부분은 925개로 28.4% 비율을 차지하고 있다. 대학 온실가스 배출 특성 및 저감방안에 관한 연구 논문_경성대학교 대학원 김용현

TOE는 Ton of Oil Equivalent의 약어로, 지구상에 존재하는 모든 에너지원의 발열량에 기초해서 이를 석유의 발열량으로 환산한 석유 환산톤을 말한다. 즉, 각종 에너지원의 단위를 비교하기 위한 가상단위라고 볼 수 있다. 건물부문의 925개 중에서 호텔이 해당하는 것은 67개, 비율로 보면 7.24%에 해당한다.

연도별 에너지 사용량 현황표를 살펴보면 호텔의 에너지 사용 현황은 2000년도부터 2012년도까지 매년 증가세를 유지하고 있으며, 특히 2010년도 에너지 사용량은 2009년도에 비해 큰 폭으로 증가하는 것을 알 수 있다.

호텔의 에너지 사용량은 건축물 전체 에너지 사용량을 놓고 볼 때 10%를 상회하는 수준이다. 2010년 이후부터의 증가율 추세는 백화점이나 학교 등 다른 업종에 비해 낮음을 알 수 있다.

[표 1-2-1] 건축물의 에너지 다소비 현황

단위 : 개

구분	건물										
	상용	공공	아파트	호텔	병원	학교	전화국	연구소	백화점	기타	소계
2천~3천TOE	52	9	118	23	13	12	8	9	92	15	346
3천~5천TOE	48	10	97	22	35	28	4	7	52	11	314
5천~10천TOE	27	11	25	12	26	32	5	13	26	7	184
10천~20천TOE	8	5	9	7	3	14	3	5	6	3	63
20천~30천TOE	4			2	2			1	1		10
30천TOE 이상	2	1		1	2	1		1			8
합계	141	36	244	67	81	87	20	36	177	36	925

자료 : 한국에너지공단

최근 3개년도 건축물, 각 용도별 에너지 사용량을 통해서도 비슷한 결과를 확인할 수 있다. 2016년 호텔 업종 71개 기업 전체의 에너지 사용량은 232,550TOE에서 2017년 236,823TOE, 2018년 251,224TOE로 매년 증가하는 것을 볼 수 있다. 또한 연료와 전력의 사용 비율을 보면 연료 약 16%, 전력 84%로 전력으로 인한 에너지 사용량의 비중이 높은 것을 확인할 수 있다. 전체 건축물 중 호텔업의 에너지 사용 비율은 6%를 상회하며, 3개년도의 기간 동안 건축물내의 사용 비율은 큰 변화가 없는 것을 알 수 있다.

[표 1-2-2] 최근 3개년도 건축물 업종별 에너지 사용 현황

업종별	2016			2017			2018		
	업체수(개)	연료(toe)	전력(MWh)	업체수(개)	연료(toe)	전력(MWh)	업체수(개)	연료(toe)	전력(MWh)
	소계	소계	소계	소계	소계	소계	소계	소계	소계
계	1,202	2,718,273	20,633,222	1,245	2,764,699	21,390,976	1,297	2,920,169	22,690,000
상용	190	404,633	3,844,745	164	313,946	2,851,366	162	306,375	2,761,566
공공	56	154,092	1,326,935	58	154,658	1,406,271	60	176,862	1,585,451
아파트	313	478,957	3,119,662	338	482,275	3,334,556	382	541,276	3,824,071
호텔	71	232,550	1,228,367	72	236,823	1,243,786	75	251,224	1,315,146
병원	88	305,564	1,753,537	91	310,914	1,808,772	92	322,072	1,865,699
학교	121	352,014	2,544,988	122	358,824	2,620,541	122	364,240	2,661,022
IDC(전화국)	26	70,678	782,925	45	150,951	1,714,078	44	168,383	1,920,602
연구소	54	205,915	1,559,054	61	226,230	1,725,344	63	256,445	2,069,179
백화점	165	299,338	2,694,568	167	319,432	2,886,709	159	300,747	2,698,432
건물기타	118	214,533	1,778,391	127	210,646	1,809,552	138	232,545	1,988,831

자료 : 국가통계포털

건축물, 특히 호텔업의 월별 에너지 사용 패턴을 분석하는 것 또한 감축 절감 요인 개선을 발굴하는데 유용하게 활용될 수 있다. A호텔 15개 호텔 에너지원전기, 가스, 용수별 사용량을 분석 결과, 아래와 같은 사용 비율이 확인되었다.

[표 1-2-3] A호텔 에너지원(도시가스, 전력, 용수) 월별 사용 비율

	1월	2월	3월	4월	5월	6월	7월	8월	9월	10월	11월	12월
도시가스 월별 사용 비율(%)	14.3%	10.5%	8.8%	8.6%	7.4%	7.1%	4.7%	5.9%	7.3%	7.0%	7.7%	10.6%
전력 월별 사용 비율(%)	7.0%	6.5%	6.6%	6.9%	8.0%	9.0%	12.0%	12.5%	9.6%	8.4%	6.5%	7.0%
용수 월별 사용 비율(%)	6.3%	6.8%	4.8%	6.6%	5.7%	7.4%	10.1%	15.3%	12.7%	9.6%	8.3%	6.3%

자료 : A호텔 에너지 사용

월별 사용 비율을 살펴보면 하절기7월~9월에 높은 외기 온도로 인해 냉동기로 인한 전력 사용량이 증가하고, 동시에 용수의 사용량도 급격히 상승하게 된다. 이와 반대로 동절기12월~2월에는 낮은 외기온도 및 건조한 외기 기후 영향으로 도시가스 사용량이 급증하게 된다. 다만 여기서 확인할 사안은 동·하절기 계절의 변화에 상관 없이 일정 수준의 가스와 전기, 그리고 용수사용량이 필요하다는 것이다. 즉, 건축물이 기본적으로 적절히 운영되기 위해서는 일정 수준의 에너지 공급은 지속적으로 필요하며, 이러한 기본부하에 대한 패턴 분석이 필요하게 된다.

업무용 건물이 에너지 부하 모델저자 박화춘 외1인 논문 결과를 살펴보면 호텔업 뿐만 아니라, 일반 업무 빌딩에서도 비슷한 결과를 확인할 수 있었다. 본 논문 분석은 서울, 부산, 대구, 광주, 대전, 인천 등에 소재한 전기와 열의 이중 관리 대상 업체인 121개에 대해 설문조사를 실시하여 13개 업무빌딩으로부터 회신 결과를 도출한 것이다. 13개 업무 빌딩의 기본 특성을 살펴보면 수전전압은 22.9Kw, 계약전력의 용량은 평균 2,559Kw, 비상용발전기 용량은 약 675Kw 정도였다. 냉방방식이 전동식 냉동기에 의존하여 신뢰할 만한 데이터를 보유한 5개 업무빌딩을 대상으로 정밀 분석을 실시한 결과, 전체 에너지의 61.6% 전기, 나머지 38.4%가 가스 등의 연료로 사용되었다. 월별 단위 면적당 에너지 소비량을 살펴보면 전기는 하절기 냉방수요로 인

[그림 1-2-1]
A호텔 에너지원(도시가스, 전력, 용수) 월별 사용 패턴

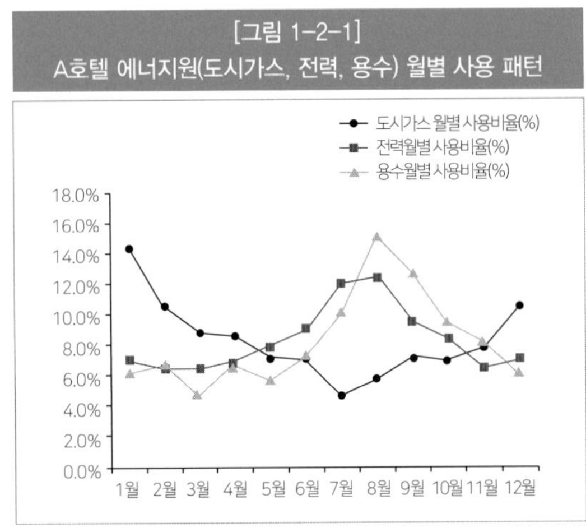

자료 : A호텔 에너지 사용

하여 8월달 15.7Mcal/㎡로 가장 높았으며, 4월달은 8.6Mcal/㎡로, 가장 적은 것이 확인되었다. 반대로 연료는 동절기 1월달 21.5Mcal/㎡로 가장 많이 사용되었으며, 5월 및 10월 소량의 연료 사용량이 발견되나 양이 적음에 따라 급탕부하로 보기가 어려움에 따라 업무빌딩은 급탕을 제외하고 분석을 실시하였다.

[그림 1-2-2] 월별 단위 면적당 에너지 소비 평균(단위 : Mcal/㎡)

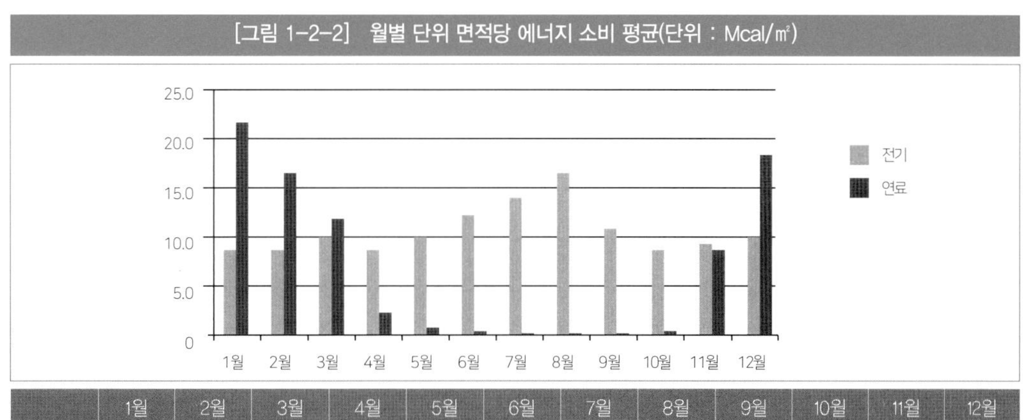

	1월	2월	3월	4월	5월	6월	7월	8월	9월	10월	11월	12월
전기	9.4	9.0	10.0	8.6	9.9	12.0	14.2	15.7	10.7	9.1	9.6	10.0
연료	21.5	17.4	11.3	2.4	0.2	0.1	0.1	0.1	0.1	0.2	8.3	18.2

자료 : 업무용 건물의 에너지 부하 모델

본 논문 결과에서 일별 단위 면적당 전력 및 연료 소비와 전력부하, 냉방부하, 난방 및 급탕부하를 살펴보는 것 또한 유의할 것으로 판단되어 일부 수록하였다. 계절별 부하를 살펴보고, 추후 기본 부하의 변동을 알아보는 것 또한 해당 건축물의 에너지 절감 잠재요인을 분석하는데 활용될 수 있다. 다만, 본 데이터 분석은 데이터 특성이 우수한 5개 건물에 대해 실시한 것으로, 조사 결과는 건물들의 기본 시설 특성 및 외기 변화, 그리고 지리적 위치 등 다양한 조건에 따라 변할 수 있다는 것을 알려두는 바이다. 각 일별 단위 면적 당 전력 및 연료 소비 패턴은 아래와 같다.

본 그래프는 5개 오피스 건물 동H,J1,J2,K,Y에 대하여 일별 면적당 전력왼쪽 및 가스오른쪽 소비 사용 패턴이다. 1월 1일 기준 0day로 시작하여 12월 31일 기준 360day로 설정하였다.

전력 소비Electricity Consumption는 하절기 210day~240day, 가스 소비Fuel Consumption는 동절기 350day~360day, 0day~30day에 가장 많은 것으로 확인된다. 4계절이 뚜렷한 우리나라의 계절적 특성에 기인한 결과에 따른 것으로 분석된다.

[그림 1-2-3] 일별 단위 면적 당 전력 및 연료 소비 패턴

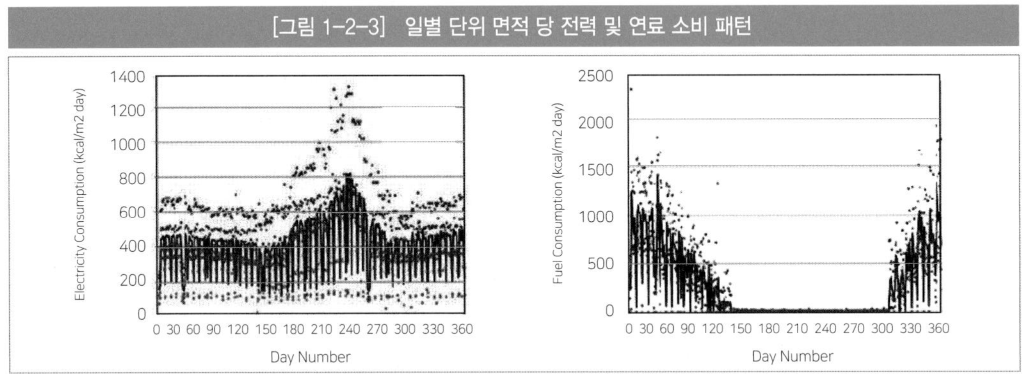

자료 : 업무용 건물의 에너지 부하 모델

위 그래프는 5개 오피스 건물 동H, J1, J2, K,Y의 일단위 면적별 전력 부하Electricity Load, 냉방 부하Cooling load, 난방 부하Heating Load에 해당한다. 전력부하에 대한 분석을 검토한 결과, 매일 평균적으로 300kcal의 에너지를 소비하고 있으며, 편차범위는 100kcal/day인 것으로 확인되었다. 전력부하는 해당 건축물의 전기소비 장비PC 등들이 매년 추가될 가능성이 높음에 따라, 지속적인 우상향을 그릴 것으로 저자는 분석하고 있다. 냉방부하와 난방부하를 살펴보면 냉방부하 발생 일수는 전체 200일에서 100일 정도에 집중 발생되고 있으며, 난방 일수는 180일로 최대 발생치는 1월에 나타났다. 냉방부하 분석 결과 평균 800kcal/day-㎡이며, 편차범위가 500kcal/day-㎡로 상당히 크게 나타났다. 냉방부하의 편차가 큰 것은 건축물의 에너지관리 운영 현황BEMS 및 BAS 적용 상태 및 건축물의 상태건축년도, 그리고 설비 등의 효율화에 기인하여 발생될 가능성이 크다. 난방부하 역시 편차범위가 600kcal/day-㎡로, 상당히 큰 차이가 발견되었다.

[그림 1-2-4] 업무 빌딩의 전기(왼쪽)/냉방(가운데)/난방(오른쪽) 부하 모델 분석 결과

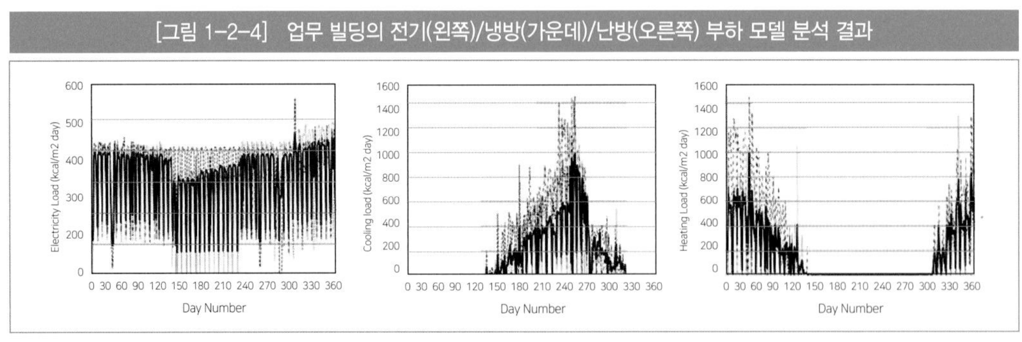

자료 : 업무용 건물의 에너지 부하 모델

건축물이 완공되어 일정 기간 동안의 에너지 사용량을 패턴으로 정형화할 수 있다. 기본 패턴이 분석되면 매년 패턴에서 벗어나는 이상 월에너지 사용량이 급증감 하는 경우에 대한 집중 분석이 필요하다. 이

상 월에 대한 분석은 기본 패턴보다 많이 사용하는 것 뿐만 아니라 적게 사용하는 원인도 추론하여 분석할 필요성이 있다. 패턴을 이용한 에너지 사용량의 적정성 분석은 통계 기법 중 회귀 분석을 통해 살펴볼 수 있다. 회귀분석 방법론에 대한 세부 내용은 뒤에 에너지경영시스템 에너지 성과지표 부분에서 상세히 기술하였다. 또한 건축물은 해당 지역 위치기후 조건 등에 따라 에너지 사용량이 크게 바뀔 수 있으며, 월별 패턴 또한 변화될 수 있다. 해당 지역의 에너지 수급 조건, 공급량, 그리고 산업단지 개수 등은 한국에너지공단EG-TIPS 에너지온실가스 종합정보 플랫폼, http : //tips.energy.or.kr/main/main.do에서 확인 가능하다.

[그림 1-2-5] 에너지맵 통계

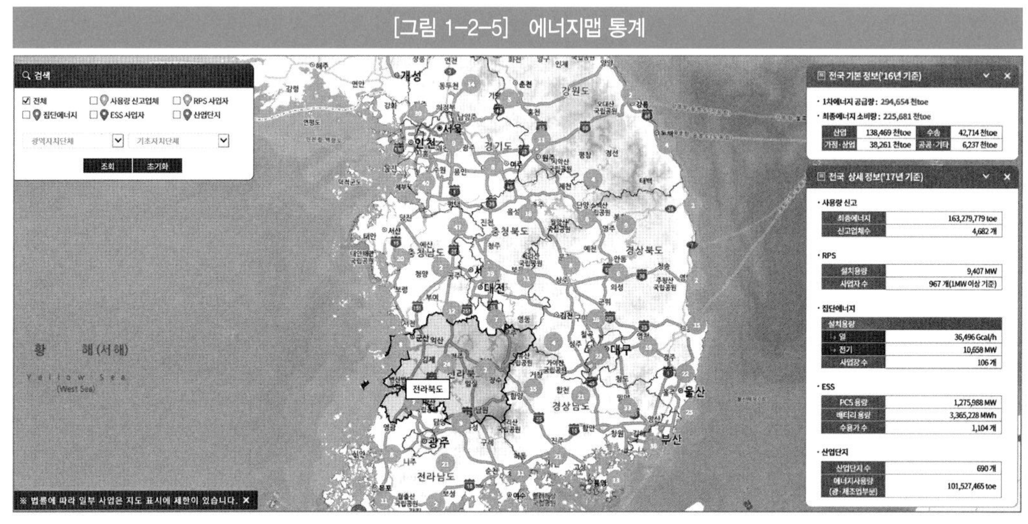

자료 : 한국에너지공단

건물부분 업종별 에너지 사용 추세 변화는 아래의 표와 같다.

[표 1-2-4] 연도별 에너지 사용량 현황

단위 : 천TOE

구분	상용	공공	아파트	호텔	병원	학교	전화국	연구소	백화점	기타	소계
2000	139	50	597	166	125	130	20	47	118	60	1,452
2009	271	105	453	219	239	269	50	100	269	73	2,047
2010	295	107	462	236	254	296	46	116	293	76	2,181
2011	294	111	432	241	259	293	47	111	291	76	2,157
2012	321	111	429	242	269	304	47	122	309	81	2,234
비중(%)	14.4	5.0	19.2	10.8	12	13.6	2.1	5.5	13.8	6.8	100

자료 : 한국에너지공단

2. 호텔의 온실가스 배출

건축물 온실가스 배출량을 업종별로 살펴보면 아파트 업종이 16.5%로 가장 높고 그 다음으로 상용시설이 16.4%로 두 번째의 높은 비율을 나타내고 있다. 호텔업종은 병원에 이어서 여섯 번째로 전체 업종을 비교해 볼 때 온실가스를 다량으로 배출하는 건축물에는 속하지 않지만 모집군 수가 다른 업종에 비해 적은 것을 감안하면 배출량 원단위는 가장 높은 것으로 분석된다.

온실가스는 크게 간접배출과 직접배출로 나뉜다. 직접배출은 사람의 활동에 수반하여 발생하는 온실가스를 대기 중에 배출·방출 또는 누출시키는 것을 말하고, 다른 사람으로부터 공급된 전기 또는 열연료 또는 전기를 열원으로 하는 것만 해당함을 사용함으로써 배출하는 것을 간접배출이라 한다. 대부분의 건축물에서 발생되는 온실가스는 간접배출이 높은 편이다. 호텔 업종 또한 간접배출이 직접배출에 비해 1.5배 높은 수준을 차지하고 있다.

[표 1-2-5] 건축물 내 온실가스 배출 현황

단위 : 천tCO_{2-eq}

구분	건물										
	상용	공공	아파트	호텔	병원	학교	전화국	연구소	백화점	기타	소계
직접배출	146	69	565	305	313	267	8	75	173	67	1,987
간접배출	1,345	442	933	559	652	958	230	469	1,214	284	7,085
합계	1,491	511	1,497	864	965	1,225	238	543	1,387	350	9,072
구성비	16.4	5.6	16.5	9.5	10.6	13.5	2.6	6.0	15.3	3.9	100

자료 : 한국에너지공단

(1) A호텔 온실가스 배출 특성

국내 호텔 중에서 A호텔의 국내 체인을 모델로 하여 온실가스 배출 특성을 검토하여 특이성을 살펴보았다. 에너지 사용 분석과 마찬가지로 A호텔 8개 호텔의 9개년도에 대한 온실가스 배출량을 검토한 결과, 건물업종 호텔업의 경우 에너지 사용량이 모두 온실가스 배출로 발생되기 때문에 에너지 증감률과 동일한 패턴으로 온실가스가 배출되는 것을 확인할 수 있었다. A호텔 중 에너지 사용량이 가장 많은 A-1호텔은 공동지분으로 건물을 소유하고 있으며, 이에 따른 에너지 배분은 지분 및 계측 데이터를 기반으로 분배하고 있다. 임대업소 중 일부 사업장은 A-1호텔의 해당 사업부에 속해 있기 때문에 호텔에 포함하여 온실가스 배출량을 산정 중에 있다. A-1호텔의 온실가스 배출 공정도 및 조직경계운영경계 특이사항과 배출량 현황, 모니터링 현황은 다음의 표에 상세히 기술하였다.

[표 1-2-6] A호텔의 8개 호텔에 대한 9개년도 온실가스 배출량

단위 : tco_{2-eq}

구분	2007	2008	2009	2010	2011	2012	2013	2014	2015
A-1호텔	31,052	31,423	31,553	31,817	30,470	30,182	28,837	28,210	26,790
A-2호텔	–	–	9,887	9,918	10,257	9,688	11,672	11,431	10,626
A-3호텔	–	–	5,517	5,540	6,116	5,545	5,247	4,995	4,826
A-4호텔	–	–	2,476	2,926	2,999	3,030	3,047	2,820	2,761
A-5호텔	–	–	–	–	277	2,784	2,546	2,398	2,164
A-6호텔	–	–	–	–	–	–	–	969	2,197
A-7호텔	–	–	–	–	–	–	–	1,757	2,189
A-8호텔	–	–	–	–	–	–	–	3,661	4,729
총합	31,052	31,423	49,434	50,201	50,119	51,229	51,349	56,241	57,237

[그림 1-2-6] 온실가스 배출 공정도 현황

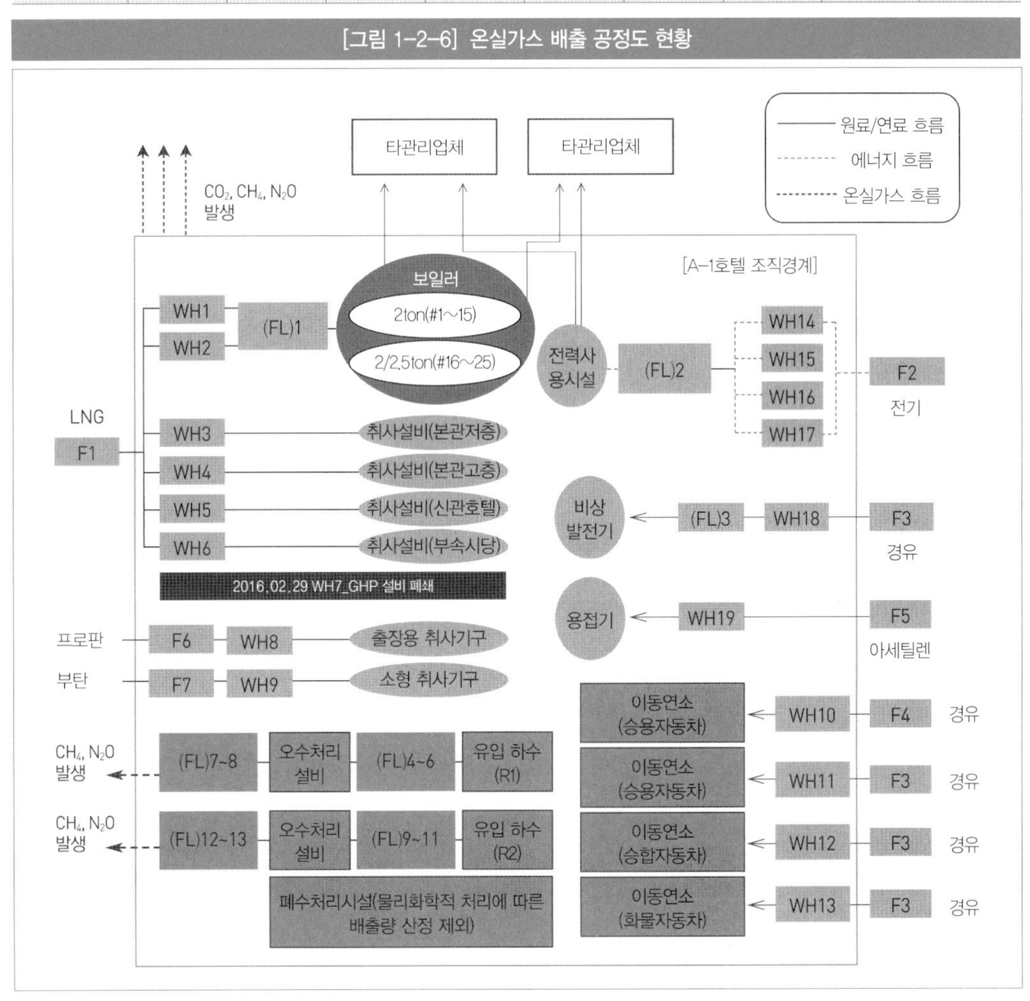

[표 1-2-7] A-1호텔 조직경계 및 운영경계 특이사항

구분	세부 사항
일반보일러	• 고지서 : 1구좌(1~15(2t)), 2구좌(16~25(2t, 2.5t)) • 명세서 작성 기준 변경(보일러 → 고지서 기준으로) • 임대업소 사용량 면적배분으로 제외
이동연소	• 임대업소 소속 차량은 별도로 자료를 수집하여 보고
사업장 전력	• 고지서 4개이지만 사업장 단위 하나로 보고 • 임대업소 사용량 면적배분으로 제외
하 · 폐수 처리	• 오수처리 시설은 생물화학적 호기성 처리로 배출량 산정 • 폐수처리시설은 물리화학적 혐기성 처리로 배출량 산정 제외 • 중수처리 시설에 대한 오수는 오수처리시설에서 포함하여 처리

A-1호텔은 목표관리제 규제 시행에 따라 2007년도부터 매년 온실가스 배출량을 보고 하고 있는데 연도별 증감률을 살펴보면, 2010년까지 지속적 증가 추세를 보였으나 이후 2011년도부터 2014년까지 매년 감소하여 2015년 가장 적은 온실가스 배출량을 나타냈다. A-1호텔의 온실가스 목표관리제 기준 기준연도 배출량은 31,343tCO_2-eq이다. 연도별 증감률 산정 세부 결과는 다음의 [표 1-2-8]과 같다.

[표 1-2-8] A-1호텔 연도별 온실가스 배출량 현황

구분	2007	2008	2009	2010	2011	2012	2013	2014	2015
A-1호텔	31,052	31,423	31,553	31,817	30,470	30,182	28,837	28,210	26,790
연도별 증감률	–	1.19%	0.42%	0.83%	–4.23%	–0.95%	–4.46%	–2.17%	–5.26%
기준연도 배출량		31,343							

A-1호텔의 2014년도 배출활동별 온실가스 배출량은 간접배출외부전기 사용이 74% 이상으로 배출량의 대부분을 차지하며, 따라서 전기사용 절감이 큰 감축 잠재량 요인으로 분석된다.

건축물의 용도별 에너지 사용 현황과 A호텔의 온실가스 배출량 특성을 살펴본 결과 대형 건축물의 경우, 고정연소도시가스와 간접배출로 인한 에너지 사용량과 온실가스 배출량이 90% 이상을 차지하는 것으로 파악되었다. 대형 건축물, 특히 호텔서비스업의 경우, 고객에게 시설서비스 제공을 위해 냉·난방 및 조명 시설 등이 주요 에너지원 설비에 해당함에 따라, 고정연소와 간접배출로 인한 에너지 사용 비율이 높은 것을 확인할 수 있었다.

[표 1-2-9] A-1호텔 배출활동별 온실가스 배출량 현황

배출활동명	온실가스 배출량		합계	비율
	Scope 1	Scope 2		
기체연료연소	6,819	0	6,819	24.17%
이동연소(도로)	282	0	282	1.00%
간접배출(외부전기사용)	0	21,021	21,021	74.52%
액체연료연소	6,288	0	6,288	0.02%
하수처리	80	0	80	0.29%
합 계	7,188	21,021	28,210	100%

[표 1-2-10] A-1호텔 온실가스 모니터링 현황

에너지원	배출시설명	배출활동명	활동자료 흐름	측정지점기호	모니터링 유형
도시가스 (LNG)	일반보일러 2ton#1~#15	기체연료연소	F1	WH1	C-2
	일반보일러 2ton#16~#25	기체연료연소	F1	WH2	C-2
	취사설비	기체연료연소	F1	WH3	A-1
	취사설비	기체연료연소	F1	WH4	A-1
	취사설비	기체연료연소	F1	WH5	A-1
	취사설비	기체연료연소	F1	WH6	A-1
프로판	출장용취사기구	기체연료연소	F6	WH8	A-1
부탄	소형취사기구	기체연료연소	F7	WH9	A-1
휘발유	승용자동차	이동연소(도로)	F2	WH10	A-1
가스/디젤 오일 (경유)	승용자동차	이동연소(도로)	F3	WH11	A-1
	승합자동차	이동연소(도로)	F3	WH12	A-1
	화물자동차	이동연소(도로)	F3	WH13	A-1
	비상발전기	액체연료연소	F3	WH18	A-1
전력	전력사용시설	간접배출(외부전기)	F5	WH14	A-1
	전력사용시설	간접배출(외부전기)	F5	WH15	A-1
	전력사용시설	간접배출(외부전기)	F5	WH16	A-1
	전력사용시설	간접배출(외부전기)	F5	WH17	A-1
유입하수	오수	하폐수처리시설	R1~R5	FL' 1~5	B
	오수	하폐수처리시설	R6~R10	FL' 6~10	B
아세틸렌	소규모	아세틸렌용접기	F4	WH19	A-1

제 3 장

국내 · 외 에너지 및 환경 관리 우수사례

건축물에서 에너지 및 온실가스 배출량을 절감하기 위해서는 건축물 외부로 낭비되는 에너지 요소, 즉 에너지가 사용되지 않고 폐열로 버려지는 요소 등을 절감하기 위한 기계적 설비와 단열 시설 등이 갖추어져야 하며, 공급되는 에너지를 친환경 에너지로 전환하는 과정이 선행되어야 할 것이다. 따라서 본 장에서는 국내 · 외 에너지관리 우수 건축물에 대한 문헌조사 및 현장실사 조사 결과를 수록함으로써 우리나라 건축물의 시설관리가 향후 나아가야 할 청사진을 제시하였다.

1. 해외 에너지 환경 관리 우수사례

호텔업의 건축물 특성에 부합하는 에너지 및 환경 관련 솔루션을 검토하기 위해 해외 유럽 3개국 스위스, 독일, 체코 대상으로 벤치마킹을 실시하였다. 벤치마킹은 2015년 9월 6일일요일부터 14일월요일까지 7박 9일로 진행되었으며, 건축물의 에너지 및 환경 분야의 신기술 업체 및 정책 방향 연구를 위해 방문하였다. 벤치마킹 방문기관 및 주요 검토 내용은 아래의 [표 1-3-1]과 같으며, 에너지 관리가 우수한 기업 및 기관에 대해서는 뒤에 구체적으로 명시하였다.

[표 1-3-1] 해외 주요 국가 및 기관 벤치마킹 실시 현황

주요 국가	방문기관 및 방문지 관련 주요 내용
스위스	• 스위스 건물에너지시스템 최신기술 및 운용프로그램 관련 회의 • 지멘스(빌딩기술) 본사 방문 • 스위스 건물에너지관리시스템 운영노하우 및 자동화시스템 회의 • 자우터 본사 방문 • 스위스 주정부 녹색건축정책 관련 회의 • 스위스 취리히 주의 폐기물, 수질, 에너지, 대기청 방문
독일	• 독일 주정부 건물에너지 효율화에 따른 정책 회의 • 독일 바덴뷔템베르크 주, 환경 · 기후 에너지경제부 방문 • 독일 저에너지 · 친환경 건축물 테마 전시관 현장 견학 • 최신기술 적용 모델하우스 전시장 방문 • 독일 뮌헨시 주요 에너지관리 정책 회의 및 건물관리시스템 파악 • 독일 뮌헨시청사 방문(Muenchener neues Rathaus, Muenchen)

주요 국가	방문기관 및 방문지 관련 주요 내용
체코	• 체코 제로에너지 시범운영마을 현장 견학(Knezice) • 체코 녹색건축정책 및 녹색건축기준 관련 회의 • 체코 그린빌딩협의회 방문(Czech Green Building Council)

(1) 지멘스 빌딩 기술부(Siemens Schweiz AG)

지멘스 빌딩 기술부 부서는 1998년 10월 1일 Elektrowatt AG취리히 지역의 산업활동부문에 대한 인수를 통해 설립되었다. 건물의 자동제어 및 설비운영을 접목하여 에너지 분야에 대한 특화된 서비스를 제공하고 있다.

건물의 건물 내의 화재 안전 및 보안 분야Fire Safety, Security와 에너지 효율화 및 쾌적성 분야Energy Efficiency를 접목하여, 화재 및 가스감지에 대한 메니지먼트와 냉·난방 관리 및 환기, 건물 제어 등에 대한 자동화를 운영 중에 있다. 특히 본사에 운영관제센터 AOCAdvantage Operations Center를 설치하여 데이터 분석전문가 10~12명을 비롯하여 데이터 모니터링, 네트워크 연계 등의 기술 전문 인력을 상주시켜 건물의 원격 제어에 대한 서비스를 제공하고 있다.

건물 에너지 관리 성능 소프트웨어 플랫폼Navigator으로 운영되는 시스템을 통해 건물의 에너지 데이터에 대한 수집, 청구서 관리, 모니터링, 분석 등의 원격 제어를 실시하고 있으며, 건물의 에너지 사용량에 대한 현황을 실시간 웹기반으로 확인이 가능하다.

[그림 1-3-1] 지멘스 내비게이터 시스템 구성 화면

지멘스 빌딩 기술부는 내비게이터 시스템 이외에도, 빌딩 자동화 및 에너지 효율성 분야의 최신 기술이 응집된 지멘스 소프트웨어를 개발하여, 기존에 적용된 건물의 에너지 관리시스템에 접목하여 통합 운영이 가능하도록 하고 있다. 지멘스 빌딩 기술부의 건물 에너지 자동화 관리시스템에 대한 구성 및 장점은 [표 1-3-2]와 같다.

[표 1-3-2] 지멘스 건물 에너지 자동화시스템 구성 및 주요 장점

개별 조정	에너지 효율	공급관리	구성환경	시스템성능	프로젝트
• 맞춤형 계기판 위젯을 기반으로 최적의 필터링된 정보를 제공하는 맞춤형 계기판	• 벤치마킹 KPIs에 기반을 둔 시설들의 비교	• 인보이스 관리 에너지 공급자로부터 받은 인보이스들 관리 및 투명성 제고	• 온실가스 분석 CO_2 배출량 관리	• 오류 검출 자동 오류 검출 및 경제적 영향 판단	• 개선 대책 에너지 수요, 공급 및 지속가능성을 포함한 개선대책 제시
	• 분석 건물분석 및 보고서 작성과 저장	• 계약 관리 주요계약정보 저장	• 지속가능성 분석 지속가능성 지표 비교 및 보고	• 시스템 관리 장비 성능의 자동 분석 및 고객의 관리시스템에 대한 원격 접근	• 평가 및 검증 개선부분 평가 및 검증을 통한 경제적 가치 극대화
	• 레포트 저장고 저장 및 기존 레포트들 조사 및 접근 가능성 향상	• 예산 관리 에너지 비용의 비교 및 시장가격을 책정하여 절감 금액 표시		• 수요 흐름 상세 수행능력 분석	

(2) 자우터(Sauter AG) 건물자동화시스템

자우터 본사는 스위스 바젤에 위치하고 있으며, 1910년 스위스의 Grindelwald에서 전기 타이머 생산기업을 모태로 설립되었다. 자우터는 이산화탄소 배출저감을 위한 효율적인 에너지 솔루션 관련 사업에 주로 사업 영역을 집중하고 있으며, 2009년~2010년 2년 연속 독일 건물효율협회로부터 '최고의 건물자동화시스템 상'을 수상하는 등 그린 빌딩Green Building 전문 기업으로 평가 받았다.

자우터는 건물자동화시스템EY-Modulo5 : 자체 기술명을 개발하여 혁신적인 무선 IT 기술을 바탕으로 중앙관제센터와 각 층/실간 양방향 커뮤니케이션을 통해 건물 내 에너지 흐름을 제어하고 있다.

이를 통해 각 사무실의 적절한 빛, 난방, 냉방 및 통풍을 위해 필요한 에너지를 최소 비용으로 절약하고 있다EY-Modulo5 기술 적용 시, 에너지비용 최대 35%까지 절약 가능. 자우터는 특히 자연광을 최대한 이용할 수 있도록 자동화된 외부 전동 블라인드 및 내장형 창호시스템을 설치하여 에너지 사용량을 저감 중에 있다.

외부 전동 블라인드 설치 사진은 다음의 [그림 1-3-2]와 같다. 자우터는 빌딩 자동화에 대한 투자 비용은 평균 건물 총 건설비용의 1~1.5%를 차지하며, 빌딩 자동화에 대한 투자를 진행하지 않을 경우 소요되는 건물 운영비용은 건물 총 건설비용의 2~4%이나, 지속적으로 운영비용 지출이 발생하게 된다고 보고 있다. 자우터에서 건물 자동화 기술 설치로 인해 예상 절감 금액은 다음의 [그림 1-3-3] 범위와 같다.

[그림 1-3-2] 자우터 외부 전동 블라인드 설치 모습

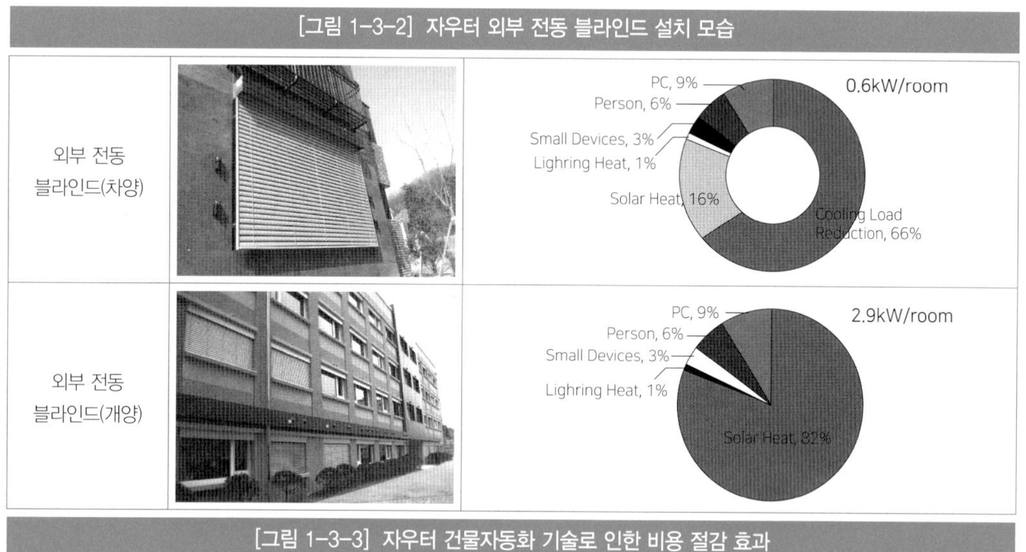

[그림 1-3-3] 자우터 건물자동화 기술로 인한 비용 절감 효과

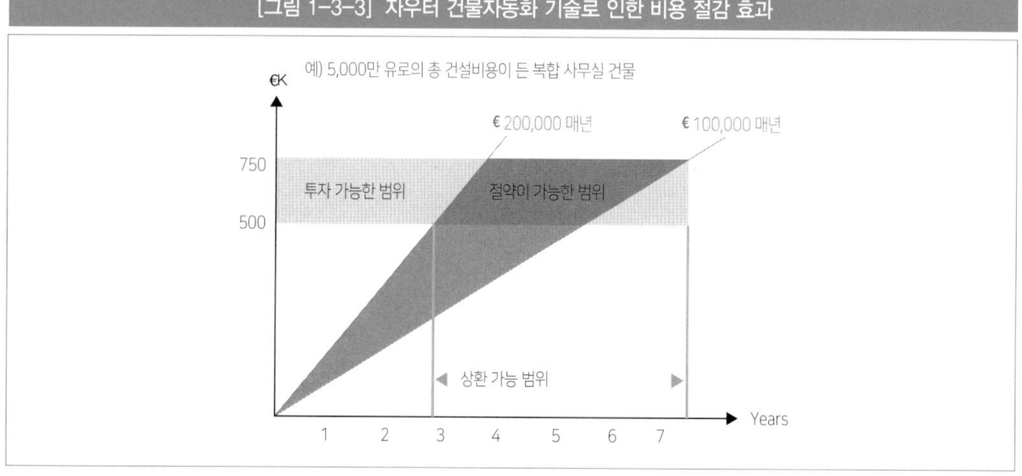

자료 : 자우터 회사 소개자료

(3) 독일 저에너지 · 친환경 건축물 테마 전시관

독일의 Ausstellung Eigenheim & Garten은 1971년 Verleger Ottmar Strebel에 의해 설립된 이후로, 전시관에는 60개 이상의 테마별 모델하우스를 보여 주고 있는데 특히 단열재, 설치설비 등의 기술에 대해서는 별도 전시관을 운영 중에 있다.

[그림 1-3-4] 독일 저에너지 및 친환경 건축물 테마관 운영 현황

각 테마 하우스에는 주택 외벽지붕, 벽, 바닥 등의 단열 강화를 위해 단열재를 내장하였으며, 단열재 주 원료는 경질 레졸 폼 및 경질 폴리우레탄 폼을 사용하고 있다.

[그림 1-3-5] 독일 친환경 건축물 주요 내장재

다양한 재질에 따른 기와(지붕)	전시장 내·외부 바닥재 전시품

외부 창문의 경우, 환기시스템을 연계하여 닫혀 있는 창문을 통해서도 환기를 가능하게 하여 에너지 절약을 실천하고 있으며, 특히 파사드룸과 룸 사이를 잇는 복도 또는 지붕에 설치되어 있는 창문의 여닫이를 자동적으로 조절해 환기 기능을 강화하고 있다. 이외에도 지능센스를 통해 시간, 비바람, 이산화탄소 농도, 실내와 실외의 온도 차이를 감지하여 창문을 자동적으로 여닫게 하고 있다.

[그림 1-3-6] 독일 친환경 모델하우스 주요 특징

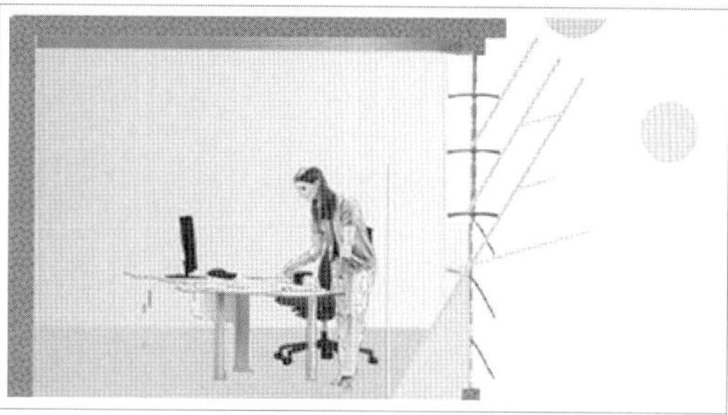

모델하우스 내 창문(이중창, 블라인드 등 설치)	외부 전동 블라인드(태양 높이에 따른 조정)

독일 저에너지·친환경 건축물 테마전시관에는 환기를 위한 작동이 간편하도록 공기 필터, 조정-환기가 가능한 컨트롤 등을 운영하고 있다. 모델 하우스에 위치한 신축건물의 경우, 건물 중앙에 일반적으로 환기시스템을 설치하고 있으며, 환기시스템은 크게 2가지 구조로 구분이 가능하다. 내부 공기를 외부로 배출하기만 하는 단순 환기시스템과 내부와 외부 공기의 교환이 가능한 이중 환기시스템중앙환기장치 2개이 있다.

[그림 1-3-7] 독일 친환경 모델하우스 주요 설비 기능별 특징

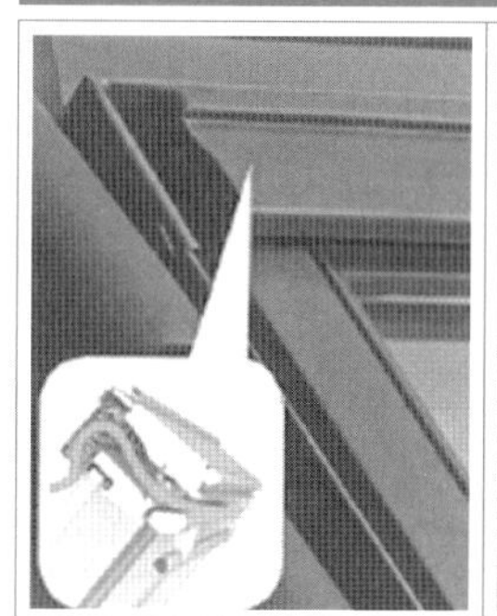

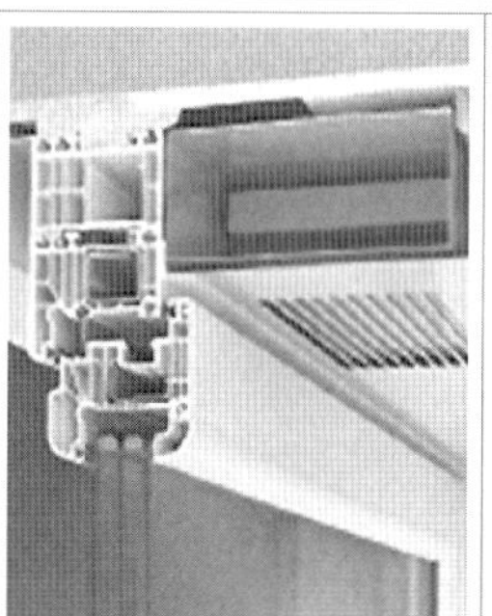

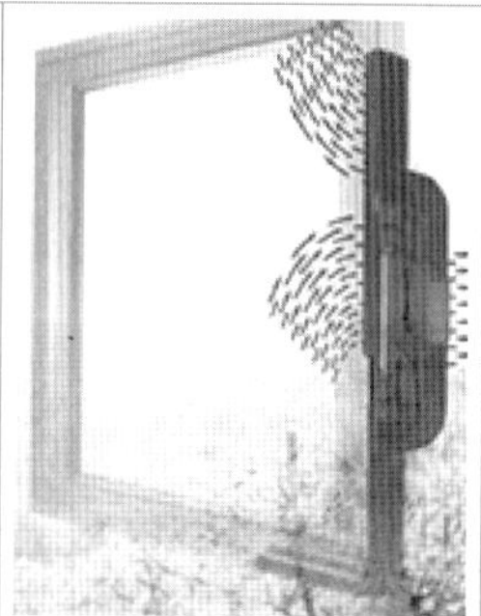

창문설치 용이하도록 보조하는 장치	전시장의 전시품	환기가 용이한 구조 (공기필터 장착)	창문(조정-환기) 여닫이 및 시간 컨트롤 가능

환기시스템의 주요 특징으로는 내부 공기는 화장실, 부엌, 복도와 같은 곳을 통해 유출되며, 외부에서 들어오는 신선한 공기는 거실 및 침실과 같은 곳으로 유입된다. 벽, 바닥, 또는 천장에 모니터를 설치해 환기과정 관찰이 가능하며, 추가적으로 외부에서 유입되는 환기장치에 필터를 설치해 외부의 먼지나 알레르기 요인 차단이 가능한 구조로 되어 있다.

모델 하우스에는 각각의 방에서 흡입구를 설치하여 직경 5cm의 호스를 흡입구에 연결함으로써

모든 방에서 지하실에 있는 청소기를 이용하여 청소가 가능한 붙박이형 청소기를 가동하고 있다. 붙박이형 청소기를 사용하면 소음을 최소화할 수 있는 장점이 있다. 특히 회사에서 개발한 대표 건축물은 목재와 석재 재질을 활용하여 에너지 사용량을 저감하고 있다. 주택 건설 단계부터 목재와 석재재질을 적절하게 사용하여 습기, 안개, 물리적인 손상과 같은 외부 영향력이 적은 주택으로 모델링했으며, 42cm의 벽 두께로 단열효과 및 높은 내구성을 보유 중에 있다. 창고 지붕 위에 태양광 발전설비35㎡ 모듈 설치에 따른 자가 발전을 진행 중이며, 바닥 난방을 통한 에너지 저감과 열교환 비율이 높은 히트펌프 설치로 건물 에너지 효율을 향상시키고 있다.

[그림 1-3-8] 단순 환기시스템 및 이중 환기시스템 구조

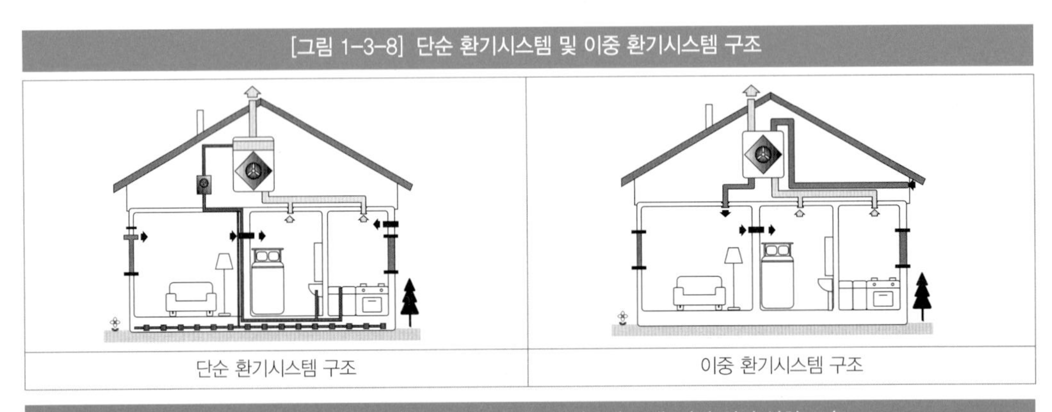

단순 환기시스템 구조 | 이중 환기시스템 구조

[그림 1-3-9] 독일 친환경 모델하우스 내 히트펌프 냉·난방 설비 설치 모습

모델하우스 61번(회사 : Gussek) | 히트펌프 등을 활용한 냉·난방 설비

(4) 체코 제로에너지 시범운영 마을(Knezice)

체코 프라하에서 약 70km 떨어진 보헤미아 중심의 Knezice 마을은 체코 최초로 열과 전기에너지를 생산하여 자급자족하는 제로에너지 시범 운영 마을이다. 열과 전기의 생산에 필요한 가스와 석탄의 재생 가능한 대체재를 마을에 공급하여 지역의 폐기물과 오수관리 문제를 해결하고 있다.

지역의 농가나 도살장, 가정에서 얻은 거름, 하수, 짚, 나무 조각, 음식 쓰레기 등의 생분해성 폐기

물을 분해하여 바이오가스를 생산하고 있다. 2007년부터 마을 인구의 90% 이상 주민에게 열에너지를 제공하고, 마을이 모두 사용하고도 남을 양의 전기 공급으로 주변 마을의 부러움을 사고 있다.

Knezice 마을은 100% 지방자치제로 운영하는 바이오에너지센터를 운영 중에 있으며, 허브 식물을 활용하여 지역의 난방이 가능한 에너지 펠릿energetic pellets을 생산하고 있다. 또한, 허브 식물 이외에도 곡물과 밀집 등을 묶어 지역의 농업인들이 자체 바이오에너지센터를 운영하고 있으며, 여기서 나오는 재와 바이오가스 혐기소화액은 토지를 비옥하게 하는데 사용되고 있다. 바이오에너지 파워플랜트 외부 및 바이오매스 보일러 시설은 [그림 1-3-10]과 같다.

[그림 1-3-10] 체코 제로에너지 바이오에너지 플랜트 및 바이오매스 보일러 설치 사진

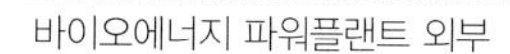

바이오에너지 파워플랜트 외부

플랜트 내부 바이오매스 보일러

(5) 체코 Green Building 인증 건축물

Skanska Group은 세계에서 4번째로 규모가 큰 개발 및 건설 그룹으로, 1990년대 중반부터 체코에서 활발한 경영을 하고 있다. Skanska는 2015년 8월 준공을 목표로 Corso Court 건물을 건설하여 LEED Gold 인증을 이미 획득했으며, 향후 LEED Platinum 인증 획득을 목표로 하고 있다.

건설 기자재로는 환경친화적인 건축재료를 사용함으로써 건축 폐기물 발생을 최소화했으며, 디자

[그림 1-3-11] 체코 Green Building 인증 건축물 외관 사진

건물 외부 경관(조감도)

7층 발코니 측 창문

건물 실내 창가

인 측면으로는 현대적 외관의 주변 환경내·외벽 색감, 외관 구조 등과의 조화를 중시하여 흰색과 붉은 계열 색감을 활용하였다. 친환경 측면으로는 건물 중앙에 환기시스템을 설치하여 건물 전체에 신선한 공기를 유입시켜 건물 전체적인 냉·난방 효과를 얻는 설계를 도입하였으며, 에너지 측면으로는 자연광을 최대로 활용하는 구조로 에너지 효율적인 난방, 통풍과 냉방 시스템 및 쾌적한 환경조성을 고려하여 설계된 것이 특징이다. 건물 외관구조상 실내에 균형잡힌 그늘을 제공할 수 있고, 건물 중앙 천장 홀 및 외벽 넓은 채광창을 통해 자연광을 최대한 활용하여 에너지를 절감하고 있다. 건물 북쪽을 제외한 장소에는 외부 전동 블라인드외부 차양를 설치하여 하절기에는 일사량을 줄이고 있다.

(6) 해외 주요 호텔 환경경영 사례

인터콘티넨탈 호텔 체인Inter-Continental Hotel Chain은 국제적으로 환경경영을 가장 잘 실천하는 호텔에 해당한다. 인터콘티넨탈 호텔은 기업의 환경 보전 노력을 위해 '환경 가이드' 책자를 자체 발간하여 기업의 환경 보전 노력을 실천하고 있으며, 특히 객실에 분리 수거함을 설치하고 식물성 비누를 제공하여 연간 약 3억 원 이상의 비용 절감을 달성하고 있다. 아울러 호텔 내에서 사용되는 종이는 재활용 종이 혹은 재활용이 가능한 종이 사용을 권고하고 있다. 인터콘티넨탈 호텔은 기술적인 측면에서도 친환경경영을 우수하게 실천하고 있다.

전기 기구에 절연 장치를 설치하여 연간 약 1억 원 이상의 비용 절감을 이뤄냈으며, 설비에서는 열회수 장치를 설치함으로써 연간 약 3억 원 이상의 난방 비용을 감축하였다. 인터콘티넨탈 호텔 체인은 사회 공헌 활동으로써 노숙자를 위해 재활용 카트리지를 구매할 경우, 한 개당 5달러를 기부함으로써 지역 사회에 기여함은 물론 이러한 활동들은 판촉 사무소를 통해 홍보되고 있다.

그린 스위트 호텔Green Suite Hotel은 미국 로스엔젤레스에 위치한 호텔로 친환경 경영을 표방하며 적극 실천에 나서고 있다. 호텔 내의 소모품 중에서 자연 소재, 생분해성 소재 사용을 원칙으로 하고 있다. 지역 내 먼지와 꽃가루가 많은 곳이라 오염물질을 제거하기 위해 객실을 수시로 환기시키고 있으며, 상수 사용량을 절감하기 위해 화장실과 욕실에서는 재생된 물만을 사용하고 있다. 호텔에서 사용되는 종이는 모두 재생지이며, 객실 내 비치된 가구의 경우, 인공림에서 만들어진 가구만을 사용하고 있다. 이외에도 유기물질로 만들어진 침대와 린넨, 방재용 바닥과 벽, 에너지 절약형 조명, 안전한 클리닝의 보급품 등을 옵션으로 제공하고 있다. 그린 스위트 호텔에 따르면, 그들이 제공하는 친환경 경영에 부합하는 스위트 룸서비스에 따라, 호텔을 애용하는 고객들은 프리미엄 가격을 지불하고 호텔을 이용하기 때문에 매출면에서도 성공적이라 한다.

캐나다에 위치한 퀘커 오트 호텔 또한 친환경 경영을 우수하게 실천하는 호텔 사례로 볼 수 있다. 환경 문제를 호텔 주요 운영 방침으로 정하고 그 실천의 일환으로 직원용 카페테리아의 컵을 기존 폴리스틸렌 컵에서 재활용이 가능한 컵으로 변경했다. 그 결과 매년 발생되는 폐기물 양을 감소시켰을 뿐만 아니라 7천만 원 이상의 경비 절감을 통한 수익 창출도 발생시켰다. 친환경 경영 활동이 홍보 활동을 넘어서 비용 절감 측면에서도 긍정적인 효과를 달성한 사례에 해당한다.

태국에 위치한 하모니 리조트The Harmony Resort는 호텔 서비스 품질을 위해 재활용품만을 사용하고 있지는 않지만 호텔에서 사용하는 에너지 관련 부대 비용을 감축시키기 위해 직원들 대상 수질 보호 및 에너지 절약 정책 관련 교육을 주기적으로 실시하고 있다. 호텔 룸의 벽지는 신문지나 석고를 재료로 썼으며, 복도는 진흙으로 디자인하고 옷은 재가공된 옷을 사용하거나 오래된 폐기처분할 옷을 재사용한다. 특히 설비 및 기계, 비품은 모두 환경적으로 유의한 것만을 사용하고 있다.

사운더스 호텔 그룹Sounders Hotel Group은 미국 보스톤에 위치하고 있으며 미국 내에서 환경 보호 프로그램을 가장 잘 시행하는 호텔에 해당한다. 환경경영이 널리 알려지기 이전인 1900년 후반부터 호텔 내 발생하는 폐지를 재활용하는 친환경 프로그램을 시작하였으며, 호텔 경영진의 높은 관심에 힘입어 꾸준히 실천하고 있다.

이외에도 창문이나 전열 기구 등을 단열 우수한 제품 및 에너지 고효율 제품으로 교체하고, 에너지 관리를 위해 모니터링 시스템을 도입해 지속적인 절감을 모색하여 시행하고 있다.

사운더스 호텔 그룹 이외에도 보스턴 지역에서는 친환경경영을 우수하게 실천하는 호텔이 있다. 호텔명은 보스턴 파크 프라자 호텔 앤드 타워Boston Park Plaza Hotel and Towers로 호텔 자체적으로 65가지의 환경 수칙을 개발하여 실천하고 있다.

환경 수칙을 살펴보면 포장을 제거하고, 비누를 보다 적게 사용하도록 고안된 비누 용기부터 회사의 운영진들이 그린 마케팅을 어떻게 수행할 것인가에 대한 방법론까지 지침서에 상세히 명시하고 있다. 이러한 환경 수칙은 대내외 이해관계자들로부터 소개됨으로써 환경 운동을 지지하는 연합회에서 자체 세미나 개최시 사운더스 호텔 그룹을 선택함으로써 비즈니스 수익 창출에도 기여하고 있다.

롯데호텔은 열원 설비 대형 보일러 4대52톤를 소용량 보일러 25대52.5톤로 교체함으로써 기존 에너지 효율 86%에서 93%로 향상시켰으며 그 결과 연간 2억원의 에너지비용을 절감시키고 있다. 또한 터보 냉동기를 스크류 냉동기로 교체하여 대수제어 운전방식 개선으로 에너지 효율을 40% 향상시켰으며, 노후된 냉각수 및 냉수 펌프 10대를 교체하여 86%의 효율이 90%로 상승하였다. 롯데호텔은 낭비되는 에너지를 감축하기 위해 폐열 회수와 히트펌프를 설치하여 에너지 절감을 달성하고 있다.

롯데호텔은 에너지 절감을 위한 시설 투자 외에도, 아시아 호텔 업계 최초 에너지경영시스템ISO 50001 국제인증 도입, 전 임직원 에너지경영 교육 실시, 객실 내 그린카드 제도를 통한 린넨류 감소를 통해 세탁비용 및 폐수오염물질 발생을 억제시키고 있다. 또한 객실 공사 진행시 남측과 북측의 온도에 따른 단열 효과를 극대화하기 위하여 유리 사양을 다르게 적용하여 시공하였다남측 복합 기능성 유리/북측 로이 복층 유리. 호텔은 해외 다양한 기후에 거주하는 사람들이 방문하는 곳인 만큼 쾌적함을 느끼는 온도가 다르다. 이에 맞춰 위치별 유리 사양을 다르게 적용하는 기술로 에너지 절감 및 고객 서비스 만족도를 높이고 있다.

(7) 자연을 품은 생태 환경 단지, 그린 어바니즘

유럽에서는 친환경 건축물을 넘어서 도시 자체를 생태형 환경 단지로 조성하여 에너지 절감과 환경보호를 동시에 구현하는 그린 어바니즘을 선도적으로 도입하고 있다. 생태건축이란 에너지의 절감을 위한 높은 에너지 관리 기법, 물 사용의 절감, 지속가능한 건축 자재 사용, 물질의 재활용과 태양 전지판 및 광전지를 활용한 태양에너지를 이용하는 공통점이 있다. 건축물의 환경안전관리 부문에서 해외의 선진적인 생태 건축 단지, 즉 그린 어바니즘을 소개하는 것 또한 의의가 있을 것으로 생각하여 본 도서에 일부 내용을 수록하였다.

대표적인 그린 어바니즘에 해당하는 것이 바로 네덜란드에서 최초로 시작한 에콜로니아 프로젝트이다. 에콜로니아 프로젝트는 네덜란드 알펜안디라인에서 처음 시작되었다. 네덜란드는 1990년대부터 정부 주도로 국가환경정책을 계획하여 시행하였다. 네덜란드의 국가환경정책은 에너지환경청이 주도로 진행되었으며, 본 환경정책의 가장 큰 골자는 에너지절약 및 환경배려형의 생태 주거 단지를 조성하는 것이었다. 우리나라가 2009년 저탄소 녹색성장을 새로운 성장 방향성으로 제시하고, 녹색성장기본법 시행이 2010년에 제정된 것을 감안해 보면 유럽 선진국들의 친환경에 대한 도입이 얼마나 빨랐는지 가늠할 수 있을 것 같다. 네덜란드의 에콜로니아 프로젝트는 당시 벨기에의 유명 건축가 루시안 크롤이 담당하였다.

에콜로니아는 총 9개의 테마로 구성되어 있으며, 테마별로 반드시 준용해야 되는 일반적 요건과 각각의 테마 특성별로 준용해야 되는 특별 요건으로 나누어져 있다. 세부 내용은 [표 1-3-3]과 같다.

[표 1-3-3] 에콜로니아 9개 친환경 테마

테마별	1	2	3	4	5	6	7	8	9
호별 요건	열손실 저감	태양 에너지 이용	건축, 생활시의 에너지 저감	절수와 건축재료 재이용	내구성과 유지관리 용이한 재료사용 및 유기적인 설계	자유도가 높은 건축과 생활	주택내부 및 주택간의 차음	건강과 안전	바이오 에콜로지 건축
특별 요건	에너지절약			라이프사이클 반영			질의 향상		
일반적 요건	리사이클 재료의 사용, 열대림지역의 목재사용 회피, 고단열성 유리의 선택, 절수형 급수방식, 마감재와 표면보호재의 선택, 쓰레기 분리수거, 태양열시스템의 사용, 고효율과 저NO_x의 난방기기 사용, 에너지 소비계수는 300MJ/㎥ 또는 220MJ/㎥이하, 특정 프레온의 사용금지								

자료 : 그린 어바니즘, 유럽의 도시에서 배운다

에콜로니아 프로젝트는 총 300호로 이루어진 주택개발단지의 일부에 적용되었으며, 본 프로젝트의 부제는 "환경의식이 높은 건축을 향한 길"로 부제를 통해서도 본 프로젝트의 지향점을 알 수 있다. 생태 환경 단지는 환경의 기본적인 조건 충족하는 것 외에도 주거 환경에서 불편함이 없는 기본 조건을 충분히 충족할 수 있도록 설계되었다. 또한 각각의 테마별로 다른 건축 설계사가 참여한 것이 특징이다. 에콜로니아 프로젝트 중 선진 우수사례로 활용하여 참고할만한 내용은 일부 수록하여 독자들의 이해도를 높였다.

[그림 1-3-12] 에콜로니아 2번 프로젝트

태양에너지 활용 생태 건축 단지

[그림 1-3-13] 에콜로니아 4번 및 5번 프로젝트

리사이클링을 활용한 생태 건축 단지

에콜로니아 프로젝트의 2번 테마는 태양에너지를 주로 이용한다. 태양에너지의 효과적인 이용을 위해 남북으로 접할 수 있도록 의도적으로 방을 배치하였으며, 북측에는 작은 개구부를 설치하고 남측에는 대형의 창을 설치하였다. 일사차폐용 블라인더 설치와 에너지절약을 위한 완충공간으로 단층유리를 설치한 것이 큰 특징이다.

에콜로니아 4번 프로젝트는 절수와 건축자재 재이용, 5번 프로젝트는 내구성과 유지관리 용이한 재료 사용과 유기적인 설계가 돋보인다. 에콜로니아 4번 및 5번 프로젝트는 테라스가 부착된 고령자용 주택과 리사이클링 주택이 대상이 되었으며, 외벽에는 삼나무를 그대로 사용하였다. 실내외에는 천연도료를 사용하고 지붕과 벽에는 종이섬유의 단열재를 채택하였다. 남측에 접한 현관 내부에는 설치형 우수조, 북측의 정면 현관에는 리사이클 보드가 설치된 것이 특징이다.

에콜로니아 프로젝트의 전반적인 특징은 옥외공간을 환경친화적 개념에 근거한 설계기법이 적극 도입되었다는 것이다. 대표적인 것으로는 빗물이 지하로 침투되기 쉽도록 하기 위해 식재지에 투수성 포장을 도입한 것이다. 부지로부터 유출된 빗물은 단지의 중앙에 위치한 연못으로 우수관을 통해 모이도록 계획되었다. 이 연못에는 다양한 식생의 생장이 가능하도록 주변에 갈대를 심고 연못의 깊이를 다양하게 하여 수심에 따른 생물종의 다양화를 추진했으며, 식물에 의한 연못 물의 자연정화도 가능하다.

[그림 1-3-14] 옥외공간을 활용한 친환경 에콜로니아 프로젝트

[그림 1-3-15] 단지 내 식자재와 녹지를 활용한 생태환경단지 조성

단지 곳곳에는 안내소와 일부 단지의 지붕에 녹화를 하였는데 녹화공법은 에틸렌프로필렌고무EPR : Ethylene Propylene Rubber 수지필름의 방수층 위에 점토를 소성하여 만든 경량 인공토양을 깔고 잔디와 각종 지피식물을 식재하였다. 단지내의 교통계획에서는 도로와 보행자용 통행로의 네트워크를 별도로 정비하여 자동차와 보행자가 교차되지 않도록 설계하였으며 아울러 보행자용 통로에는 에너지절약형 가로등을 설치하였다.

그린 어바니즘의 일환으로 오스트리아 빈에서는 세계 초고층의 목재 건물, '호호 비엔나HoHo Wien'를 건축 중에 있다. HoHo란, 독일어로 '나무 고층 집Holz Hoch Haus' 단어의 준말로 나무 빌딩이라는 뜻을 내포하고 있다. 세계 초고층건물50층 이상 200m 높이 이상의 건축물을 뜻함의 75% 이상의 수요가 아시

아에서 발생하고 있으며 선진국가에서는 한 단계 더 나아가 목재로 건축한 목재빌딩이 각광받고 있다. 오스트리아의 '호호 비엔나' 건축 이전에는 2016년 캐나다 벤쿠버에서 설립된 컬럼비아대학 기숙사18층가 목조 건물로는 가장 초고층 건물에 해당되었다. 오스트리아와 캐나다 이외에도 미국, 프랑스, 독일, 호주 등 주요 선진국가들도 목조 건물을 진행 중이거나 혹은 계획 중에 있다.

[그림 1-3-16] 캐나다 브리티시 컬럼비아대학 목재 기숙사

[그림 1-3-17] 세계 초고층의 목재 건물, 호호 비엔나(HOHO Wien)

오스트리아 호호 비엔나는 도시 외곽의 시스타트 애스펀Seestadt Aspern에 위치하고 있다. 호호 비엔나는 환경과 주변 스마트 인프라를 결합함으로써 '미래도시 실험실'을 지향하고 있다. 총 84m의 높이를 가지며, 건물의 76%가 목재로 만들어짐에 따라, 해당 건축물과 유사한 건축물에 비해 약 2,800톤의 이산화탄소 배출 저감이 가능하다1톤의 이산화탄소가 약 2,100Kwh의 전기 사용량과 등가임에 따라, 5,880,000Kwh 상당의 전기 사용량 감축 가능. 호주 빈 관광청의 연구 결과에 따르면 오스트리아 시민 400명이 1년 동안 배출하는 이산화탄소 절감량에 맞먹는 양에 해당한다.

호호 비엔나는 총 24층의 높이로, 상업시설과 주거시설, 그리고 호텔 등이 입점될 예정이다. 목조 건축물은 일반 건축물과 달리 콘크리트를 굳히는 시간이 필요없는 공정에 따라 한 층의 높이를 올리는데 약 1주일 정도의 시간이 소요된다. 다만 일부 환경보호 전문가들은 건축물을 목재로 사용하게 될 경우, 산림파괴로 인한 더 큰 환경훼손을 지적하고 있으나 오스트리아는 나라의 특성에 따라 나무 공급이 수요보다 많음에 따라 목재 건축물이 친환경 건축물로써 지속적인 환경보호가 가능하다고 주장하고 있다.

목재는 화재에 취약하다는 단점이 있음에 따라 호호 비엔나 건설 담당자는 일반 건축물에 비해 더 고도의 스프링클러 시스템을 개발하고, 단순 목재 재료가 아닌 콘크리트를 배합하는 첨단 공학목재CLT : Cross Laminated Timber, 구조용 집성판를 개발하였다. CLT는 길게 자른 나무판을 가로와 세로로 교차

되게 연이어 붙여서 완성하게 되며 이러한 구조로 인하여 나무의 단점인 휨이나 뒤틀림이 없고, 압력에 더운 강한 나무 패널이 완성되게 된다. 실험 결과에 따르면 CLT의 압축 강도는 철의 2배, 콘크리트의 9배로 월등히 뛰어나며 콘크리트를 파쇄하는 장비로도 CLT 분쇄가 쉽지가 않다. 또한 가벼운 무게로 인하여 진도 7이상의 실험에서도 안전한 내구성을 자랑한다. 이러한 장점으로 인해 CLT는 전 세계 건축물의 신재료로 각광받고 있다.

2. 국내 에너지 및 환경 관리 우수사례

국내 건축물 중에서 에너지 및 환경 관리 우수 기업에 대해 벤치마킹을 실시하여 우리나라 대형 건축물들의 온실가스 및 에너지 관리 현 주소를 파악하고, 발전 방향을 모색하였다. 특히 신축 건축물의 경우, 건축 허가 단계에서 신재생에너지공급 의무 할당 비율 등 법적 기준이 강화됨에 따라 친환경 건축물에 대한 설계 기준이 강화되었다. 이렇게 강화되는 규제 속에서 신축 건축물들의 온실가스 배출량과 에너지 사용량 감축 연구는 좋은 방안으로 활용될 수 있다.

(1) 친환경녹색복합단지

서울 잠실에 위치한 국내 최고층 건물은 대한민국의 랜드마크라는 위상에 걸맞게 친환경녹색복합단지Eco-Friendly Green Complex로 조성되었다. 녹색복합단지는 지구 온난화 방지를 위해 신재생 에너지를 적극 도입하고, 에너지 소비와 손실을 최소화하여 이산화탄소 배출을 줄이고, 쾌적한 녹색도시 건설을 뜻한다.

친환경녹색복합단지는 대형 건축물로 세계 최초로 CDMClean Development Mechanism, 청정개발체제 사업에 참여하여 전체 에너지 사용량 대비 14.53%를 신재생에너지태양광·풍력·지열로 충당하고 있다. CDM은 유엔기후변화협약의 교토의정서Kyoto Protocol에 따라 온실가스 감축의무가 있는 선진국이 감축목표 달성을 위해 소용되는 비용부담 완화 목적을 위해 도입한 시장 메커니즘에 해당한다.

친환경녹색복합단지는 태양광 및 풍력의 신재생에너지에 대해 유엔기후변화협약 등록을 완료2013년 12월 30일하였으며, CDM사업을 통해 향후 10년간 약 1만 8,353톤의 탄소배출권을 확보하게 되었다.

(2) 지열 및 태양열 시스템

친환경녹색복합단지에서는 지열의 계절별 온도차를 이용하여 건물의 냉·난방에 이용하고, 태양열을 흡수·저장 및 열 변환하여 건물의 온수 공급에 활용하고 있다. 국내 건축물 중에서 친환경녹색복합단지 복합몰은 최대 규모의 지열 시스템을 보유하고 있으며, 부지 150~200m 깊이의 지하에 열교환기가 설치되어 1년에 약 120TJ의 에너지를 생산하고 있다. 친환경녹색복합단지 지열 시스템 설치 부지는 다음의 [그림 1-3-18]과 같다.

친환경녹색복합단지는 지열시스템 이외에도 태양열 집열판을 건물 에비뉴엘 상부 옥상 300㎡ 면적에 설치하여 태양열 발전을 통한 온실가스 배출량을 감소시키고 있다.

[그림 1-3-18] 친환경녹색복합단지 지열 시스템 설치 부지(배관)

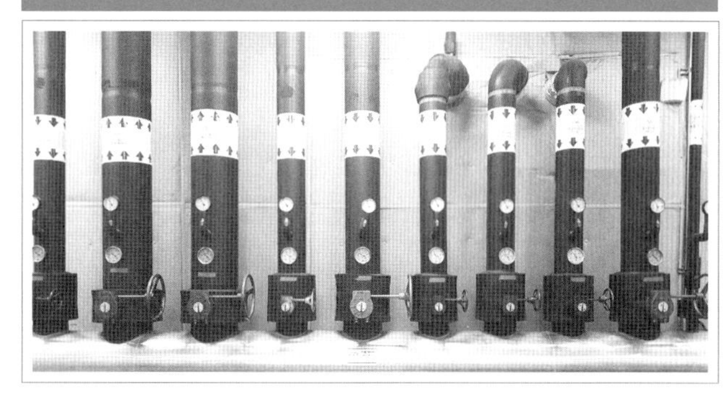

(3) 태양광 및 풍력 발전 시스템

친환경녹색복합단지는 태양광 및 풍력을 이용하여 생산된 전력을 다시 복합 단지 내에 공급함으로써 전력 사용량을 저감 중에 있다. 친환경녹색복합단지에 설치된 태양광 및 풍력 발전 특징은 [그림 1-3-19]와 같다.

[그림 1-3-19] 친환경녹색복합단지 태양광 설치 부지

태양광 발전은 태양전지 모듈을 건축 자재화한 BIPV Building Integrated Photo Voltaic[1] 방식과 건물의 옥상에 설비를 설치하는 Rooftop 2가지 방식이 있다. 친환경녹색복합단지는 1층 캐노피 아래에 BIPV 방식의 태양광 발전 설비를 건물 일체형으로 최적 설계됨에 따라 건물의 미관을 향상시키는 기대 효과를 거두었다.

1. BIPV : 태양광 에너지로 전기를 생산하여 소비자에게 공급하는 것 외에 건물 일체형 태양광 모듈을 건축물 외장재로 사용하는 태양광 발전 시스템에 해당함.

[그림 1-3-20] BIPV 설치 모습	[그림 1-3-21] 친환경녹색복합단지 태양광 발전(Rooftop) 설치 모습

쇼핑몰 옥상의 2,360㎡ 면적에 설치된 루프탑 태양광 발전은 BIPV와 함께 연간 3,142MWh의 전력을 생산하고, 약 222톤의 이산화탄소 배출량을 저감시키고 있다. 친환경녹색복합단지 태양광 발전Rooftop은 복합단지내 총 3군데에 위치하고 있다. 친환경녹색복합단지는 555m로 높다는 점을 활용하여 연평균 풍속 5.1m/s의 바람을 이용해 풍력 발전을 하고 있다.

[표 1-3-4] 친환경녹색복합단지 태양광 및 풍력 발전 형태, 특징

발전 형태	방식	특징
태양광 발전	BIPV	태양전지 모듈의 건축 자재화
	Rooftop	건물의 옥상에 발전설비 설치
풍력 발전	수직형	회전체에 날개를 수직으로 배치
하이브리드 발전	태양광 · 풍력 하이브리드	태양광 · 풍력 발전을 동시에 수행

[그림 1-3-22] 국내 BIPV 설치 건물

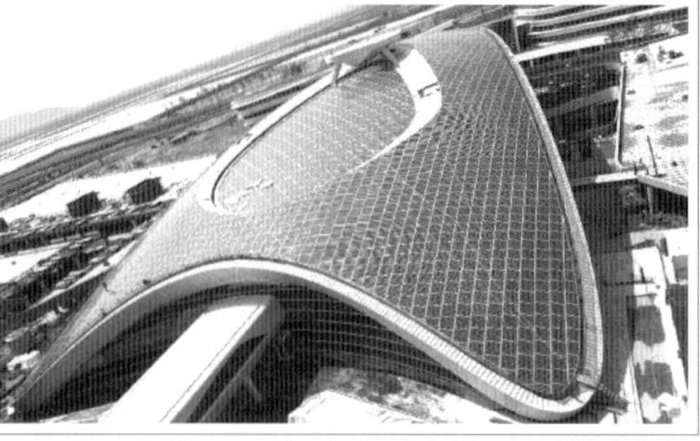

건물 주변의 기류 변화를 정밀 분석하고, 건물의 미관과 진동, 소음 등을 고려하여 건물 자체와 조화를 이루는 수직축 풍력발전기를 설치하였다.

풍력발전은 공기의 유동이 가진 운동에너지의 공기역학적 특성을 이용하여 회전자를 회전시켜 기계적 에너지를 생성하고, 발생된 기계적 에너지를 전기에너지로 전환하여 전력계통이나 수요자에게 공급하는 기술이다. 국내에서는 750kW급, 1.5MW급 풍력발전기가 국제인증을 취득하였으며, 2MW급의 중대형 발전기가 현재 개발 완료되어 시험 중에 있다.

[그림 1-3-23] 친환경녹색복합단지 풍력 발전 설치 모습

풍력발전 시스템은 점차 대형화되는 추세이며, 해상 풍력발전시스템에 대한 수요가 점차 증대하고 있다. 대형 건축물은 도심 속에 위치한 제약 조건에 따라 설치 부지가 제한되어 있다. 따라서 대형풍력 발전시스템 대신 소형풍력 발전시스템의 설치에 대해서만 타당성 평가만 검토 가능하다.

소형풍력발전시스템은 1~3Kw급 풍력발전기에 해당하며, 도심 속의 소음 문제 해결을 위해 저소음 1kw도 현재 개발 중에 있다. 소형풍력발전시스템은 대형 풍력발전에 비해 경제성이 낮고, 소음 문제로 인해 설치를 권장하지는 않는다. 대신 디젤 발전기와의 복합 발전으로 풍력 70%까지 사용이 가능한 하이브리드복합발전 시스템이 건축물에서는 그나마 적용이 가능한 시스템에 해당한다. 그러나 하이브리드 발전은 전력수요, 풍력발전량, 디젤 발전량을 조절하는 제어시스템이 필수적으로 요구됨에 따라 경제성이 떨어지는 단점이 있다.

[그림 1-3-24] 친환경녹색복합단지 하이브리드 가로등 설치 부지 및 모습

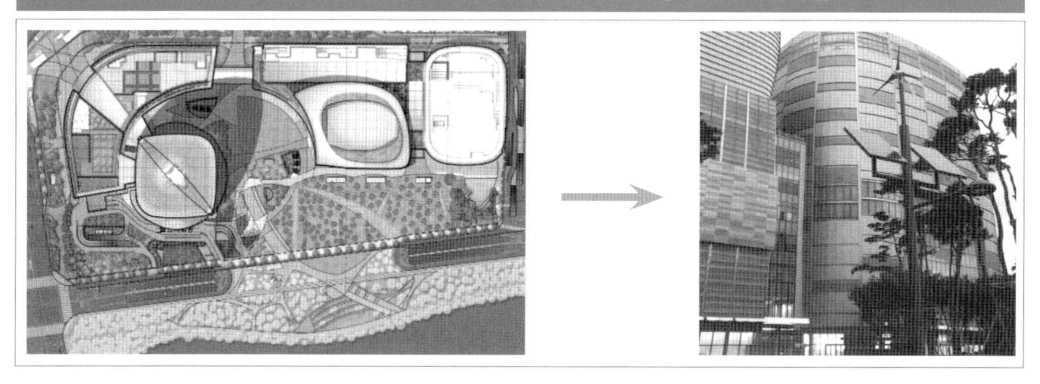

친환경녹색복합단지 내에서는 태양광과 풍력의 장점을 조합하여 자체적인 전력생산으로 불을 밝히는 하이브리드 가로등을 설치하였다. 일반적으로 화창할 때는 바람이 적고, 비가 오는 날에는 일

조량이 적기 때문에 날씨에 따라서 탄력적으로 운영되지만 에너지 절감 측면에서 매우 효과적이라 할 수 있다.

2012년 12월 말 기준 UN에 등록된 CDM 사업 건수는 총 5,511개이며 국내 등록 건수는 83건에 해당한다. 특히 초고층 건물에 등록된 사례가 없음에 따라 친환경녹색복합단지는 전 세계 최초로 초고층 건축물 CDM 사업으로 등록될 전망이다.

친환경녹색복합단지는 '에너지 절감하는 친환경 복합단지' 테마로 설계되어 신재생에너지시스템과 토지이용 및 교통분야, 에너지 및 생태환경 분야에서 친환경 시스템을 통해 한국환경건축연구원의 인증 절차를 거쳐 우수 녹색 건축물로 최종 인증되었다. 건축물 지하에 위치한 에너지센터에는 천연가스를 구성하는 수소와 산소의 화학적 에너지를 전기 에너지로 변환시켜 800Kw에 달하는 전력을 생산하는 연료전지를 설치하여 운영하고 있다.

친환경녹색복합단지는 연료 전지 이외에도 겨울철 열 손실과 여름철 열기를 차단하는 고단열 유리, 건물 내 LED 조명 설치 등으로 건물 내 에너지 효율을 향상시키고 있다. 신축건물로는 최초로 국제적 친환경 인증제도인 미국 LEEDLeadership Environmental Energy Design Gold 등급 인증을 추진하여 미국 그린빌딩협의회 승인이 완료됨에 따라 '친환경 녹색 건축물'이라는 국내 대표 친환경 단지 선두주자로 자리매김하게 되었다.

제 4 장

건축물 에너지·환경 관리 방안

국내·외 에너지 사용량 절감 관련 우수 건축물에 대한 문헌조사 및 벤치마킹을 통해 에너지 절감 주요 설비별 기능 특징, 그리고 환기 시스템과 친환경 신재생에너지 도입 등에 대해 이해할 수 있었다.
본 장에서는 고효율 설비 교체 등에 투자적인 접근 이외에도 기존의 운전 방법 개선을 통한 에너지 사용량 저감 방법에 해당하는 에너지경영시스템 및 에너지관리시스템, 그리고 건축물의 IT 시스템을 접목함으로써 실시간 에너지 사용량을 모니터링하고, 낭비요소를 찾아낼 수 있는 BEMS에 대해 명시하였다.
또한, 에너지관리뿐만 아니라 건축물의 다양한 환경 관리 발전 방안에 대해 소개하여 지속 발전 가능한 건축물의 미래 청사진을 제시하고자 한다

1. 에너지운영시스템(BAS)

건축물의 기계 및 전기 설비, 조명, 방재 등 각종 설비의 상태 감시, 운전관리 기능이 구현된 시스템을 BASBuilding Automation System라 부르며, 일반적인 모든 건축물에는 BAS가 설치되어 있다. BAS 운전을 통해서도 에너지 절감이 가능하다. 건축물의 경우, 외기온도 및 습도의 변화에 의해 에너지 사용량이 크게 변화됨에 따라, 적절한 외기온도와 습도를 유지하는 것으로도 사용량을 많이 줄일 수 있다. BAS는 각각의 LOCAL 장비를 DDCDirect Digital Controller[1] 시스템에 연결하여 실시간으로 보내오는 센서값온도, 습도, CO(일산화탄소), CO2, 압력을 가지고 적정한 출력값을 내보내 최적의 실내환경을 유지할 수 있도록 한다. DDC 시스템을 통해 냉·난방 온도를 제어할 경우, 건축물의 특성에 따라 다르게 온도를 설정함으로써 냉·난방 부하 절감을 통한 에너지감축이 가능하다. DDC 시스템 운영 경험을 통해 용도별 냉·난방 온도 최적의 값을 설정할 수 있으며, 다만 온도 설정값은 지역 및 고객 특성 등의 외생변수에 의해 다르게 설정되어야 한다. 호텔, 다중이용시설, 오피스 사용실의 3가지 용도별 최적의 온도 설정 기준은 뒤에 별도 명시하였다.

1. DDC : Direct Digital Controller의 약어로, PC에서 전송되는 디지털 신호의 해상도와 동작주파수를 자동으로 검토하여 가장 최적으로 구현할 수 있도록 설정해주는 기기에 해당함.

냉·난방 공급 방식은 주 냉·난방용으로 이용되는 공조기AHU : Air Handling Unit[2]와 보조 냉·난방으로 이용되는 FCUFan Coil Unit[3]의 온도제어로 구분할 수 있다. 공조기는 BAS 시스템에 연계되어 자동 운전하게 되며, FCU는 객실 관리시스템에 연계되어 자동 운전된다.

[표 1-4-1] 호텔 영업장 내 DDC 시스템을 통한 최적의 온도 설정 기준

구분	동절기	하절기	환절기	비고
영업장	24℃	24℃	24℃	정부고시기준 : 동절기 20℃ 하절기 26℃
객실	24℃	24℃	24℃	정부고시기준 : 객실은 예외
사무실	24℃	24℃	24℃	정부고시기준 : 동절기 20℃ 하절기 26℃
로비	24℃	24℃	24℃	정부고시기준 : 동절기 20℃ 하절기 26℃

※ 호텔은 실내온도를 기본적으로 24℃ 적용하나 에너지 다소비건물로 지정됨에 따라 에너지이용 합리화법에 의거 실내온도 기준 준수

[표 1-4-2] 상업시설 내 DDC 시스템을 통한 최적의 온도 설정 기준

구분	동절기	하절기	환절기	비고
영업 매장	24℃	24℃	24℃	정부고시기준 : 동절기 20℃ 하절기 25℃
사무실	24℃	24℃	24℃	정부고시기준 : 동절기 20℃ 하절기 26℃

※ 상업시설은 실내온도를 기본적으로 24℃ 적용하나 에너지 다소비건물로 지정됨에 따라 에너지이용 합리화법에 의거 실내온도 기준 준수

[표 1-4-3] 오피스 내 DDC 시스템을 통한 최적의 온도 설정 기준

구분	동절기	하절기	환절기	비고
사무실	24℃	24℃	24℃	정부고시기준 : 동절기 20℃ 하절기 26℃

※ 오피스는 실내온도를 기본적으로 24℃ 적용하나 에너지 다소비건물로 지정됨에 따라 에너지 이용 합리화법에 의거 실내온도 기준 준수

건축물의 효율적인 에너지 관리를 위해서는 공조기에 설치된 인버터, 온도센서, 밸브 및 댐퍼를 BAS 시스템의 DDC에 연결하여 프로그램에 입력된 값을 가지고, 최적의 방식으로, 인버터, 온도센서, 밸브 및 댐퍼를 비례제어방식으로 개폐시켜 효율적인 온도제어가 필요하다. 콘트롤 밸브 제어는 공조기와 열교환기에 적용하여, DDC에 콘트롤 프로그램에 저장시켜 자동 제어 운전을 시행한다.

BAS 시스템에 설정한 온도값으로 냉·난방 밸브를 개폐0~100%함으로써, 온도센서를 이용한 효과적인 열원 관리가 가능하다. 난방 열원은 보일러 스팀을 이용하며, 냉방 열원으로는 냉동기 및 빙축열

2. AHU : Air Handling Unit의 약어로, 공기조화기기를 뜻함. 공기를 정화, 냉각, 감습, 가열, 가습을 하는 섹션으로, 이 섹션에 송풍기를 설치하여 각 실내로 송풍하기 위한 기능을 갖추고 있는 것을 공기조화기라고 함.
3. FCU : Fan Coil Unit의 약어로, 팬코일 유니트 방식에 해당함. 냉열원 기기와 펌프류를 중앙 기계실에 설치하고, 이것에 의하여 각실 내에 설치한 팬코일 유니트와의 사이에 냉온수 배관을 하고, 유니트에 의하여 소정온도의 공기를 송풍하는 방식에 해당함.

냉수를 활용한다. 댐퍼제어는 공조기에 댐퍼 액츄에이터Actuator[4]를 설치하는 것으로 온도센서에 의한 외기 및 환기 댐퍼를 자동개폐하게 된다비례제어 방식. 댐퍼 개도는 0~100%로 외기 및 환기량을 조정하게 된다. 특히, 동절기, 하절기에는 외기댐퍼를 최소 개폐하여 냉·난방에 필요한 에너지 사용량을 절감시킬 수 있다. 온도 센서에 의한 공조기 인버터 모터 회전수 제어60~100%, 객실 룸별 댐퍼 풍량제어 0~100%, 사무실, 영업장, 객실 내 FCU 제어 또한 에너지 사용량 관리에 중요한 요소이다.

FCU 제어는 Zone 방식에 의해 온도설정값에 따라 FCU 메인전원을 차단하는 방식과 개별 룸의 경우 써모스탯Thermostat[5] 온도조절기를 통해 개별 FCU 전원을 차단하는 방식으로 구분할 수 있다. 호텔업의 특성상 개별 룸별 냉·난방 열원이 사용됨에 따라 객실 관리의 FCU 제어 또한 중요한 요소이다. 중앙 시스템에 객실 온도조절기의 기준 온도를 24℃로 설정한 후, 개별 룸의 재실자가 15~35℃까지 조정할 수 있도록 시스템을 설계하며, 재실자가 정한 온도설정값에 의해 냉·난방 밸브 비례 제어 및 FCU ON·OFF되도록 한다. 특히, 공실에 대한 에너지 낭비 요소를 막기 위해서는 냉·난방 밸브를 닫고, FCU가 가동 정지되도록 운영한다.

객실관리시스템은 반드시 공실제어가 가능하도록 시스템으로 접목되어 공실 객실의 낭비되는 에너지를 줄일 수 있어야 한다. 냉동기는 동·하절기 외기 온도를 고려하여 운전시간을 가동해야 되며, 특히 여름철 하절기 피크시간대의 에너지 사용량을 절감하기 위해서는 피크시간대를 제외한 오전시간에 냉동기 부하가동하는 방법과 심야 시간대의 빙축열을 활용하는 것도 피크전력을 저감하는 방법이다. 다만, 피크전력의 사용량을 감축하는 것은 전력 요금을 감축하는 방법에 해당하며, 사용량 감축과는 별개로 구분해야 한다. 또한 호텔업은 대형 건축물에 개별 객실별로 난방을 공급함에 따라, 난방 및 급탕의 공급이 중요한 에너지 설비에 해당한다. 따라서 에너지 설계를 기반으로 온수 보일러 및 스팀 보일러를 운전하게 될 경우, 건축물의 연면적과 객실수 그리고 업장 내 가동일수 등의 특성을 반영하여 보일러 용량을 설계할 필요성이 있다.

보일러 용량이 과대하게 설정될 경우, 에너지 낭비 요소와 더불어 면적의 많은 부분을 할애함으로써 영업장의 공간 축소에 따른 매출 저하로 연계될 수 있다. 따라서 소형 보일러 대수 제어를 통한 에너지 관리는 에너지 절감 측면에서 반드시 고려해야 될 요소이다. 보일러는 건축물의 시설관리 특성에 따라 운영되어야할 뿐만 아니라 폐열회수가 가능하도록 설계되어야 한다. 폐열회수의 목적은 고

4. 액츄에이터(Actuator) : 동력을 이용하여 기계를 동작시키는 구동 장치. 제어 기구를 갖고 있는 전기 모터 혹은 유압이나 공기압으로 작동하는 피스톤, 실린더 기구를 가리킴.
5. 써모스탯(Thermostat) : 온도를 일정하게 조절하는 장치. 간단한 것은 바이메탈을 이용하여 전기히터의 스위치를 개폐하여 제어함.

온의 물, 증기, 가스를 사용하고 버림으로써 발생하는 에너지 손실을 막기 위함이다. 버려지는 폐열을 재사용함으로써 에너지 이용의 효율성을 상당히 증대시킬 수 있다.

폐열회수시스템은 BAS의 에너지운영시스템과도 연동되어 실시간으로 모니터링하고 측정할 수 있어야 한다. 2017년 9월 개최된 에너지대전에서 새롭게 소개된 '폐열회수 모니터링 시스템'은 폐열의 사용량을 정량화한다는 점에서 큰 의미가 있다. 과거 폐열회수시스템 안에서 폐열 데이터를 수집하기 위해서는 담당자가 현장에 방문하여 고온열선풍속계를 이용하여 폐열을 시간 단위로 측정하거나 다기능트렌스미터를 활용해 폐열 데이터를 측정해야만 했다. 폐열량이 실시간으로 모니터링되지 않을 뿐더러, 폐열 회수량을 모니터링하기 위한 추가 비용이 더 수반됨에 따라 실제 폐열회수 모니터링 시스템이 에너지관리 BAS와 연계되어 운영되지 않는 한계점이 있었다. 그러나 새로 만들어진 '폐열회수 모니터링 시스템'은 폐열의 상태풍속+온도를 모니터링하고, 폐열량을 확인함으로 기존 폐열회수의 미비점을 보완하였다.

기존의 폐열회수 모니터링은 공급전원이 꺼지게 되면 데이터가 유실되는 문제가 발생했으나, '폐열회수 모니터링 시스템' 전원 라인을 이원화시켜 상용전원이 꺼지게 되더라도 데이터 손실이 발생하지 않도록 하였다. 이렇게 보존된 데이터는 단순하게 수치화하여 보여지는 것이 아니라 폐열량과 대기온도, 습도, 생산량과의 상관관계 분석을 통해 폐열회수 및 최적의 생산방법까지 검토할 수 있다.

추후 건축물의 에너지관리 BAS는 1차 에너지원의 사용 뿐만 아니라 폐열, 잠열 등 에너지 물질 수지Mass Balance 입장에서 Input-Output을 실시간으로 모니터링할 수 있는 방향으로 발전되어야 한다. 아울러 예기치 않은 비상사태로 인한 정전에 대비하여 일반 상업 건물의 경우 비상발전기 설치 및 운전은 법적으로 필수적인 사항이다. 에너지 관리 측면뿐만 아니라 비상사태시 효과적인 비상발전기 운전이 가동되기 위해서는 비상발전기를 병렬 단위로 연결하여 구역별 정전 발생시 개별 운전함으로써 효과적인 대응이 가능하게 된다.

2. 에너지관리시스템(CMS)

A호텔의 경우, 기업내 체계적인 에너지 관리를 위해 별도의 탄소관리시스템Carbon Management System을 도입하였다. CMS는 전체 사업장의 월별 에너지 사용량 및 사용금액을 등록할 경우, 온실가스 배출량과 더불어 에너지비용까지 자동 관리가 가능한 시스템이다. 해당 사업장의 배출원 및 배출

활동을 등록하고, 배출량 산정 등급 규모Tier에 따라 총발열량계수, 순발열량계수, $CO_2/CH_4/N_2O$ 배출계수, 산화계수를 등록하게 되면 매월 배출량과 에너지 사용량을 자동 산정하게 된다예시 : CO_2 배출량 = 활동자료 × 순발열량 × CO_2배출계수 × 산화계수 + 활동자료 × 순발열량 × CH_4배출계수 × CH_4 GWP + 활동자료 × 순발열량 × N_2O배출계수 × N_2O GWP. 다만, 본 시스템을 국가온실가스종합정보시스템과 배출량 산정 결과에 대한 차이 없이 활용하기 위해서는 매년 지속적인 파라미터 매개변수 관리가 필요하다. 배출권 할당시 기준 온실가스 배출량 결과값과 배출권 제출 시점의 배출량 결과는 서로 달라짐에 따라 배출량 결과값에 대한 지속적 관리가 필요한 이유가 여기에 있다.

[그림 1-4-1] 에너지 관리시스템 CMS 기능 및 장점

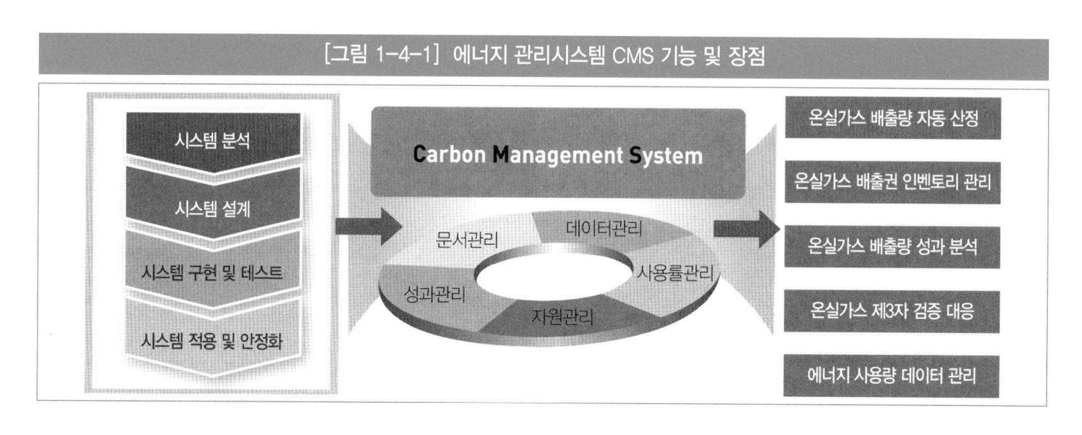

CMS는 사업장별 온실가스 감축목표의 월별 성과실적 평가를 통해 부족한 배출권에 대해 사전 파악함으로써 배출권 구매 가격 상승에 대한 리스크를 없애줄 뿐만 아니라, 사업장별 배출권 이월/차입 부분을 자체 검토할 수 있는 기능을 구현하고 있다. 사업장별 온실가스 감축목표 달성률은 예상배출량과 할당배출량, 그리고 실제배출량의 3가지 평가 요소를 기반으로 월별 실적 및 누적 실적 평가를 진행함으로써 상호 비교한 달성률 평가가 가능하다. 또한 사업장별 평가 혹은 사업부, 그리고 최종 법인전체에 대한 3단계 평가를 진행함에 따라 총괄 법인단위 온실가스 관리자는 유용하게 활용할 수 있게 된다. CMS는 과거 배출량 기반의 평가와 더불어 향후 미래에 발생될 온실가스 배출량을 사전 예측함으로써 온실가스 감축기술 적용에 대한 투자 적용 시점을 판단할 수 있는 근거자료로 활용이 가능한 장점이 있다. 그뿐만 아니라 월별 에너지 사용량 데이터를 취합함에 따라 계절별 에너지 사용량에 대한 변동 추이를 확인할 수 있다. 변동 추이는 월별 증감률, 사업장별 비교 분석 등을 통해 사업장의 에너지 사용 현황에 대한 실태 점검이 가능하다. 이외에도 CMS는 매출액 대비 온실가스 배출량 원단위, 매출액 대비 에너지 사용 원단위, 객실판매실수 대비 에너지 사용 원단위, 입장고객수 대비 에너지 사용 원단위 등 모든 데이터에 대한 원단위 분석이 가능하며 해당 사업장의 원

단위 수준 정도는 사업장의 온실가스 감축잠재량 평가를 검토하는데 하나의 기준점으로 활용할 수 있게 된다.

다만 사업장별 원단위를 분석하고 비교할 시, 사업장의 지역적 위치 특성 및 개별 특성에 따라 다르게 나타날 수 있다. 예를 들어 휘트니스 및 스파 시설을 운영하는 사업장의 경우, 그렇지 않은 사업장보다 열원 사용급탕 등이 많음에 따라 에너지 원단위가 좋지 않은 것으로 간주될 수 있다. 이외에도 건축물은 기본적인 냉난방 유지를 위한 기본적인 에너지 소비가 필수적으로 필요하다. 이에 따라 매출액이 나쁜 사업장의 경우, 기본적인 에너지 원단위가 안 좋은 것으로 보여지게 된다. 따라서 건축물 시설의 특성을 검토할 경우, 에너지 원단위는 참고적으로 활용할 뿐 절대적인 비교치 기준으로 적용하면 안된다. 예상 배출량 산정은 기준연도 기간을 설정한 후, 회귀분석을 통해 지수, 선형, 로그, 다항식, 거듭제곱 등의 다양한 옵션을 적용하는데 이로써 미래의 예상되는 온실가스 배출량이 산정된다. 예상 배출량 결과는 배출권 할당 신청서 제출시 비교 자료로 이용된다. CMS는 에너지와 온실가스 관리를 위해 설계된 시스템에 해당하나 시스템 고도화 작업을 통해 환경경영활동 즉, Environment Management 요소를 추가하여 환경 및 에너지 관리의 통합 시스템으로 발전시킬 수 있다.

환경적 요소는 용수사용량, 중수 생산량과 환경오염물질 발생량 등의 인자들이 포함된다. 환경오염물질 발생량에는 수질오염물질 발생량 측정 항목 BOD, COD, T-N의 기본적인 요소와 더불어 탁도, 부유물질 등의 항목을 추가함으로써 수질관리 개선의 척도로 활용 가능하다. 또한 건축물에서는 대량 발생하지 않으나 제조업의 유틸리티 시설과 공정배출이 있는 사업장에서는 대기환경물질SOX, NOX과 냉매가스 사용량HFCS 등을 별도로 추가 관리함으로써 대기오염물질 발생 현황과 그 외의 탈루 배출량에 대한 종합적인 관리도 가능하다. 호텔업의 에너지 관리자 입장에서는 본 CMS시스템의 고도화 및 커스터마이징 단계를 거쳐 활용하게 될 경우 에너지 모니터링 뿐만 아니라 환경적인 오염물질 관리 측면에서도 용이성이 증대하게 된다. 따라서 시스템적인 관리가 필요한 기업 및 기관에서는 적극적인 사용이 권장된다.

3. 에너지경영시스템(ISO 50001)

A호텔의 경우 아시아 호텔업계 최초로 에너지경영시스템 ISO 50001을 도입하여 전사적인 에너지 절감 활동을 실천하고 있다. 에너지경영시스템은 호텔업의 에너지 절감뿐만 아니라 제조업, 서비

스업, 폐기물 업종 등 여러 산업 전반에 도입하여 활용할 수 있는 시스템이다. 에너지경영시스템을 이해하기 위해서는 우선 경영시스템에 대한 이해가 수반되어야 할 것이다.

(1) 경영시스템의 이해

경영시스템은 경영과 시스템의 두 가지 단어가 합성된 단어로 경영Management은 폭넓은 의미로 "방침이나 목적을 결정하는 의사 결정 및 자원 배분"의 행위와 "그것을 달성 하기 위한 운영 실시"라는 두가지 뜻을 내포하고 있으며, 시스템System이란 "개별 요소가 유기적으로 조합되고 통일된 전체, 체계"를 의미한다. 즉, 경영시스템이란 "조직, 사업에서 방침이나 목표를 설정하여 이를 실현하기 위해 구성된 개별 요소가 유기적으로 조합되고 통일된 체계"라고 정의될 수 있다.

경영시스템은 기업 등이 조직 활동을 영위하는 과정에서 가장 중요하며, 꼭 필요한 시스템에 해당한다. 이미 많은 기업 및 기관, 그리고 폭넓게 모든 조직에서는 경영시스템이 구축되어 있다. 다만, 경영시스템을 전체적으로 이해하기 위해서는 IT계열의 솔루션 시스템에서의 경영시스템이 아닌 전사 조직 관리 측면에서의 경영시스템을 이해해야 될 것이다일반적으로 경영시스템을 설명하면 '경영 정보 관리시스템' 및 '시설 통합 관리시스템'으로 잘못 이해하는 경우가 있음. 경영시스템은 목적이나 활동 범위 등을 명확히 설정하는 것이 중요하며, 조직의 목적과 사업 방침, 그리고 수단 등에 맞게 적합하게 설정되어야 한다. 일반적으로 경영시스템의 구성요소로는 7가지가 있다.

① 조직의 존재 의미와 사명의 설정
② 전사 및 각 조직별 사업 방침과 목표, 목적 설정
③ 경영 활동에 필요한 자원의 사전 확보
④ 경영시스템 목표 달성에 필요한 수단 검토 및 대응방안 설정
⑤ 계획 실시와 지속적 유지 관리
⑥ 경영활동의 성과 평가
⑦ 경영시스템의 개선 방침 책정 및 실시

경영시스템은 지속가능한 사업을 영위하는 기업의 존속이라는 측면에서 지속적인 개선 및 향상은 필수적이며, 조직 활동 체제에 포함되는 활동 또한 경영시스템에 필수 요소라고 할 수 있다. 경영시스템은 에너지경영시스템 외에 기본적으로 많은 국제표준시스템이 존재한다. 먼저, 조직이 외부에 제공하는 제품과 서비스의 품질을 유지 및 개선하고, 이를 통해 고객 만족을 향상시키기 위한 품질경영시스템QMS : Quality Management System이 있다. 품질경영시스템에 대한 국제 표준은 ISO 9001에

해당하며, ISO 9001 획득을 통해 기업의 품질 서비스 경쟁력을 확보한 사례 등은 여러 언론이나 지면 매체를 통해 확인할 수 있다. 다음으로는 조직의 활동이 환경에 미치는 영향을 관리하기 위해 조직의 활동, 그리고 제품이나 서비스 등을 경영하는 환경경영시스템EMS : Environmental Management System이 존재한다. 환경경영시스템의 국제 표준 규격에는 ISO 14001이 있다. ISO 14001 획득에 따른 기대효과로는 8가지가 있다.

① 정부의 법적사항 및 국제적 환경 규제를 준수하고 있음을 입증
② 환경사고 대비 사전 예방 체제를 구축하고 환경규제에 능동적 대응
③ 신규 고객 및 고객 파트너사 범위 확대
④ 조직 임직원들의 건강과 안전에 기여
⑤ 주변 이해관계자들로부터 기업의 브랜드 이미지 향상
⑥ 세계화 글로벌 발전을 위한 기틀 형성
⑦ 법규 및 규정 준수에 의한 기업 경영인 책임 면책
⑧ 오염물질 및 폐기물 등의 감소와 환경사고 예방

(2) 에너지경영시스템의 이해

경영시스템에 대한 기본적인 이해를 바탕으로, 품질경영시스템 및 환경경영시스템의 개요를 확인할 수 있었다. 에너지경영시스템은 최고 경영자를 포함하여 조직 구성원 전체가 에너지의 효율적 이용을 위해, 에너지 절약 및 효율 개선과 관련한 방침, 목표를 개발하고, 이를 이행하기 위해 일련의 활동을 계획 및 추진하는 전사적 에너지 개선 활동에 해당한다. 경영시스템의 조직 전사 관리 측면에서 에너지 개선이라는 목표를 달성하기 위해 에너지를 접목시켰다는 점에서 다른 시스템과 차별화될 수 있다.

에너지경영시스템의 국제 표준은 ISO 50001에 해당하며, ISO 50001은 유럽에서 ENI16001로 시작되어 2011년 6월 15일 국제표준으로 발간된 국제규격에 의해 국제 인증으로 지정되었다. 유럽의 경우, 영국, 덴마크, 아일랜드, 스웨덴 등에서는 에너지 감축 등의 제도 참여를 위해 에너지경영시스템 ISO 50001 인증이 필수 요건이며, ISO 50001 인증 기업에 대해서는 세제 감면혜택을 부여하고 있다. 에너지경영시스템은 P-D-C-A 사이클에 기반하고 있으며, Plan계획 단계에서는 에너지 방침, 에너지 목표세부 목표 포함, 에너지측면 분석 등이 기초를 이루게 되며, DO실행단계에서는 책임과 권한 부여, 그리고 프로세스 관리 등이 해당한다.

다음으로 Check검토단계에서는 내부심사, 경영검토, 측정 및 모니터링이 가장 중요한 항목에 해당하며, 마지막으로 Action조치단계에서는 시정조치, 예방조치, 개선활동 등이 해당한다.

[그림 1-4-2] 에너지경영시스템 PDCA 운영사이클

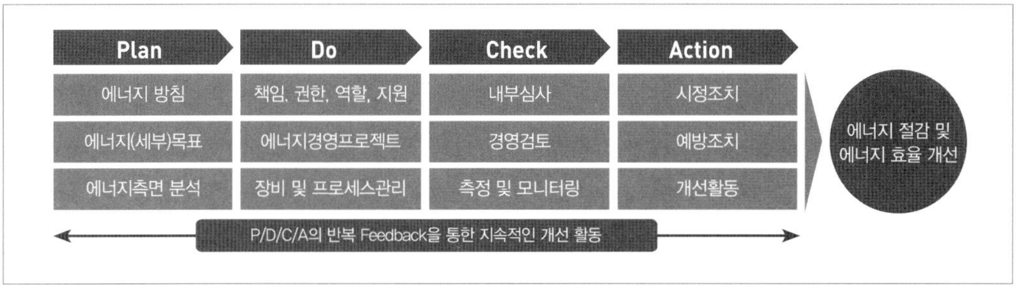

Plan	Do	Check	Action
에너지 방침	책임, 권한, 역할, 지원	내부심사	시정조치
에너지(세부)목표	에너지경영프로젝트	경영검토	예방조치
에너지측면 분석	장비 및 프로세스관리	측정 및 모니터링	개선활동

→ 에너지 절감 및 에너지 효율 개선

P/D/C/A의 반복 Feedback을 통한 지속적인 개선 활동

1) Plan(계획)의 핵심

에너지경영시스템의 계획단계는 에너지 검토, 중대에너지 검토, 베이스라인 설정, 에너지 목표 및 세부 목표 등의 실행 사항을 살펴보는 행위에 해당한다.

에너지 검토는 조직의 에너지 사용 현황을 분석하여 에너지 성과를 결정하고 그것을 개선할 방법이나 기회를 도출하는 일에 해당한다. 에너지 검토는 주기적으로 갱신하여 이루어져야 하며, 특히 설비 등의 변동에 따라 에너지 사용량에 중대한 변화가 있을 경우에는 반드시 재검토하여야 한다. 에너지 검토를 구축하기 위한 기준이나 방법에 대해서는 반드시 문서로 기록 및 관리하며, 일련의 모든 절차는 ISO 50001에서 요구하는 사항에 적법하게 준수되어야 한다. 에너지 검토를 통해 중대에너지 사용처SEU : Significant Energy Use와 잠재 중대에너지 사용처PSEU : Possibility Significant Energy Use를 선별할 수 있으며, 해당 단계 절차는 아래와 같다.

① 모니터링 활동을 통해 시계열 기간 동안의 에너지 이용 및 사용량을 평가

② 시계열 에너지 사용량 분석을 통해 중대에너지 이용 영역에 대한 분석 진행

③ 에너지 시계열 분석에 특이 사용량 영향을 미치는 설비 및 프로세스 등의 요인 검토

④ 중대에너지 사용처와 관련한 설비 등의 에너지 성과 검토

⑤ 잠재적 에너지 이용 및 사용량 예측 검토

⑥ 에너지 성과 개선 기회 발굴

에너지 베이스라인은 '에너지 성과의 비교를 위해 설정된 정량적 기준'을 뜻하며, 에너지 성과 개선에 대한 진행 여부를 평가하기 위한 참고 기준치에 해당한다. 베이스라인은 다만 설비의 변동에너

지 사용설비이나, 외부공사, 외적 요인 등으로 인해 적절성이 부족할 경우에는 베이스라인 조정 단계를 거치도록 한다.

에너지 목표는 에너지 방침을 정성적으로 세분화한 것에 해당하며, 에너지 목표 및 세부목표는 조직 내부에서 관련된 유관기관과 협의하여 설정하는 것이 필요하다. 에너지 목표 및 세부목표를 설정할 경우에는 달성 기한도 반드시 설정하여야 한다. ISO 50001에서는 에너지 목표 및 세부목표를 설정할 시, "법규 및 그 밖의 요구사항, 중대에너지 사용처 이용, 에너지 검토로 찾아낸 에너지 성과 개선 기회를 고려해야 한다"라고 규정하고 있다.

2) Do(실행)의 핵심

실행 단계에서 전제되어야 할 사항은 전 단계인 계획의 프로세스에서 정립한 실행 계획이나 에너지 목표 및 세부 목표, 그리고 에너지 베이스라인, 조직이 준수해야 할 법적 요구사항에 근거하여 진행되어야 한다는 것이다. 일례로, '설계' 단계에서는 에너지 성과에 중대한 영향을 미치는 설비 등의 신설이나 공사를 추진할 경우에 에너지 성과의 개선 기회와 운전 관리를 고려하도록 명시되어 있다. 이러한 설계 활동의 결과 및 영향의 중대한 유무와 상관 없이 그 평가 결과를 기록하고 보관해야 한다. 특히 ISO 50001의 실행 단계에서의 특징 중 하나는 '에너지 서비스, 제품, 장비 및 에너지 구매'의 조항에 해당할 것이다. 전력, 도시가스, 에너지 관련 기기 등 외부 구매를 할 경우에는 에너지 성과를 고려하여 진행해야 한다. 따라서 중대에너지 사용처에 영향을 미칠 가능성이 있는 에너지 서비스나 장비 등을 조달할 경우, 에너지 성과 평가의 항목을 구매자가 고려하고 있다는 내용에 대해 공급자에게 전달하는 것이 필요하다.

3) Check(점검)의 핵심

에너지경영시스템 ISO 50001에서는 '모니터링, 측정 및 분석' 조항에 필요한 데이터를 정기적으로 모니터링, 측정, 분석 및 기록해야 한다라고 정의하고 있다. 중대에너지 사용처에 관련된 변수, 그리고 에너지 성과지표, 그리고 에너지 목표 및 세부목표를 달성하기 위한 실행 계획에 대한 유효성 평가, 그리고 예상 에너지 사용량 대비 실제 에너지 사용량과의 차이Gap분석를 검토하는 모니터링 평가가 수반되어야 한다. 즉, 에너지 방침에 따라 행동 계획을 세워 실시하며, 계획대로 데이터 수집이 되는지 '점검 및 시정 조치'를 진행하고, 이에 대한 진행 결과는 경영층에 보고함으로써 전체적인 PPlan-DDo-CCheck 사이클의 기반 구조가 완성되게 된다.

[그림 1-4-3] 에너지경영시스템 ISO 50001 운영 모델

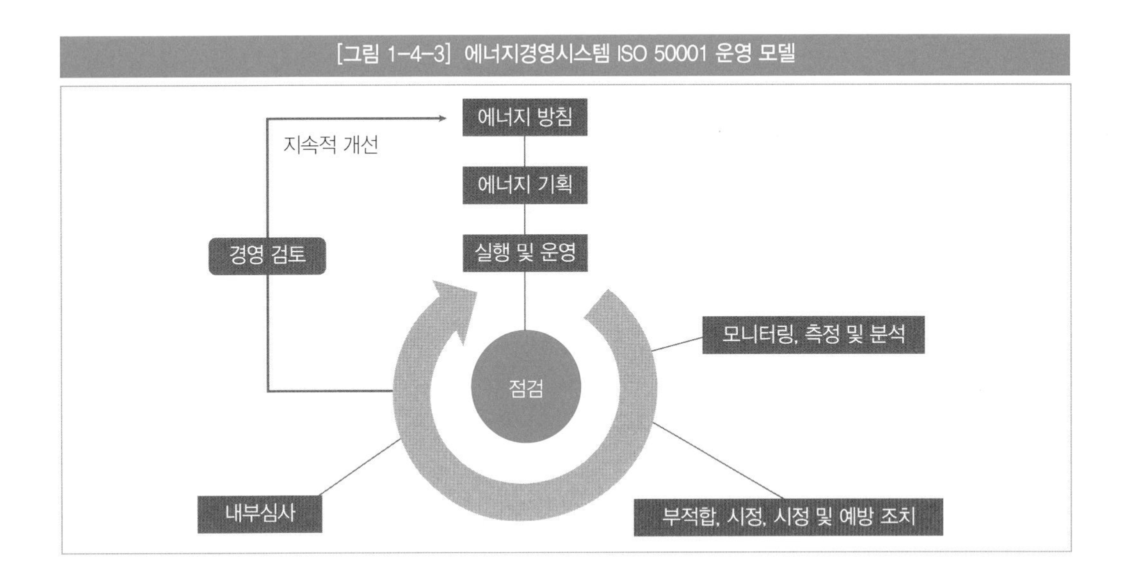

4) Action(조치)의 핵심

ISO 50001에서 Action조치 단계에서 가장 중요한 요구사항은 바로 '경영 검토'에 해당한다. 경영 검토는 조직의 에너지경영시스템이 적절하게 운영되고 있는지를 판단하기 위해서 최고경영자가 계획, 실행, 점검의 각 과정에 대한 결과를 사전에 설정해 놓은 기준에 맞추어 평가하는 단계이다. 경영 검토 단계에서는 이전에 실시한 경영 검토의 결과에 대한 조치 활동의 결과, 에너지 방침의 검토, 에너지 성과 및 에너지성과지표 검토, 법적 요구사항에 대한 준수 평가, 그리고 기타 요구사항의 변경 내용, 마지막으로 가장 중요한 에너지 목표 및 세부목표의 달성 정도에 대한 최종 검토를 진행하게 된다. 경영 검토는 종합적으로 조직의 ISO 50001 적합 및 준수 평가를 통해 에너지 개선에 대한 성과를 최종 파악할 수 있게 된다.

에너지경영시스템의 Plan계획- Do실행- Check점검- Action조치 4가지 단계 핵심 요소에 대해 정의할 수 있었으며, 각각의 단계는 유기적으로 연결됨으로써 최종적으로 에너지 사용량의 지속적 개선이라는 ISO 50001 요구 사항을 만족시킬 수 있게 된다. 기존의 에너지 절약 접근법은 프로젝트에 국한되어 유틸리티, 에너지 관리 부서 등의 특정 부서만 참여할 수 있는 한계점이 있었으나, ISO 50001은 시스템적인 접근으로 경영진을 포함한 전사 임직원이 지속적인 의사소통을 통해 개선 기회를 발굴 할 수 있는 장점을 갖고 있다. 에너지경영시스템 ISO 50001은 TOP-DOWN에너지 방침 → 에너지 목표 → 에너지 세부 목표의 프로세스 접근 방법과 BOTTOM-UP에너지 베이스라인 → 에너지 성과지표 → 에너지 세부 목표접근 방법이 혼합된 순환형의 지속적인 에너지 절감 프로세스에 해당한다.

순환형의 지속적인 에너지 절감 프로세스는 각 부서와 유기적으로 연결됨에 따라 에너지 절감에 대한 개선요인을 모색할 수 있는 경영시스템으로써의 기능을 수행할 수 있게 된다.

[그림 1-4-4] 에너지경영시스템 ISO 50001 에너지 절감 접근 방법

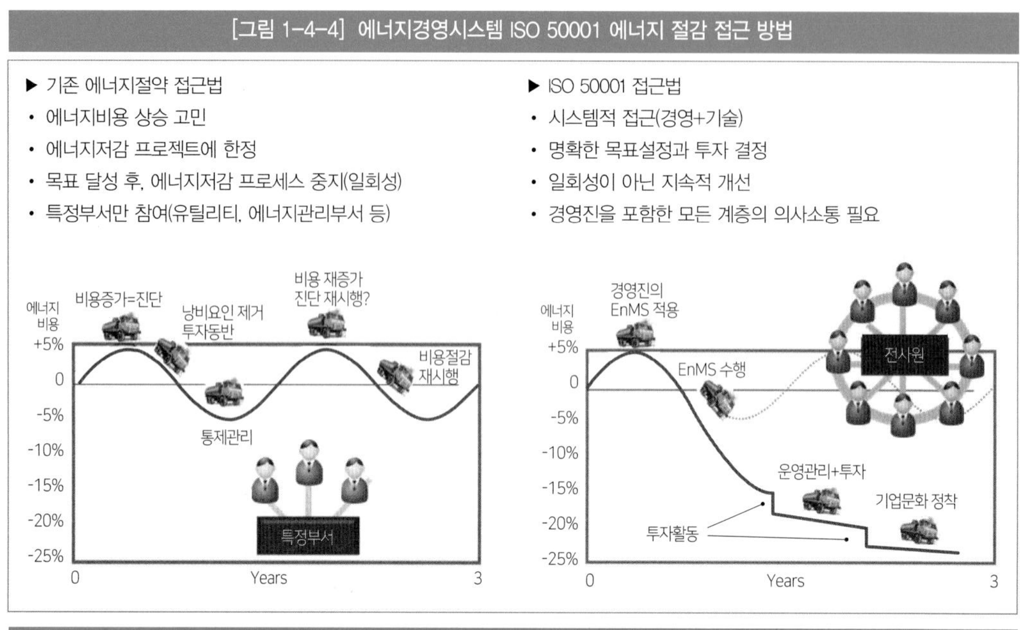

[그림 1-4-5] 에너지경영시스템 ISO 50001 프로세스

(3) 에너지성과지표(EnPI)의 이해

에너지경영시스템은 에너지 베이스라인을 설정하여 예상치 에너지 사용량과 실제 에너지 사용량의 편차를 분석하여 개선 요인을 발굴하게 된다. 이때 예상 에너지 사용량을 산정하는 단계에서의 기준점이 되는 것이 에너지성과지표EnPI : Energy Performance Index이며, 에너지 성과 수준이나 그 변화를

정량적으로 나타내기 위한 지표에 해당하게 된다. 에너지성과지표를 어떤 지표로 이용할 것인가는 에너지 성과의 종류나 조직의 목적에 부응하여 조직이 결정하게 된다. 예를 들어, 에너지성과지표는 에너지 원단위값을 활용할 수 있으며, 사업장의 에너지 사용량과 외생변수와의 통계 분석을 통해 단항식 및 다항식으로 설정할 수도 있다. 에너지경영시스템의 실효성을 높이기 위해서는 에너지 성과지표의 선택과 그 지표에 대한 측정 및 평가는 매우 중요한 요소에 해당하며, Action조치 단계의 '경영 검토'에서도 가장 중요한 평가 항목이라 할 수 있다.

에너지성과지표를 설정하기 위해서는 에너지 사용량에 영향을 미치는 변수들을 취합하여 사용량과의 상관 분석을 실시하여야 한다. 상관 분석은 회귀 분석을 통해 실시할 수 있으며, 상관 분석 결과는 통계적 유의성을 반드시 검정하여야 한다. 통계적 유의성은 성과지표식 자체에 대한 신뢰도 수준과 각각의 독립변수들이 종속변수에 미치는 상관 관계에 대해서도 통계적 신뢰성 분석이 선행되어야 한다외기온도, 객실 판매실수 등은 독립 변수에 해당하며, 에너지 사용량은 종속 변수에 해당. 독립 변수가 2개일 경우, 회귀분석식은 다항식y=ax2+bx+c으로 도출되게 되며, 독립 변수가 1개일 경우 단항식y=ax+b으로 나오게 된다.

[그림 1-4-6] 회귀분석 잔차 그래프 설명

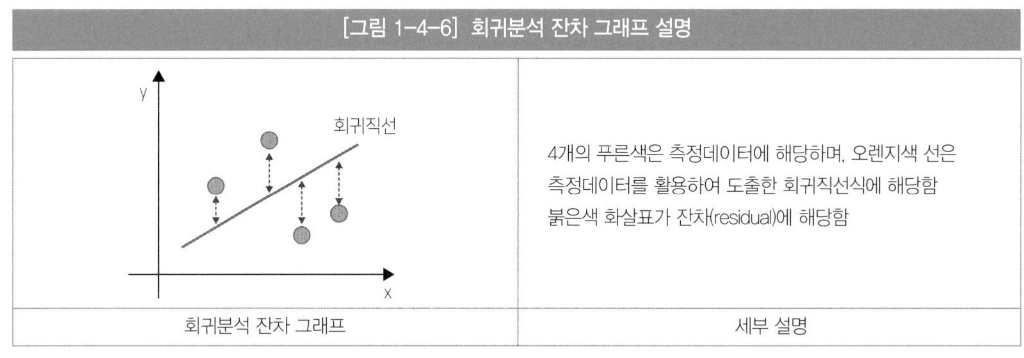

자료 : 논문/통계 컨설팅 전문 스탯솔루션 컨설팅 블로그

[그림 1-4-7] 회귀분석 그래프 설명

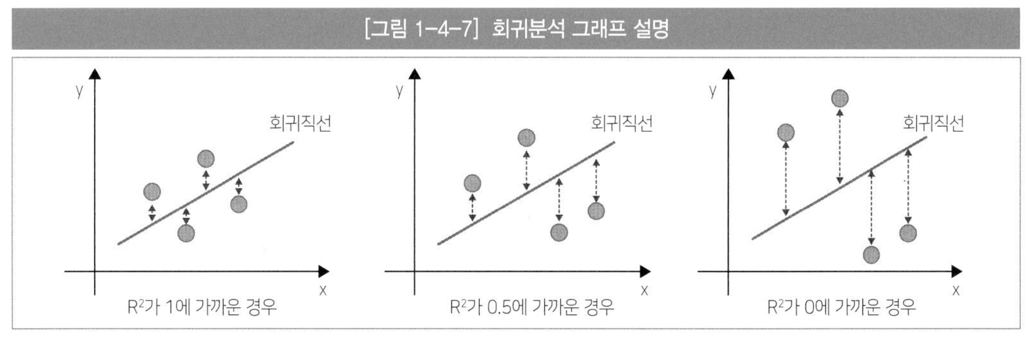

자료 : 논문/통계 컨설팅 전문 스탯솔루션 컨설팅 블로그

회귀분석의 통계적 기법 검정은 상당히 많은 분량을 할애해야 됨에 따라, 본 도서에서는 실무자가 건축물의 에너지 관련 사용 통계 분석시 활용 가능 수준의 지식을 제공하고자 한다. 회귀분석의 대한 심도있는 지식 습득을 희망하는 독자는 통계관련 전문 서적을 참고하길 바란다. 기본적으로 회귀분석을 실시한 후, R2값이 0.8이상으로, 유의미한 데이터가 도출되었는지 확인해야 된다. 회귀분석은 각각의 데이터 잔차residual의 제곱의 합이 최소화되는 공식을 도출하는 방법에 해당한다. R-square는 실측값과 예측값의 차이를 뜻하며, 실제 데이터 Y값에서 회귀직선의 Y값을 차감한 수치를 뜻한다.

R-square는 0에서 1까지의 값 내에서 표현 가능하며, R2 산출 공식은 Q-Qe/Q이다. 여기서 Q는 전체 데이터의 편차들을 제곱하여 합산한 값이며, Qe는 전체 데이터의 잔차들을 제곱하여 합산한 값에 해당한다. 설명력이 크다는 것은 R2 값이 1에 가까운 것을 의미하며, 설명력이 작다결정계수가 작다는 것은 R2 값이 0에 가까운 것을 의미한다. 결정계수가 크다는 것은 실제 데이터가 회귀직선식에 매우 가깝게 분포해 있다는 의미이며, 결정계수가 작다는 것은 실제 데이터가 회귀직선식에서 멀리 떨어져 있다는 것을 의미한다.

본 성과지표식에서 독립변수의 증감 즉, 외기온도, 객실 판매실수 등이 증가에 따라 에너지 사용량에 어떠한 상관 관계가 있는지 파악할 수 있게 된다. 위의 그래프는 외기온도와 전기 사용량, 가스 사용량과의 회귀분석 결과를 예시한 것이다.

[그림 1-4-8] 전기 사용량과 외기온도 성과지표식 예시 그래프

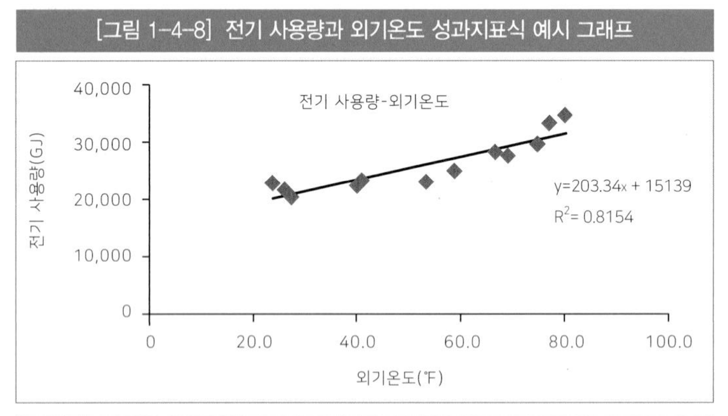

[그림 1-4-9] 가스 사용량과 외기온도 성과지표식 예시 그래프

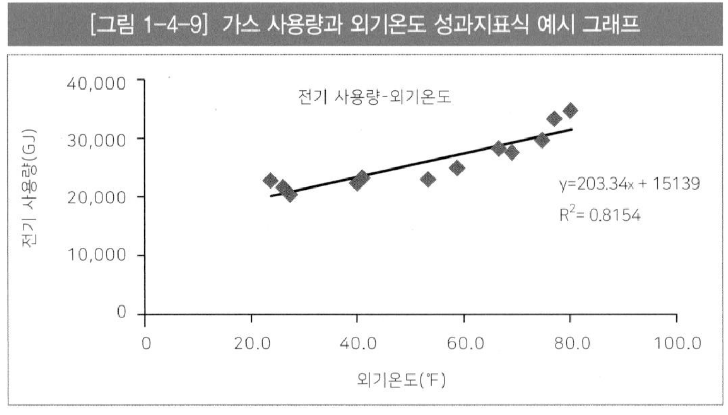

4. 빌딩에너지관리시스템(BEMS)

대형 건축물의 효과적인 에너지 관리를 위해서 DDC 시스템 기반의 운전 관리 방안과 CMS 시스템을 기반으로 한 운영 관리 방안에 대해 서두에 제안한 바 있다. 이러한 시스템은 에너지경영시스템 ISO 50001과 접목함으로써 지속적인 에너지 사용량 절감이라는 궁극적인 목표를 달성하게 된다. 에너지경영시스템은 데이터의 분석을 통해 에너지 베이스라인을 설정하고, 에너지성과지표의 기준 지표를 활용하여 에너지 사용량의 개선 기회를 발굴하게 된다. 에너지경영시스템은 수집되는 데이터의 모집군이 많을수록, 또한 분석기간이 길수록 분석 결과에 대한 신뢰성을 향상시킬 수 있다.

[그림 1-4-10] BEMS 주요 설비 단위별 센서 설치 현황

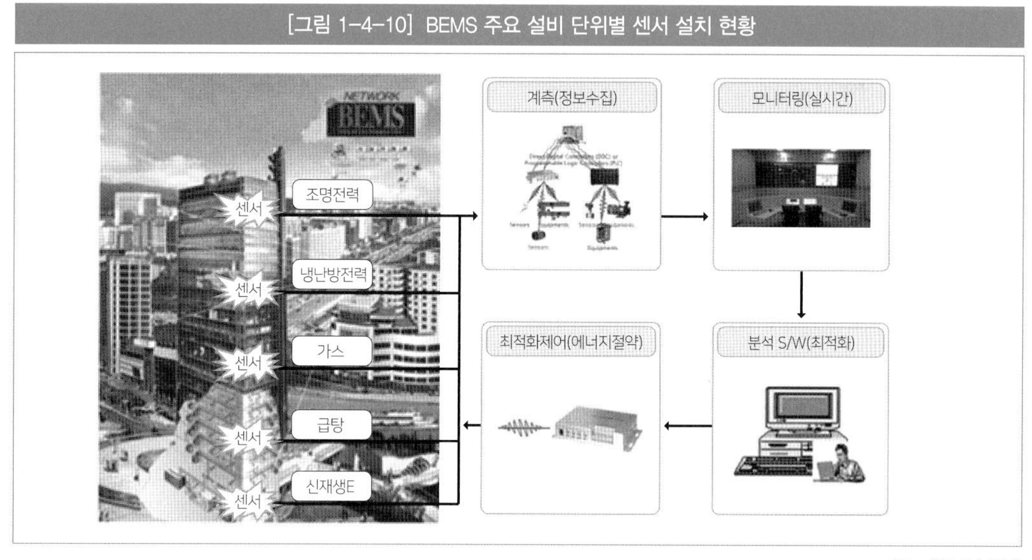

자료 : 한국에너지공단

데이터의 신뢰성을 향상시키고, 분석 결과에 대한 활용도를 높이기 위해서는 빌딩에너지관리시스템BEMS : Building Energy Management System이 최적화된 대안 방안으로 작용할 수 있다. BEMS는 녹색건축물 조성 지원법 제6조의 2항에 따르면, "건축물의 쾌적한 실내환경 유지와 효율적인 에너지 관리를 위하여 에너지 사용내역을 모니터링하여 최적화된 에너지 관리 방안을 제공하는 계측, 제어, 관리, 운영 등이 통합된 시스템"으로 명시하고 있다. 즉, BEMS라는 것은 건물에 IT기술을 접목하여 에너지 관리 설비의 다양한 정보를 실시간 수집 및 분석해 에너지 효율을 개선하는 시스템으로 이해하면 될 것이다. 클린에너지 시장조사를 전문으로 하는 Navigant Research에서도 BEMS 시장이 매년 14%씩 성장하여 2020년에 60억$ 규모의 시장 창출을 2012년에 전망하기도 하였다. BEMS의

기능 및 특성에 대한 정확한 이해를 높이기 위해서는 기존 건물관리시스템과의 차이점을 파악할 필요성이 있다.

[표 1-4-4] 기존 건물관리시스템 및 BEMS 주요 기능 차이점

종류	주요 기능
BAS	Building Automation System 기계/전기설비, 조명, 방재 등 각종 설비의 상태 감시, 운전관리
IBS	Intelligent Building System 설비, 조명, 방재, 엘리베이터 등 건물 내 시스템의 통합관리
FMS	Facility Management System 건물정보, 자재, 장비, 작업, 인력, 도면, 예산 관리, 보고서(평가/분석) 작성, 자산관리
BMS	Building Management System 상태감시 및 제어, 주차관제 등 각 설비별 독자 관리, 수선 및 보전 스케줄 관리, 설비대장 및 과금자료 관리
BEMS	Building Energy Management System 에너지 및 환경의 관리, 건물 에너지 설비 관리 분석, 시설운영 분석, BAS 중앙시스템 연계 통합관리

(1) BEMS 구성의 특징

BEMS는 단위 시스템과 IT 통신을 통해 각 장비의 데이터 값을 수집 및 분석하는 서버와 수집된 데이터를 가공된 화면으로 제공하는 Client PC로 구분할 수 있다. BEMS의 각 단위별 구성 요소에 대한 특징은 [표 1-4-5]와 같다.

[표 1-4-5] BEMS 단위별 구성 요소 특징

종류	주요 기능 및 특징
BEMS SERVER	• 주요 기능 : BEMS Server는 단위 시스템(BAS)과 데이터 통신을 통해 각 장비의 데이터 값을 수집 및 분석 • 특징 : 데이터 수집을 통한 에너지 소비량 분석
관리자 Clinet PC	• 주요 기능 : 수집된 데이터를 Client PC를 통해 가공된 화면으로 제공하며 관리 환경 제공 • 특징 : WEB 기반의 시스템 접속 환경
HVAC7 (설비자동제어)	• 주요 기능 : 건물을 이루고 있는 설비자동제어 시스템으로 냉·난방 장비 제어 및 모니터링 기능 제공

(2) BEMS 종류별 특징

BEMS는 시스템의 기능적인 측면 접근과 더불어 시스템의 하드웨어 사양에 따라 다양한 종류로 구별할 수 있다. BEMS는 기본적으로 '웹Web 기반의 건물 에너지 시뮬레이터'로써 기능을 수행할 있도록 입력된 데이터는 CAD 시스템과 연동되어 구조체, 실내부하, 공조설비 공간Zone별로 산출이 가능하고 분석할 수 있어야 된다.

웹기반의 시스템 추가 구성을 통해 기존에 구축된 시스템BAS 및 FMS 등과 호환이 가능할 뿐만 아니라, 외부 인터넷과 연계를 통해 상시 접속이 가능하다는 장점이 있다. 시스템은 에너지 요금 및 물가 인상률, 초기 투자비용 등의 항목을 추가적으로 입력할 수 있도록 함으로써 전과정 관리 측면에서의 에너지 및 환경 관리가 가능하게 된다. BEMS는 기능 구현에 따라 단계별로 구분 가능하다.

첫번째로, BEMS의 가장 기초적인 단계인 요금 정보 분석기능을 살펴볼 수 있다. 건물별 혹은 개인 사용자별 부과되는 요금 사항을 온라인으로 공급받아 요금의 적정 수준과 낭비되는 요소를 파악할 수 있게 된다. 다음으로, 계측장비 등의 기능 구현을 통해 운영정보 분석기능을 실현할 수 있다. 계측장비계측을 통한 변환시스템도 포함 및 에너지 데이터베이스의 정보를 온라인으로 공급받아 사용자에게 제공함으로써 에너지 절약 방안을 모색할 수 있는 시스템이다. 웹기반의 BEMSBuilding Energy Management System시스템은 빌딩오토시스템 BAS와 연계하여 에너지 사용량에 필요한 감시사항을 추가하고, 실시간으로 전송받게 되는 건물 운영 데이터를 서버에 입력하여 분석할 수 있게 된다.

다음 모델로는 웹기반의 BEMS 시스템에 감시 및 능동제어 통합 기능을 추가하는 것으로, BAS 등과 연계하지 않고 에너지 소비량 분석결과 제공은 물론 자체적으로 감시 및 능동 제어기능을 수행하게 된다.

마지막으로, 건물 통합 및 원격 관리시스템을 접목한 BEMS 시스템 모델이 있다. 이 시스템은 전항의 감시 및 능동 제어기능을 포함함으로써 일정 수준 이상까지는 무인운전이 가능하게 되어 전체 시스템적으로 온실가스 배출량 및 에너지 사용량 모니터링이 가능해진다. 본 모델은 전체의 에너지 소비를 시간 단위·일단위로 계측하고, 소비실태를 파악하는 것으로 타모델과 달리 용도별, 그리고 사용특성에 맞게 에너지 절약 대책을 수립함으로써 보다 효과적인 에너지 절감 개선 기회를 모색할 수 있다.

(3) BEMS KS 표준 제정

BEMS는 시스템의 기능 및 하드웨어의 특성에 따른 종류별로 상이할 뿐만 아니라, BEMS 설치업체마다 운영방식 및 통신체계 등이 달라서 호환성이 떨어지는 부분과 실제 BEMS를 사용하는 해당 건축물의 특수성에 따라 산업표준화가 필요한 실정이었다. 이에 건물부문 에너지절약을 소관하고 있는 국토교통부는 국가기술표준원, 건설기술연구원, 한국에너지공단과 공동으로 한국산업표준KS : Korean Standards 안을 마련하고 협회 및 산업계의 의견을 수렴한 후, 세계 최초로 BEMS KS를 제정하게 되었다.KS F 1800-1 BEMS KS 1800-1에서 요구하는 BEMS의 기능은 다음과 같다.

BEMS KS 1800-1 주요 요구 사항

1. 데이터 표시 기능

획득, 수집한 건물에너지 소비 및 관련 데이터를 알기 쉽게 컴퓨터 화면 등을 통해 표시하는 기능

2. 정보 감시 기능

운영자가 에너지 소비에 관한 기준값이나 에너지 사용 설비의 운전 범위 등을 입력할 수 있어야 하며, 입력값과 실제 운영 결과를 비교하여 운전 범위나 기준값을 벗어나는 경우 이를 운영자에게 알려주는 기능을 제공

- 기준값 및 운전 범위 입력 기능
- 입력값과 운영 결과 비교 기능
- 경보 발령 기능

3. 데이터 및 정보 조회 기능

운영자가 원하는 기간 동안의 건물 에너지 소비 및 관련 데이터와 정보를 표 또는 그래프로 제공하는 기능

- 일정 기간의 정보 조회 기능
- 기간별 정보 조회 기능
- 2개 이상의 기간별 정보 동시 조회 기능

4. 건물에너지 소비 현황 분석 기능

운영자가 건물에너지 소비 현황을 쉽게 파악할 수 있도록 하는 분석 기능

- 에너지원별 소비량
- 석유 환산톤으로 환산한 1차 에너지 소비량
- 용도별 소비량
- 수요처별 소비량
- 이산화탄소 배출량
- 에너지 소비 원단위
- 최대 전력 수요
- 건물 에너지 효율 수준
- 에너지 소비 절감량 및 절감율

5. 설비의 성능 및 효율 분석 기능

운영자가 건물에서 운용되는 각종 설비의 운전상태와 성능을 쉽게 파악할 수 있도록 하는 기능

- 설비의 성능
- 설비의 효율

6. 실내, 외 환경 정보 제공 기능

기후와 실내 환경 등 건물에너지 소비와 밀접한 관련이 있는 항목에 관한 정보 제공 기능

- 외기의 온도와 습도
- 실내 공기의 온도와 습도
- 실내 공기 중 CO_2 농도
- 실내 조도

7. 에너지 소비량 예측 기능

에너지를 절약하고 건물과 설비의 계획적인 운영에 도움을 주기 위하여 건물의 에너지 소비량을 예측하는 기능

8. 에너지 비용 분석 기능

건물의 에너지 소비에 따른 비용 분석 정보의 제공을 위한 기능

- 에너지 비용 체계 선택
- 에너지 비용 단가 수정
- 기간별 에너지 비용 조회
- 예상 에너지 비용 조회

9. 제어 시스템 연동 기능

자체적으로 제어기능을 수행하거나, 그렇지 못한 경우에는 건물자동화시스템과 연동하여 자동으로 제어하는 기능을 제공

(4) BEMS 활용방안

기존 건물 관리시스템과 BEMS의 가장 큰 차이점은 건축, 기계, 전기, 신재생 등 건물 에너지와 관련된 첨단전문지식에 정보통신의 기술을 접목함으로써, 건물이 상시 최적 가동상태를 유지한다는 것에 있다. 기존의 BAS나 FMS의 시스템 등은 모두 단순한 상태 감시와 단편적인 자동 또는 수동 제어 중심의 한계점을 갖고 있다. 이에 반면 BEMS는 에너지 사용 정보를 실시간으로 수집 및 분석하여 건물 특성에 따라 최적화된 개선 방안을 제시하고, 건물의 최적화된 가동 상태를 유지한다는 점에서 가장 큰 장점을 갖고 있다. BEMS를 활용한 에너지 절감 프로세스는 [그림 1-4-11]과 같다. 전사적 데이터 관리를 통해 자동화 건물을 빌딩 자동화 시스템BAS를 기초로 기존 건축물 내 BEMS를 도입할 경우, 일본에서는 약 10.5%, 우리나라에서는 약 15% 정도의 에너지 절약 기대효과가 있는 것으로 연구됨에 따라 대형 건축물의 에너지 절감을 위해 지속적으로 도입할 필요성이 있다.

[그림 1-4-11] BEMS를 활용한 에너지 절감 프로세스

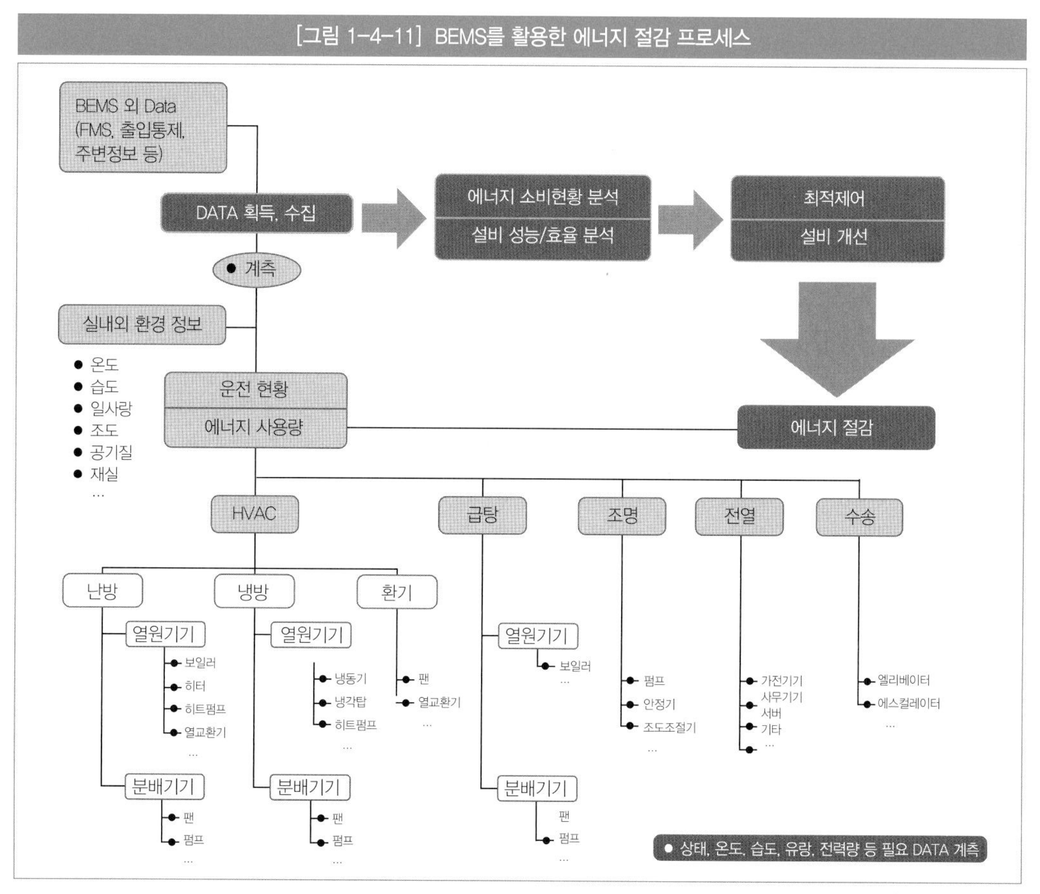

자료 : 한국에너지공단

(5) BEMS 시장의 성장

공공기관 건축물의 경우, 2017년 이후부터 의무화가 적용되어 연면적 1만㎡ 이상의 신축 건축물은 건축허가를 신청하는 단계부터 BEMS가 의무 설치되어야 한다. 이러한 국가 정책 기조에 따라 연 1,200억원 규모의 BEMS 시장은 2015~2020년 연평균 26% 이상의 성장이 예상되고 있다. 세계적으로 자동제어 BAS 시장에서 선도적인 역할을 수행하고 있는 하니웰, 프랑스의 세계적인 에너지 관리 및 자동화 전문기업 슈나이더 일렉트릭 등의 회사가 BEMS 시장에 진출하고 있으며, 국내에서는 삼성전자, LG전자, 나라컨트롤 회사 등이 연구를 진행하고 있다.

슈나이더 일렉트릭은 BEMS를 적용해 혁신적인 에너지 비용 절감에 성공한 세계에서 가장 친환경적 빌딩 '딜로이트 디 엣지'를 소개하였다. '딜로이트 디 엣지'는 전면이 유리로 설계되어 동일 연면적의 건축물에 비해 전기 사용량이 30% 수준에 불과한 성과를 거두었다. 전기 사용량 절감의 가장 큰 혁신 방법은 건물 내부에 총 2만 8,000개의 센서를 설치하여 각 층의 사무실마다 직원 수 및 실내/외 온도, 냉/난방 상황, 조명 등을 실시간 수집해 건물의 중앙 서버에 전송한 후, 중앙 서버는 데이터를 분석하여 건물 내부의 조명과 온도 조절 스위치를 실시간으로 조절하게 되며, 사람이 드문 장소의 등은 자동으로 소등된다. 이러한 기술의 핵심 역량은 사물인터넷 기술의 기반에 의해 진행된다. 국내 또한 2019년 3월 일산 킨텍스에서 진행된 '코리아빌드 2019' 행사에서 'IoT 기반의 건물 에너지 절감 솔루션 세미나'가 개최되었다. 본 세미나에서 삼성전자는 'b.IoT' 즉, 모든 것이 연결되고 효과적으로 관리되는 빌딩 관리시스템을 소개한 바 있다. b.IOT는 IoT 기반의 BAS를 설치하고, 빌딩 기기간 무선통신 Wireless Connect를 설정함으로써 지능형 에너지 절감 Saving과 웹 기반의 모바일 관제 모빌리티 관리가 가능하게 된다.

5. 현장 에너지관리 방안

에너지 운영의 관리적 시스템 접근 방법 이외에도 기계 및 전기 설비의 교체 및 운전관리 최적화, 그리고 단열을 통한 에너지 절감 방안, 효율적 창호 관리도 지속가능한 에너지 절감형 건축물을 조성하기 위해서는 반드시 선행되어야 한다. 다만 에너지 요금을 절감하기 위한 피크전력 및 역률 관리 등의 방법은 온실가스 감축의 목적이 아닌 비용 절감을 위해 해당 기업에서 자체 시행하는 방법이라 본 도서에서는 별도로 언급하지 않으며, 사용량에 대한 절감 방안만 명시했다.

(1) 기계 및 전기 설비 관리 최적화

건축물의 다소비 에너지 배출 시설에 해당하는 냉동기의 효율을 높이는 것만으로도 에너지 절감의 효과를 달성할 수 있다. 고효율 냉동기는 일반 냉동기에 비해 성능이 좋음에 따라, 단위열량당 소비되는 에너지 사용량이 적게 된다. 보통 냉동기의 효율은 COPCoefficient of Performance 즉, 냉동기의 성능계수에너지 효율성로 확인이 가능하다. COP는 QL/W=QL/QH-QL로 표현 가능하며, QH=고온부로 방출한 열량, QL=저온부로 흡수한 열량을 뜻한다. 특히 냉동기의 대수 제어는 냉수코일 특성과 관련이 있기 때문에 그 특성에 맞는 열량, 즉 냉수 순환량과 냉수 온도를 공급하는 것이 중요하다. 따라서 냉동기 개별 용량제어, 냉수펌프제어, 냉수의 급수 환수헤더 차압제어 등을 함께 고려해야 한다. 한국에너지공단 통계에 따르면 대수 제어방식을 통해 냉동기부하 20% 정도의 에너지를 절감 가능하다.

냉동기는 건물이 부하 특성에 적합하도록 대수 분할함으로써 필요한 개소에만 부분 운전하여 에너지 사용량을 감축시킬 수 있다. 일례로, 동절기11월~2월에 영하의 외기를 냉방에 이용하게 되면 냉동기 운전시간을 단축시킬 수 있으며, 이것이 프리쿨링 시스템에 해당한다. 프리쿨링 시스템은 열교환기와 송풍기 조합으로 열교환기 코일 내 냉수를 순환 시키고 송풍기 의한 동절기 저온의 공기를 강제 통과시켜 적정 냉수를 유지시키는 장비이다.

[그림 1-4-12] 프리쿨링 시스템 계통도 및 설치 모습

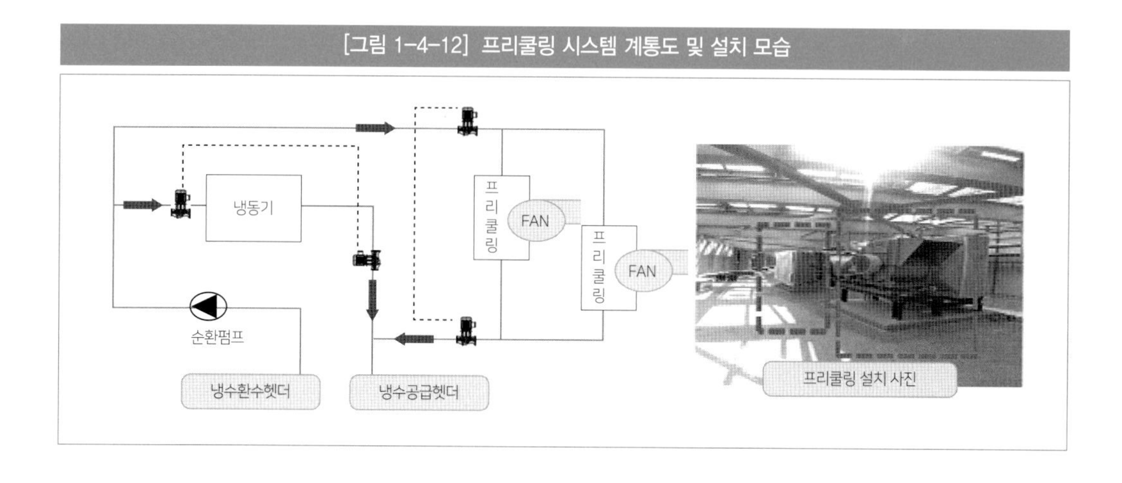

계절별하절기 및 동절기 및 시간대별경부하, 중간부하, 최대부하 냉, 난방의 탄력적 운영만으로 에너지 절감이 가능하다. 냉방 공조기의 경우, 개별급기 제어VAR : Variable Air Volume Regulator조절기를 활용해 공조기 급기량을 조절하여 에너지 사용량을 저감시킬 수 있다.

[그림 1-4-13] 냉방 공조기 VAV 조절을 통한 에너지 절감 화면

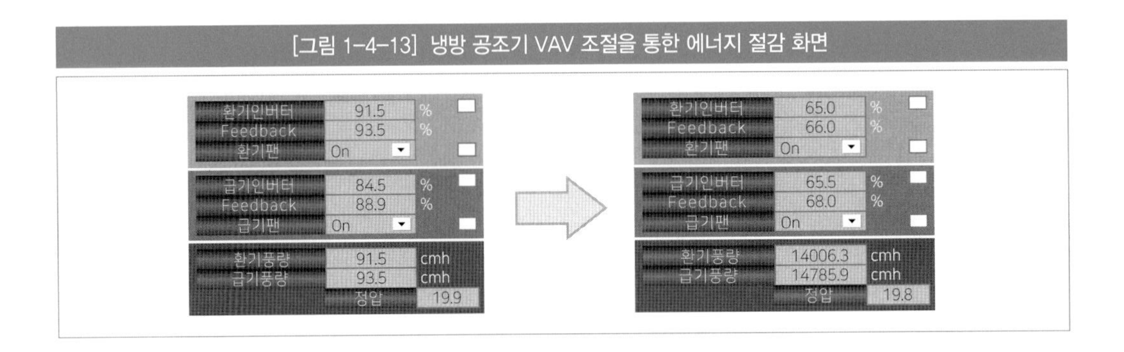

앞에서 설명한 프리쿨링 시스템, 냉방 공조기 VAV조절에 비해 전기 사용량 절감량은 적으나 정수기용 타이머 설치, 기존 조명을 LEDLight-Emitting Diode 조명으로 교체하는 것 또한 지속적인 에너지 사용량 감축이 가능하다. 정수기용 타이머 설치는 기존 24시간 운영되는 것을 근무 인원이 없는 22시~06시까지 전원을 OFF함으로써 전기 사용량을 절감하는 것에 해당한다. LED 조명은 형광등 및 일반 할로겐 조명에 비해 내구연한이 길어서 조명 교체 또는 관련 유지 보수 비용을 감축시킬 수 있다. LED조명은 발광 다이오드를 이용한 조명기구로, 저전력 및 장수명 등의 특징이 있으며 연구 결과에 따르면 백열 램프보다 몇 배 이상의 전기 효율이 우수하다는 것이 입증되었다. LED조명은 기존 건축물의 주차장, BOHBack Of House, 백사이드 등의 모든 조명에 광범위하게 적용될 수 있다.

[그림 1-4-14] 정수기용 타이머 및 LED 조명

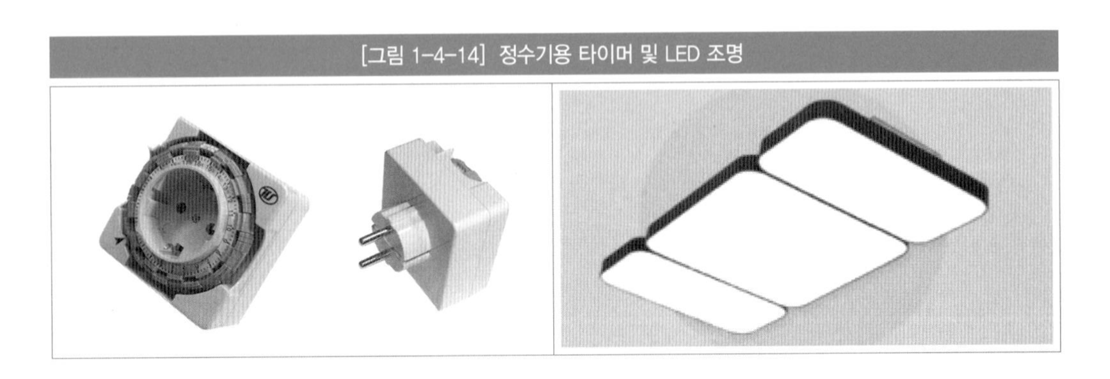

건축물에서의 폐열회수 또한 에너지 절감에 있어서 효과적인 방법이다. 폐열회수는 직접 이용하는 방법, 간접적으로 이용하는 방법, 승온 이용방법, 종합 효율을 도모하는 방법으로 분류가 가능하다. 직접 이용하는 방법은 혼합공기를 이용하는 것과 배기열 냉각탑을 이용하는 것으로 구분이 가능하며, 혼합공기를 이용하는 것은 조명열을 2차 공기로 유인하여 난방 혹은 재열에 사용하는 방법이다. 배기열 냉각탑은 여름철의 냉방 배열을 냉각탑 흡입 공기측으로 유도하여 활용하는 것으로, 냉

각탑에 냉방시의 실내 배열을 이용하게 된다. 간접이용 방법은 Run around 열교환기 방식과 전열교환기, 현열교환기 등 열교환을 활용하는 방법으로 구분된다. Run around 열교환기 방식은 배기측 및 외기측에 코일을 설치하여 부동액을 순환시켜 배기의 열을 회수하는 방식으로 배기의 열을 회수하여 도입 외기측으로 전달하는 것이다. 승온 이용방법은 2중 응축기, 응축기 재열, 소형 열펌프 방식으로 구분되며, 2중 응축기는 병렬로 설치된 응축기 및 축열조를 이용하는 방법이며, 응축기 재열은 항온항습기의 응축기 열을 재열로 이용하는 것이다. 소형 열펌프 방식은 소형 열펌프를 여러 개의 병렬로 설치하여 냉방 흡수열을 난방에 활용하는 것이다.

건축물에서의 폐열 회수 중 최근에 각광받고 있는 시스템이 우회배관을 활용한 지열 폐열회수 시스템에 해당한다. 냉방시에 지중으로 버려지는 온열을 회수하여 급탕, 수영장, 바닥 복사난방 등에 활용 가능하고, 난방시에 지중으로 버려지는 냉열을 회수하여 데이터센터, 전산실, 기타 건물의 내부 등에 활용 가능하다. 우회배관을 활용한 지열 폐열회수 시스템이 적절히 작동하기 위해서는 열원측과 부하측에 직접 연결하는 우회배관을 구성한 후, 열원으로 버려지던 냉열 혹은 온열을 반대 부하 수요처에 공급해줄 수 있게 해야 된다. 이렇게 진행하게 되면 서로 다른 구역 A, B에서 동시에 냉방, 급탕을 공급할 수 있게 된다.

[그림 1-4-15] 우회배관을 활용한 지열 폐열회수 시스템

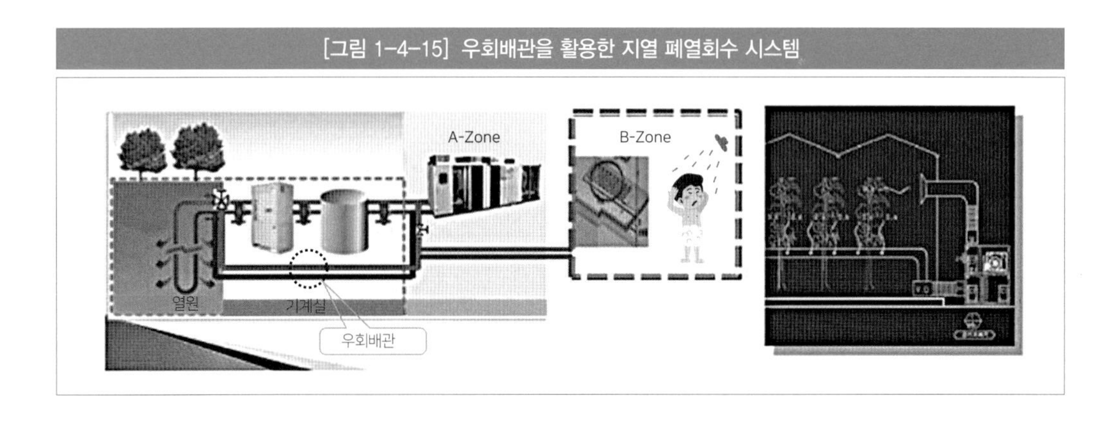

폐열회수로 최근에 에너지 절감에 각광받고 있는 시스템은 증기를 재이용하는 시스템이다. 저압증기를 재가압하여 한번 더 재이용하는 증기 재이용 시스템은 기계식증기재압축 MVRMechanical Vapor Recompression과 증발농축기 TVRThermal Vapor Recompression, 팽창기 등이 있다. MVR은 저압 증기를 전기 등 기계적 구동 압축기를 이용하여 압축하는 방식으로 필요한 온도와 압력의 증기를 재생산 하는 시스템이다. 시스템 구성이 매우 간단하고 장비운전시 적은 전기에너지만 필요로 하며, 유

[그림 1-4-16] TVR(Thermal Vapor Recompression) 이젝터

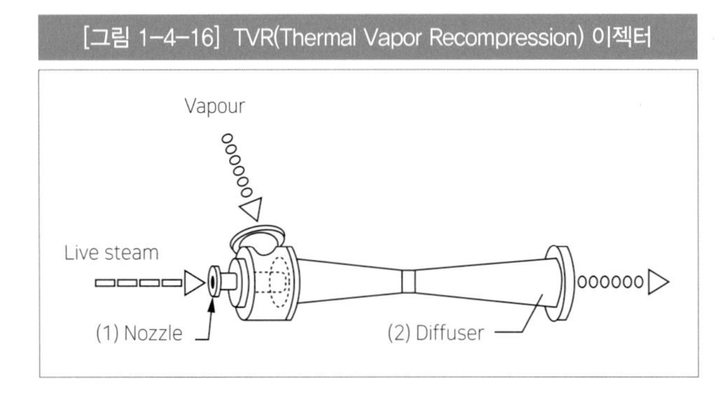

지 보수가 용이한 장점이 있다. 이에 반해 TVR은 저압증기를 스팀 이젝터Steam Ejector를 이용하여 필요한 온도와 압력의 증기를 생산하는 시스템이다. 스팀 이젝터는 고압 수증기를 이용하여 유체를 분출하는 것으로, 보통 진공 증류, 진공 건조, 진공 탈기, 진공 용해 공정 등에 사용하는 장치이다. TVR은 고속의 스팀 속도를 이용하여 압축하는 방식으로 구동부moving parts, 모터와 변속기 등 기체의 물리적 움직임을 관장하는 부분을 지칭함가 없는 것이 특징이다. 구동부가 없으므로 구조가 간단하며, 비용이 상대적으로 저렴한 장점이 있다.

[그림 1-4-17] 증기 재이용 시스템(MVR 및 TVR 차이)

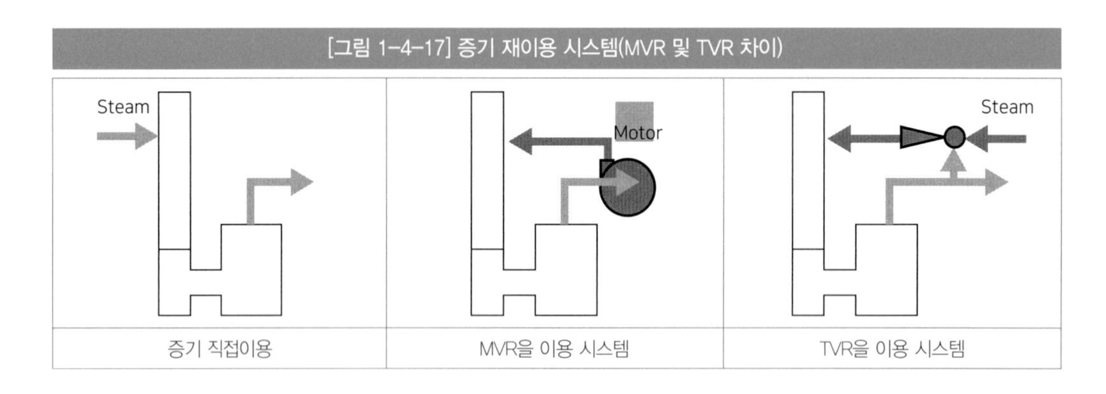

팽창기폐압회수 터빈 : Energy recovery turbine, Expansion Device는 기존 공정의 감압밸브 대신 팽창기로 대체함으로써 증기 공급과 더불어 전기를 생산할 수 있게 된다. 열역학적으로 볼 때, 기존 팽창밸브의 등엔트로피 과정은 비가역 과정으로 비가역성에 의한 손실이 많이 발생하지만, 팽창기를 적용하게 되면 등엔트로피의 가역과정이 구현됨으로써 손실이 적게 발생한다. 등엔트로피는 열출입이 없는 과정 즉, 가역적인 단열과정을 의미하며 열 출입이 있어도 등엔트로피가 가능한데, 열을 외부에서 가하는 과정에서 마찰 등에 의해 열이 발생할 수 있고 그 열

[그림 1-4-18] 증기라인 팽창기 적용 계통도

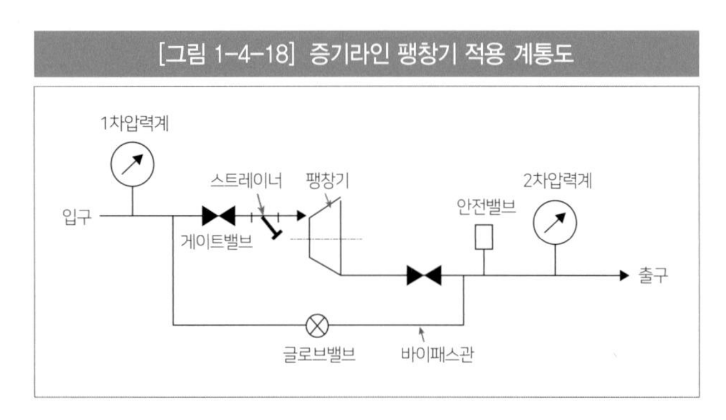

만큼 외부로 열을 방출한다면 시스템 내의 에너지를 일정하게 유지할 수 있다. 증기라인에 팽창기폐압회수 터빈적용 계통도는 [그림 1-4-18]과 같다.

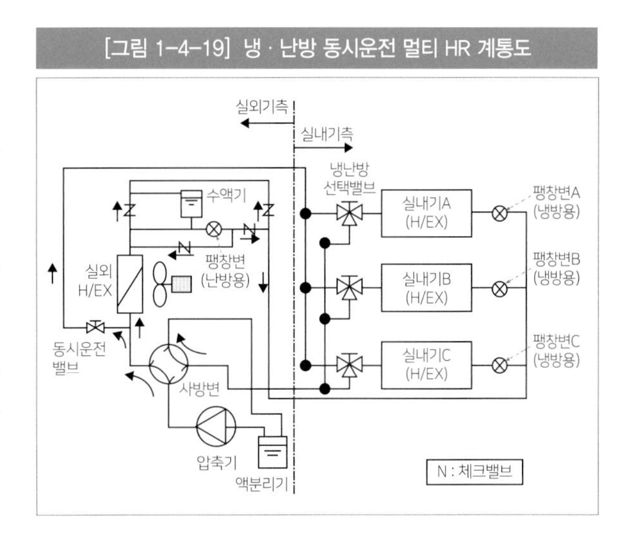

[그림 1-4-19] 냉 · 난방 동시운전 멀티 HR 계통도

폐열회수 중 에너지의 가장 효과적인 절감이 가능한 설비는 냉·난방 동시운전 멀티HR : Heat Recovery설비로, 한 대의 실외기에 연결된 다수의 실내기에 냉·난방 선택운전이 가능하여 자유로운 운전이 가능하다. '냉·난방 동시운전 멀티'는 겨울철 실외에 버려지는 증발열을 회수하여 냉방에 사용함에 동시에 실외에 버려지는 응축열을 회수하여 난방에 이용할 수도 있다. 한 대의 실외기에 하나의 냉매 Cycle에 연결된 다수의 실내기에 대해 냉방 혹은 난방을 자유롭게 선택 운전이 가능하다는 점과 버려지는 폐열의 회수가 가능하다는 것이 가장 중요한 핵심기술로 볼 수 있다. 실내기측과 실외기측을 서로 연결하는 배관이 3개로 되어있어 3관식이라고도 하며, 냉·난방 동시운전 멀티 HR 계통도는 [그림 1-4-19]와 같다.

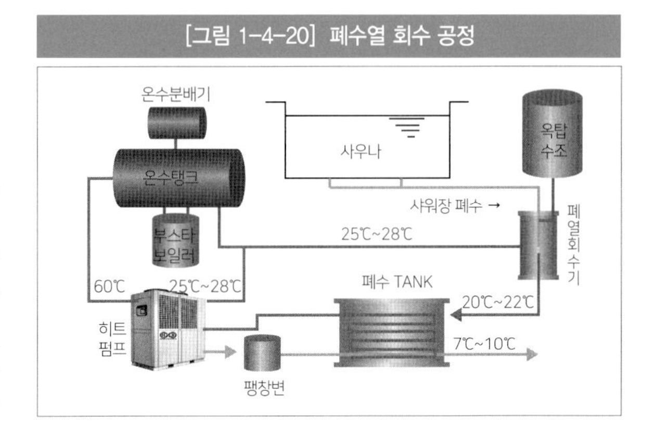

[그림 1-4-20] 폐수열 회수 공정

폐수열 또한 에너지 절감의 중요한 기술에 해당한다. 폐수열 회수로 인한 에너지감축은 △t℃ 차이만큼의 열량, 즉 에너지 감축이 가능하다. 폐수열 회수 그림 공정도는 아래와 같으며, A현장 폐온수로부터의 회수 열량은 63㎥/hr×1hr/3,600s×1,000kg/㎥×4.1868 kJ/kg.K ×(30-10)℃×22hr/d×24d/m×12m/yr×0.95= 8,820,415 kWh/yr와 같은 식에 의해 계산이 가능하다. 다만 본 계산식은 독자들의 이해를 돕기 위해 예시로 작성한 것으로, 실제 해당 설비의 성능 효율 상태 조건에 따라 달라질 수 있다.

(2) 단열을 통한 에너지 관리 최적화

가. 단열에 대한 이해 및 국내 법령 강화

BEMS를 통한 에너지 절감의 기대 효과와 향후 미래 시장의 성장에 대한 내용을 확인할 수 있었다. 그러나 모든 건축물이 운영적인 절감, 즉 BEMS 도입을 통한 에너지 절감의 기대효과를 극대화하기 위해서는 건축물 공간 내의 IN-PUT 에너지, 즉 투입 에너지가 외부로 새어나가는 것을 방지하는 최적의 단열INSULATION 시공이 전제 조건이 되어야 할 것이다. 21세기 건축물의 외적 미관을 중요시 여기는 디자인 설계가 활발히 진행됨에 따라 외벽 대신 창을 통한 미적 디자인 설계가 점차 각광받고 있다. 이에 따라 창을 통한 단열 시공은 BEMS 운영의 최적 기대효과를 도출하기 위해서 전제조건으로 작용되어야 하는 이유가 여기에 있다.

단열은 해당 이름에서도 알 수 있듯이 끊을 단斷, 더운 열熱로, 대류, 전도, 복사에 의한 열의 이동을 막는 것을 의미한다. 기본적인 건축물에서는 내부의 열이 밖으로 빠져나가는 것을 막기 위해 단열재를 활용하는데, 주택단열은 시공방법에 따라 내단열, 외단열, 중간단열로 구분될 수 있다. 내단열은 외벽이나 천장의 구조체 안쪽실내 측에 단열재를 대어 시공하는 방법이며, 외단열은 외벽이나 지붕의 구조체 바깥쪽실외 측에 단열재를 대어 시공하는 것이고 중간단열은 외벽이 공간쌓기로 되어 있는 중공벽인 경우, 벽과 벽 사이에 단열재를 충진하여 시공하는 방법에 해당한다.

[그림 1-4-21] 내단열 및 외단열의 차이

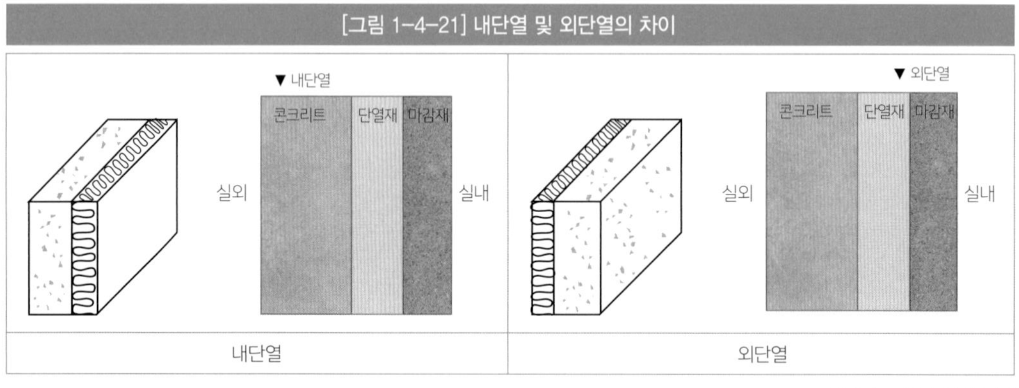

자료 출처 : 건축물에너지평가사

각각의 단열재 종류별로 장점이 있으며, 해당 시공 방법은 상황에 따라 달라진다. 내단열은 시공이 용이하며 비용이 저렴한 장점이 있다. 다만 열교현상으로 인한 결로 현상과 내부의 벽체 두께가 증가하여 해당 평수가 감소하는 단점이 있다. 열교현상은 외벽이나 바닥, 지붕 등의 건축물 부위에 단열이 연속되지 않는 부분이 발생하게 되면 해당 장소에서 열이 집중적으로 흐르는 현상을 의미한다. 외단열은 내단열과 반대로 열교현상 및 결로현상 발생이 방지되는 큰 장점이 있으나, 비용이 증가하고 시공이 어려운 단점이 있다. 중간단열은 국내에서는 잘 시행되지 않는 방법이다.

내단열과 외단열을 동일한 조건에서 비교하면 외단열이 내단열에 비해 에너지 효율 향상이 높은 것을 알 수 있다. 단열재를 외부에 위치함으로써 실내 측의 콘크리트와 마감재는 상시 따뜻한 상태를 유지할 수 있게 된다. 건축물의 외측에 단열재를 시공한 후, 외부에 마감재를 시공하기 위해서 단열재 위에 시멘트를 바르고, 보강을 위한 그물망Mesh을 부착한 후, 단계별로 코팅을 하는 외단열미장 공법EIFS : Exterior Insulation Finish System을 진행한다. 외단열미장 공법은 유럽 등 선진국에서 주로 활용되고 있으며, 에너지 절감 및 열성능 향상 대책을 위해 최우선적으로 시행되는 공법이다. 국내에서는 드라이비트Dryvit공법으로 잘 알려져 있다.

[그림 1-4-22] 내단열/중단열/외단열 단열 비교

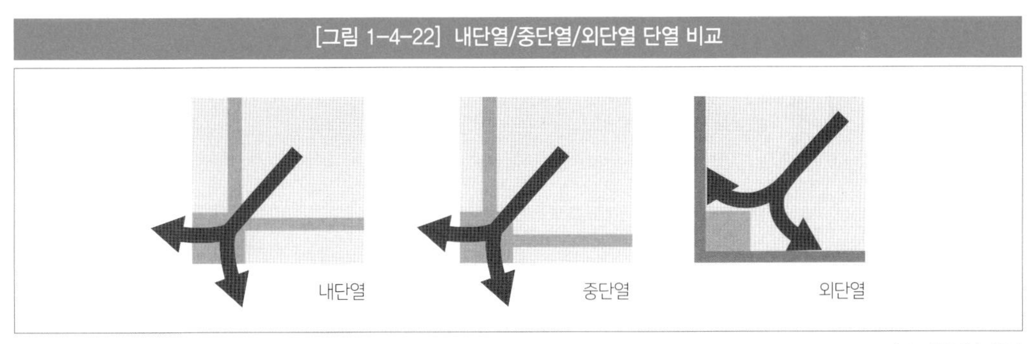

자료 : 한국에너지공단

외단열공법은 시공 방식에 따라 접착제 공정 방식인 습식 타입과 앵커, 메탈 프레임, 화스너 등의 기계적 고정 방식인 건식 타입으로 나뉠 수 있다. 필요에 따라서는 접착제와 기계적 고정 장치를 혼용으로 사용되는 반건식 타입이 활용되기도 한다. 건축물의 구조상의 외단열과 내단열의 비교 차이점은 아래의 그림과 같다.

[그림 1-4-23] 건축물 외단열 및 내단열 특징 비교 분석

외단열 구조	구분	특징	내단열 구조	구분	특징
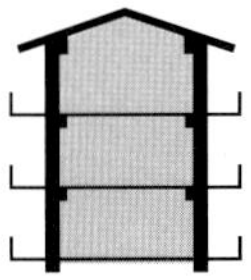	1	건물의 장기 수명화	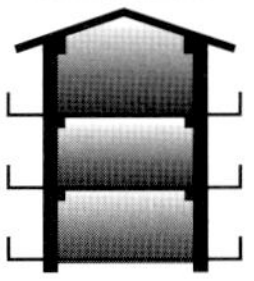	1	건물 몸체의 열화
	2	쾌적한 주거 공간 확보		2	내부결로로 곰팡이나 진드기 발생
	3	에너지 절약		3	실온의 변화가 큼

자료 출처 : ㈜한국바로코 홈페이지

주택단열은 단열재를 활용한 방법 이외에도 기존 창틀과 창틀을 추가로 2중창 시공하거나 기존 창틀을 페어글라스복층유리 창문으로 교체하여 단열 효과를 높일 수 있는 방법이 있다. 페어글라스는 최소 두 장의 판유리와 공간을 이용하여 건조한 공기층을 갖도록 만들어진 복층유리로 창호를 통해 빠져나가는 열에너지의 양을 감소시켜 단열과 결로방지의 기대효과를 거둘 수 있다. 페어글라스는 우수한 단열 특성, 소음 차단의 기대 효과 외에도 사용하는 원판에 따라 색상을 다양하게 함으로써 건축물에 디자인적인 개성을 부여할 수 있는 특징이 있다. 복층유리와 단판유리의 단열특성, 그리고 페어글라스의 기본적인 단면도는 아래와 같다.

[그림 1-4-24] 복층유리 및 단판유리 단열 차이점/복층유리 단면도

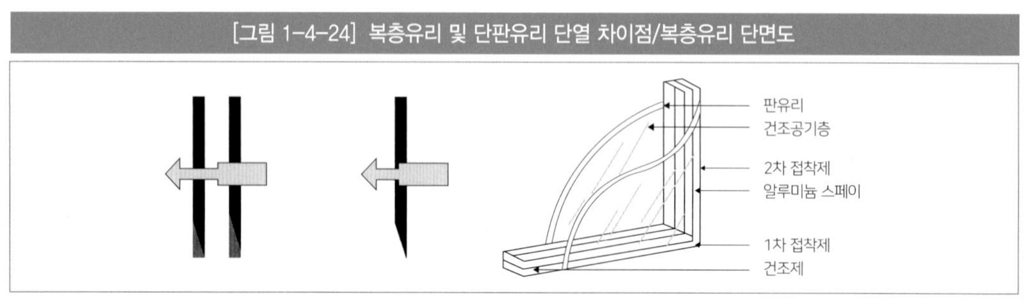

자료 출처 : 건축물에너지평가사

복층유리 중 유리 표면에 금속 또는 금속산화물을 얇게 코팅한 로이유리Lower Energy 또한 에너지 단열에 뛰어난 효과성을 나타내고 있다. 로이유리는 판유리와 단열효과가 뛰어난 금속막을 코팅한 한 장의 로이유리 사이에 빈 공간을 활용하여 건조한 공기층을 만들게 된다. 특수 금속막은 복층유리와 동일 수준의 투과성은 유지하면서도 적외선을 반사시키는 성질로 여름철에는 태양열을 실외로 반사시키고, 겨울철에는 난방열을 실내로 반사시키게 된다.

로이유리는 연구 결과에 따르면 일반적인 단판유리보다는 50%, 복층유리보다는 25%의 에너지 절감 효과가 있다. 뚜렷한 사계절로 인하여 계절의 차이가 심한 우리나라의 기후 특성에 따라 하절기 및 동절기의 냉난방 부하를 저감시키는데 로이유리를 일반적인 건축물의 창이나 채광 용도로 쓰는 것이 적극 권장되며, 연중 매일 냉난방을 가동하는 호텔 등의 건축물에서 반드시 사용되어야 한다.

[그림 1-4-25] 일조권 규정 개요

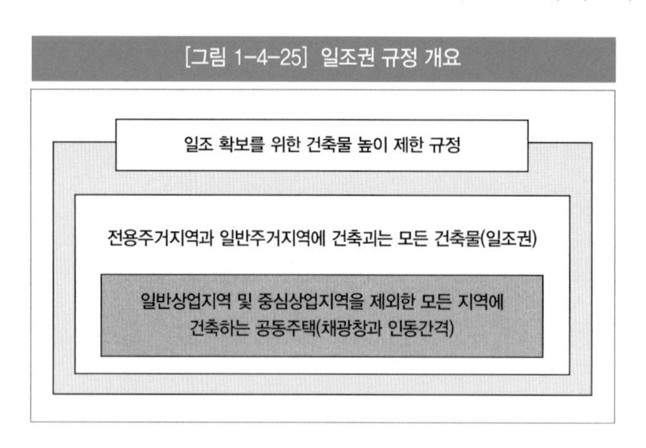

단열과 유리 부문에서 추가적으로 인지하고 있어야 할 사안은 인동간격과 채광창의 중요성이다. 공동주택의 일조권 규정은 원칙적으로 일조 확보를 위한 건축물의 높이 제한 규정을 충족해야 하며, 동시에 채광창과 인동간격 규정을 중복하여 충족시켜야 하는 구조를 지니고 있다. 다만 일반상업지역과 중심상업지역에 건축하는 경우는 일조권, 즉 채광창과 인동간격 규정을 적용받지 않는다.

인동간격과 채광창의 법적 기준은 건축법 시행령에 구체적으로 명시되어 있으며, 본 도서에서는 에너지 사용 효율을 높이는데 기여하는 인동간격과 채광창의 중요 개념에 대해서 별도 명시하였다. 채광창은 햇빛을 받기 위하여 내는 창문을 뜻하며, 채광창은 건축법 시행령 제86조 제3항 1호에 의거, 공동주택의 각 부분 높이는 채광을 위한 창문 등이 있는 벽면에서 직각 방향으로 인접대지 경계선까지의 수평거리의 2배근린상업 또는 준주거지역의 건축물은 4배 이하로 해야 한다고 명시하고 있다. 다만 공동주택 중 다세대주택은 건축법 시행령 제86조 제3항 단서조항에 의거, 아파트나 연립주택에 비해 규모가 작으므로 예외적으로 "건축법"상의 채광창 기준을 적용하지 않고, 채광을 위한 창문 등이 있는 벽면에서 직각 방향으로 인접대지 경계선까지 1m 이상만 띄우면 된다. 그러나 만약 건축물이 건축되는 지역의 자치조례건축조례가 이격거리를 1m 이상 띄우도록 규정하고 있다면 건축조례에 따라 이격해야 한다고 명시하고 있다.

공동주택이 같은 대지에서 1. 두 동棟 이상의 건축물이 서로 마주 보고 있는 경우나, 2. 한 동의 건축물 각 부분이 서로 마주 보고 있는 경우, 일조 확보를 위하여 건축물 각 부분 사이를 규정에 의한 거리 이상으로 띄워 건축하도록 5가지 기준을 마련하고 있다다만, 건축법 시행령 제86조에 의거, 그 대지의 모든 세대가 동지(冬至)를 기준으로 9시에서 15시 사이에 2시간 이상 계속하여 일조를 확보할 수 있는 거리 이상으로 건축한다면 인동간격 기준을 적용하지 않아도 된다. 각각의 5가지 기준은 아래와 같다.

[그림 1-4-26] 지역에 따른 채광창 적용 기준

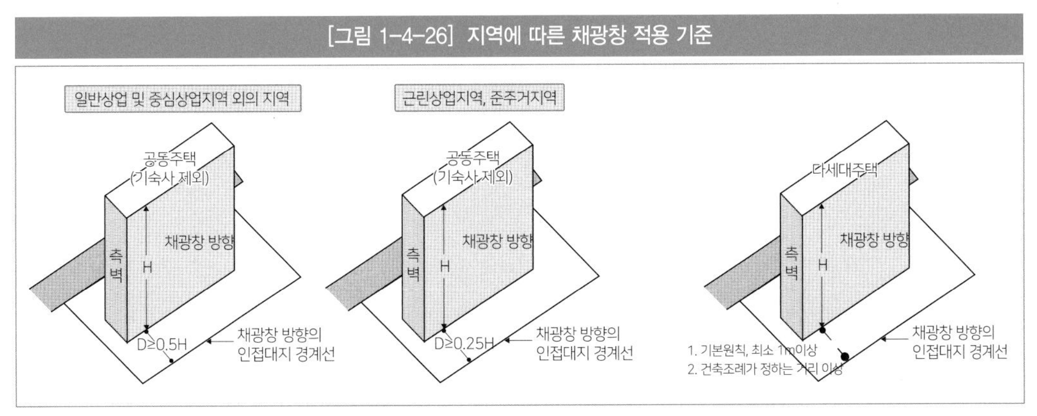

자료 출처 : 네이버 지식백과

[그림 1-4-27] 채광창 벽면 상호 간의 인동간격 기준

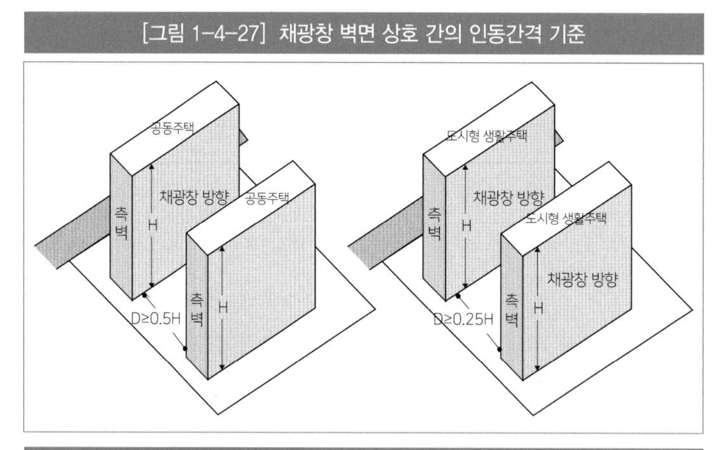

[그림 1-4-28] 높이가 서로 다른 공동주택의 인동간격 기준

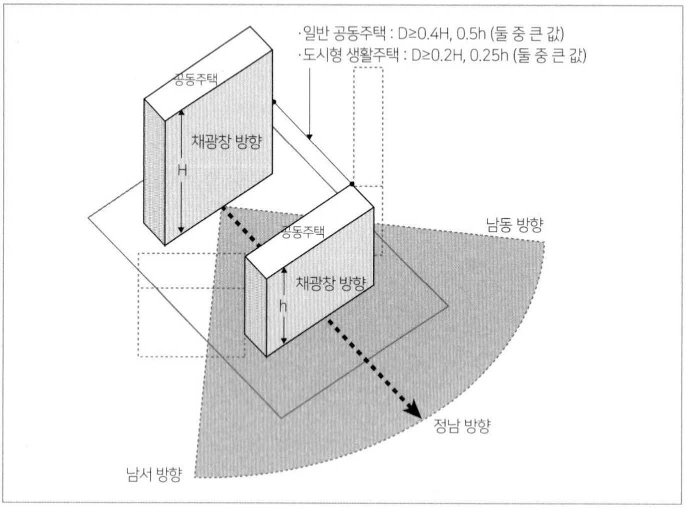

·일반 공동주택 : D≥0.4H, 0.5h (둘 중 큰 값)
·도시형 생활주택 : D≥0.2H, 0.25h (둘 중 큰 값)

자료 출처 : 네이버 지식백과

먼저, 첫번째 기준으로 채광을 위한 창문 등이 있는 벽면으로부터 직각 방향으로 건축물 각 부분 높이의 0.5배 단, 도시형 생활 주택의 경우는 0.25배 적용한다. 이상의 범위에서 건축조례로 정하는 거리 이상을 띄워서 건축해야 한다. 해당 그림은 아래와 같다.

두 번째로, 서로 마주 보는 공동주택 중 남쪽 방향 마주 보는 두 동의 축이 남동에서 남서 방향인 경우만 해당의 건축물 높이가 낮고, 주된 개구부 거실과 주된 침실이 있는 부분의 개구부의 방향이 남쪽을 향하는 경우는 다음과 같다. 높은 건축물 각 부분의 높이의 0.4배 도시형 생활주택은 0.2배 이상의 범위에서 건축조례로 정하는 거리 이상, 낮은 건축물 각 부분의 높이의 0.5배 도시형 생활주택은 0.25배 이상의 범위에서 건축조례로 정하는 거리 이상을 띄워야 한다.

세번째는 공동주택과 부대시설 또는 복리시설福利施設이 서로 마주 보고 있는 경우에는 부대시설 또는 복리시설 각 부분 높이의 1배 이상을 띄워서 건축해야 한다.

마지막으로, 측벽과 측벽이 마주 보는 경우 마주 보는 측벽 중 하나의 측벽에 채광을 위한 창문 등이 설치되어 있지 않은 바닥면적 3㎡ 이하의 발코니(출입을 위한 개구부 포함)가 설치되는 경우를 포함에는 4m 이상을 띄워서 건축해야 한다. 해당 그림은 [그림 1-4-30]과 같다.

또한, 인접대지가 공지 등에 접한 경우의 일조권 적용 기준은 조금 달라진다. 건축물을 건축하려

[그림 1-4-29] 채광창이 없는 벽면과 측벽이 마주하는 경우의 인동간격 기준

[그림 1-4-30] 측벽을 마주 보는 경우의 인동간격 기준

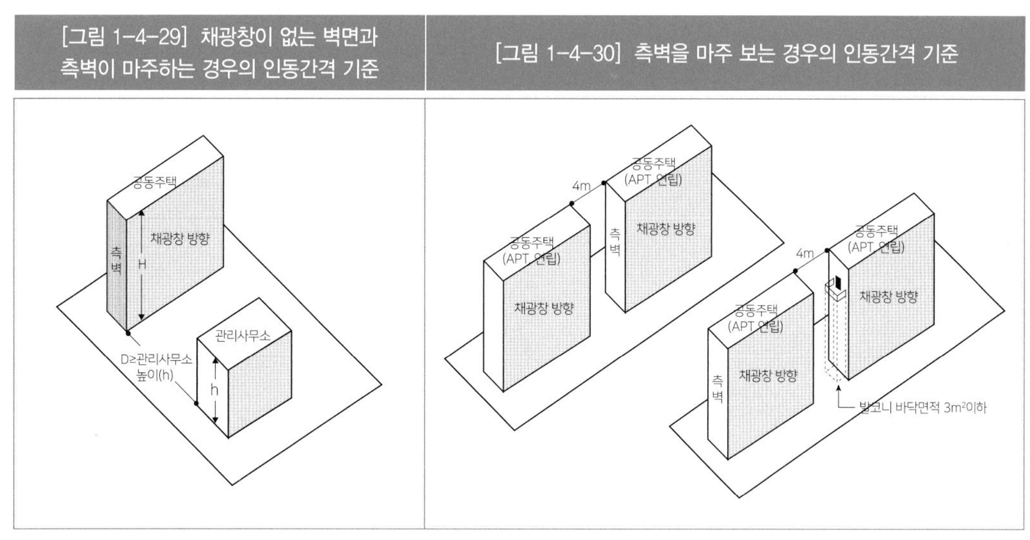

자료 출처 : 네이버 지식백과

는 대지와 다른 대지 사이에 ①공원 ②면적이 작은 대지 ③건축이 허용되지 않는 공지와 같은 부지가 있는 경우에는 공동주택 외의 건축물일 경우 그 반대편의 대지경계선공동주택의 경우는 인접대지 경계선과 그 반대편 대지경계선의 중심선을 인접대지 경계선으로 한다. 해당 사안을 그림으로 표현하면 [그림 1-4-31]과 같다.

단열에서 또하나 반드시 알아두어야 할 개념이 열전도율, 열관류율열통과율, 열저항에 대한 개념 이해이다. 열전도율의 사전적 의미는 열을 재료의 한쪽 면에서 반대쪽 면으로 전달하는 것으로, 두께가 1m, 면적이 1㎡인 물체를 기준으로 양쪽의 온도가 1℃차이가 날 때, 1시간 동안 물체를 통해 흐르는 열량cal을 측정한 것이다. 즉, 두께가 모두 1m라면 모두 열전도율만으로 표현이 가능해진다.

[그림 1-4-31] 공지 등에 접한 경우의 일조권 적용 기준

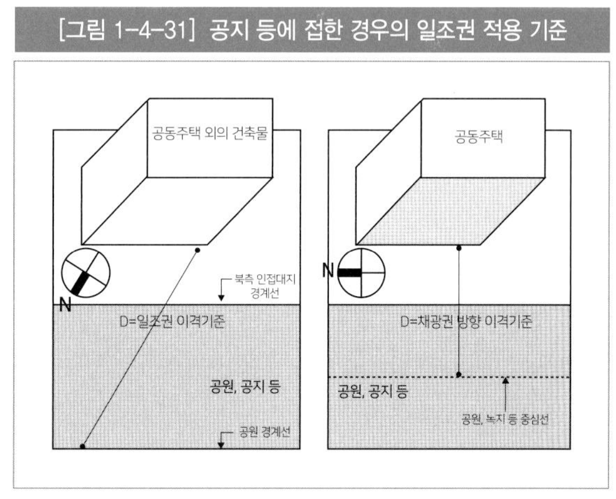

자료 출처 : 네이버 지식백과

열전도율은 W/m/K 혹은 Kcal/mh℃로 표현할 수 있다. 열전도율이 높을수록 단열재의 성능이 안좋은 것이며, 반대로 열전도율이 낮을수록 단열재의 성능은 좋은 것에 속한다. 시중에 판매되는 일반적인 단열재는 0.05 W/m/K 이하를 의미한다.

열관류율은 열전도율을 두께단위m로 나눈 값이며, 특정 두께를 가진 재료의 열전도 특성에 해당한다. 단위는 두께로 나눔에 따라, W/㎡/K 혹은 Kcal/㎡h℃로 표현되며, 만약 어떤 재료의 두께가 1m이면 열전도율과 열관류율의 값은 같아지게 된다. 즉, 열관류율은 단위 표면적을 통해 단위 시간에 고체벽의 양쪽 유체가 단위 온도차일 때 한쪽 유체에서 다른쪽 유체로 전해지는 열량을 표현한 것이다. 열관류율은 기호 k 또는 U 를 보통 사용하며, 숫자가 작을수록 단열성능이 높은 것을 뜻한다.

[그림 1-4-32] 열전도율 / 열관류율 / 열저항 개념 이해도

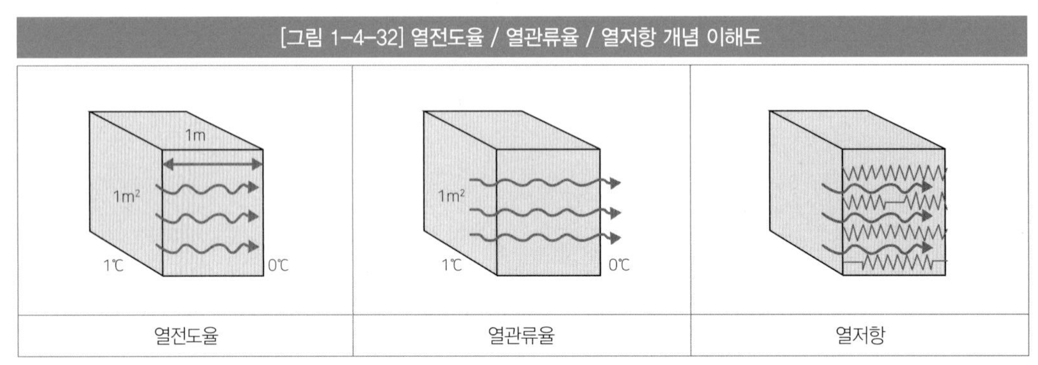

자료 출처 : 클렌징홈 홈페이지

열저항은 R로써 표현되며 열관류율의 역수에 해당한다. 고체 내부의 한 지점에서 다른 한 지점까지의 열량이 통과할때, 통과 열량에 대한 저항의 정도를 뜻하게 된다. 당연히 열관류율의 역산이기 때문에 열저항 값이 높을수록 단열의 성능이 높은 것에 해당한다. 기호 k 또는 U를 보통 사용하며, 숫자가 작을수록 단열성능이 높은 것을 뜻한다.

국토교통부 고시 제2017-881호에 따라 녹색건축물 조성 지원법 "건축물의 에너지절약설계기준"이 일부 개정되어 2018년 9월부터 시행 중에 있다. 개정 내용을 살펴보면 지역별 건축물 부위의 열관율 강화, 단열재의 등급 세분화, 단열재의 두께 허용 강화 등이 주요 골자이다. 건축물의 부위별 요구되는 열관류율값과 단열재의 등급 분류는 아래의 표와 같다. 이외에도 단열재의 두께 허용 강화, 창 및 문의 단열 성능, 연간 1차 에너지 소요량 평가기준은 해당 법령의 절약 설계에서 참고 가능하다.

[표 1-4-6] 지역별 건축물 부위의 열관류율

(단위 : W/㎡ · K)

건축물의 부위 \ 지역				중부1지역[1]	중부2지역[2]	남부지역[3]	제주도
거실의 외벽	외기에 직접 면하는 경우	공동주택		0.150 이하	0.170 이하	0.220 이하	0.290 이하
		공동주택 외		0.170 이하	0.240 이하	0.320 이하	0.410 이하
	외기에 간접 면하는 경우	공동주택		0.210 이하	0.240 이하	0.310 이하	0.410 이하
		공동주택 외		0.240 이하	0.340 이하	0.450 이하	0.560 이하
최상층에 있는 거실의 반자 또는 지붕	외기에 직접 면하는 경우			0.150 이하		0.180 이하	0.250 이하
	외기에 간접 면하는 경우			0.210 이하		0.260 이하	0.350 이하
최하층에 있는 거실의 바닥	외기에 직접 면하는 경우	바닥난방인 경우		0.150 이하	0.170 이하	0.220 이하	0.290 이하
		바닥난방이 아닌 경우		0.170 이하	0.200 이하	0.250 이하	0.330 이하
	외기에 간접 면하는 경우	바닥난방인 경우		0.210 이하	0.240 이하	0.310 이하	0.410 이하
		바닥난방이 아닌 경우		0.240 이하	0.290 이하	0.350 이하	0.470 이하
바닥난방인 층간바닥				0.810 이하			
창 및 문	외기에 직접 면하는 경우	공동주택		0.900 이하	1.000 이하	1.200 이하	1.600 이하
		공동주택 외	창	1.300 이하	1.500 이하	1.800 이하	2.200 이하
			문	1.500 이하			
	외기에 간접 면하는 경우	공동주택		1.300 이하	1.500 이하	1.700 이하	2.000 이하
		공동주택 외	창	1.600 이하	1.900 이하	2.200 이하	2.800 이하
			문	1.900 이하			
공동주택 세대현관문 및 방화문	외기에 직접 면하는 경우 및 거실 내 방화문			1.400 이하			
	외기에 간접 면하는 경우			1.800 이하			

자료 출처 : 건축물의 에너지절약설계기준

비고

1. 중부1지역 : 강원도(고성, 속초, 양양, 강릉, 동해, 삼척 제외), 경기도(연천, 포천, 가평, 남양주, 의정부, 양주, 동두천, 파주), 충청북도(제천), 경상북도(봉화, 청송)
2. 중부2지역 : 서울특별시, 대전광역시, 세종특별자치시, 인천광역시, 강원도(고성, 속초, 양양, 강릉, 동해, 삼척), 경기도(연천, 포천, 가평, 남양주, 의정부, 양주, 동두천, 파주 제외), 충청북도(제천 제외), 충청남도, 경상북도(봉화, 청송, 울진, 영덕, 포항, 경주, 청도, 경산 제외), 전라북도, 경상남도(거창, 함양)
3. 남부지역 : 부산광역시, 대구광역시, 울산광역시, 광주광역시, 전라남도, 경상북도(울진, 영덕, 포항, 경주, 청도, 경산), 경상남도(거창, 함양 제외)

[표 1-4-7] 단열재의 등급 분류

등급 분류	열전도율의 범위 (KS L 9016에 의한 20±5℃ 시험조건에서 열전도율)		관련 표준	단열재 종류
	W/mK	kcal/mh℃		
가	0.034 이하	0.029 이하	KS M 3808	압출법보온판 특호, 1호, 2호, 3호 비드법보온판 2종 1호, 2호, 3호, 4호
			KS M 3809	경질우레탄폼보온판 1종 1호, 2호, 3호 및 2종 1호, 2호, 3호
			KS L 9102	그라스울 보온판 48K, 64K, 80K, 96K, 120K
			KS M ISO 4898	페놀 폼 Ⅰ종A, Ⅱ종A
			KS M 3871-1	분무식 중밀도 폴리우레탄 폼 1종(A, B), 2종(A, B)
			KS F 5660	폴리에스테르 흡음 단열재 1급
			기타 단열재로서 열전도율이 0.034 W/mK(0.029 kcal/mh℃) 이하인 경우	
나	0.035~0.040	0.030~0.034	KS M 3808	비드법보온판 1종 1호, 2호, 3호
			KS L 9102	미네랄울 보온판 1호, 2호, 3호 그라스울 보온판 24K, 32K, 40K
			KS M ISO 4898	페놀 폼 Ⅰ종B, Ⅱ종B, Ⅲ종A
			KS M 3871-1	분무식 중밀도 폴리우레탄 폼 1종(C)
			KS F 5660	폴리에스테르 흡음 단열재 2급
			기타 단열재로서 열전도율이 0.035~0.040 W/mK(0.030~0.034 kcal/mh℃) 이하인 경우	
다	0.041~0.046	0.035~0.039	KS M 3808	비드법보온판 1종 4호
			KS F 5660	폴리에스테르 흡음 단열재 3급
			기타 단열재로서 열전도율이 0.041~0.046 W/mK(0.035~0.039 kcal/mh℃) 이하인 경우	
라	0.047~0.051	0.040~0.044	기타 단열재로서 열전도율이 0.047~0.051 W/mK(0.040~0.044 kcal/mh℃) 이하인 경우	

자료 출처 : 건축물의 에너지절약설계기준

※ 단열재의 등급분류는 단열재의 열전도율의 범위에 따라 등급을 분류한다.

단열재 재료별 열전도율이 달라지게 된다. 각 재료별 열전도율은 [표 1-4-8]과 같으며, 다만 제품의 공급사의 컨디션 조건에 따라 열전도율은 일부 달라질 수 있다.

[표 1-4-8] 재료별 열전도

품목		열전도율(W/mk)	밀도(kg/㎥)	근거
비드법 보온판(1종)	1호	0.036 이하	30	KS 규정
	2호	0.037 이하	25	KS 규정
	3호	0.040 이하	20	KS 규정
	4호	0.043 이하	15	KS 규정
비드법 보온판(2종)	1호	0.031 이하	30	KS 규정
	2호	0.032 이하	25	KS 규정
	3호	0.033 이하	20	KS 규정
	4호	0.034 이하	15	KS 규정
압출법 보온판	특호	0.027 이하	35	KS 규정
	1호	0.028 이하	30	KS 규정
	2호	0.029 이하	25	KS 규정
	3호	0.030 이하	20	KS 규정
경질우레탄 보온판(1종)	1호	0.024 이하	45	KS 규정
	2호	0.024 이하	35	KS 규정
경질우레탄 보온판 (1종)	1호	0.024 이하	45	KS 규정
	2호	0.024 이하	35	KS 규정
	3호	0.026 이하	25	KS 규정
경질우레탄 보온판 (2종)	1호	0.023 이하	45	KS 규정
	2호	0.023 이하	35	KS 규정
	3호	0.028 이하	25	KS 규정
미네랄울(양면)	펠트	0.038 이하	40~70	KS 규정
	1호	0.037 이하	71~100	KS 규정
	2호	0.036 이하	101~160	KS 규정
	3호	0.038 이하	161~300	KS 규정
그라스울	64K	0.035 이하	64	KS 규정
	48K	0.036 이하	48	KS 규정
	32K	0.037 이하	32	KS 규정
	24K	0.038 이하	24	KS 규정

나. 단열 강화를 통한 에너지 절감 해외 선진 사례

우리나라는 위에서 명시한 것처럼 녹색건축물 조성 지원법 및 하위 시행령, 시행규칙에 의거 에너지 절약형 건축물, 궁극적인 제로 에너지 건축물을 위한 단열 성능 강화 등 설계 및 시공을 통한 준공 조건을 강화시키고 있다. 독일은 우리나라보다 한발 앞서 단열 성능 강화를 통한 에너지 절감 국가 계획을 수립하여 단계별로 실천하고 있다. 독일 연방정부는 화석연료의 30%가 건축물 내 난방, 급탕, 조명 등으로 발생되는 것으로 파악하고, 1990년 이후부터 건축물의 효율적인 에너지 관리 및 성능개선과 관련된 법규를 지속적으로 개정하고, 강화하고 있다.

독일은 2002년 이후부터 EnEV2002EnergieEinsparVerodnung를 시행하고 있다. EnEV2002는 신축 건물과 리모델링일정 규모 이상 적용 건물에 대해서 1995년 대비 30% 이상의 에너지 소비 감축을 목표로 진행하는 국가 마스터 플랜이다.

리모델링은 건축물 내 구조체의 단열 성능을 향상시켜 열손실을 최소화하는 것으로, 신축 및 증축된 구역에서의 단열 성능은 0.2W/㎡K, 그리고 리모델링 부분에 대해서는 15cm 두께의 단열재를 부착하여 열관류을 0.2W/㎡K로 단열성능을 향상시키게 된다. 창호 또한 목재 단열 유리창으로 교체함으로써 에너지 낭비를 최소화하게 된다. EnEV2002에서 목표로 하고 있는 리모델링은 친환경 생태, 신재생에너지 활용, 그리고 에너지 효율 향상이라는 3가지 측면에서 진행하였다.

독일의 생태형 리모델링은 건물 주변의 기후환경 개선과 동시에 동하절기 냉난방 부하 절감을 목표로 진행한다. 콘크리트나 시멘트 대신 잔디 포장과 보행자 도로의 투수성 포장재 및 식생블록으로 교체함으로써 옥외공간에 많은 녹지를 조성하게 된다. 연구 결과에 따르면 옥외공간에 녹지를 활용할 경우, 먼지 발생량을 저감시킴으로써 청정한 공기를 제공할 뿐만 아니라, 우수를 지하로 침수시

[그림 1-4-33] 독일 생태형 리모델링(벽면녹화/관리형 연못)

자료 출처 : Weisshof-siedlung

켜 수자원 확보에도 용이하게 된다.

벽면녹화 이외에도 중정에 설치하는 관리형 연못도 대표적인 생태형 리모델링이다. 장마나 폭우 때 하늘에서 내린 빗물을 지붕과 옥상, 벽면에 설치한 녹화를 활용하여 1차적으로 흡수된다. 투수되지 않고 남은 빗물은 관리형 연못이나 지하에 설치된 저수조 등에 분산되어 저장되었다가 추후에 가로수 및 주거단지의 정원용수 등으로 활용된다. 식생이 자라나는 관리형 연못은 부가적인 정수 기능이 가능하게 된다. 정수 기능을 통해 도심지의 오염된 빗물에 포함된 질소나 인과 같은 부영양화의 요인이 되는 요소를 제거할 수 있게 된다. 중정 관리형 연못은 도시의 수자원 관리 측면에서도 긍정적인 효과가 있다. 중정 관리형 연못은 분산형 수처리 시스템 및 지역순환형 수처리 시스템으로 인해 일시적으로 발생하는 피크요구량에 대응하기 위하여 사회기반시설을 확충해야만 하는 기존의 중앙집중식 수공급·하수처리 시스템의 부하를 완화시켜주는 기대 효과가 있다.

EnEV2002는 건축물신축과 구축을 모두 포함한다에 대한 에너지 절약의 최소기준과 건물 소유주에 대한 개선의무 및 규정준수 관련 조치방안을 별도로 제시하고 있다. 일정 규모 이상의 기존 건축물은 5년 안에 규정을 준수하도록 법적으로 요구하고 있으며, 단독혹은 2세대 주택에 한하여 새로운 에너지 절약기준 준수의무가 부과되는데, 주택 매매 후에는 2년 이내에 에너지 절약기준을 준수하는 범위 내에서 리모델링을 반드시 진행해야 한다. 본 요구사안에는 반드시 즉각적으로 이행해야 되는 사안도 있다. 바로 건축물 최상층 난방공간의 천장에 대한 단열성능을 열관류율이 0.30W/㎡K 이하로 개선 및 강화해야 하는 것이다. 리모델링시 ENEV2002에서 요구하는 건축물 부위별 최대허용 열관류율 기준은 아래와 같다.

[표 1-4-9] 독일 EnEV에 의한 건축물 구성체의 최대허용 열관류율

품목		열전도율(W/mk)	밀도(kg/㎥)	근거
비드법 보온판(1종)	1호	0.036 이하	30	KS 규정
	2호	0.037 이하	25	KS 규정
	3호	0.040 이하	20	KS 규정
	4호	0.043 이하	15	KS 규정
비드법 보온판(2종)	1호	0.031 이하	30	KS 규정
	2호	0.032 이하	25	KS 규정
	3호	0.033 이하	20	KS 규정
	4호	0.034 이하	15	KS 규정

품목		열전도율(W/mk)	밀도(kg/㎥)	근거
압출법 보온판	특호	0.027 이하	35	KS 규정
	1호	0.028 이하	30	KS 규정
	2호	0.029 이하	25	KS 규정
	3호	0.030 이하	20	KS 규정
경질우레탄 보온판(1종)	1호	0.024 이하	45	KS 규정
	2호	0.024 이하	35	KS 규정

독일에서 실제 시행한 단열강화 리모델링 사례를 통해 단열의 개선 효과를 검토할 수 있다. 독일 바덴지역 아닐린 및 소다공장 주변의 1900년대 노동자들을 위해 지어진 브루큰 주거단지는 2차 세계대전때 폐허가 되었다가 추후 재건된 이후, 50년 이상 사용되다가 2000년대 초반 리모델링이 완료되었다. 브루큰 주거단지는 리모델링을 통해 외벽은 열관류율이 10배, 지붕은 13배 그리고 창호는 3.4배 정도 이상의 개선 효과를 거두었다. 리모델링 공사 전후의 에너지 사용량을 비교하면 리모델링 이전 면적당 연간 240kWh가 소비되었던 에너지가 단위 면적당 연간 30kWh로 감축되었다. 브루큰 주거단지 리모델링 개선 전·후의 건축부위별 비교 분석은 아래의 표와 같다.

[표 1-4-10] 브룬큰 주거단지 리모델링 개선 전·후의 건축부위별 비교 분석

건축 부위	리모델링 이전		리모델링 이후	
	재료	열관류율 (W/㎡/K)	재료	열관류율 (W/㎡/K)
외벽	석회 시멘트 마감 36cm 구멍 뚫린 벽돌, 석고마감 20cm	1.44	석회 시멘트 마감 36cm 구멍 뚫린 벽돌, 석고마감 20cm, 외단열 접착시스템, 합성수지 마감	0.15
지붕	경사지붕, 2cm헤라클리트(경량 건축용) 단열재	1.48	경사지붕, 9cm 서까래 사이 단열, 20cm 서까래 위 단열	0.11
지하	리놀룸 판, 시멘트 몰탈, 철근 콘크리트	0.85	건식 몰탈 6cm, 바닥충격방음, 철근 콘크리트 14cm, 하부측 단열	0.17
창호	2중 유리, 플라스틱 창틀	2.70	3중 유리 단열창호, 고단열 창틀	0.80
열교	1950년대 표준 상태		비내력벽과 지하벽체 열적으로 분리, 지하 벽체 외단열 설치	
환기	창문을 통한 자연환기		강제식 급배기 방식, 열회수(열회수율 〉80%)	
난방	개별 벽난로		연료전지, 가스식 콘덴싱 보일러, 중앙공급 방식	
기타			열적으로 단절시킨 발코니 설치	

독일은 리모델링을 통한 단열 강화 뿐만 아니라, 신소재 및 공법을 개발하여 새로운 단열 기술 개발에 앞장서고 있다. 프라운호퍼Fraunhofer 연구소는 태양열을 활용하여 난방에너지를 절감시킬 수 있는 에너지 절감형 벽체 및 창호시스템 투명단열재TIM : Transparent Insulation Material를 개발하는 성과를 거두었다. 투명단열재는 독일 알베르트 슈바이처 거리 주거단지에 사용되었으며, 외벽 파사드의 색상이 투명단열재와 조화를 이루게 설계 및 시공되었다.

투명단열재는 기존에 단열재가 보유하고 있는 열차단 성능과 유리가 갖고 있는 특별한 성능을 겸비하여 생산된 복합적인 단열재 구조에 해당한다. 외단열 공법의 불투명 단열재 대신에 투명단열재를 설치하게 되면 주간 시간 동안 투명단열재를 통과한 태양광은 열흡수판에 흡수되어 구조체에 저장되었다가 야간에 실내로 이전에 저장된 열을 방출하여 활용하는 원리이다. 투명단열제 벽체시스템 모식도는 아래의 그림과 같다.

[그림 1-4-34] 독일 베를린 알베르트 슈바이처 거리 내 투명단열재 건축물 적용 사례	[그림 1-4-35] 투명단열재 벽체시스템

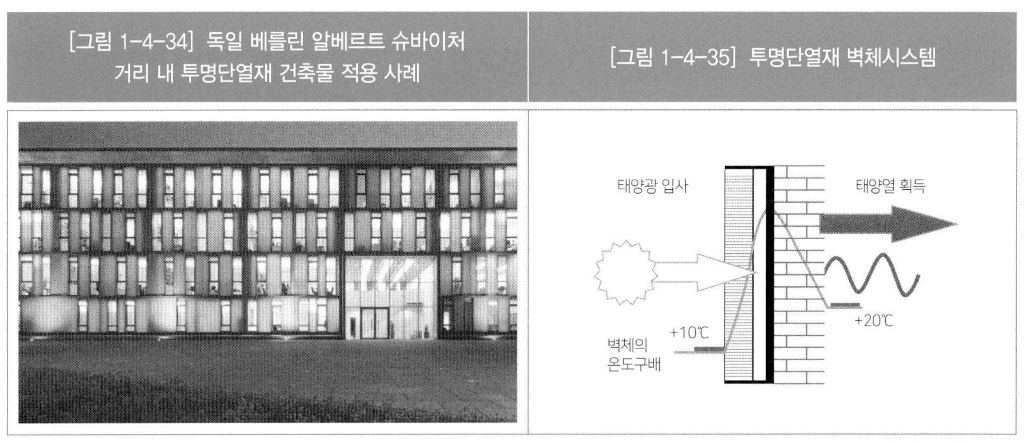

자료 출처 : Wacotech

투명 단열재의 온도구배를 살펴보면 투명 단열재 배후의 흡열판 온도가 높게 상승하게 되어 마치 하나의 열원처럼 작용하는 것을 볼 수 있다. 투명단열재의 효율은 실제적으로 단열재 자체의 물성 뿐만 아니라 단열재가 부착되는 배후 벽체의 성질, 방위 그리고 기후적인 조건에 따라 차이가 발생하게 된다. 독일은 투명단열재 뿐만 아니라 리모델링시 창호의 단열성능과 기밀성 등을 고려하여 리노베이션을 진행한다. 창호는 건축물의 외관에 디자인적인 요소로 작용할 뿐만 아니라, 환기, 채광, 외부 환경과의 시각적 접촉 등 환경 성능에 영향을 미치는 주요 개체 요인이다.

독일의 건물 에너지 절약 규정에 따르면 창호의 최대 허용 열관류율은 1.7W/㎡/5K 이다. 이 정도의 열관류율을 준수하기 위해서는 선행적으로 시스템 창호건조한 공기가 주입되어 2중 및 3중 고효율 단열유리의 사용가 필수 적용되어야만 한다. 최근에는 창호의 단열성능 향상을 위해 복층 유리 사이에 투명 단열 성능이 있는 에어로젤 층을 삽입하거나, 아르곤과 같은 특수 가스를 충진하기도 한다.

독일은 열교현상thermal bridge을 방지하기 위하여 외단열 공법을 건축물에 주로 적용한다. 열교현상은 가끔 냉교현상으로 부르는 경우도 있으나 건축학에서는 열손실을 감안한 단열을 주로 검토함으로써 열교현상이 올바른 표현이다. 건축물 구조체의 온도 분포를 열선으로 표시하게 되면 단열이 부족하거나 혹은 시공부실의 경우, 끊어진 두 개의 온도선을 볼 수 있다. 끊어진 두 개의 온도선에서 다른 부분보다 온도가 낮아지게 되며 열손실이 커지게 된다. 열교부위는 실내온도보다 그 표면온도가 다른 구조체의 표면온도보다 많이 낮으므로 결로현상의 원인이 되기도 한다. 열교현상은 난방에너지 증가로 인한 온실가스 배출량 증가, 실내 열적 쾌적함의 하락, 결로현상 및 곰팡이 서식으로 인한 실내 공기질의 하락, 습기의 유입으로 인한 구조체 및 마감재의 구조적 시각적 문제 등 다양한 부정적 요소를 내포한다.

독일에서는 기존 건축물에서의 열교현상을 방지하기 위해 구조체 접합부위의 올바른 단열 설계와 단열재가 연속으로 시공될 수 있도록 하고 있다. 콘크리트나 조적조의 건물에서 근본적인 단열이 연속적으로 가능하게 되는 것은 어려운 거지만, 독일에서는 리모델링시 가능한 외단열과 같은 공법을 사용하여 열적으로 취약부위가 발생되지 않게 한다.

(3) 외부 차양장치

차양장치遮陽裝置는 태양열의 실내 유입을 저감하기 위한 목적으로 설치하는 장치로, 설치 위치에 따라 외부 차양과 내부 차양 그리고 유리간 사이 차양으로 구분하며 가동 유무에 따라 고정식과 가변식으로 나누어진다. 고정차양 장치는 별도의 유지관리가 덜 필요한 장점이 있으나 계절별 입사각을 고려하더라도 돌출된 길이만큼 겨울철 일사량이 부분적으로 감소하는 것을 고려해야 된다. 기존 우리나라 대표적인 건축물 한옥의 처마나 아파트의 베란다도 고정차양으로 활용 가능하다. 가변차양은 주광의 유용성이 낮은 시간이나 태양의 일궤적에 효과적으로 대응하기 위해 설치할 수 있으며, 가변차양은 고정차양에 비해 계절적 변화에 따른 일사 획득량 조절에 용이한 장점이 있다. 가변차양의 종류와 각각의 최적향, 그리고 세부 내용은 다음과 같다.

[표 1-4-11] 가변 차양 종류 및 최적향, 세부 내용

종류	최적향	세부 설명
오버행어닝	남, 동, 서	강한 비바람이나 겨울철 사용 제한
오버행 가변식 수평루버	남, 동, 서	필요시 겨울철 태양 제한
가변식 수직판	동, 서	경사 고정식판보다는 효과적
격자차양 수평적 가변루버	동, 서	더운 기후에 유리
활엽수	동, 서, 남동, 남서	미관이 우수
외부 스크린	동, 서, 남동, 남서	개방 및 개폐 용이함

가변 외부차양은 동력에 의해 가동되어 태양열의 실내 유입 조절이 가능하며, 여름철 냉방부하 저감과 겨울철 일사를 들어오게 함으로써 고정형 외부차양보다는 에너지감축에 더 효과성이 있다. 따라서 본 도서에서는 가변 외부차양장치 설치 시 고려해야 될 기술적 요소를 포함하였다. 건축물에서의 태양열 열획득 계산은 ISO13790건물의 에너지 성능 - 공간 가열 및 냉각을 위한 에너지 사용량 계산 표준에 명시하고 있다. 관련 내용을 살펴보면 태양열 획득은 냉난방 공간에서 유입되는 일사량과 비냉난방 공간을 통해 유입되는 일사량의 합으로 계산되며, 기호로는 Q_S값으로 표기한다.

건축물 태양열 열획득(Q_S) 계산 식(ISO 13790 근거)

$$Q_S = [\sum_k \Phi_S] + [\sum_k (1-b_t)\Phi_S]t$$

b_t : ISO 13789에 따른 인접 비공조공간 온도보정계수
Φ_S : 해당부위 태양일사량[W]
t : 시간[hr]

이 중 유리를 통해 실내로 유입되는 태양 일사량 Φ_S은 다음 식으로 계산 가능하다. 식에서 유리를 통해 실내로 유입되는 일사량 Φ_S은 아래의 식으로 정리된다.

유리를 통해 실내로 유입되는 일사량(Φ_S)

$$\phi_S = F_{sh} A_{sol} I_{sol}$$

F_{sh} : 고정차양감소계수
A_{sol} : 유리유효집열면적 [m^2] $A_{sol} = F_{sh} SHGC_{gl} A_q$
($F_{sh,r}$: 가동차양감소계수, $SHGC$: 유리열획득계수, A_q : 유리면적)
I_{sol} : 집열면적당 평균일사량 [W/m^2]

위의 2가지 수식을 통해서 건물의 창호를 통한 열획득 Q_S는 아래의 수정된 계산식으로 도출이 가능하다.

건축물 태양열 열획득(Q_S) 계산 식

$Q_S = F_{sh}$(고정차양감소계수) · $F_{sh,r}$(가동차양감소계수) · $SHGC$(유리열획득계수) · Ag(유리면적) · $ø$(해당 일사량) · t(시간)

식을 통해 알수 있듯이 여름철 일사량을 줄이기 위해서는 유리열획득계수값SHGC과 가동차양감소계수 값을 낮추면 여름철 일사량을 감소시켜 냉방부하를 줄일 수 있게 된다. 유리열획득계수값은 보통 유리의 개별 특성에 따른 값으로 삼중로이유리의 경우 0.5, 로이복층유리의 경우 0.67, 일반 복층유리의 경우 0.75를 적용하게 된다. 단, 본 유리열획득계수 값은 창호에 차양장치가 설치되면 자연스럽게 낮아지게 된다. 즉, 차양장치의 성능과 위치 등의 특성에 따라 유리열획득계수값 값이 바뀌게 되며 이를 음영계수rsh로 표시한다. 가동차양장치 음영계수를 고려한 유리열획득계수값$SHGC_{Fsh,r}$은 다음식으로 정리될 수 있다.

가동차양장치 음영계수를 고려한 열획득계수

$$SHGC_{Fsh,r} = SHGC\ r_{sh}$$

즉, 유리열획득계수값은 차양의 종류, 색깔, 특성 값에 따라 조정되며, 실내와 실외 등 공간적 특성에 따라서도 달라지게 된다. 차양장치의 종류와 유리 종류로이삼중유리,로이복층유리, 설치 위치 등에 따라 변하게 되는 유리의 열획득계수값은 아래의 표와 같다.

[표 1-4-12] 유리 열획득계수값

rsh	로이삼중유리		로이복층유리	
차양장치 종류	실외설치	실내 설치	실외설치	실내 설치
블라인드, 얇은 금속수직차양	0.06	0.7	0.07	0.6
블라인드, 얇은 금속 45°	0.1	0.75	0.12	0.65
롤 브라인드, 어닝, 흰색	0.24	0.6	0.25	0.5
롤 브라인드, 어닝, 흰색	0.12	0.8	0.14	0.75
열차단 필름	–	0.6	–	0.5

자료 출처 : IPAZEB, PHPPV9.0 한글 매뉴얼, 18.Shading

가변 외부차양은 고정형 및 내부차양에 비해 여름철 냉방부하 절감에 큰 기여가 가능함에 따라 가변 외부차양 제품을 개발하는 기업은 점차 증가 중에 있다. 다만 가변 외부차양을 하기 위해서는 1차적인 일사차단효과와 더불어 함께 디자인 요소를 고려하여 설계가 진행되어야 한다. 특히 요즘에는 건물의 미적 감각을 중요시함에 따라, 외부 비 돌출형 타입의 가변 외부차양을 선호한다. 아래의 그림은 국내에서 시공된 사례로, 왼쪽은 돌출형으로 시공된 외부 전동 차양이며 오른쪽은 삽입형으로 시공된 외부 전동 차양에 해당한다.

[그림 1-4-36] 왼쪽 : 돌출형 외부 전동 차양, 오른쪽 : 삽입형 시공 외부 전동 차양

자료 출처 : 바레마 코리아

유럽에서는 돌출형 외부 전동 차양이 건축물의 디자인적 미관을 훼손한다고 여기고 있으며, 삽입형 시공의 외부 전동 차양을 적용하고 있다. 다만 삽입형 시공의 외부 전동 차양을 설치 및 운영하기 위해서는 많은 기술적 제약 조건이 따르게 된다. 국내 공동주택의 단열기준을 보면 중부지방은 155mm, 남부지방은 125mm로써 일반 외단열 미장공법에 벽체 삽입형을 적용하기는 어려운 편이다 국내 공급되는 차양장치의 평균 두께는 150~200mm에 해당한다. 국내 3개 기업에서 시판하여 시공 중인 외부 차양장치는 아래의 그림과 같다.

[그림 1-4-37] 국내 3개사 외부 차양장치

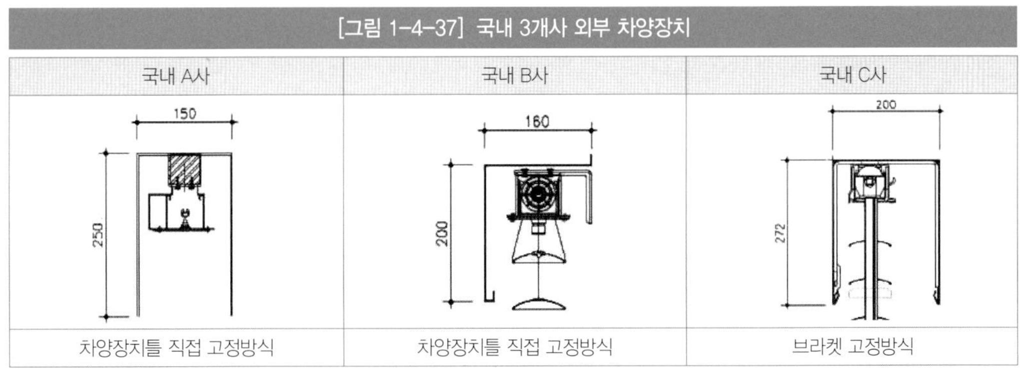

국내 A사	국내 B사	국내 C사
차양장치틀 직접 고정방식	차양장치틀 직접 고정방식	브라켓 고정방식

자료 출처 : 패시브·제로에너지건축 요소기술

석재, 금속패널, 조적 등의 마감재의 경우, 돌출형 외부 전동 차양처럼 설치가 가능하며, 단열 두께가 200~300mm에 해당하는 패시브 하우스에서는 외단열 미장공법을 적용한 삽입형 시공이 가능하다. 다만 독일의 에너지 관련 규정에 따르면 외부의 차양장치 설치시 단열 두께가 최소 60mm 이상을 충족해야 되며, 이를 통해 열교에 의한 열 손실이 최소화되며 곰팡이 방지가 가능하다. 국내에서 제작되어 공급하는 차양장치는 삽입형으로 설치할 경우, 행거용 외부마감재 혹은 최소 단열 두께 250mm를 적용한 외단열 미장마감에서만 가능한 제한조건이 있다. 최근에는 외부 차양장치시 발생할 수 있는 열교현상을 줄이기 위해서 진공단열재를 적용한 벽부착형 설치대창호인방 기능을 가지는 단열 블럭 차양장치 시스템과 벽체에 부착하는 외부 차양설치대, 인방은 창, 출입구 등 벽면 개구부 위에 보를 얹어 상부의 하중을 받는 경우에 이 보를 인방이라고 함가 각광받고 있다.

6. 건물일체형 태양광 발전시스템(BIPV)

(1) 태양광 발전 기술의 개요

태양광 발전은 반도체 혹은 염료, 고분자 등의 물질로 이루어진 태양전지를 이용하여 태양 빛을 받아 바로 전기를 생성하는 기술이다. 태양열 발전은 태양의 복사에너지를 흡수하여 바로 열에너지로 변환한다는 점에서 태양광 발전과 구별된다. 태양광 발전시스템은 태양전지로 구성된 모듈module과 축전지, 그리고 전력변환장치로 구성되어 있다. 태양전지는 전기적 성질이 다른 Nnegative형의 반도체와 Ppositive형의 반도체를 접합시킨 구조를 하고 있으며, 2개의 반도체 경계 부분을 'P-N접합P-N junction'이라 한다.

[그림 1-4-38] 'P-N접합' 태양광 발전 원리

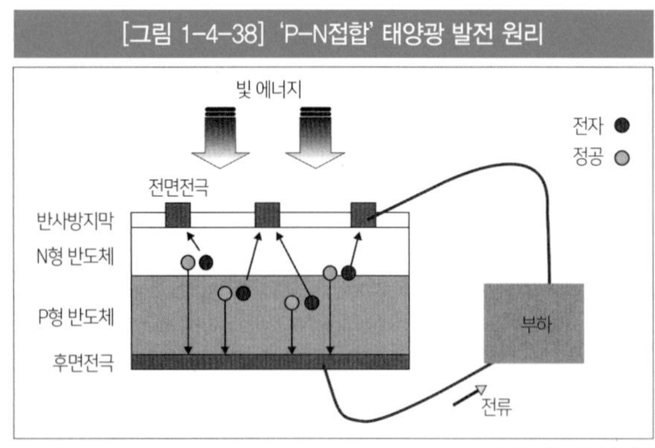

자료 : 네이버 지식백과

태양빛이 입사되면 태양빛은 태양전지 속으로 흡수되며, 흡수된 태양빛의 에너지에 의해 반도체내에서 정공+과 전자-의 전기를 갖는 입자정공, 전자가 발생하여 각각 자유롭게 태양전지 속을 움직이게 된다. 전자는 N형 반도체 쪽으로, 정공은 P형 반도체 쪽으로 이동하면서 전위가 발생하게 되며, 이로 인하여 전류가 흐르게 된다. 이것비 바로 태양전지의 'P-N접합'에 의한 태양광 발전 원리에 해당한다.

(2) 태양전지 종류와 특징

태양전지는 재료에 의해 제법이 구분됨에 따라 1차적으로 재료에 의한 분류가 중요한 성질에 해당한다. 재료에 의한 구분은 아래의 [표 1-4-13]과 같다. 태양전지는 실리콘 다이오드를 광전 변환용으로 구성한 것을 처음에 사용하였다. 금속 실리콘을 용융하여 '인상법'으로 만들기 때문에 결정 성장과정에서 시간이 많이 걸리고 제조 비용이 올라가게 된다.

[표 1-4-13] 태양전지 재료에 의한 구분

구분	1차 분류	2차 분류	3차 분류
태양전지	실리콘 (Silicon)	결정질(Crystalline)	단결정 다결정 박마가결정
		비결정질(Amorphous)	
	화합물	II－IV족(CdS, CdTe 등) III－V(GaAs, InP 등) I－III－VI 족(CIS, CIGS 등)	

이러한 단점을 보완하기 위해 '캐스트법'이나 '리본법'에 의해 다결정 실리콘을 형성하는 방법을 도입하게 되었다. '캐스트법'은 용융실리콘을 흘러 내린 다음 서서히 식힌 후, 잉곳을 제작하는 방법에 해당한다. 이와 반면 '리본법'은 실리콘 용액 안에서 시트상의 결정을 직접 성형시켜서 태양전지를 생산하는 방법이다. 최근에는 플라즈마 CVDChemical Vapor Deposition 제조접을 활용하는 아몰퍼스Amorphous 실리콘 박막이 주로 이용되고 있다.

플라즈마 CVD는 플라즈마에 의해 반응가스를 분해하여, 목적하는 물질의 박막을 기판 상에 퇴적 및 석출 시키는 방법을 말한다. 아몰퍼스 실리콘은 박막이기 때문에 원료인 실리콘이 적게 사용되고, 결정성이 약 200℃ 이하로 낮고, 투입하는 에너지가 적다는 장점이 있어 널리 실용화되고 있다.

화합물을 사용하는 태양전지는 주로 CU구리, In인, Cd카드뮴 등이 재료로 활용되고 있으며, 실리콘을 사용하지 않는 장점으로 인해 시장에 널리 보급되는 추세이다. 현재 상용화되어 보급되고 있는 대부분의 태양전지는 실리콘 소재를 사용하고 있다. 주된 결정질로는 단결정, 아몰퍼스가 사용되고 있다. 실리콘 태양전지의 특징은 다음 [표 1-4-14]와 같다.

[표 1-4-14] 실리콘 태양전지의 특징

태양전지	변환효율(%)	특징
단결정 Si	15~19	• 특성이 안정, 고효율적이다. • 표면에 절상의 전극이 있다. • 무늬가 없다. • 단단하고 구부러지지 않는다. • 원추형 이곳에서 잘라내므로 셀은 의사 정방형이 된다. • 제조에 필요한 온도는 약 1400℃로 높다.
다결정 Si	13~17	• 특성이 안정, 고효율이다. • 표면에 절상의 전극이 있다. • 무늬는 다양하다. • 단단한 기판을 사용한다. • 입방체의 잉곳에서 잘라내므로 셀은 정방형이 된다. • 제조에 필요한 온도는 800~1000℃에 해당한다.
아몰퍼스 Si	6~12	• 초기에 결정이 열화하여 효율이 감소된다. • 실리콘 부족의 우려가 없으며 양산화가 용이하다. • 표면에 투명전극이 증착되어 패턴 모양의 얇은 세로 줄무늬가 형성된다. • 결정에 구멍을 형성하여 빛을 투과시킨다.
박막	~13	• 실리콘 부족을 고려하여 대량생산에 적합하다. • 화합물에 해당하여 비실리콘이다. • 폭넓은 태양광 스펙트럼을 이용하기 위해 색은 흑색에 주로 이용된다.

(3) 태양광 발전 특징 및 BIPV 도입 필요성

태양전지의 최소단위를 셀이라고 하며 보통 1개의 셀로부터 나오는 전압이 약 0.5V로 작은 양에 해당함에 따라, 태양전지를 직병렬로 연결하여 실용적인 범위의 전압과 출력을 얻을 수 있도록 1매의 모듈로 패키징하여 사용하게 된다. 태양전지모듈이 축전장치와 인버터 등과 연계하여 하나의 시스템을 구성하게 되면 비로소 태양광 발전 시스템을 이루게 된다.

태양광 발전은 전력생산량이 지역별 일사량에 의존해야 되며, 에너지 밀도가 낮아 큰 설치 면적이 필요한 단점이 있다. 또한, 초기 투자비용과 발전단가가 높음에 따라 대형 건축물의 상업시설에서 도입이 어려운 것이 현실이다. 그러나 태양광 발전은 에너지원이 무제한이며, 필요한 장소에서 필요량만큼만 발전할 수 있다는 점과 유지 보수가 용이하여 20년 이상의 긴 수명을 유지할 수 있다는 장점이 있다.

[그림 1-4-39] 태양광 셀, 모듈, 시스템 차이점

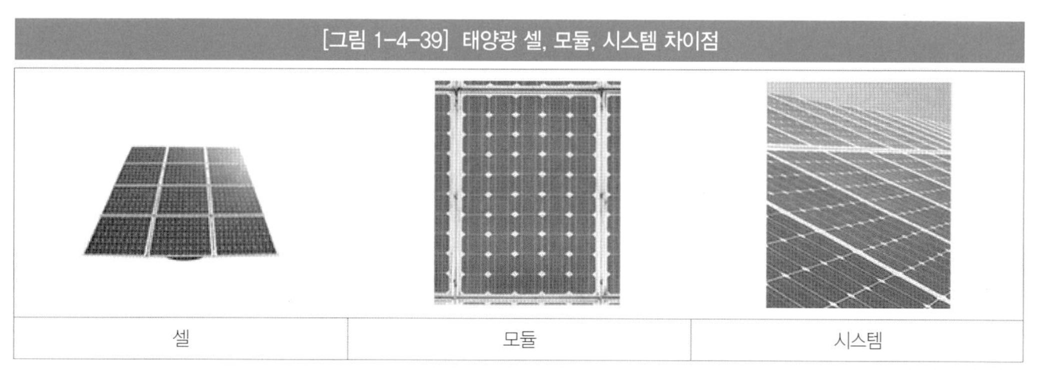

자료 : 한국에너지공단

태양광 발전은 효율을 높이기 위해서는 가급적 많은 태양빛이 반도체 내부에 흡수되도록 해야 하며, 태양빛에 의해 생성된 전자가 쉽게 소멸되지 않고 외부 회로까지 전달이 되어야 한다. 또한 'P-N 접합P-N junction' 부분에 전기장이 생기도록 소재 및 공정을 디자인하여 가용성을 높여야 한다. 태양광 발전의 기본 시스템 계통도는 아래의 그림과 같다.

[그림 1-4-40] 태양광 발전의 기본 시스템 계통도

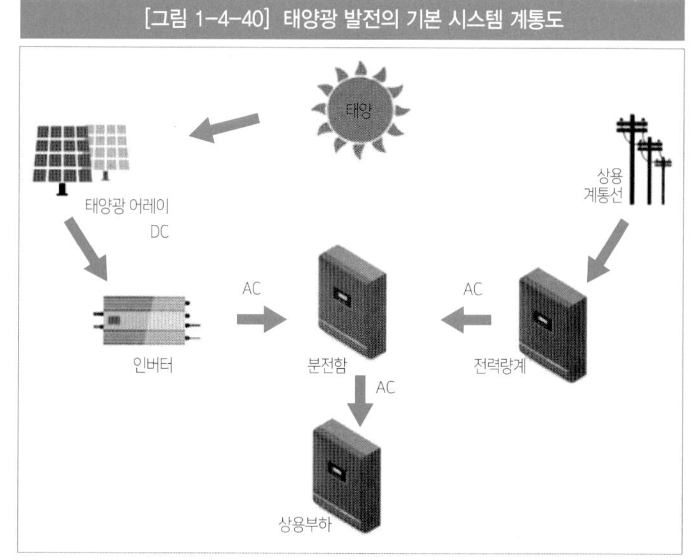

자료 : 한국에너지공단

태양광 발전은 주기적인 점검이 이루어져야 하며, 그래야만 효율적인 발전량을 보장할 수 있다. 태양광의 일상적인 점검은 3개 부위에 따라 진행되어야 한다. 태양광 발전 설비의 운용 사례 및 자가 경제성 분석은 한국에너지공단 신·재생에너지센터 홈페이지http : //www.knrec.or.kr에서 확인 가능하며, 시공 후 관리 매뉴얼과 태양광을 설치할 주변의 시공 전문 업체 현황도 개별적으로 확인할 수 있다.

현재 상용화되어 있는 실리콘 소재 재질의 태양전지 효율은 15%로, 높은 발전량을 얻기 위해서는 충분한 부지확보가 필수적이다. 그러나 도심지에 위치하고 있는 대형 건축물의 경우, 제약조건으로 인해 태양광 발전 설치에 필요한 공간이 넉넉하지 못하는 제약 사항이 있다. 따라서 건물의 외벽을

활용하고, 태양광 발전을 통한 에너지 절감을 위해서 건물일체형 태양광 발전 시스템이 하나의 대안으로 활용될 수 있다.

[표 1-4-15] 태양광 발전 점검 사항

<table>
<tr><th>점검 부위</th><th colspan="2">점검 항목</th><th>점검 사항</th></tr>
<tr><td rowspan="4">태양전지판
(모듈)·지지대</td><td rowspan="4">육안</td><td>모듈 표면</td><td>얼룩, 흠집, 파손 유무 확인</td></tr>
<tr><td>모듈 프레임</td><td>손상, 현저한 변형 유무 확인</td></tr>
<tr><td>구조물</td><td>부식·녹(산화) 유무 확인</td></tr>
<tr><td>전선</td><td>피복 부분 손상 유무 확인</td></tr>
<tr><td rowspan="2">접속함</td><td rowspan="2">육안</td><td>외관</td><td>부식·파손, 나사풀림 유무 확인</td></tr>
<tr><td>전선</td><td>피복 부분 손상 유무 확인</td></tr>
<tr><td rowspan="4">인버터</td><td rowspan="4">육안</td><td>외관</td><td>부식·파손 유무 확인</td></tr>
<tr><td>환기상태</td><td>통풍 유무 확인</td></tr>
<tr><td>운전시 이상소리</td><td>이상음·진동·타는 냄새 유무 확인</td></tr>
<tr><td>표시부</td><td>표시상태, 발전상황 작동 유무 확인</td></tr>
</table>

또한 2019년에는 울산과학기술원과 국민대가 공동으로 연구하여 건물 외벽에 부착이 가능한 '풀컬러 페로브스카이트 태양전지'를 개발하였다. 빛의 입사각에 영향을 받지 않는 페로브스카이트를 활용함으로써 건물 외벽에도 태양전지 설치가 가능하며, 특정 파장대의 빛만 반사하는 나노반사필터를 개발함에 따라 태양전지의 효율을 유지함과 동시에 다양한 색깔을 구현할 수 있게 된다.

상용화된 실리콘 태양전지는 태양광이 전지로 들어오는 각도입사각도에 따라 발전효율의 영향을 받는다. 따라서 건물 외벽처럼 태양광이 비스듬하게 들어오는 장소에는 설치하기 어려운 단점이 있다. 또한 태양전지에 색상을 입히려면 가시광선 일부를 반사하도록 만들어야 하므로 태양전지가 흡수할 수 있는 파장대가 줄어든다. 즉 태양전지에 색상을 구현하면 효율이 낮아지게 된다.

그러나 이번 울산과학기술원과 국민대 공동 연구팀은 빛 반사 영역을 최소화한 '나노필터'와 입사각의 영향을 받지 않는 '페로브스카이트 태양전지'를 이용해 문제를 해결했다. 나노필터가 빛 반사 파장과 각도를 최소화한 덕분에 태양전지는 색상을 띠면서도 최대한 많은 태양광을 흡수했다. 또 페로브스카이트 태양전지는 태양광 입사각이 달라져도 발전효율 저하가 거의 없어 일정한 효율을 유지할 수 있다. 실제 나노필터를 적용한 풀컬러 페로브스카이트 태양전지의 효율은 19%에 해당한다.

나노필터는 서로 다른 굴절률을 지닌 무기소재들을 나노미터 수준에서 다층으로 막을 구성해 특정한 파장대만 반사하게 만들었다. 즉, 빨강, 초록, 파랑색깔을 아우르는 다양한 파장대의 빛 반사가

[그림 1-4-41] 풀컬러 페로브스카이트 태양전지의 구조 및 색상발현

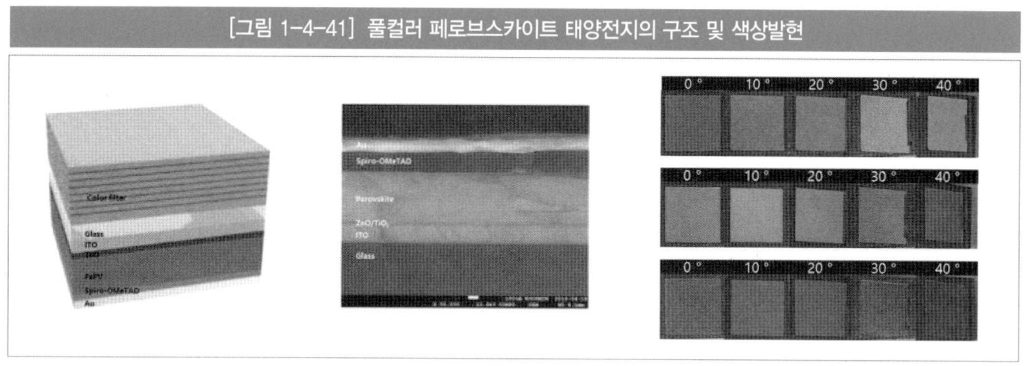

자료 출처 : 울산과학기술원

가능하면서도 반사로 잃어버리는 빛의 양을 최소화한 것이다. 그리고 나노필터에 자외선을 차단하는 기능도 추가함으로써 태양전지의 안정성도 30% 이상 높아지는 효과를 거두었다. 이러한 기술을 실용화 하게 되면 추후 건축물 외벽에 풀컬러 태양전지를 적용함으로써 스테인드글라스태양 전지의 색상이 마치 진주처럼 빛의 각도에 따라 달라 보이게 된다같은 시각적인 미적 효과 또한 기대할 수 있다.

(4) BIPV 개요 및 장점

BIPV는 건물의 지붕은 물론, 입면에 외벽 마감재 대신 태양광 모듈로 건축물 외피 마감을 대체하는 시스템에 해당한다. BIPV는 태양광 발전을 통해 온실가스 배출 및 에너지 비용 절감의 기대 효과뿐만 아니라 건축물 외장재 대체 사용에 따라 건설비용을 줄이고 건물의 가치를 높이는 디자인 요소로도 활용이 가능하다. BIPV는 현재 지속적으로 성장 추세에 있으며, 세부 내용은 다음의 [표 1-4-16]과 같다.

[표 1-4-16] BIPV 시장 동향

구분	2009	2010	2011	2012	2015	2020
전세계 태양광 설치량(MW)	7,323	17,542	23,220	26,760	48,570	94,300
BIPV 설치량(MW)	182	270	379	565	2,102	8,460
BIPV 설치량 점유율(%)	2.5%	1.5%	1.6%	2.1%	4.3%	9.0%

자료 : 솔라앤에너지

전 세계 BIPV설치 발전량은 2012년 565MW에서 2015년 2,102MW, 2020년 8,460MW 급격히 증가 중에 있으며, 2020년까지 연평균 40% 이상 성장이 예측된다. BIPV 발전의 증가 원인을 살펴보면, 유럽 선진국가독일, 이탈리아, 프랑스 등이 대규모 발전단지보다 건축물을 이용한 태양광 발전에 보조금 지원폭을 확대하는 정책에 의한 것으로 파악되고 있다.

BIPV는 설치 단계에서 건축적 요소와 에너지 요소, 그리고 디자인의 3가지 요소를 전체적으로 고려하여 설치하여야 한다. 호텔업에 적용가능한 BIPV를 설치하기 위해 3가지의 기본 고려 요소건축적, 에너지, 디자인를 기반으로 추가 9가지 사항에 대해 타당성을 평가하여야 한다.

[그림 1-4-42] 건물 통합 BIPV 설계시 주요 고려 요소

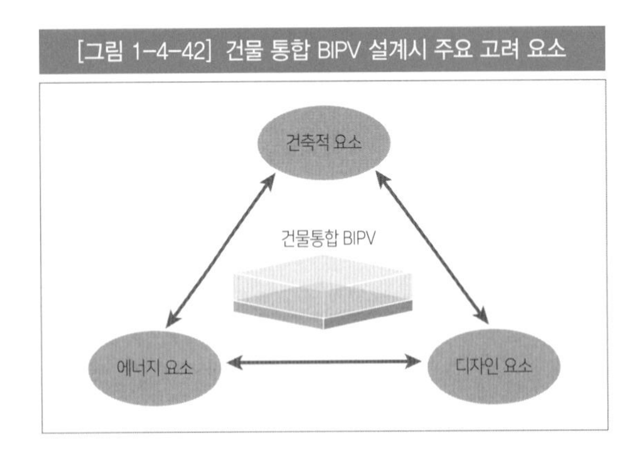

① 건물 외벽의 상태를 고려하여 건축자재코팅 포함와 외부 조건이 부합해야 된다.

② 건물의 일사량에 대한 방해요소가 없어야 한다.

③ 건물의 위도와 경도를 고려하여 최적의 경사각에 설치되어야 한다.

④ 태양광 모듈에 그림자가 발생하지 않도록 방해 요소를 사전 제거해야 한다.

⑤ 태양광 모듈의 후방은 통풍이 잘 되도록 하여 적정 습도를 유지해야 한다.

⑥ 모듈을 통해 생산된 전기를 직접 활용이 가능해야 한다.

⑦ 태양광 발전에 따른 발전량을 예측할 수 있는 시뮬레이션 프로그램이 설치되고 운영되어야 한다.

⑧ 조립이 용이해야 되며, 유지 보수가 가능해야 한다.

⑨ 일반적으로 태양광을 동쪽 위치에 설치하도록 한다. 동쪽은 해가 뜨기 시작하는 시점부터 온도가 상승이 되는 반면 서쪽은 오후부터 온도가 점차 하강되기 때문에 효율이 떨어지는 단점이 있다.

BIPV는 결합방식에 따라 일체형, 매립형부착형결합방식, 단순거치형 독립식 결합방식으로 분류할 수 있다. 일체형 결합방식은 지붕일체형 또는 통합 방식으로 기존 건축마감재 대신 PV모듈을 사용하는 것에 해당한다. 매립형 결합방식은 지붕 벽체와 같은 수준에서 건물의 외피와 평행하게 매립 또는 접붙이는 형식으로 설치가 간단한 장점이 있다.

세 번째로, 단순거치형 독립식 결합 방식이 있다. 기존 건물과 평평한 슬래브 지붕에 쉽고 간단하게 적용하는 것으로, 공공건물과 학교에 일반적으로 적용되나, 건물 외장재설치 비용을 절감할 수 없음에 따라 BIPV의 본래 장점과는 거리가 먼 경우이다. BIPV건축 설계를 위한 평가 척도는 [표 1-4-17]과 같다.

[표 1-4-17] BIPV 건축 설계를 위한 평가 척도

항목	BIPV 건축 설계 평가 척도
PV모듈 의장성	PV모듈이 건물에 의장적으로 미관이 아름다운가?
조형물과 통합성	기존건축물에 부착 형태인가 혹은 조화롭게 통합되어 있는가?
기능성	PV발전모듈 역할과 함께 건축물 마감재료로써 기능이 충족되는가?
실현가능성	설계안의 실현가능성 및 실용화 가능성
혁신성	PV모듈 또는 이를 적용한 설계안이 참신적이고 혁신적인가?
실용성	실제 적용했을 경우 설치와 유지 보수, 작용이 합리적이고 단순한가?
성능/효율	• PV모듈의 면적, 발전량이 적절히 고려되어 있는가? • PV모듈간에 차양효과가 적절한가? • PV발전성능 및 효율에 대해 적절히 고려했는가? • PV모듈의 방위 및 경사도 정도를 적절히 고려했는가? • PV모듈의 온도 상승에 따른 효율감소를 적절히 고려했는가?
경제성	제작방법이 실용적이고 비용측면에서 경제성이 있는가?
환경문제	시스템의 에너지 측면 투자회수기간이 적절한가?
설계 다양성	지역, 기후조건, 방위 등에 범용적으로 확대 적용 가능한가?

자료 : BIPV 시스템 활용 및 설계 사례_윤종호

BIPV는 건물의 설치 위치에 따라 벽, 창호, 커튼월, 차양, 지붕 등에 설치가 가능하며 설치 위치 및 기능에 따라 다양하게 적용이 가능하게 된다. 테슬라는 건물 디자인을 저해하지 않는 태양광 지붕을 개발, 테슬라의 가정용 배터리와 연계하고 있다. 또한 제로에너지 하우스를 구현하기 위해 통합 시

[그림 1-4-43] BIPV 국제 신제품 동향

구분	회사명	개발제품
외벽형 BIPV	EPFL ÉCOLE POLYTECHNIQUE FÉDÉRALE DE LAUSANNE	
지붕형 BIPV	TESLA	
창호형 BIPV	DONGJIN	

스템을 개발 중에 있다. ㈜동진은 창호형 BIPV 제품을 개발 후, 세종시에 시범 설치 및 운영 중에 있으며, 스위스 로잔 공과대학Ecole Polytechnique Federale de Lausanne은 기존 태양광 모듈에 고투과도 박막을 적용하고 발전량을 유지하면서 다양한 색구현이 가능한 외벽형 BIPV를 개발하였다.

최근에는 실증 목업의 데이터를 기반으로 IoEInternet of Everything 기반 건축설계 프로그램인 BIMBuilding Information Modeling BIPV가 주목받고 있다. IoE는 인터넷에 기반하여 에너지 사용량의 설계/분석/예측하는 프로그램이다. 실증목업은 3D프린터를 활용하여 구조를 검증 한 후, BIPV 시공 기술을 적용한다. 그 이후 외부환경일사, 온도, 습도 등 변화에 따라 에너지 사용 모니터링 및 데이터베이스를 구축한 후, BIPV 실증 목업의 최적 전력발전량을 도출한다. 그 이후 발전량 및 경제성 분석 변수설치 방위 및 설치 각도 등를 입력하여 이에 대한 경제성을 예측할 수 있게 된다. 아래 그림은 BIPV 실증 목업 설계의 샘플 사양으로, 목업에 따른 데이터베이스를 구축하고 통계적 분석에 활용할 수 있다.

[그림 1-4-44] BIPV 실증 목업 설계

구분	설계사양
건축	• 설치방향 : 서향, 남서향, 남향, 남동향, 동향 • 설치각도 : 90°, 75°, 30°, 15°, 3°
전기	• BIPV 모듈 – 결정형실리콘태양전지(c-Si) : 60장 – 박막실리콘태양전지(a-Si) : 60장
환경	• (외부) 일사량, 온도, 풍속, 측정 • (내부) 실내온도, 창호온도측정
모니터링	• 전자부하를 이용한 방식 • 스위치 방식을 이용한 120개 모듈 측정
규모	• 바닥면적 : 238㎡, 72

실증 모델 구축

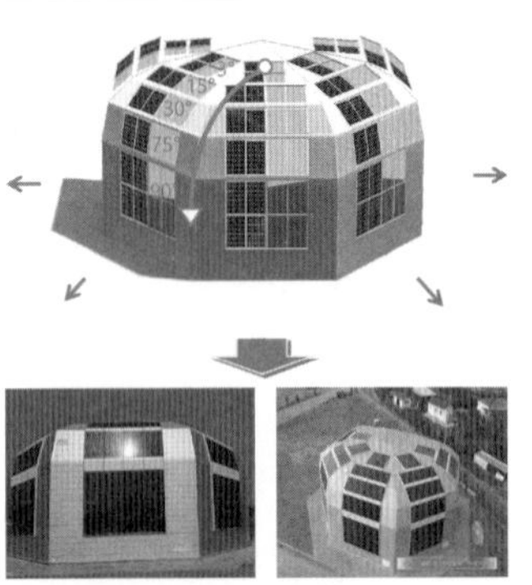

데이터베이스(DB)구축

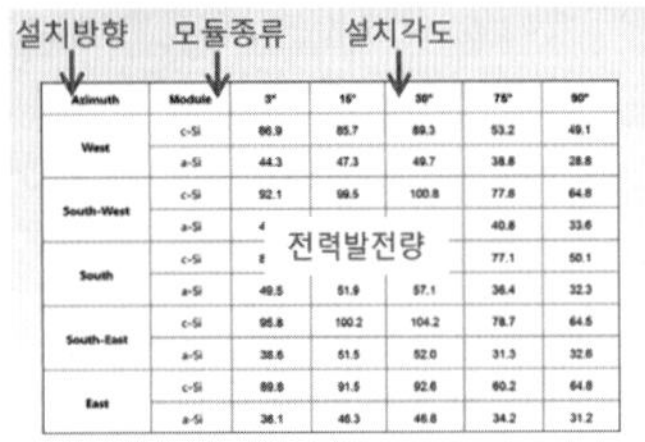

Azimuth	Module	3°	15°	30°	75°	90°
West	c-Si	86.9	85.7	89.3	53.2	49.1
	a-Si	44.3	47.3	49.7	38.8	28.8
South-West	c-Si	92.1	99.5	100.8	77.8	64.8
	a-Si	[illegible]	[illegible]	[illegible]	40.8	33.6
South	c-Si	[illegible]	[illegible]	[illegible]	77.1	50.1
	a-Si	49.5	51.9	57.1	36.4	32.3
South-East	c-Si	95.8	100.2	104.2	78.7	64.5
	a-Si	38.6	51.5	52.0	31.3	32.6
East	c-Si	89.8	91.5	92.6	60.2	64.8
	a-Si	36.1	46.3	46.8	34.2	31.2

실증 목업 통계적 분석

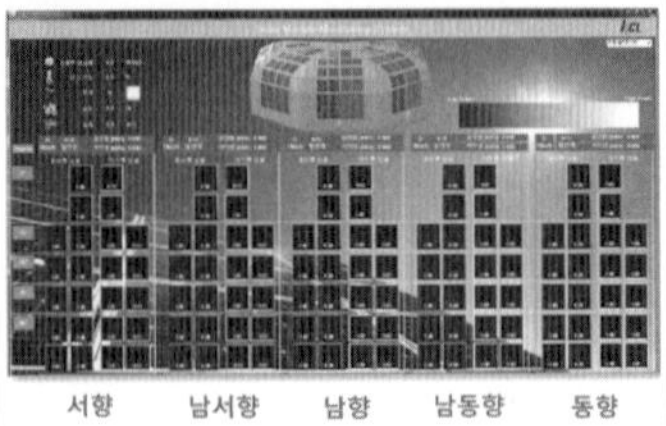

BIM 기반 BIPV 통합 시스템

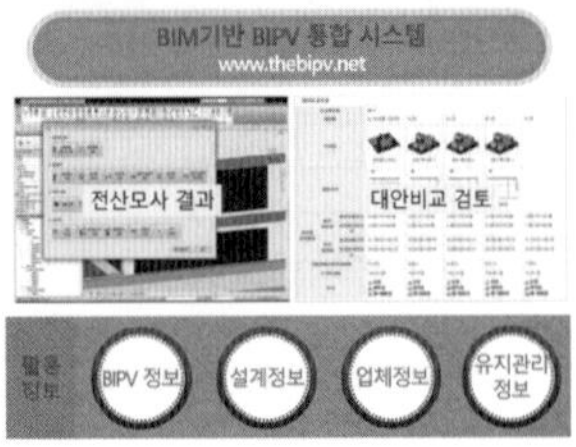

자료 출처 : IoE 기반 융복합 건자재(BIPV)기술 개발 및 실증

7. 미세먼지 위험성 및 대응

쾌적함과 청결함을 중요시하는 호텔 역시 미세먼지 발생 대책을 수립하여 고객들에게 새로운 환경적 가치를 제공할 수 있는 방안들에 대해 모색할 필요성이 있다. 2015년부터 2018년까지 연중 고농도 기간12월~이듬해 3월동안의 초미세먼지 평균 농도를 살펴보면 30㎍/㎥ → 33㎍/㎥로 점차 증가 추세에 있으며, 주요 도시별 대기정체 일수 또한 지속적으로 늘어나고 있다.

[그림 1-4-45] 전국 평균 미세먼지 농도 및 주요 도시의 연도별 대기정체 일수

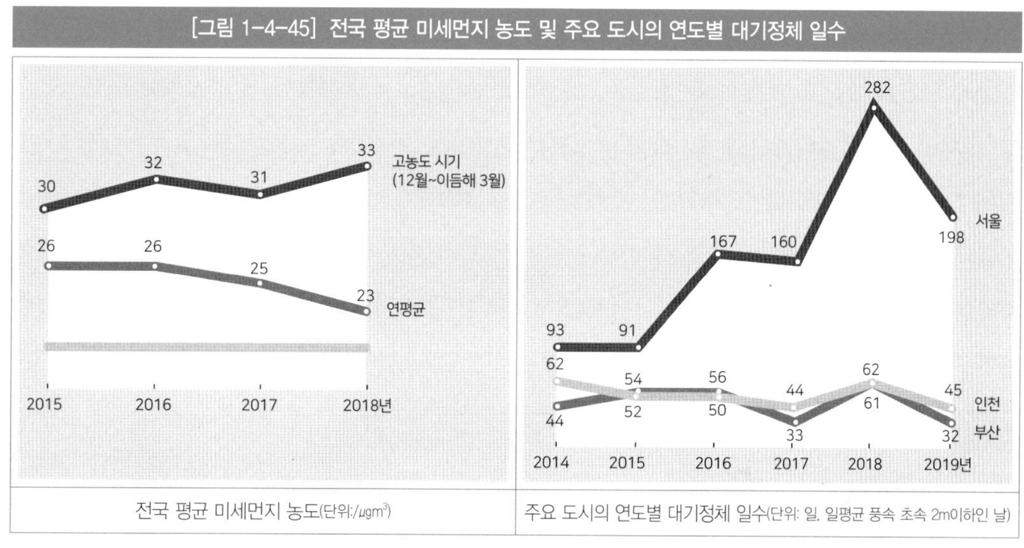

전국 평균 미세먼지 농도(단위:/㎍m³) | 주요 도시의 연도별 대기정체 일수(단위: 일, 일평균 풍속 초속 2m이하인 날)

자료 출처 : 국립환경과학원 및 기상청

다만, 국가기후환경회의에서 시나리오를 분석한 결과, 계절관리제고농도 미세먼지가 집중 발생하는 12월말부터 3월까지 4개월 기간 동안 평상시보다 강도 높은 감축 정책 추진를 시행하게 되면 전국 평균 일 최고농도는 137㎍/㎥ → 102.3㎍/㎥으로 감소하며, 이는 중국발 먼지나 대기 정체가 오더라도 피해를 저감시킬 수 있다. 계절관리가 시행되면 12월~3월 4개월 기간 동안의 미세먼지 평균 농도는 20% 이상 감소될 전망이며, 농도가 높은 지역일수록 저감효과는 더욱 크게 나타나게 된다. 전국의 도시 중 미세먼지의 평균농도가 40.3㎍/㎥으로 가장 높은 도시의 경우, 10㎍/㎥ 저감이 가능하며, 전남과 경남, 그리고 석탄화력발전소가 밀집한 충청남도, 그리고 사업장 개수가 많은 경기도의 경우, 높은 저감 효과가 예상된다. 미세먼지 '나쁨36㎍/㎥ 이상' 일수 역시 2018년 39일 발생하였지만, 계절관리가 시행되면 23일로 감소가 가능하다. 아래의 표는 국가기후환경회의에서 제안한 계절관리제 대응 국민정책 제안이다.

[표 1-4-18] 계절관리제 대응 국민정책 제안

구분	내용
발전	• 12월~2월 3개월간 석탄화력발전소 60기 중 14기 중단, 미세먼지가 가장 심한 3월에 22기로 확대하여 가동 중단하는 방안 제시
산업	• 국가산업단지 44개소를 포함한 전국 사업장 밀집 지역에 1,000명의 민관 합동점검단을 투입하여 불법 행위를 감시하고, 전국 630여 개 대형사업장의 굴뚝에서 배출되는 미세먼지 배출량을 실시간 공개
수송	• 12월~3월 전국 220만여 대에 달하는 5성급 노후차량 중 생계형을 제외한 차량 운행을 전면 제한 • 지게차 등 건설기계 공공기관이 발주하는 100억원 이상 공사장에서 사용 금지
생활	• 미세먼지 오염도가 높은 도로를 집중관리도로로 지정 관리 • 주거지 인근 건설공사장에서 발생하는 날림먼지 실시간 공개

자료 출처 : 국가기후환경회의

미세먼지가 고농도 기간12월~3월 부터는 '미세먼지 계절관리제'가 시행된다고 환경부가 발표하였다. 미세먼지 계절관리제의 핵심은 배출가스 5등급 차량 도심 운행을 제한수도권 등록 차량 대상으로 하며, 영업용 차량, 저공해 조치 신청 차량은 제외하고, 공공부문 차량 2부제가 시행된다. 공공부문 차량 2부재는 수도권과 6개 특별 및 광역도시부산, 대구, 광주, 대전, 울산, 세종 소재의 행정 및 공공기관 대상이며, 민원인 차량이나 경차, 친환경차, 취약계측 이용자는 제외된다. 관련 법령 근거는 미세먼지 저감 및 관리에 관한 특별법에 의한 것으로 현재 국회 통과를 기다리고 있다. 서울시는 최근 미세먼지를 사회재난에 포함시키는 재난 및 안전관리기본법과 대기관리권역법, 실내공지기질 관리법 등이 2019년 3월 국회에서 의결될 수 있도록 하였다. 화재사고가 나거나 인명피해가 발생한 후, 관련 법안을 통과시키는 일명 소 잃고 외양간 고치는 사후약방문처방이 아니라, 고농도 미세먼지 발생이 잦은 겨울철부터 이른 봄철까지 평소보다 강도 높은 저감대책을 가동해 미세먼지 농도를 관리하는 것은 정부

[그림 1-4-46] 계절관리제 시행 전후 12월~3월 미세먼지 평균 농도 변화

시도	시행 전	시행 후	차이
서울	32.5	26.4	6.1
경기	32	25.6	6.4
인천	35.2	28.6	6.6
충남	28	21	7
충북	33.8	25.7	8.1
세종	23.9	18.1	5.8
대전	22.3	16.9	5.4
강원	27.1	20.8	6.3
전북	33.2	24.2	9
전남	38.7	28	10.7
광주	35.8	25.9	9.9
경북	36.7	27.2	9.5
경남	38.2	28.2	10
부산	37.3	28.5	8.8
울산	40.3	30.3	10
대구	36.3	27.3	9
제주	31.7	22.2	9.5

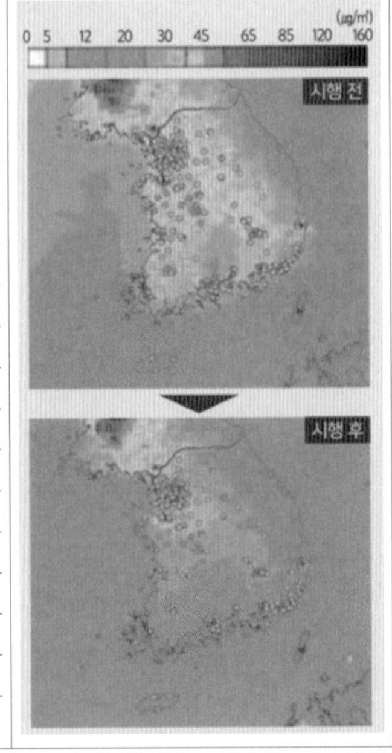

자료 출처 : 국가기후환경회의

의 차별화되고, 긍정적인 예방 정책에 해당한다. 최근에는 환경부 산하 수도권대기환경청 직속으로 2019년 2월 미세먼지 감시팀을 발족하였다. 미세먼지 감시팀은 7명으로 구성되어 있으며 3년 동안 개발한 측정용 드론 4대, 촬영용 드론 2대와 이동측정차량 2대로 대기오염물질 불법 배출 의심 사업장을 적발하고 있다. 수도권대기환경청에 따르면 2019년 2월부터 2019년 10월까지 총 255곳의 사업장 중 배출 기준을 위반한 76곳을 적발하였다고 통보하였다.

2018년 기준 오염물질을 자동 측정하는 기기TMS : Tele-Monitoring System를 설치한 대형사업장1~3종은 4,363개에 불과하며, 미세먼지 배출량을 정확히 알 수 없는 4~5종의 사업장은 5만 2,221개로 92%에 해당한다. TMS, 즉 굴뚝자동측정기기란 사업장의 대기오염물질 배출농도를 자동으로 측정해 오염도를 24시간 원격 감시하는 시스템으로, 대기질 개선을 위해 확대 설치하고 있다. TMS설치 의무 대상은 1종~3종 사업장으로, 1종 사업장은 대기오염물질 발생량 합계가 연간 80톤 이상인 사업장, 2종 사업장은 연간 20통 이상 80톤 미만, 3종 사업장은 연간 10톤 이상 20톤 미만 사업장이 해당한다.

대기오염물질 불법 배출 사업장은 2015년 9%에서 2018년 14.8%로 증가하였으며, 이에 따라 미세먼지 감시팀은 드론과 이동측정차량을 이용하여 이전보다 훨씬 효율적으로 대기오염물질 배출 감시를 진행하고 있다측정용 드론으로 지상 150m 이상의 높이에서 일곱 가지 오염물질 실시간 측정, 기존에 사람이 직접 굴뚝에 올라갈 때 발생할 수 있는 안전 문제 해소. 이러한 감시팀으로 인하여 기업들의 대기오염물질 배출 조작은 현실적으로 불가해졌으며, 불법 행위는 근절될 것이다. 따라서 해당 건축물에서의 대기오염물질 배출 저감을 통한 철저한 환경 관리는 더욱 중요시된다.

2019년 11월 우리나라 정부는 미세먼지 발생 원인에 대한 흥미로운 연구 결과를 발표하였다. 한·중·일 3개 국이 공동으로 연구를 추진하고 연구 결과를 함께 검토하여 미세먼지 공동연구서 보고서를 최초로 발간한 것이다. 최근 우리나라의 봄철 미세먼지 농도가 과거 수십년에 비해 급속하게 증가한 원인에 대해 설왕설래가 많았으나, 금번 공동 연구를 통해 발생 원인에 대해 파악한 것으로 공동연구 결과가 가지는 의미는 매우 크다.

공동연구는 2017년 1개년도를 대상으로, 대기질 모델을 이용하여 직경이 2.5㎛보다 작은 초미세먼지PM2.5를 발생시키는 국내와 국외 영향을 비교하였다. 연구보고서에 따르면 대기질 모델 기업을 활용하여 한국의 3개 도시서울, 대전, 부산와 중국의 6개 도시베이징, 톈징, 상하이, 칭다오, 선양, 다롄, 일본의 3개 도시도쿄, 오사카, 후쿠오카 등 주요 도시의 자체 기여율이 한국 51%, 중국 91%, 일본 55%에 해당하는 것으로 나타났다. 대한민국과 일본의 경우, 기여율이 50%를 상회하는 것은 해당 국가에서 발생한 초미세먼지의 발생원인이 다른 요인에 의한 것보다 크다는 것을 의미한다. 대한민국의 경우, 초미세먼지의 32%가 중국의 영향을 받아 발생하며 국내적 요인은 51%, 그리고 나머지는 몽골이나 북한에서 넘어온 것으로 추정된다.

본 연구결과에서 우리가 유의하게 볼 것은 중국의 기여를 제외하더라도 국내 배출된 오염물질의 기여도가 50%를 초과하여 51%를 차지한다는 것이다. 따라서 정부 및 지자체, 그리고 기업들의 자체적인 대기오염물질 감축만으로도 대기질 개선이 가능하게 된다. 특히 우리나라는 지형적 위치에 따라 중국발 미세먼지가 유입되는 것을 완전히 차단할 수 없다. 중국에서 발생한 오염물질은 저기압의 영향으로 인해 상승기류와 함께 상층으로 이동하게 되며, 고도 1~3km 지역에서 서쪽에서 동쪽으로 부는 편서풍에 의해 우리나라로 이동하여 하강하게 되는 것이다.

미세먼지의 종류와 위험성, 요인별 발생 특성은 뒷장에 더 상세히 기술하겠으나, 초미세먼지 발생원인으로 지목되는 휘발성유기화합물VOCS : Volatile Organic Compounds과 이산화질소 감축만으로 초미세먼지의 많은 부분 억제가 가능하게 된다. 이러한 오염물질 저감을 위해 우리나라는 2005년부터 대기질 개선을 위해 수도권 대기환경 개선 특별법을 제정하고, 현재까지 계속 강화하는 중이다수도권 대기환경 개선 특별법에 따라, 오염물질 다배출의 디젤버스는 천연가스(CNG)로 대체하였으며, 디젤자동차의 매연저감장치 부착 의무화, 노후 경유 자동차의 검사 강화 등이 시행됨.

(1) 미세먼지의 종류

대기오염을 유발하는 요소 중 하나에 해당하는 미세먼지는 발생 원인에 따라 자연적 요인과 인위적 요인으로 나뉜다. 자연적으로 발생되어 대기로 유입되는 미세먼지의 종류로는 토양 입자, 박테리아, 화산재, 꽃가루 등이 있으며 인위적으로 발생되는 미세먼지는 교통, 산업 활동 등에 기이한 것으로 공장, 발전소, 도로, 가정 연소, 배기가스 배출 등에 의해 생성된다. 우리가 흔히 사용하는 미세먼지의 과학적 정의는 "입자의 크기가 지름 10㎛마이크로미터, 1,000분의 1mm에 해당한다"이하인 대기오염물질이다. 미세먼지는 크기에 따라 PM10미세먼지, PM2.5초미세먼지, PM1.0극초미세먼지으로 구분할 수 있으며, 여기서 PMParticulate Matter이란 '입자상 물질대기 중에 떠다니는 고체 또는 액체 상태의 미세 입자'을 뜻한다. 다만, 2017년 3월 환경부에서는 PM10에 해당하는 미세먼지는 부유먼지, PM2.5에 해당하는 초미세먼지는 미세먼지로 용어 변경을 추진하였다. 그러나 국내에서는 이미 미세먼지와 초미세먼지 용어가 함께 쓰이고 있으며, 다수의 대중들에게도 친숙한 용어로 자리매김한지 오래되었다. 본 도서에서는 대중적으로 널리 사용되는 PM10, PM2.5 용어를 그대로 사용하였다.

PM10은 자연의 환경 내에서 토양 성분 등이 포함되어 있지만 PM2.5의 경우는 황산화물, 암모니아, 휘발성 유기화합물 등의 전구물질이 대기 중에서 질산염, 황산염, 암모늄, 비휘발성 유기물, 유기탄소 등으로 바뀐 물질들을 지칭한다. PM2.5 초미세먼지의 생성을 살펴보면 자동차 배기가스와 주유소 유증기에서 배출된 휘발성 유기화합물이 오존O_3이나 수산기OH와 같이 반응성이 높은 물질과 결합하여 화학반응을 일으키면서 2차 유기 입자를 만들어 내게 된다. 자동차 엔진의 연료를 고온고압에서 태우면 질소산화물이 많이 생겨나며, 질소산화물이 대기 중 오존과 반응하여 질산이 생성되고, 질산이 암모니아와 반응하여 2차 무기입자를 만들어 내는 과정을 거친다. 아황산가스도 질소산화물과 비슷한 메커니즘에 의해 발생하게 된다. 초미세먼지는 앞서 설명한 것처럼 황산염, 질산염, 탄소류와 검댕 등으로 구분되며 성분 조성은 [표 1-4-19]와 같다.

[표 1-4-19] 초미세먼지 성분 구성

황산염, 질산염 등	탄소류와 검댕	광물	기타	합계
58.3%	16.8%	6.3%	18.6%	100%

자료 : 환경부

PM2.5는 대기 중 7일 정도 머무는데 가장 심각한 부분은 바람을 타고 장거리를 이동함으로써 인접국에까지 영향을 미친다는 점이다. 우리나라 역시 몽골의 황사와 중국으로부터 날아온 미세먼지의 영향을 받고 있다. 더 심각해질 경우 국가간 분쟁으로까지 확대될 수 있는 문제이기도 하다. 그러나 지금 상황으로서는 뚜렷한 대책도 없는 상황에서 미세먼지 수치를 수시로 확인하며 개인이 주의를 하는 방법 외에 뚜렷한 대책은 없는 실정이다.

[표 1-4-20] 국내 미세먼지 PM10 이하, 24시간 기준

단위 : ㎛/m^3

좋음	보통	나쁨	매우 나쁨
~30	~80	~150	151~

[표 1-4-21] 국내 미세먼지 PM2.5 이하, 24시간 기준

단위 : ㎛/m^3

좋음	보통	나쁨	매우 나쁨
~15	~35	~75	101~

[표 1-4-22] 국제미세먼지 경계단계 기준

단위 : ㎛/m^3

한국	일본	WHO	미국	EU	중국
100	100	50	150	50	150

(2) 미세먼지의 위험성

국제부흥개발 연구 결과에 따르면 2013년 세계인의 사망 원인 3위가 담배로 뽑혔으며 33%를 차지한다고 발표하였다. 그리고 그 뒤를 잇는 사망원인 4위는 미세먼지가 차지하였다. 전체사망률의 10%에 이른다. 문제는, 담배는 개인의 의지와 노력으로 끊을수 있는 반면간접흡연도 포함 미세먼지는 개인이 피할 수 있는 방법이 없다는 점이다. 담배보다 더 해로운 요인으로 작용할 수 있다. 더 문제되는 상황은 담배는 성인이 된 후에 접하고 있지만 미세먼지는 유아기부터 사망할때까지 남녀노소 모두 일상생활에서 호흡하는 중에 들이마시기 때문에 건강에 더 치명적이라는 사실이다.

어린 시절부터 호흡기로 들어온 미세먼지가 몸에 쌓이게 되면 부작용은 담배보다 더 해롭고 치명적으로 작용하게 된다. 세계보건기구WHO는 이러한 사실에 기인하여 미세먼지를 1급 발암물질로 지정하였다. 미세먼지가 인체에 끼치는 안좋은 영향에는 여러가지가 있을 수 있으나, 대표적인 것으로는 호흡기 점막 자극, 산소 부족 유발, 질병 유발 등이 있다.

호흡기관은 외부 환경으로부터 신체를 보호하기 위해 점막을 형성하게 된다. 점막은 내벽을 이루는 부드러운 조직으로, 점액을 분비해야 됨에 따라 항상 끈끈하고 매끄러운 상태를 유지해야 된다. 즉, 외부의 위해요인으로부터 몸을 보호하는 1차 방어선 면역에 해당하게 된다. 유아기와 같이 면역이 약한 아이들은 점막이 손상되면 질병에 노출되는 이유가 여기에 있다. 외부의 미세먼지가 인체에 유입되게 되면 가장 먼저 호흡기에 영향을 미치게된다. 초기에는 미세먼지가 점막에 닿을 경우 점액으로 미세먼지를 뒤덮어 인체에 유입되지 않게 막는 역할을 하며, 기본적인 면역력이 미세먼지 제거에 대항하게 된다. 그러나 문제는 미세먼지 유입량이 많아져 점막 기능을 장기적으로 자극하게 되면 점막 기능이 서서히 마비되면서 호흡기 기관을 해치고, 만성 기관지염으로 발전하게 된다. 점막이 손상되어 미세먼지가 인체에 유입되게 되면 천식, 폐암, 만성폐쇄성질환 등을 발병시키게 된다. 미세먼지를 침묵의 살인자로 일컬어지는 이유가 바로 이 때문이다.

(3) 미세먼지의 요인별 발생 특성

미세먼지의 발생은 보통 봄과 겨울철에 농도가 높아짐에 따라 미세먼지 주의보가 발령되어 국민들의 외부 활동 제한 등 다양한 분야에 영향을 미치게 된다. 다만, 봄과 겨울철 우리가 흔히 말하는 미세먼지는 황사에 해당하며, 보통 크기가 10㎛ 이하인 PM10으로 분류 된다. 최근 전 세계적인 지구 온난화 문제, 중국 북동부 지역의 사막화가 가속화됨으로써 우리나라는 지형적 특성에 따라 미세먼지의 많은 영향을 받고 있다. 따라서 계절별, 혹은 기상의 요인에 따른 미세먼지 변화에 대한 추이도 분석을 통해 효과적인 대응방안을 수립해야 될 것이다. 특히 연중 무휴 대형 건축물의 경우, 공기조화기의 상시 운전을 통해 외기가 유입된다. 이로 인해 외부의 계절별 미세먼지 농도의 변화는 건축물의 실내 공기질 관리를 위한 운전 방법에도 영향을 미치게 된다.

따라서 미세먼지의 요인별 발생 특성 외부 연구 결과를 참고하여 검토하는 것 또한 건축물의 효과적인 환경안전 대응방안 수립에도 일조할 것으로 생각됨에 따라 일부 내용을 수록하였다. 오염 요인별 지역선정을 위한 대기기상자료의 미세먼지 인과관계 검증의 논문 결과한국빅데이터학회지, 2017 수록를 살펴보면 미세먼지 PM10의 발생은 계절 및 풍향에 따라 많은 영향을 받고 있으며, 초미세먼지 PM2.5는 중국의 영향을 받아 계절별 특성이 없는 것으로 확인되었다. 본 연구결과에 사용된 두가지 주요 변수는 미세먼지와 기상자료로, 미세먼지는 한국환경공단에서 운영하는 에어코리아, 기상자료는 기상청에서 운영하는 기상자료개방포털에서 수집하였다. 위 연구결과에서 사용된 미세먼지와 가상자료의 세부 데이터는 [표 1-4-23]과 같다.

[표 1-4-23] 미세먼지와 기상자료 비교

개념	미세먼지 자료	기상자료
관측소	319개소	1,792개소
자료변수	19개	18개
자료타입	Hously	Hously
기간	15년	15년
연도	2001. 01 ~ 2016. 06	2001. 01 ~ 2016. 06
건수	4,331만건	2억 4,316만건

자료 : 오염 요인별 지역선정을 통한 대기-기상자료의 미세먼지 인과관계 검증, 한국빅데이터학회지

미세먼지 발생과 기상변화와의 상관관계 분석을 위해 기본지표 분석을 기반으로 4가지 지역군비도로 오염군_항구, 제조업연소_산업단지, 도로이용 오염원, 에너지 연소_화력발전소으로 구분하였으며, 한반도가 편서풍의 영향을 받는다는 가정하에 내적 요인이 지역단위에 영향을 미치는 것을 분석하기 위해 청정지역, 오염지역, 영향지역 8개소를 각각 선정하여 총 24개 지역에 대한 대기질 분석을 진행하였다. 오염지역, 청정지역, 영향지역의 24개 지역별 위치는 [그림 1-4-47]과 같다.

[그림 1-4-47] 연구대상 지역 위치

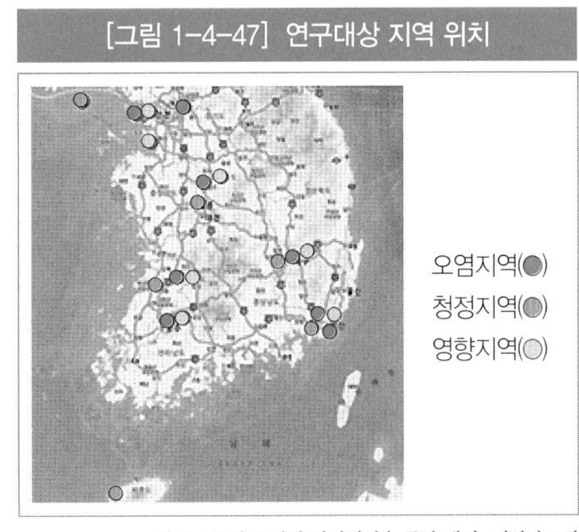

자료 : 오염 요인별 지역선정을 통한 대기-기상자료의 미세먼지 인과관계 검증, 한국빅데이터학회지

기상자료는 지역별 기온분포, 강수분포, 습도분포, 그리고 풍향, 풍속에 대한 영향 인자에 대한 분석이 진행된 것을 확인할 수 있었으며, 해당 기간은 2001년부터 2016년까지 15년 기간 동안의 표본에 대해 분석하였다. 우리나라의 온도는 1월에 최저, 8월에 최고치를 보였으며, 강수량은 2월, 8월 11월 순으로 많은 양이 발생하고 있었다. 풍향은 편서풍westerlies, 남북 양반구에 존재하는것으로, 서에서 동으로 부는 띠모양의 바람으로, 중국의 대기오염물질 발생이 직간접적으로 영향을 주는 지리적 특성이 있었다. 특이할 만한 사항으로는 강수량이 많은 2월과 5월에는 강한 풍속으로 인해 습도가 상대적으로 낮은 수치를 보였다는 것이다.

관측소에서 측정된 15년 자료를 기준으로 시간의 흐름에 따른 대기오염물질 농도 변화를 살펴보면 미세먼지PM10 및 PM2.5와 이산화황SO2 은 오전 10시에 가장 높은 수치를 보였다는 연구 결과를 확인하였다. 다만 미세먼지 PM10과 이산화항 증가는 일정한 패턴 형태를 보이는 반면, 초미세먼지 PM2.5는 일정한 패턴 없이 증가하고 감소하는 불안정한 형태를 보였다. 미세먼지와 이산화황은 대기역전현상으로 대류가 안정전인 오전에 농도가 높은 이유가 있다. 대기역전현상은 대기층에서 높은 곳의 온도가 낮은 곳의 온도보다 더 높게 나타나는 현상을 일컫는다. 대기역전현상이 발생하면 공기의 순환이 억류되어 대기오염물질이 정체되며 대기의 오염도가 증가하게 된다. 대도시의 경우, 차량정체가 심하고 겨울철 난방을 위한 에너지원 사용이 증가함에 따라 대기역전현상이 자주 발생하게 된다. 대기오염물질 시간대별 농도 변화는 아래와 같다.

[그림 1-4-48] 대기오염물질 시간대별 농도 변화

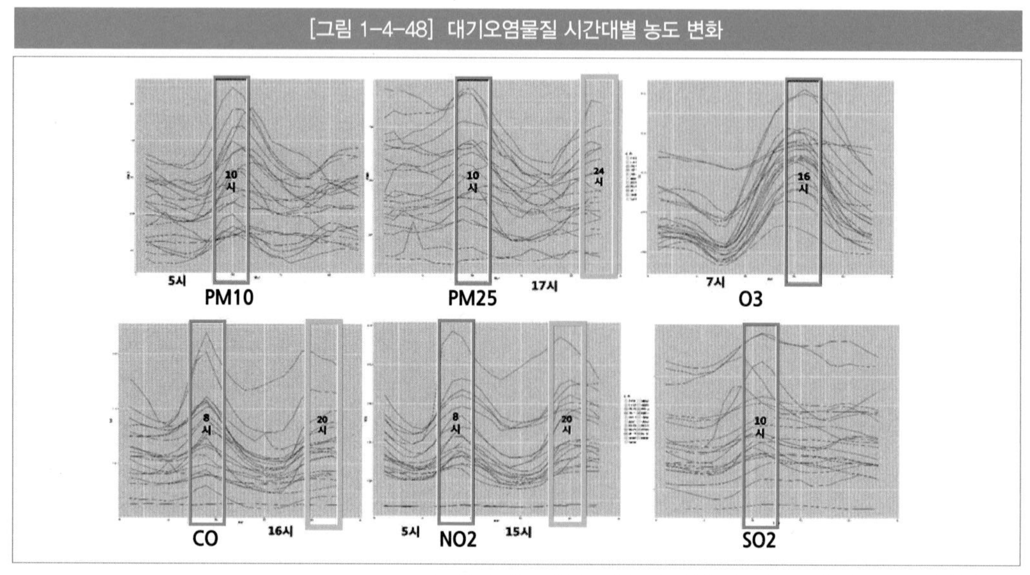

자료 : 오염 요인별 지역선정을 통한 대기-기상자료의 미세먼지 인과관계 검증, 한국빅데이터학회지

대기오염물질 시간대별 분석을 계절적으로 확장하여 살펴보면 미세먼지는 뚜렷한 패턴을 형성하여 봄철에 최고로 높은 농도치를 보이는 반면 여름철7~8월은 비교적 농도가 낮은 편이다. 지표면 온도가 가장 더워지는 여름철 대기역전현상이 미발생하여 상대적으로 대류 현상이 강하게 발생하기 때문이다. 오염 요인별 지역선정을 위한 대기 기상자료의 미세먼지 인과관계 검증의 논문에서 유의하게 살펴볼 사항은 지역별 미세먼지 발생빈도이다. 청정지역인 백령도 지역에서 제주 한경 지역에 비해 매우 높은 미세먼지 PM10 발생 결과가 발견되었으며, 초미세먼지 PM2.5 또한 제주 한경을 제외하고 백령도, 충북청주, 서울 종로 등 북쪽 지역에서 높게 나타나는 결과를 발표하였다.

[그림 1-4-49] 지역별 미세먼지(PM10) 발생 빈도

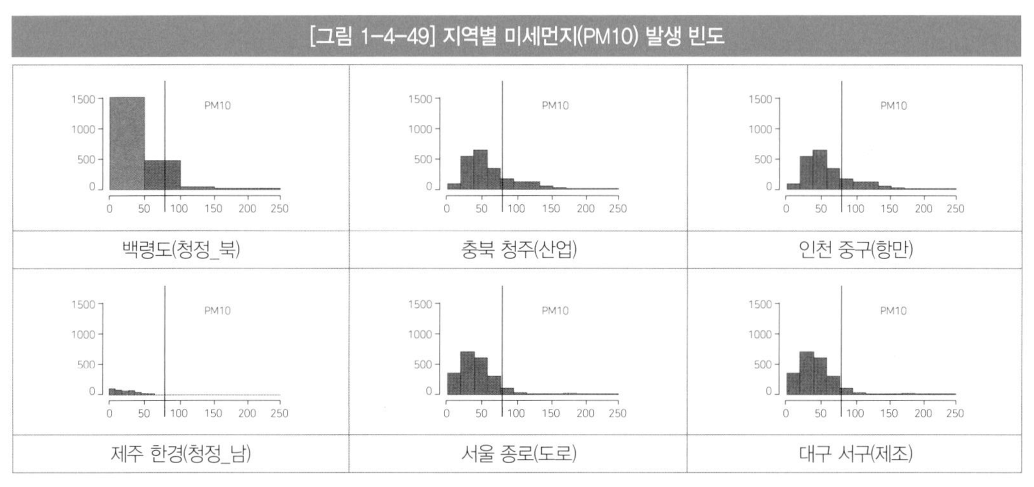

[그림 1-4-50] 지역별 미세먼지(PM2.5) 발생 빈도

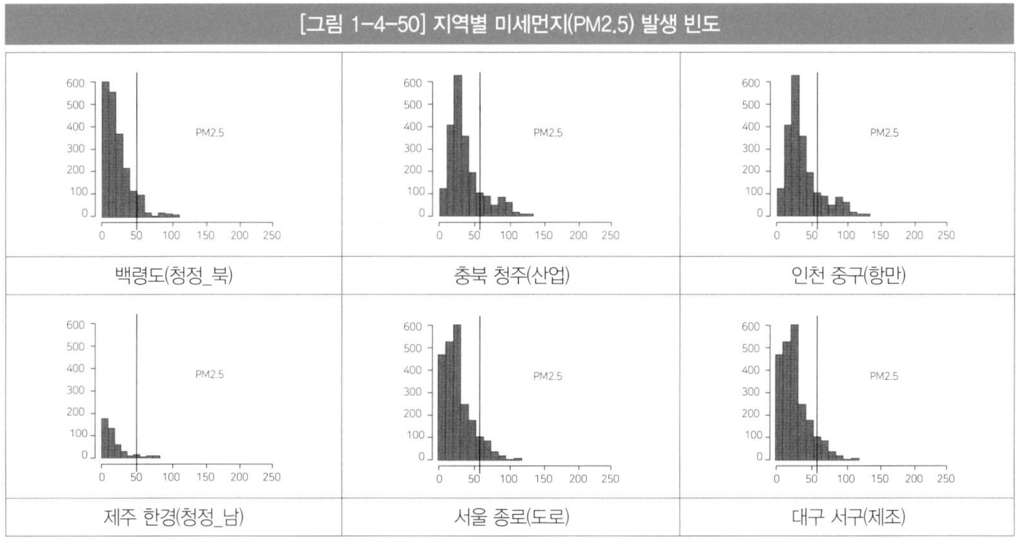

자료 : 오염 요인별 지역선정을 통한 대기-기상자료의 미세먼지 인과관계 검증, 한국빅데이터학회지

위 연구 결과를 통해 미세먼지와 초미세먼지의 발생은 청정지역과 오염지역의 차이보다는 북쪽 측, 지리적 영향과 외부의 영향을 많이 받는다는 것을 확인하였다. 따라서 오염 지역에 상관없이 남측 지역보다 북측 지역에 위치한 대형 건축물의 경우, 미세먼지의 저감을 위한 강도 높은 대안책을 마련해야 되는 것을 알 수 있었다. 대형 건축물의 미세먼지 관리 방안에 대한 세부 내용은 뒤에 상세히 기술하였다. 연구 결과를 보면 미세먼지와 대기오염물질의 상관성을 분석하기 위해 피어슨상관계수의 통계적 기법을 적용하였다. 피어슨상관계수는 두가지 변수여기서는 X=미세먼지, Y=대기오염물질 해당 간의 선형 상관 관계를 계량화한 것으로 코시-슈바르츠 부등식에 의해 +1과 -1사이의 값을 가지게 되며, +1은 완벽한 양의 선형 관계, -1은 완벽한 음의 선형 관계를 뜻한다. 선형 관계가 0이면 두 변수 사이에서는 상관 관계가 없는 것으로 분석된다. 일반적으로 상관계수 정도가 0.7부터 1사이라면 관련성이 높다고 분석된다.

[표 1-4-24] 오염지역별 상관계수 분석 결과

지역	변수1	변수2	상관계수
산업지역	NO_2	O_3	-0.50
		SO_2	0.44
		CO	0.47
	PM10	PM2.5	0.81
항만지역	NO_2	O_3	-0.49
		CO	0.59
	PM10	PM2.5	0.76
도로지역	SO_2	CO	0.51
		PM10	0.51
		PM2.5	0.48
	NO_2	O_3	-0.24
	PM10	PM2.5	0.77
백령도	PM10	PM2.5	0.27
제주도	PM10	PM2.5	0.72

자료 : 오염 요인별 지역선정을 통한 대기-기상자료의 미세먼지 인과관계 검증, 한국빅데이터학회지

산업지역과 항만지역의 경우, O_3과 NO_2가 음의 상관이 큰 것을 확인할 수 있었다. O_3이 NO와 결합하여 NO_2와 O_2를 생성하는 화학반응에 따라 음의 상관계수는 과학적 현상에 따른 당연한 결과로 고려된다. 대기오염물질에 해당하는 SO_2는 CO_2이 미세먼지PM10과 PM2.5 발생량과 대부분 연계성이 있는 것을 확인하였다. 눈여겨 볼 사항은 민감도 분석을 위해 실시한 백령도와 제주도 지역에서의

PM10및 PM2.5와의 상관관계 분석 결과이다. 대표적인 청정지역에 해당하는 백령도와 제주도 지역에서 PM10과 PM2.5와의 상관관계에 대해서 통계적으로 유의한 결과를 얻을 수 없었다. 이는 미세먼지와 초미세먼지의 발생 원인이 다름을 추론할 수 있다. 건축물의 환경안전관리자는 이러한 시사점을 기반으로 공기질 관리 방안에 다르게 활용해야 한다. 즉, PM10 미세먼지가 많이 발생하는 산업 단지 내 위치한 건축물은 입자 큰 미세먼지의 저감을 억제할 수 있는 미디엄필터 등을 공기조화기에 사용할 수 있으며, 산업 단지가 아닌 북측에 위치하여 PM 2.5 초미세먼지의 영향을 많이 받는 건축물은 헤파필터의 적용까지 고려해볼 필요성이 있다. 헤파필터에 대한 세부 내용은 뒤에 자세히 기술하였다.

(4) 미세먼지 저감 대응방안

미세먼지는 광범위하게 발생하고 인간의 건강에 치명적인 위험성을 내포하고 있다는 사실을 확인할 수 있었다. 미세먼지 발생 저감을 위해서는 국가 및 지역 단위의 종합적인 대응책을 마련해야 한다. 2016년 5월 관계부처 장관회의를 통해 준비된 미세먼지 관리 특별대책을 살펴보면 수송, 발전·산업, 생활주변 등 우리 일상의 모든 배출원에 대해 대폭적인 감축 노력을 추진해야만 미세먼지 발생량 감축이 가능하다는 것을 알 수 있다.

관광서비스업을 영위하는 대형 건축물에서의 미세머지 저감 대응방안은 환경부에서 발표한 특별대책 방안에서 해결책을 찾을 수 있다. 앞서 기후변화의 전 지구적인 환경 문제 해결을 위해 에너지 사용 저감 방안도 도움이 될 것이다. 에너지원 변경을 통한 에너지 사용 패러다임 전환을 달성할 수 있는 신재생에너지태양광, 풍력 등도입, 에너지 사용량의 절감을 통해 온실가스 배출량을 감축시킬 수 있는 에너지경영시스템, 에너지관리시스템 등이 이에 해당된다.

에너지 사용 감축이 1차적으로 미세먼지 감축과는 직접적인 관련은 없다. 그러나 인체에 더 유해하게 작용하는 초미세먼지PM2.5 이하 발생과는 직·간접적으로 연계성이 있다. 초미세먼지는 황산화물, 암모니아, 휘발성 유기화합물 등의 전구물질에 기여하여 발생하게 된다. 따라서 대형 건축물에서의 에너지원 전환석탄 → 도시가스, 화석연료 → 신재생에너지은 결국 질소산화물NOX, 황산화물SOX 발생량을 감축하게 되며, 이는 결국 미세먼지 발생의 감축 효과를 가져올 것이다. 관광서비스업 대형 건축물에서 미세먼지 저감의 또 다른 방안으로는 차량 운행 개선이 있다. 국내 5성급 특급 호텔의 경우, 고객 편의를 위해 별도의 차량을 1년 365일 상시 운영하고 있다. 호텔에서 운영하는 차량을 친환경차로 전환하여 저감이 가능하다.

[표 1-4-25] 미세먼지 관리 특별대책 주요 내용

구분		특별대책
수송 (29%)	신차	• 경유차 질소산화물 인증기준 실도로 기준 도입
	운행차	• 조기폐차 사업 확대 – 2005년 이전 생산 차량을 2019년까지 조기폐차 완료 • 노후차 운행 제한 – 서울 부분 시행에서 수도권 전체 확대
	친환경차	• 친환경차 보급 목표 20% → 30% 확대 • 충전기 설치 목표 1,480기 → 3,000기 확대 • 수소차 충전소 100개소로 확대
	건설기계	• 건설기계에 대한 실도로 검사기준 도입
발전 · 산업 (55%)	석탄발전소	• 노후 석탄발전소 10기 폐기, 대체 연료 전환 • 신설 석탄발전소 배출허용기준 강화
	수도권사업장	• 수도권 사업장 대기오염총량제 대상 사업장 확대
	비수도권사업장	• 미세먼지 다량배출 사업장 배출허용기준 강화
생활 주변 (16%)	도로먼지	• 도로 먼지 청소차 보급 확대 • 도로 먼지 지도, 도로청소 가이드라인 등 제작 및 보급
	건설공사장	• 대형건설사 비산먼지 저감 및 자발적 협약
	고기구이	• 미세먼지 저감시설 설치 지원(2020년까지 510개소)

자료 : 환경부

2017년 1월 기준 국내에 등록된 친환경차 등록 현황은 아래 [표1-4-26]과 같다.

[표 1-4-26] 친환경차 등록 현황

구분	2012	2013	2014	2015	2016
전기차	860	1,464	2,775	5,712	10,855
수소차	–	–	–	29	87
하이브리드	75,003	103,580	137,522	174,620	233,216
소계(비율)	75,863(0.4%)	105,044(0.5%)	140,297(0.7%)	180,36(0.9%)	244,158(1.1%)
전체 대수	18,870,533	19,400,864	20,117,955	20,989,885	21,803,351

자료 : 국토교통부

우리 정부는 수송 부분에서의 미세먼지 저감 대책 방안으로 2020년까지 전체 신차 판매 대수 중 친환경자동차 비율을 30%까지 높이는 로드맵을 제시한 바 있다. 2016년 현재 1.1%의 비율을 30%까지 올리게 될 경우, 친환경자동차 대수는 총 150만 대에 이를 것이라 전망하고 있다. 관광서비스업을 영위하는 기업들은 정부의 시책에 맞추어 기존의 휘발유와 디젤을 사용하는 운송수단에서 친환경자동차로 전환해야하는 과제를 풀어야 한다. 친환경자동차 도입의 연료전환 사업은 온실가스 배출권의 할당 및 거래에 관한 법률에 의거 감축활동으로 인정받을 수 있다. 다만, 친환경차량 도입을 통해 에너지 및 온실가스 배출량 감축 효과를 분석할 때, 이에 대한 경제성 평가도 반드시 시행되어야 한다. 고객의 편의 증가를 위해 도입된 무료 차량이 오히려 과도한 비용을 수반할 경우, 기업의 매출 이익을 감소시킬 수 있기 때문이다. 따라서 대형 건축물에서 운송수단을 운영할 경우, 친환경 자동차에 해당하는 전기차, 수소차, 하이브리드 등의 장단점을 면밀히 비교하여 우선순위에 맞추어 도입 시기를 검토할 필요성이 있다.

대형 건축물은 운송수단의 미세먼지 저감 방안 이외에도, 실내의 쾌적한 공기질을 유지하기 위해 지속적 방안을 모색해야할 의무가 있고 실제로 이행 중에 있다. 정부 차원에서도 국내의 미세먼지로 인한 사회적 문제가 점차 심각해짐에 따라 실내로 유입되는 공기의 미세먼지를 저감시키기 위한 다양한 제도적 장치를 마련하고 있다. 대표적인 것으로, 2018년 1월부터 건축물 환기설비의 공기여과 성능을 강화하는 '건축물의 설비기준 등에 관한 규칙'을 개정하여 시행되고 있다. 개정된 내용의 핵심 사항은 실내 환기를 위해 환기설비 외부 유입부에 설치하는 공기여과기, 즉 필터의 성능 기준을 강화한 것이다. 미세먼지 차단율은 50%에서 60%로, 기계환기설비는 60%에서 80%로 수치를 높였다. 특히 주목해서 살펴볼 부분은 기계환기설비에 헤파필터와 같은 고성능 필터를 적용할 수 있도록 별도의 기준을 마련하였다는 것이다.

헤파필터의 HEPA는 High Efficiency Particulate Air의 약어로, 과거 원자력 연구가 시작된 초기에 연구원들의 건강에 위험을 끼칠 수 있는 방사성 미립자를 정화시키기 위해 개발되어 사용되었으나, 현대에는 의학 실험실과 상업시설 등 깨끗한 공기 환경이 필요로 하는 장소에서는 대부분 사용되고 있다. 헤파필터는 실험 결과 0.3㎍의 입자유해미생물 및 방사성 먼지 포함를 1회 통과시킬 경우, 99% 이상 제거시킬 수 있다. 헤파필터는 미세먼지 집진기, 이동식 흄 집진기의 3차 필터로 주요 사용된다. 다만 건축물의 공조기에 헤파필터를 적용시 온도제어는 문제없으나 공조량 저하로 인한 부하율이 증가하여 정상적인 환기보다 성능이 저하될 수 있다. 따라서 현장에서 헤파필터를 적용시 공조부하가 낮은 환절기 특성을 활용하여 테스트를 시행해볼 필요성이 있다. 공조기 내부에 장착할 헤파필터 위치와 헤파필터 종류별 그림은 아래와 같다.

미세먼지의 심각성으로 인해 야외활동은 점차 지양되고, 실내의 레저스포츠 및 여가가 더욱 권장되는 현대사회에서 건축물이 본연의 "쾌적하고, 안전한" 서비스를 제공하기 위해서는 1차, 2차 필터에 더불어 전열교환기에 헤파필터를 설치하여 외부공기의 미세먼지, 바이러스, 박테리아 등 유해오염물질 유입을 억제시킬 필요성이 있다.

[그림 1-4-51] 공조기 내부 헤파필터 적용 위치

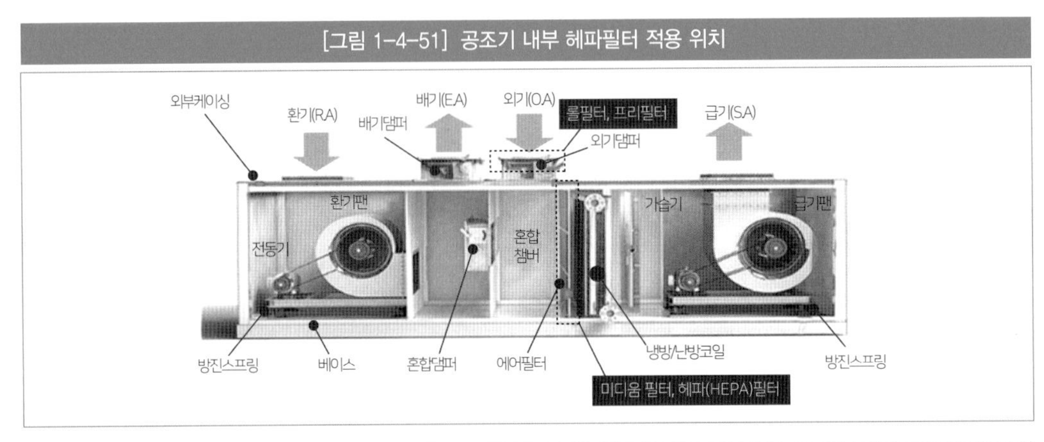

[그림 1-4-52] 헤파필터 종류

8. 환경친화적 서비스 도입

고객이 호텔을 선정하는 과정에서 환경친화적 서비스 요인은 상당히 중요하다. 앞으로도 이러한 추세는 계속될 것이 분명하다. 국내의 호텔들이 단순한 매출의 증가만을 고려하여 고객의 적정 수용기준을 준수하지 않거나, 비용 절감만을 위해 유해환경물질이 포함된 자재를 구매하게 될 경우, 에너지 비용 증가 및 환경오염물질 발생에 따라 고객들한테 부정적인 인식을 제공하게 된다.

호텔의 환경친화적인 서비스 도입은 대내외 이해관계자들과 고객으로부터 환경의식을 고양시키고, 이로 인해 긍정적인 시그널을 상호 교환하는 과정에서 지속적인 이윤 발생을 달성하는 전제 조건을 기본 원칙으로 삼고 추구해야 한다. 이러한 원칙을 달성하기 위해서는 환경 친화적 서비스를 제공함으로써 소요되는 비용을 검토하고, 호텔의 친환경 서비스 도입에 따른 기대효과를 환경적, 경제적, 사회적 관점에서 평가할 필요가 있다. 위 3가지 평가 항목 중에서 최우선적으로 평가되어야 할 가치는 경제적인 관점으로, 각각의 세부사항은 다음과 같다.

첫째, 경제적인 측면으로 에너지 비용 절감에 따른 순수비용 절감 차원에서 매출 증진의 효과가 있어야 한다. 에너지비용 절감과 더불어 운영비 절감, 그리고 사회적으로 존경받는 기업에 근로한다는 직원들의 만족도 의식을 고취함으로써 이미지 상승에 의한 수익 창출도 증진시킬 수 있어야 한다. 둘째, 환경적 측면으로, 지구 공동체의 보호 측면에서 수자원 사용 절감, 폐기물 발생량 저감 등의 가치 창출로 연결될 수 있어야 한다. 셋째, 사회적 측면으로는 호텔의 환경경영 활동에 동참함으로써 지역 사회의 문화적 유산의 가치를 높이고 더불어 성장하는 상생 협력을 이끌어낼 수 있어야 한다.

호텔이 친환경 경영 활동을 통해 긍정적인 기대효과를 창출하기 위해서는 위의 3가지 평가 항목 외에도 다각적인 측면에서 고려할 필요성이 있다. 우선적으로, 품질 관리 및 가격 경쟁 면에서 활용도를 살펴봐야 한다. 고객들이 투숙 호텔을 결정할 때 가격과 품질은 호텔을 선택하는 조건 중에서 가장 중요한 척도가 된다. 따라서, 호텔의 환경친화적인 서비스는 호텔에서 기본적으로 부과되는 서비스와 가격에 부합하는 수준에서 고려되어야 할 요소이다. 또한, 환경친화적 서비스를 어떠한 방법으로 고객에게 전달시킬지도 중요하다. 고객이 느끼는 호텔의 서비스 만족도 수준을 유지하면서 고객에서 정밀하면서도 세밀하게 친환경 경영이 홍보될 필요성이 있다.

대내외 연구 결과에 따르면 환경 관련 단체나 사내 교육 부서와 연계하여 직원들의 의식 수준을 향상시키고, 이를 TOP-Down형태로 고객에게 확대시키는 것이 가장 효과적인 방법에 해당한다. 아울러 호텔의 친환경 경영 활동을 지역 공동체와 연계하는 것이 필요하다. 호텔의 환경 보호 활동을 지역 주민들에게 홍보함으로써 호텔과 지역 단체간의 분쟁 및 오해의 소지를 줄일 수 있으며, 이는 상생협력 관계에 긍정적인 영향을 끼치게 된다. 또한 호텔 로비 및 영업장 등 장소의 특성과 디자인을 고려해서 실내 분수대 및 수족관을 설치하는 것도 환경친화적 서비스의 좋은 방안에 해당한다. 이러한 물을 이용한 시설물 제공은 습도 조절을 통한 친환경적인 서비스 뿐만 아니라, 여름철 에너지 절감의 절감 효과도 기대할 수 있다.

호텔고객에 제공 가능한 환경 친화적 서비스 개체 요인은 크게 3가지 항목에너지 관리, 폐기물 관리, 수자원 관리으로 구분할 수 있으며, 항목별 세부 내용은 아래의 [표 1-4-27]과 같다.

[표 1-4-27] 호텔 고객에 제공 가능한 환경친화적 서비스 개체 요인

항목	세부 내용
에너지 관리	• 외벽 입구 및 스위치 틈막이 절연체 설치 여부 • 객실문의 문풍지 및 코팅 여부 • 객실창 코킹처리 및 틈새 처리 여부 • 객실 내 에너지 단열을 위한 필름, 암막, 커튼 등 설치 여부 • 에너지 절약 관련 프로그램 운영 여부 등

항목	세부 내용
폐기물 관리	• 객실 내 소모품(샴푸 및 린스 등) 리필 여부 • 객실 내 소모품(샴푸 및 린스 등) 식물성 재료 사용 여부 • 객실에서 재활용 가능한 쓰레기통 사용 여부 • 객실 내 사용하는 문구류 재활용 가능 여부 등
수자원 관리	• 객실 내 물 절약을 위한 지침서 비치 여부 • 샤워기 물 수압 조절부 • 재활용 가능하고 미생물에 분해되는 세제류 사용 여부 • 고객 타월 재활용 선택할 수 있도록 권한 부여 등

9. 실내 공기질 관리

미세먼지와 더불어 다중이용시설에서 근로자와 주변 이해 관계자들의 건강 보전과 작업 능률 향상을 위해 필수적으로 검토하고 개선되어야 하는 항목으로 실내 공기질이 있다. 뉴스에서 백화점과 영화관 등의 다중이용시설에서 이산화탄소, 총부유세균, 총휘발성유기화합물이 기준치를 초과한다는 사실이 보도되고 있다. 이러한 오염원으로 인하여 대형 건물내에서 근무하는 사람들 중에 빌딩 증후군을 호소하는 사례가 증가된 연구 결과도 보고되고 있다. 미래의 친환경 건축물, 친환경 건축 환경으로 발전하기 위해서는 실내 공기질의 측정과 검사, 그리고 지속적인 개선이 필요한 부분이다.

실내 공기질의 측정항목은 실내 공기질 관리법에 근거하여 미세먼지PM10, PM2.5와 이산화탄소, 포름알데히드, 총부유세균, 일산화탄소, 이산화질소, 라돈, 휘발성유기화학물, 석면, 곰팡이로 규정하고 있으며, 오존의 경우 학교안에서의 공기의 질을 측정하는 경우만 해당하는 것으로 규정하고 있다. 실내 공기질은 유지기준과 권고기준으로 구분할 수 있으며, 유지기준은 미준수시 과태료 부과 및 개선 명령이 내려진다. 권고기준은 법적 제한 조건은 아니지만 건축물의 친환경 환경 조성을 위해서는 권고기준을 준수할 필요성이 있다.

[표 1-4-28] 실내 공기질 유지기준

<table>
<tr><th>오염물질 항목
다중이용시설</th><th>미세먼지
(PM-10)</th><th>이산화탄소
(ppm)</th><th>포름알데히드
(㎍/㎥)</th><th>총부유세균
(CFU/㎥)</th><th>일산화탄소
(ppm)</th></tr>
<tr><td>가. 지하역사, 지하도 상가, 철도역사의 대합실, 여객자동차터미널의 대합실, 항만시설 중 대합실,공항시설 중 여객터미널, 도서관 · 박물관 및 미술관, 대규모 점포, 장례식장, 영화상영관, 학원, 전시시설, 인터넷컴퓨터게임시설 제공의 영업시설, 목욕장의 영업시설</td><td>150 이하</td><td rowspan="3">1,000 이하</td><td>100 이하</td><td>–</td><td rowspan="2">10 이하</td></tr>
<tr><td>나. 의료기관, 산후조리원, 노인요양시설, 어린이집</td><td>100 이하</td><td>80 이하</td><td>800 이하</td></tr>
<tr><td>다. 실내주차장</td><td>200 이하</td><td>100 이하</td><td>–</td><td>25 이하</td></tr>
<tr><td>라. 실내 체육시설, 실내 공연장, 업무시설, 둘 이상의 용도에 사용되는 건축물</td><td>200 이하</td><td>–</td><td>–</td><td>–</td><td>–</td></tr>
</table>

자료 : 실내공기질 관리법

비고

1. 도서관, 영화상영관, 학원, 인터넷컴퓨터게임시설제공의 영업시설 중 자연환기가 불가능하여 자연환기설비 또는 기계환기설비를 이용하는 경우에는 이산화탄소의 기준을 1,500ppm으로 한다.
2. 실내 체육시설, 실내 공연장, 업무시설 또는 둘 이상의 용도에 사용되는 건축물로써 실내 미세먼지의 양이 200㎍/㎥에 근접하여 기준을 초과할 우려가 있는 경우에는 실내 공기질의 유지를 위하여 다음 각 항목의 실내공기정화시설(덕트) 및 설비를 교체 또는 청소하여야 한다.
   가. 공기정화기와 이에 연결된 급 · 배기관(급 · 배기구를 포함한다)
   나. 중앙집중식 냉 · 난방시설의 급 · 배기구
   다. 실내공기의 단순배기관
   라. 화장실용 배기관
   마. 조리용 배기관

실내 공기질 유지기준 및 권고기준은 아래의 표와 같다. 권고 기준은 2018년 개정되어 2017년 12월 31일까지 작용되는 기준과 2018년 1월 1일부터 적용되는 기준으로 나뉜다. 2018년부터 적용되는 권고기준에서는 기존의 석면과 오존이 제외되고, 초미세먼지PM2.5와 곰팡이가 추가되었다. 다만 기존의 건축물이 아닌 신축 건축물의 경우, 건축물의 설비기준 등에 관한 규칙 제11조에 의거, 신축 또는 리모델링 하는 100세대 이상의 공동주택, 100세대 이상의 주택을 포함한 동일 건축물은 시간당 0.5회 이상의 환기가 이루어질 수 있도록 자연환기설비 또는 기계환기설비를 설치해야만 한다.

[표 1-4-29] 실내 공기질 권고기준('17년 12월 31일까지 적용되는 기준)

<table>
<tr><th>오염물질 항목
다중이용시설</th><th>이산화질소
(ppm)</th><th>라돈
(Bq/㎥)</th><th>총휘발성 유기화합물(㎍/㎥)</th><th>석면
(개/cc)</th><th>오존
(ppm)</th></tr>
<tr><td>가. 지하역사, 지하도 상가, 철도역사의 대합실, 여객자동차 터미널의 대합실, 항만시설 중 대합실, 공항시설 중 여객터미널, 도서관 · 박물관 및 미술관, 대규모 점포, 장례식장, 영화상영관, 학원, 전시시설, 인터넷컴퓨터게임 시설제공의 영업시설, 목욕장의 영업시설</td><td rowspan="2">0.05 이하</td><td rowspan="3">148 이하</td><td>500 이하</td><td rowspan="3">0.01 이하</td><td rowspan="2">0.06 이하</td></tr>
<tr><td>나. 의료기관, 산후조리원, 노인요양시설, 어린이집</td><td>400 이하</td></tr>
<tr><td>다. 실내주차장</td><td>0.30 이하</td><td>1,000 이하</td><td>0.08 이하</td></tr>
</table>

<table>
<tr><th>오염물질 항목
다중이용시설</th><th>이산화질소
(ppm)</th><th>라돈
(Bq/㎥)</th><th>총휘발성 유기
화합물(㎛/㎥)</th><th>미세먼지
PM2.5(㎛/㎥)</th><th>곰팡이
(CFU/㎥)</th></tr>
<tr><td>가. 지하역사, 지하도 상가, 철도역사의 대합실, 여객자동차 터미널의 대합실, 항만시설 중 대합실, 공항시설 중 여객 터미널, 도서관·박물관 및 미술관, 대규모 점포, 장례식장, 영화상영관, 학원, 전시시설, 인터넷컴퓨터게임시설 제공의 영업시설, 목욕장의 영업시설</td><td rowspan="2">0.05 이하</td><td rowspan="3">148 이하</td><td>500 이하</td><td></td><td></td></tr>
<tr><td>나. 의료기관, 산후조리원, 노인요양시설, 어린이집</td><td>400 이하</td><td>70 이하</td><td>500 이하</td></tr>
<tr><td>다. 실내주차장</td><td>0.30 이하</td><td>1,000 이하</td><td></td><td></td></tr>
</table>

실내 공기질 관리의무 적용대상 신축공동주택은 아래 [표 1-4-30]과 같다.

[표 1-4-30] 실내 공기질 관리의무 적용대상 신축공동주택

<table>
<tr><th>구분</th><th>적용대상</th><th>규모</th></tr>
<tr><td>아파트</td><td>주택으로 쓰는 층수(지하층의 층수는 제외함)가 5개층 이상인 주택(「건축법 시행령」 별표 1 제2호 가목)</td><td rowspan="3">100세대 이상</td></tr>
<tr><td>연립주택</td><td>주택으로 쓰는 1개 동의 바닥면적(2개 이상의 동을 지하주차장으로 연결하는 경우에는 각각의 동으로 봄) 합계가 660㎡를 초과하고, 지하층을 제외한 층수가 4개층 이하인 주택(「건축법 시행령」 별표 1 제2호 나목)</td></tr>
<tr><td>기숙사</td><td>학교 또는 공장 등의 학생 또는 종업원 등을 위하여 쓰는 것으로써 1개 동의 공동취사시설 이용 세대 수가 전체의 50% 이상인 것을 말하며, 「교육기본법」 제27조 제2항에 따른 학생복지주택을 포함(「건축법 시행령」 별표 1 제2호 라목)</td></tr>
</table>

신축 공동주택의 실내공기 측정물질 및 권고기준은 다음과 같다. 포름알데히드 210㎍/㎥ 이하, 벤젠 30㎍/㎥, 톨루엔 1,000㎍/㎥, 에틸벤젠 360㎍/㎥, 자일렌 700㎍/㎥, 스틸렌 300㎍/㎥ 이하를 유지하여야 한다.

실내 공기질 법적 사항을 준수하고, 권고 기준을 충족시키기 위해서는 친환경 자재의 사용과 베이크 아웃Bake out을 통한 환기시스템을 도입하는 것이 필요하다. 베이크 아웃은 실내의 온도를 높여 유해오염물질인 휘발성 유기화합물과 포름알데하이드 등의 배출을 일시적으로 증가시킨 후, 환기시키는 방법이다. 베이크 아웃을 통해 최대의 효과를 달성하기 위해서는 우선 바깥으로 통하는 문과 창문을 모두 닫는 것이 필요하다. 그리고 오염물질이 많이 나올 수 있는 실내의 수납가구의 문과 서랍장을 전부 개방한 후, 실내 온도를 35~40℃로 올려 6~10시간을 유지하도록 한다. 그 다음 문과 창문을 모두 열어 1~2시간 정도 환기시킨다. 이러한 난방과 환기를 3~5번 정도 반복하게 되면 실내의 오염물질이 현저하게 줄어들게 된다.

베이크 아웃을 적용한 신축학교 실내 공기질 개선효과 연구 결과자료 : 실내환경 및 냄새 학회지 제13권 제4호에 따르면 실내 유기화합물이 고농도일 경우에는 환기, 베이크 아웃의 제거 효율이 우수하였고, 저농도의 경우에는 베이크 아웃을 통한 제거효율이 우수하다는 것을 확인하였다총휘발성유기화합물 유지기준을 초과하는 11개 학교를 대상으로, 환기 전후의 측정농도와 밀폐된 공간에서 실내온도 30℃~40℃ 이상으로 8시간 가열 후 2~4시간 동안 전체 환기를 2달 동안 약 1주 간격으로 총 5회에 걸쳐 베이크아웃을 실시한 후 총휘발성유기화합물 농도 비교. 이러한 연구 결과를 활용하여 해당 다중이용시설의 실내 공기질을 측정하고, 고농도 및 저농도에 맞추어 세부 대응방안을 수립할 필요성이 있다.

10. 소음 관리

2018년 10월 대전지법 제12형사부는 살인 등의 혐의로 기소된 A씨에게 징역 25년형을 선고하였다. 사고의 주된 원인은 아랫집에 사는 집주인이 층간 소음 때문에 윗집에 사는 자신을 따라다니면서 천장을 툭툭치며 보복을 하고, 자신을 감시한다고 생각해 범행을 저질렀다는 것이다. 이처럼 층간소음으로 인한 주민들의 마찰이 사고까지 이어지는 사회 속에서 건축물이 친환경 건축물로 가치를 높이고, 쾌적한 숙박 환경을 조성하기 위해서는 소음에 대한 지속적인 관리 및 개선의 목소리가 높아지고 있다.

소음의 사전적 정의는 "시끄러워 불쾌함을 느끼게 만드는 소리"이다. 그러나 소음은 개인의 주관적인 감각에 의한 것으로, 어떤 사람에게는 좋은 소리로 들리더라도 다른 사람에게는 소음이 될 수 있다. 일반적으로 커다란 소리, 불협화음, 높은 주파수의 음 등이 소음으로 분류될 수 있지만 구체적으로 어떤 것을 소음으로 느끼느냐 하는 것은 개인의 심리 상태에 따라서 다르다. 과거의 소음은 주로 자동차, 철도, 비행기 등 교통의 수단이나 공장에서 발생하는 기계음 등이 대표적인 소음으로 분류되었으나, 근대에는 공동주택시설 보급이 활성화됨에 따라, 가정에서 사용하는 가전장비 및 가구들에서 생활소음이 더 큰 문제로 야기되고 있다.

소음의 측정단위는 'dB' 데시벨의 단위를 사용한다. 0dB를 기준으로 10dB씩 증가하는 경우 소리의 세기는 10배씩 강해지는 것으로 볼 수 있다. 20dB의 소리는 10dB의 소리보다 2배가 아니라, 10배가 강한 소리로 볼 수 있다. 우리가 일상생활에서 느끼는 소음의 세기는 다음의 [그림 1-4-53]과 같다. 그렇다면 소음이 인체에 미치는 영향은 어느 정도일 것인가? 연구결과에 따르면 소음이 인체

[그림 1-4-53] 일상생활에서 느끼는 소음의 세기

120 dB	> 전투기의 이착륙 소음
110 dB	> 자동차의 경적 소음
100 dB	> 열차통과 시 철도변 소음
90 dB	> 소음이 심한 공장 안 > 큰소리의 독창
80 dB	> 지하철의 차내소음
70 dB	> 전화벨(0.5m) > 시끄러운 사무실
60 dB	> 조용한 승용차 > 보통 회화
50 dB	> 조용한 사무실
40 dB	> 도서관 > 주간의 조용한 주택
30 dB	> 심야의 교외 > 속삭이는 소리
20 dB	> 시계 초침 > 나뭇잎 부딪치는 소리

자료 : 이웃사이센터

에 미치는 영향은 아래의 표처럼 단계별로 영향을 미칠 수 있다.

소음은 '소음 진동관리법' 제21조에 따라 관할지자체는 주민의 정온한 생활환경을 위해 공사장 소음에 대하여 피해 시간대별로 소음기준을 달리 적용하여 주간 시간에 비해 야간 시대에 소음 기준을 15~20dB 이상 강화하여 규제하고 있다. 시간대별로 소음 관리 기준은 AM 05 : 00~AM 07 : 00 60dB 이하, AM 07 : 00~PM 06 : 00 65dB 이하, PM 06 : 00~PM 10 : 00 60dB 이하, PM 10 : 00~AM 05 : 00 50dB 이하로 규정하고 있다. 연도별 공사장 소음 민원 추이를 보면 2013년 857건, 2014년 1,053건, 2015년 1,150건으로 매년 증가 추세이며, 시간대별 소음 관리 기준

[표 1-4-31] 소음이 인체에 미치는 영향

소음크기	음원의 예	소음의 영향	비고
20	나뭇잎 부딪히는 소리	쾌적	
30	조용한 농촌, 심야의 교회	수면에 거의 영향 없음	
35	조용한 공원	수면에 거의 영향 없음	WHO 침실 기준
40	조용한 주택의 거실	수면깊이 낮아짐	
50	조용한 사무실	호흡, 맥박수 증가	환경기준 설정선(주간)
60	보통의 대화소리, 백화점내 소음	수면장애 시각	
70	전화벨 소리, 거리	TV 및 라디오 청취방해	공사장 규제 기준
	시끄러운 사무실	정신집중력 저하, 말초혈관 자극	
80	철로변 및 지하철 소음	청력장애 시각	작업장 내 기준
90	소음이 심한 공장안	난청증상 시작	
100	경적소리	작업량 저하, 단시간 노출시 일시적 난청	

자료 : 이웃사이센터

비고

위 사례는 일반적인 상황이며, 소음에 의한 영향은 개인적인 특성에 따라 달라질 수 있음.

을 초과할 경우 관할 지자체에 신고할 수 있게 되어 있다. 최근에는 공사장 및 현장에서의 소음 문제뿐만 아니라, 공동주택시설의 층간 소음이 사회적으로 이슈화되어 이를 규제할 수 있는 법적 근거가 마련되어 있다. 국토교통부와 환경부는 2014년 4월 아파트나 연립주택, 다세대 등 공동주택에서 지켜야 할 생활소음의 최저기준을 담은 '공동주택 층간소음에 관한 규칙'을 제정하고, 2014년 5월부터 시행하고 있다. 규칙을 살펴보면 소음을 층간소음과 공기전달 소음 두 가지로 규정하였다. 층간소음은 아이들이 뛰는 행위 등으로 벽이나 바닥에 직접 충격을 가해 발생하는 직접충격소음에 해당하며, 공기전달소음은 텔레비전이나 오디오, 피아노 등 악기 등에서 발생해 공기를 타고 전파되는 소음에 해당한다.

여기서 주의깊게 살펴보아야 할 사항은 위·아래층 가구에서 발생하는 소음뿐만 아니라 옆집에서 발생하는 소음도 층간소음으로 정의하고 있다는 것이다. 다만, 욕실 등에서 물을 틀거나 내려보낼 때 나는 급배수 소음은 층간소음에서 제외하고, 옆집에서 발생하는 소음은 층간소음으로 규정하여 관리한다는 것이다. '공동주택 층간소음에 관한 규칙'에서는 직접충격소음과 공기전달소음에 대해서 다른 기준치를 적용하였다. 직접충격소음의 경우 '1분 등가소음도Leq'는 주간 43dB, 야간 38dB, '최고소음도Lmax'는 주간 57dB, 야간 52dB로 정해졌다. 1분 등가소음도는 쉽게 말해 소음측정기를 들고 1분간 측정한 소음의 평균치에 해당된다. 최고소음도는 측정 기간 발생한 소음 중 가장 높은 소음을 의미한다. 공기전달소음은 5분 등가소음도가 주간 45dB 야간 40dB를 넘지 않아야 한다. 공기전달소음에 5분간 발생한 소음의 평균치를 측정하도록 한 것은 텔레비전 소음이나 악기 연주음이 긴 시간 동안 지속되는 특성을 반영한 것이다.

[표 1-4-32] 층간소음의 기준

구분		층간소음의 기준(dB)	
		주간 (06 : 00~22 : 00)	야간 (22 : 00~06 : 00)
직접충격소음	1분 등가소음도	43	38
	최고소음도	57	52
공기전달소음	5분간 등가소음도	45	40

자료 : 공동주택 층간소음에 관한 규칙

11. 수자원 관리

UN국제인구행동연구소PAI : Population Action International는 스웨덴의 수문학자인 포켄마르크의 연구결과를 활용하여 '국민 1인당 확보된 연간 담수량' 지표를 통해 물 스트레스 분류 기준에 따라 물 기근 국가, 물 부족국가, 물 풍요국가로 구분하였다. 우리나라는 이 지수에 따라 물 부족 국가에 속해 있다.

[표 1-4-33] 물 스트레스 분류 기준에 따른 국가별 분류

구분	물 기근 국가	물 부족 국가	물 풍요 국가
기준	국민 1인당 활용 가능량 매년 1,000㎥ 미만	국민 1인당 활용 가능량 매년 1,700㎥ 미만	국민 1인당 활용 가능량 매년 1,700㎥ 이상
설명	만성적인 물부족을 경험하며, 그 결과 국민복지, 보건이 저해 당하는 국가	주기적인 물 스트레스를 경험하는 국가	지역적 또는 특수한 물 문제를 경험하는 국가
해당국가	쿠웨이트, 사우디아라비아, 소말리아, 싱가포르, 이스라엘 등	리비아, 폴란드, 대한민국	전 세계 약 120개국

자료 : PAI 연구 결과

스트레스 지수 외에도 수자원의 양, 수자원 배분의 공평성, 수자원 이용 능력, 수자원 이용의 효율성, 물 환경 건전성의 5가지 항목에 각각 점수를 매겨 수자원 실태를 평가하는 지표가 있다. 이 지표는 물 빈곤지수WPI : Water Poverty Index라 하여, UN 산하 23개국 담수관련 기관이 참여해 구성한 UN 세계 물 평가계획 2003년 세계의 물 포럼에서 "민중을 위한 물, 생명을 위한 물Water for people, Water for life"이라는 보고서에서 제시한 지수이다. 대한민국은 물 빈곤지수 62.4점으로 평가 대상 147개 국가중에서 43번째, 29개 OECD국가 중에서는 20위로 개발도상국 보다는 양호하나 선진국에 비해서는 물 관리가 절실한 실정이다.

건축물은 대표적인 수자원 다소비 사용처에 해당한다. 특히 다수의 이용객들이 수자원을 비용 없이 사용함에 따라 수요자 측면의 절감을 위한 제도적 방안 구축이 어려운 것이 현실이다. 따라서 건축물 내의 수자원 사용을 절감하기 위해서는 중수 생산과 빗물 활용이 좋은 대안이 될 것이다.

[그림 1-4-54] 물 빈곤지수 국가별 비교

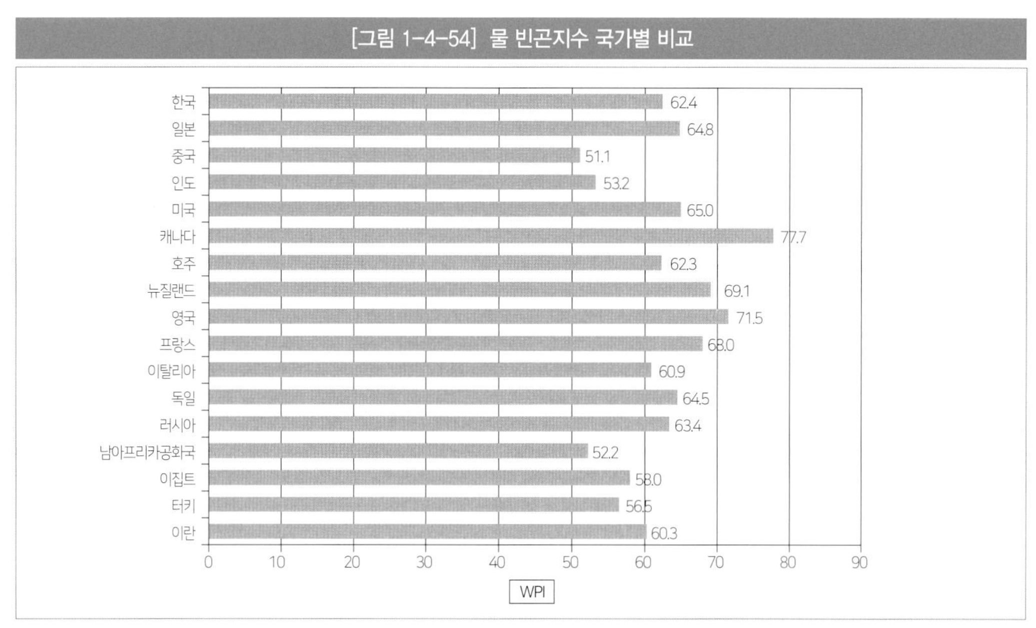

자료 : 국토해양부 수자원장기종합계획

(1) 중수 생산 및 활용 방안

우리나라 중수도 시설에 대한 기술적인 검토는 1980년대부터 연구가 활발히 진행되어, 1990년대 초부터 중수도 시설 보급이 활성화 되고 있다. 중수도의 사전적 정의는 "한번 사용한 물을 어떠한 형태로든 한번 혹은 반복적으로 사용하는 물을 중수라하고 중수도는 이를 위한 시설"을 의미한다. 즉, 중수도는 용수로 공급되어 사용되어지는 많은 용도의 물 중에 음용수를 제외한 나머지 물을 뜻하며, 그 수질 기준에 맞는 물을 공급하는 시설을 포함하고 있다. 중수도는 공동주택, 상업용 건물, 하천 및 농업용수, 공장 등 다양한 곳에서 사용하게 되며, 상업용 건물에서는 수세식화장실세정수, 냉각수, 청소용수, 소화용수, 조경용수로 사용 가능하다.

중수도는 순환방식에 따라 개방계와 폐쇄계로 구분 가능하며, 개방순환방식은 하수를 처리하여 하천 등에 방류한 후 하류에서 취수하여 재이용하거나 처리수를 지표에 살표 혹은 침투시킨 후 재이용하는 것에 해당한다. 폐순환방식은 개별순환방식, 지구순환방식, 광역순환 방식으로 구분이 되며, 폐순환방식은 폐수 등을 처리한 후 직접 중수로 이용하는 것이다.

기존 건축물의 중수 활용 방안은 대부분 폐순환 방식에 해당한다. 개별순환방식은 건물에서 발생하는 배수를 자가 처리하여 중수도 용수로 순환이용하는 것을 뜻하며, 지구순환방식은 대규모 주택단지와 시가지 재개발지역 등에 있어서 사업자와 건축물 등의 소유자가 공동으로 중수도를 운영하고 해당 건축물 등에 있어서 중수도의 수요에 따라 급수하는 방식에 해당한다. 광역순환 방식은 지역순환방식의 확대된 개념이다. 개별 순환 방식의 진행 플로우는 아래 [그림 1-4-55]와 같다.

[그림 1-4-55] 개별순환방식 진행 플로우

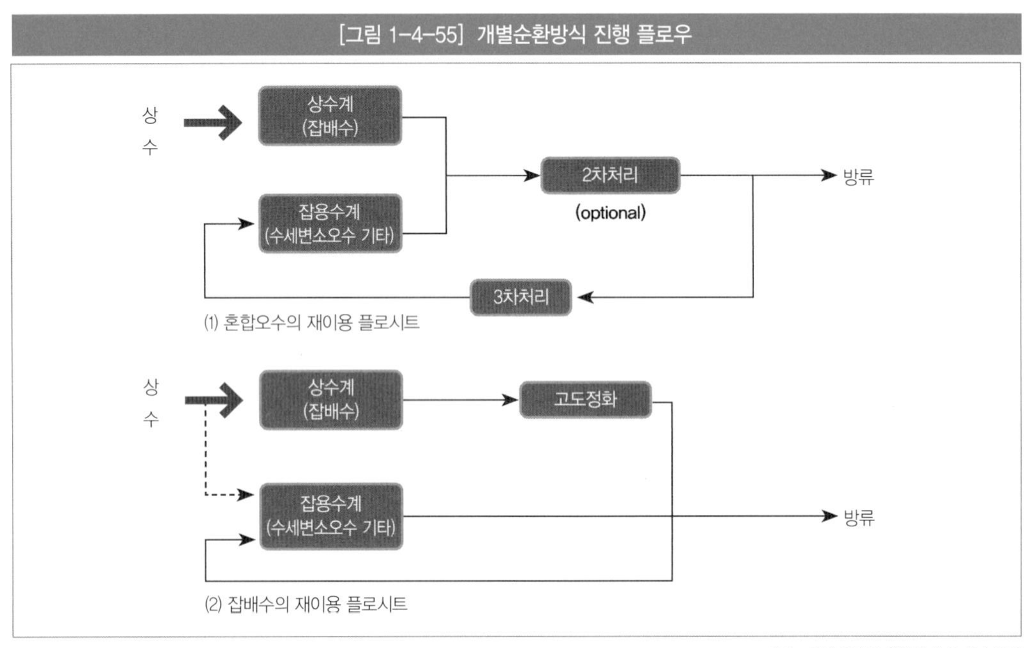

자료 : 국내 중수도 현황과 운영 실태 분석

서울 및 경기 지역의 공공건물이나 빌딩 등의 중수도 시설용량을 분석해보면 제조업을 제외한 건축물의 경우, 500㎥/일 이하가 대부분인 것으로 확인되었다. 사용처가 화장실 세정수와 하수에 한정되어 있기 때문에 일정 규모의 중수도 시설을 공급하기 어려운 데에 그 원인이 있다. 따라서 공급 측면에서의 증가가 어려움에 따라 효율을 통해 중수 생산을 늘릴 필요성이 있다. 중수의 효율을 늘리기 위해서는 중수도의 원수 종류별로 각각 다른 처리 방식을 적용해야 된다.

원수는 가정 오수, 오배수, 냉동 및 냉각배수, 우수, 지하수 등 다양하다. 중수도의 처리 방식은 상, 하수의 처리 방식과 유사하다. 처리 방식은 물리적 처리, 화학적 처리, 생물학적 처리로 구분하며, 물리적 처리를 1차 처리, 생물학적 처리를 2차, 그리고 그 이상의 처리를 3차 이상의 고차처리로 구분한다.

중수도 원수의 경우, 보통 유기물을 다량 함유하고 있는 생활계 배수이다. 원수는 색, 냄새 등에 따라 적절한 처리 시설이 필요하며, 특히 상수와 비교해보면 부식, 스케일 등으로 인해 장해를 일으키는 요소가 많으므로 적절한 처리시설, 송배수시설 구조, 재질 등을 도입해야 한다.

[표 1-4-34] 중수도 설계용량별 분류

단위 : m^3/일

업종 \ 용량	100 이하	500 이하	1,000 이하	2,000 이하	5,000 이하	10,000 이하	10,000 초과
공장	2	6	4	5	5	6	8
병원		1					
백화점		8		2			
레저	2	1		1	4	1	
호텔	1	3	1	1			
공공건물 · 빌딩	3	11	2	2	1		
교통(항공)		1	1				1
계	8	31	8	11	9	7	9

자료 : 국내 중수도 현황과 운영 실태 분석

(2) 빗물 이용시설 활용 방안

우리나라의 강수량은 연평균 1,283mm로 세계 평균 973mm의 1.3배에 해당하지만 이용량은 선진국에 비해 40% 수준에 그치고 있다. 빗물을 모아서 재사용하여 하는 것만으로도 이용량을 높일 수 있는 좋은 대안이다. 일례로, 제주도 서귀포 경기장의 경우, 빗물 이용시설을 설치하여 운영하고 있다. 저장된 빗물은 조경 용수 및 화장실 용수로 사용되어 활용함으로써 2003년 연간 18,985㎥의 수돗물을 절감시키고 있다일단위 778㎥. 절감량에 수도 단가를 적용하면 연간 2천만 원의 비용을 감축시키는 효과도 거두고 있다. 빗물 이용시설은 다음의 몇 가지 기준을 충족시켜야 한다.

- 지붕에 떨어지는 빗물을 모을 수 있는 집수시설
- 비가 내리기 시작한 후 처음 내린 빗물을 배제할 수 있는 시설이거나 빗물에 섞여있는 이물질을 제거할 수 있는 여과장치 등 처리시설
- 처리시설에서 처리된 빗물을 일정기간 저장할 수 있는 빗물저류조로써 다음 항목의 요건을 갖춘 곳
  ① 제곱미터 단위로 표시한 지붕면적에 0.05m를 곱한 규모 이상의 용량
  ② 물의 증발이나 이물질이 섞이지 않도록 되어 있어야 하며 햇빛을 차단할 수 있는 구조
  ③ 내부 청소에 적합한 구조
- 처리한 빗물을 화장실 등 빗물을 사용하는 곳으로 운반할 수 있는 펌프, 송수관, 배수관 등 송·배수시설

건축물의 경우, 제한적인 건축 연면적에 따라 빗물 이용 저장시설을 설치하는데 다양한 제약 조건이 있다. 최근에는 빗물 이용 저장시설을 건축의 외관 디자인과 연계하여 용수사용량을 저장함과 동시에 건축물의 가치를 높이고 있다.

물 빈곤지수 60.3점을 차지한 이란은 강수량이 증발량의 30%에 못미침에 따라, 물 부족으로 인한 에너지 효율성이 떨어지는 국가다. 새로운 방식의 빗물 저장 방식을 검토하던 중, 테헤란에 위치한 BM Design사는 하우스 건축과 빗물저장시스템을 결합한 신선한 건축 디자인 방식을 고안하였다. 거대한 깔대기 모양의 구조물이 지붕을 구축하는 형태로 설계를 하여 빗물이 본 깔대기를 통해 모이게 되면 냉각 저수조에 저장한 후, 냉방에 이용하는 방식이다. BM Design사에 따르면 이러한 집수 방식을 활용한 결과 에너지 효율성도 60% 이상 증가했다고 한다.

[그림 1-4-56] 빗물 이용저장시설 활용 건축물 디자인

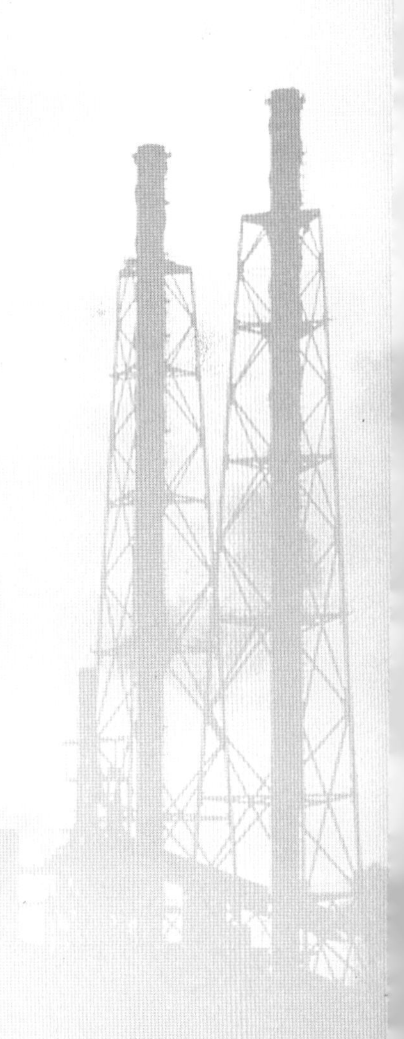

건 · 축 · 물 · 환 · 경 · 안 · 전 · 관 · 리

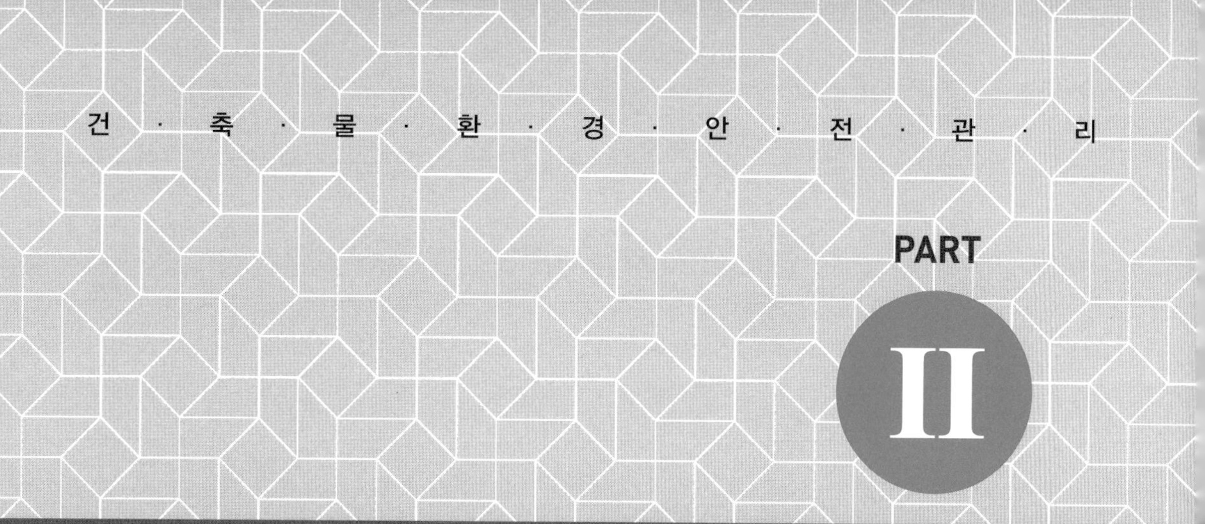

건축물 안전 관리

제 1 장

건축물 안전관리의 이해

안전관리란 재해나 갑작스런 사고가 발생하지 않도록 미연에 방지하거나 또는 안전한 상태를 유지하기 위한 대비 체계나 활동을 의미한다. 다시 말해 재해로부터 인간의 생명과 재산을 보호하여 안락한 삶을 영위하도록 돕는 행위다. 안전관리의 정확한 의의와 필요성에 대해 인지하고, 사고 발생 후 대처방법에 대한 훈련이 체계적으로 이뤄져야 한다.

1. 안전관리의 의의

(1) 건축물의 안전관리 개념

건축물의 안전관리는 내·외부시설을 포함한 건물과 그 이용자 및 관리자의 생명과 재산에 대한 안전까지 책임지는 것을 의미한다. 건축물 중에서도 고객 만족을 최우선으로 하는 호텔은 경영 및 시설에 관련된 모든 인적·물적 안전을 보장하고 인위적 재난이나 자연적 재해 그리고 범죄의 위험성에 대해서도 사전에 대비, 예방하여 피해를 최소화하는 안전 관리가 필요하다.

사고의 약 50%는 사전에 예방할 수 있는 형태라는 것이 통계로 밝혀지고 있다. 1931년 미국 트래블러스 보험회사Travelers Insurance Company의 엔지니어링, 손실통제 부서에 일했던 허버트 윌리엄 하인리히Herbert William Heinrich는 「산업재해 예방과 과학적 접근」이란 책을 출간했다. 업무 성격상 수많은 사고의 통계를 접했던 하인리히는 산업재해 사례의 조사, 분석을 통해서 사고발생의 통계적 법칙을 발견했다. 산업재해가 발생하여 중상자 1명이 나오면 그 전에 같은 원인으로 발생한 경상자는 29명, 같은 원인으로 부상을 당할 뻔한 잠재적 부상자는 300명이 존재했었다는 사실을 알아낸 것이다. 즉, 큰 재해와 작은 재해 그리고 사소한 사고의 발생 비율이 1 : 29 : 300이라는 것을 하인리히법칙1 : 29 : 300 법칙이라고 한다. 이렇듯 큰 사고는 우연히 또는 어느 순간 갑작스럽게 발생하는 게 아니다. 경미한 사고들이 반복되는 과정 속에서 큰 사고가 발생함을 실증적으로 밝힌 것으로, 대형 안전사고가 일어나기 이전에 일정 기간 동안 여러 번의 경고성 징후와 전조들이 있었다는 사실을 입증했다. 다시 말하면 대형 안전사고는 평소에 사소한 것들을 방치할 때에 발생한다. 사소한 문제가 발생했을 때 그 원인을 정확하게 파악하고 잘못된 점을 신속하게 시정하면 이러한 대형사고나 재해를 미리 예방할 수가 있다. 건물 관리자들은 건물의 여러 부문별로 그 위험의 결과가 미칠 영향을 고려하여 대비책과 대처 방안을 체계적으로 마련해야 한다.

(2) 안전관리의 대상과 필요성

안전관리의 대상은 건물 그 자체와 시설 및 설비, 그리고 무엇보다 이용자와 관리자들의 안전이다. 특히 호텔은 고정자산인 건물과 시설을 비롯하여 고객의 생명과 재산 그리고 종업원의 생명과 재산 등이 포함된다. 한마디로 인적 및 물적인 모든 것이 안전관리의 대상에 포함된다.

안전관리는 곧 건물주나 호텔 재산의 유지 및 발전에 중요한 요인으로 작용하기도 한다. 예기치 않은 안전사고로 기업이미지가 손상을 입는 것은 물론 한 순간에 모든 것을 잃기도 한다. 안전에 대한 관리는 기업 운영에 있어 필수적으로 수반되는 준수 규정이자 실천사항이다. 천재지변을 제외한 사건 사고는 안전부주의에서 비롯됨을 우리는 주변에서 자주 볼 수 있다.

안전관리는 말 그대로 안전할 때 사전에 관리한다는 것을 의미한다. 안전관리는 곧 경영목표를 달성하기 위한 전제조건이며 운영에 있어 기본 사항이기도 하다. 그러므로 안전사고에 대비해 과학적·합리적·계획적으로 준비되고 이행되어야 한다.

2. 안전관리의 범주

안전관리의 범주는 인적 물적 대상과 연관된 모든 것과 지진이나 홍수, 천둥 번개 등의 자연재해를 비롯하여 전쟁이나 테러 등의 인위적 재해까지 포함된다. 이는 곧 하루 24시간 건물 안팎에서 관리 행위가 이루어져야 함을 의미한다.

안전관리는 사고가 발생하는 것을 사전에 방지하는 예방 방안과 사고가 발생한 후의 대응방안으로 나눌 수 있다. 예방 방안에는 기존 건축물, 즉 지속적으로 운전되고 있는 시설물에 대한 운영적인 측면에서의 시설물 점검과 공사현장에서의 사고 예방을 위한 안전 점검이 있다. 시설물의 주요 점검 사항은 소방시설, 전기시설, 건축시설, 위험물관리 그리고 산업안전보건법 및 기타 현장 점검 등이 있는데 각각의 시설물 특성에 따라 점검 중점 사항은 제각각 다르다.

대응방안은 자연적 재해와 인위적 사고를 포함한 재난이 발생했을 때 인적 물적 피해를 최소화하기 위한 행동 요령으로, 개인은 물론 거시적인 관점에서 건축물의 서비스를 이용하는 모든 이해관계자들이 숙지하고 실천해야 할 사항이다. 화재, 지진, 테러 및 기타 재난 사고풍수해 등에 대비하여 정기적으로 반복 훈련이 수반되어야 한다. 재난 대응 체계는 행동 요령을 문서화하여 하나의 체계를 구축한 것으로 경감 대책, 준비 계획단계, 대응 단계, 복구 단계로 진행된다. 재난 발생은 대응방안과 함께 인명 피해를 방지할 수 있는 피난 대피 방안에서도 충분한 교육과 학습이 필요하다.

끝으로, 안전사고 발생 예방 및 대응방안과 더불어 안전보건경영시스템 및 위험성 평가, 그리고 안전관리 전산 시스템 등 안전관리 선진화 방안에 대해서도 명확히 숙지하여 건축물의 서비스를 이용하는 모든 이용객이 쾌적하고 안전한 서비스를 이용할 수 있도록 해야 한다.

3. 안전사고 발생 사례

안전사고 발생을 예방하기 위한 주요 위험과 방지 대책, 근로자의 쾌적한 근로 환경을 보장하기 위한 산업안전 및 재난 사고 발생시 대응방안 등은 모두 건축물의 안전관리를 강화하고 지속적인 안전경영을 실현하기 위한 필수적인 사항이다. 안전관련 점검 및 예방의 구체적인 방안에 대해 상세히 명시하기 앞서 최근 5년 동안 대형 건축물에서 발생한 화재 사고에 대해서 살펴보는 것도 큰 도움이 될 것이다.

건축물에서 발생한 사고사례를 살펴보면 3가지의 공통 사항을 발견할 수 있다. 첫째, 다중이용시설의 경우, 사고 발생시 다수의 인명피해를 야기한다는 사실과 둘째, 건축물 시공 및 관리 단계에서 사람들의 안전 의식 수준이 미흡하며, 마지막으로 안전사고 발생을 예방을 위한 현장 점검이 미흡하다는 사실이다. 안전점검 대책으로 주방 후드 유지분 제거, 드라이비트 공법 금지, 화재경보기 및 스프링클러 작동 상태의 주기적인 점검을 실시하여야 한다.

안전사고와 산업재해 발생 현황을 살펴보는 것 또한 주요위험과 방지대책을 이해하는데 선행되어야 함에 따라 일부 내용을 포함하였다. 2018년 산업재해로 인한 사고사망만인율은 0.51‱로 2017년 0.52‱보다 아주 소폭 감소한 것을 확인할 수 있었다. 여기서 사고사망만인율은 노동자 1만명당 산재로 인한 사고사망자를 뜻하며, ‱ 기호는 퍼밀리아드, 만분율을 뜻한다. 사고사망만인율을 업종별로 비교하면 건설업이 1.65‱로, 제조업 0.52‱와 기타 0.24‱에 비해 월등히 높은 것을 확인할 수 있다. 최근 5개년도 이상 업종별 사고사망만인율 발생 추이는 [그림 2-1-2]를 참조하면 된다.

[그림 2-1-1] 안전사고 발생 사례

고양종합터미널 화재(2014.05.26)

경기도 고양시 고양종합터미널 창고에서 화재 발생. 용접 작업 중 튄 불꽃이 건축자재 등에 옮겨 붙으면서 발생. 사망 8명, 부상 45명 발생

의정부 아파트 화재(2015.01.10)

의정부 대봉그린아파트 외벽 드라이비트 틈새에 주차된 오토바이 배선합선 실화로 화재가 발생. 사망 5명, 부상 125명 발생

제천 스포츠센터 화재(2017.12.21)

1층 주차장의 배관에 열선을 설치하는 작업을 하던 도중 천장 구조물에 불이 옮겨 붙었고 차량으로 연소가 확대되어 목욕탕 등 화재가 확산. 사망 29명, 부상 37명 발생

밀양 세종병원 화재(2018.01.26)

경상남도 밀양시 중앙로114에 있는 세종병원 1층 응급실 옆 직원 탈의실에서 화재 발생. 사망 46명, 부상 109명 발생

신촌 세브란스 병원 화재(2018.02.03)

피자가게 화덕에서 발생한 불씨가 화덕과 연결된 환기구(덕트) 내부로 유입돼 기름 찌꺼기 등에 불이 붙은 뒤 확산해 약 60m 떨어진 본관 3층 연결통로 천장 등에 발화. 인명피해 없음

그랜드 백화점 화재(2018.05.29)

경기도 고양시 일산서구 주엽동 그랜드백화점 화재가 발생하여 8층 기계실에서 10층 영화관 등으로 번지며, 전기배선시설 화재 추정. 인명피해 없음

[그림 2-1-2] 과거 5개년도 이상 업종별 사고사망만인율 추이 ‱

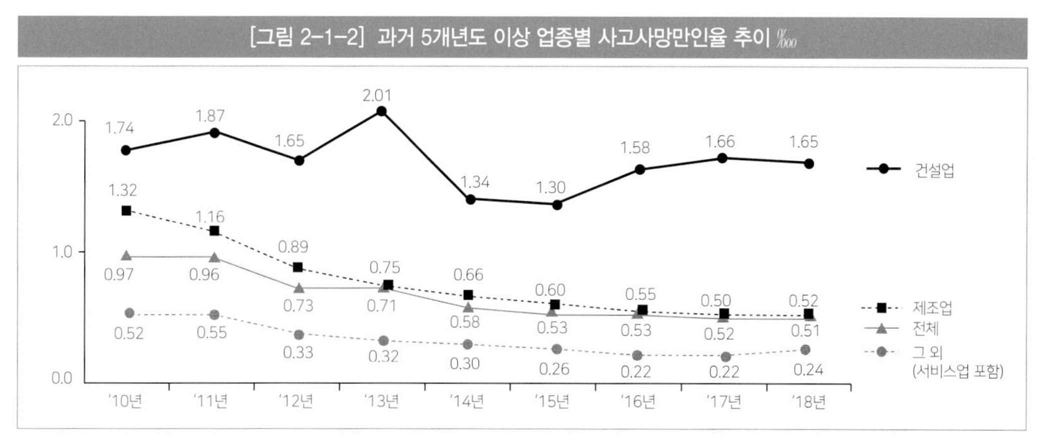

자료 출처 : 고용노동부

사고로 인한 사망자 수는 2017년 964명에서 2018년 971명 조금 증가하였으며, 건설업 485명, 제조업 217명, 서비스업이 154명이 해당한다. 조금 놀라운 사실은 전체 사망자 수에서 건설업이 가장 높으며, 서비스업 또한 15% 이상의 비율을 차지한다는 사실이다. 한가지 긍정적인 사실은 2018년도에 발생한 전체 사망자 수는 2011년 이후 꾸준히 감소하고 있다는 것이다.

[그림 2-1-3] 사고사망 연도별 발생 현황

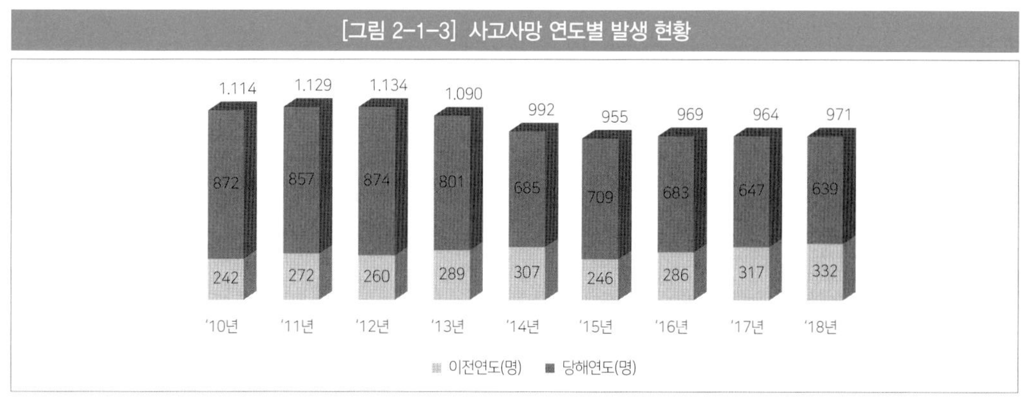

자료 출처 : 고용노동부

사망사고와 별개로 재해 인원을 살펴보면 2018년 전체 재해자 인원은 102,305명으로 2017년에 비해 다소 증가하였으며, 재해율은 0.54%에 해당한다. 전체 재해자 인원 중 사고재해자는 90,832명, 질병재해자는 11,473명에 해당한다. 재해재가 증가한 원인에는 설왕설래가 많으나, 2년 기간 동안 노동자들이 보다 쉽게 치료와 보상을 받을 수 있도록 제도를 개선하데 기인한 것이라는 분석이 많다고용노동부가 시행한 추정의 원칙('17.9월), 사업주확인제도 폐지('18.1월), 산재보험 적용사업장 확대('18.7월)등의 도입에 따른 것으로 추정됨. 추정의 원칙은 작업기간, 노출량 등 기준이 충족되면 반증이 없는 한 업무상 질병으로 승인된다는 것이며, 사업주확인제도는 노동자가 산업재해 신청시 사고발생 경위 등에 대해 사업주의 확인이 필요하다는 것이다. 마지막으로 적용사업장 확대는 미등록 건설업자 시공공사2천만원 미만, 상시근로자 1인 미만 사업장까지 확대하는 것으로 총 39,740개소에 해당한다.

산업재해의 적용 및 기준 확대에 따라 대상 재해 인원이 증가함에 따라 고용노동부에서는 산업재해 사망사고를 감소시키기 위한 별도의 대책을 마련하였다. 원청 및 발주자 책임 강화 등을 주요 내용으로 하는 산업안전보건법을 개정하여 2020년 1월부터 시행 중이며, 관련 내용은 제3장 산업안전보건관리에서 별도 추가하였다. 또한 고용노동부는 사고로 인한 사망자의 대폭적인 감소를 위해 건설업의 사고사망 예방에 행정역량을 집중하기로 하였다. 본 책에서는 건축물의 환경안전관리 방안에 초점을 맞춤에 따라 건설업의 사고 방지를 위한 내용은 별도 기술하지 않았다.

건설업 및 제조업, 서비스업 및 기타 산업의 업종별 3개년도 업무상 사고 재해 발생 현황은 아래의 표와 같다. 여기서 서비스업은 도·소매 및 소비자 용품 수리업, 음식 및 숙박업, 건물 등 종합 관리업 등을 모두 포함한다.

[표 2-1-1] 업종별 3개년도 업무상 사고 재해 발생 현황

구분	계	건설업	제조업	서비스업	기타
'18년	971명	485명	217명	154명	115명
'19년	964명	506명	209명	144명	105명
'20년	969명	499명	232명	127명	111명

자료 출처 : 고용노동부

사업장 규모별로 살펴보면 5인 미만 330명33.9%, 5~49인 319명32.9%, 50~99인 87명9.0%, 100~299인 90명9.3%, 300인 이상 145명14.9%에 해당하며, 유형별로 살펴보면 추락사고는 376명39%, 끼임 113명12%, 부딪힘 91명9% 순으로 발생되는 것을 확인할 수 있다.

[표 2-1-2] 사업장 규모별 산업재해 발생 현황

건설업	3억 미만	3~20억 미만	20~50억 미만	50~120억 미만	120억 이상
485명(100%)	173명(35.6%)	99명(20.4%)	62명(12.8%)	37명(7.6%)	114명(23.5%)
제조업	**5인 미만**	**5~49인**	**50~99인**	**100~299인**	**300인 이상**
217명(100%)	40명(18.4%)	115명(53.0%)	13명(6.0%)	28명(12.9%)	21명(9.7%)
전체 971명(100%)	330명(33.9%)	319명(32.9%)	87명(9.0%)	90명(9.3%)	145명(14.9%)

자료 출처 : 고용노동부

[그림 2-1-4] 사고 유형별 산업 재해 발생 현황

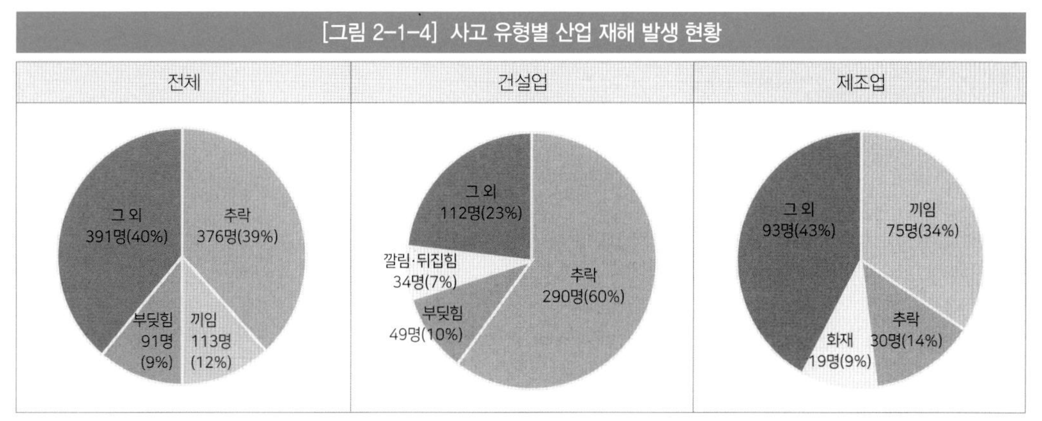

자료 출처 : 고용노동부

각 시설 현장에서 실시되어야 하는 구체적인 점검 사항은 제2장 재난 위험과 방지대책에서 구체적으로 명시하였다.

제 2 장

재난위험과 방지대책

안전을 위협하는 재난과 사고는 늘 우리 주변 가까이서 일어난다. 그 원인은 사소한 부주의나 안전불감증에서 비롯된 경우가 대부분이다. 2017년에 29명의 사망자가 발생한 제천 스포츠센터 화재 사고와 2018년 피자가게 화덕에서 발생한 불씨가 화덕과 연결된 환기구(덕트) 내부로 유입되어 일어난 신촌 세브란스 병원 화재 사고들은 공통적으로 안전 관련 의식 수준이 미흡하고, 시설물 안전 점검이 적절히 수행되지 않아 발생한 결과이다.

2014년 8명의 생명을 앗아간 경기도 고양종합터미널 화재 사고와 2017년 가연성 폐기물을 쌓아둔 채로 용접 작업을 하면서 발생한 동탄 메타폴리스 공사현장 화재 역시 안전수칙을 준수하지 않아 발생한 사건이다. 따라서 안전사고 발생을 예방하고 물적 및 인명 피해를 방지하기 위해서는 기존 시설물의 주요 점검사항에 대한 기본적인 내용을 숙지하고, 더불어 공사현장에서의 안전 기본 수칙을 준수해야 한다. 공사장에서의 안전 기본 수칙은 해당 공구 및 작업별 주요 점검 포인트를 통해 확인할 수 있다. 실무자들이 현장 시설 유지관리에서 직접 활용할 수 있는 재난, 소방, 전기, 건축, 산업안전, 화학물질, 공사장 등 업무단위 및 사용 설비별 안전관리 방지대책이 필요하다. 특히 호텔 서비스 현장에서의 점검사항과 비상상황 발생시 행동요령은 호텔 고객과 근무자들, 그리고 관련 관계자들이 숙지하고 실천해야만 쾌적하고 안전한 호텔 서비스를 지속할 수 있다.

1. 재난

재난은 '인간의 사회생활과 인명이 특별하고 예기치 못한 자연적·인위적 원인에 의해 급격히 교란되고 피해를 입는 경우 그 원인과 결과'라고 정의되며 돌발성과 예측 불가능성을 지니며 통제 불가능성과 물리적 피해, 사회적 피해와 그 충격 등이 수반될 수 있다. 또한 자연적 요인 위주에서 점차 기술적 요인이 증가하고 있으며, 재산피해보다 인명피해와 2차적인 영향에 의한 사회적 피해가 심각해지는 것도 최근 재난 발생의 특징이라 할 수 있다. 초고층 빌딩이나 대형건축물에서의 화재발생

등과 같은 재난은 연기나 유독성 가스의 빠른 전파 및 피난경로 복잡성 등으로 인하여, 외부 재난대응 조직소방서 등이 투입되기까지 몇 분간의 초기대응이 잘못되면 대형 인명피해를 유발하는 경우가 많다. 그러므로 국가나 지방자치단체에서는 국민들을 재난으로부터 보호하기 위하여 재난예방 및 관리에 대한 법 규정을 제정하여, 초고층건축물이나 지하상가 연계 대형건축물 등의 관리주체가 해당 건물 내의 재난에 대한 초기대응을 하도록 의무화하고 있다.

고층건물이나 대형건축물은 건축구조물의 특성상 피난경로가 복잡하고 동선이 길어 어려움이 따른다. 긴급 대피가 요구되는 비상상황에서 공포로 인한 패닉이 발생하기 쉽고, 몸에 익숙하지 않은 계단 등의 피난경로를 이용하여야 하는 등 건물 외부로 안전하게 대피하는데 긴 시간이 소요되고 수많은 장애요소가 발생하게 된다. 그러므로 재난에 대비한 계획과 대응 원칙을 세워놓고 만일의 사태가 발생할 경우 인명과 재산이 최대한 보호될 수 있는 방안과 대책을 마련해 놓아야 한다.

(1) 대응계획 수립 및 운영의 기본원칙

[그림 2-2-1] 재난 발생 대응계획 3요소

재난 발생 대응 기본원칙은 모든 가능한 비상사태를 포함시키며, 주변의 피해를 최소화하는 데에 있다. 또한 자원을 효율적으로 이용하여 최대의 대응효과를 얻을 수 있도록 하고 중요한 기계설비 등에 대해서는 내부 비상조치 계획뿐만 아니라 외부 비상조치 계획도 포함시키는 것이 필요하다. 비상운영상황에 대처하는 직원이나 고객의 안전을 최우선으로 하며, 능력 범위를 초과하는 행동이나 임무를 부여하지 않는 것이 좋다. 특히 비상운영계획은 모든 직원이 비상운영계획의 절차 및 비상시 임무를 숙지하도록 하여 유사시 고객 및 방문객 등의 피난을 도우며, 피난안내도 역시 누구나 쉽게 볼 수 있는 장소에 비치하여야 한다.

(2) 대응계획 수립 및 운영의 절차

재난 상황이 발생하면 적절하고 체계적인 비상대응조치가 이루어져야 인명의 안전과 재산상의 손실을 최소화할 수 있다. 발생하고 나서야 단순히 어떠한 조치를 취하는 것은 큰 의미가 없다. 건물 내에 내재하거나 이상 재해 또는 전혀 예상치 않았던 특수한 상황에 대비하여 미리 예측하고 이에 대비할 수 있는 시스템의 구축을 평상시 생활화하도록 모든 경영 방침이나 운영시스템이 형성되어 있어야 한다.

(3) 재난 위험의 확인 및 대응

재난의 발생과 동시에 위험을 먼저 확인하고 평가를 통해 대응해야 한다.

[그림 2-2-2] 재난 대응 운영 절차

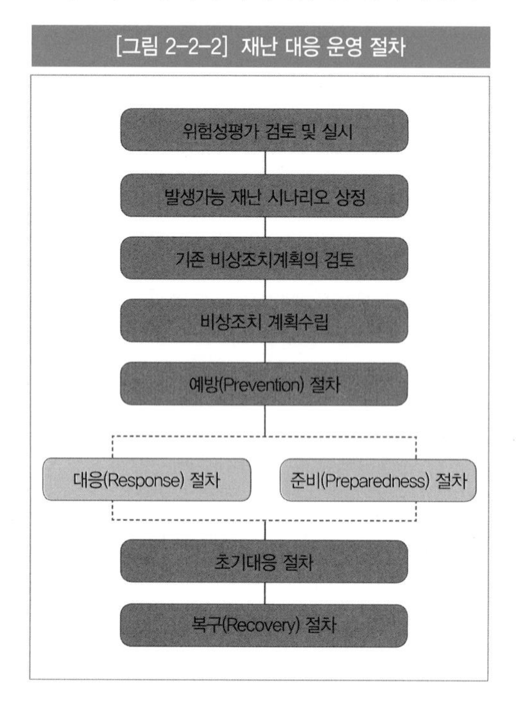

첫째, 건물에 닥쳐올 재난의 위험유형을 판단한다. 우리 건물에 어떤 재난이 빈번히 발생했는지, 또 건물 내에는 어떠한 대응계획이 수립되어 있는지 확인한 후, 재난 유형과 유형에 따른 대응 계획 및 절차를 수립한다.

둘째, 재해 시나리오를 이용하여 건물의 재난위험을 예상한다. 그런 다음 시설의 운전정지 및 서비스 중단, 환경적인 영향 및 경제적인 영향을 고려하여 재난 위험을 평가한다.

건축물의 재난 대응은 잠재적 재난 위험성 및 사고가 일어날 가능성을 평가·분석하여 인위적 재난의 발생 가능성을 줄이고, 자연 재난 발생시 피해 및 영향을 감소시킬 수 있도록 체계적이고 기술적인 평가 및 경감대책을 수립하고 운영하는 것이 중요하다. 위험확인 및 평가를 문서화하여 운영상·조직상의 변화가 생길 때마다 검토 및 갱신도 즉시 이루어져야 한다. 예상치 않은 재해가 발생하였을 때 최단시간 내에 최소의 피해로 빠른 복구를 이루기 위해서는 건물규모에 적합한 표준운영 절차를 제정하여 비상시 신속하고 확실하게 대응할 수 있는 체제의 확립이 무엇보다 중요하다. 재난대응대책이란 재난대책 운영의 4요소가 얼마나 합리적이고 체계적으로 운영되는가의 여부에 따라 성패가 결정된다. 재난대응 계획의 4가지 운용 요소는 계속 순환하는 구조로 되어있다.

[그림 2-2-3] 재난대응 계획 수립 운영 4요소

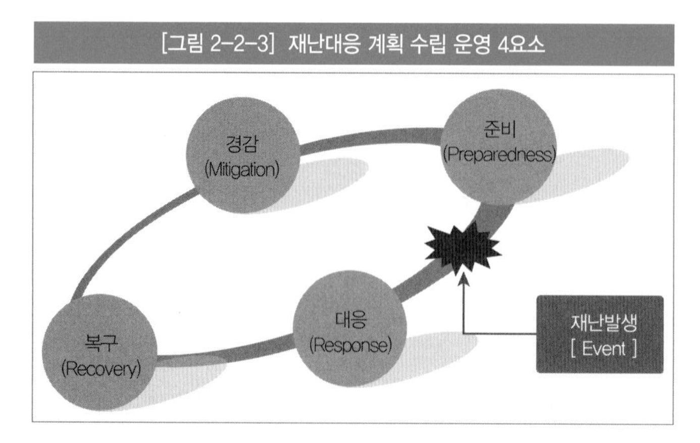

가. 경감(예방)대책 수립 단계

건물에 내재된 위험으로부터 인명과 재산을 보호하기 위해서는 사전에 위험요소를 제거하거나 경감시키기 위한 조치가 필요하다.

첫째, 건물에 내재하는 위험 분석과 재난의 위험 확인 및 평가와 더불어 재난 위험성의 제거 또는 격리 조치가 필요하며 재난대응 계획을 홍보하여 인지하도록 한다.

둘째, 화기와 전기, 기계시설 등의 적정한 유지 및 관리를 한다. 정기점검을 통한 꾸준한 관리로 만일의 사태를 미연에 방지한다.

셋째, 체계적인 조직관리와 외부로부터의 사고 개연성에 대한 조치, 자연적 현상에 대한 건축적, 설비적 및 지리적 여건 등을 고려한다.

넷째, 방범과 파괴 또는 질서 유지 등을 위한 보안 강화, 보호 대상물에 대한 보험 가입을 하여 비상 상황을 수립한다.

나. 준비 계획 단계

재난 대비를 위한 계획과 교육 및 훈련을 통해 모든 위험요소의 경감, 대응, 복구를 효과적으로 준비하기 위한 재난대응 운영계획을 수립 및 운영하는 단계로써, 다음과 같은 조치가 요구된다.

첫째, 재난에 대비한 철저한 비상 대응 계획 수립과 조기 발견 및 통보를 위한 비상경보 체계 구축, 진압 설비의 비치 및 유지관리가 요구된다.

둘째, 피난경로 및 대피시설의 완벽한 확보, 재난대응 제반 시설에 대한 점검 및 보완, 비상대응조직의 편성 및 운용을 한다.

셋째, 관련기관의 체계적인 지원을 확보하기 위한 통합 대응체계 구축, 대내·외 조직에 신속한 전파를 위한 비상 통신망 구축한다.

넷째, 대내외 조직에 신속한 전파를 위한 비상통신망 구축, 대체 설비, 대체 물품 등 비상시에 필요한 자원 준비, 신속 정확하게 비상계획을 처리하기 위한 철저한 교육 및 훈련을 한다.

다. 대응(비상조치) 단계

대응 계획의 비상시 절차로 초기 대응조직을 포함한 비상조치 조직이 가동된다. 피난 유도와 소화에 나서며 구조팀 등을 재난현장에 투입하고 주변 건물과 주민에 대한 알림을 비롯하여 재해 진압 및 인명구조, 사상자에 대한 응급조치 및 처리, 관련 대응기관 등과 체계적인 비상대응 활동을 실시한다.

라. 복구 단계

2차적인 재난발생이나 미래의 재난 위험요소로부터의 보호와 정상적인 생활 및 활동으로의 복귀와 시설물 복구를 위한 단계로 다음의 조치가 필요하다.

첫째, 파손물 제거로 피난경로를 확보하고 사상자 파악 및 지원에 나선다.

둘째, 2차 재난발생 방지를 위한 시설물 점검 및 시설복구 작업을 실시하며 사고에 대한 정밀 조사를 병행한다.

셋째, 피해금액 파악 및 보험금 청구 등의 필요 조치와 재난 재발방지를 위한 개선책을 마련하여 추진한다.

2. 화재

소방은 화재로 인한 재난을 방지하고 불이 났을 때 불을 끄는 것까지 포함한다. 재난에 있어 가장 빈도가 높고 위험 및 인명과 물질의 피해 또한 크다. 그러므로 소방안전관리에 대한 중요성이 날로 커지고 있다. 소방안전관리는 시설물의 소유자·관리자 또는 점유자 등이 화재, 재난·재해를 예방하여 인명과 재산을 지키고 보호하는데 그 목적이 있다. 기본적으로 건축물 공사 때는 스프링클러가 설치되기 전이라 소화기 등의 가용성이 높은 제품을 사용하며, 공사 완료 후 소방시설이 설치 준공된 이후부터는 자동소화방지 시설에 의해 소방을 실시한다.

호텔 화재 위험의 특징은 지속적인 개보수 공사, 객실 내 흡연, 주방 화기 취급 등에 의한 원인이 있으며, 특히 Pipe Shaft파이프 샤프트, 건물 각층을 통해서 건축 설비용의 수직관 등을 수납하기 위한 통모양의 개소/공간 등의 방화구획 미비시 화재 전파속도가 매우 빠르다. 화재 위험을 사전 예방하기 위해서는 먼저 정기적인 점검, 교육 등이 반드시 필요하다. 그리고 건물을 짓거나 리모델링 할 경우 내장재 발열량이 작고, 실내 장식물 등의 화재하중건물 화재에 의한 가열 온도를 가리킨다. 한 건물에 대한 화재 하중은 내부의 가연물 양으로 정해진다. 인접 건물에 대한 화재 하중은 내부 가연물의 양과 화재 건물의 구조를 포함한 사항임을 고려해야 한다. 방재실을 24시간 운영하여 유사시 초기대응을 통해 화재 사고를 예방 및 최소화할 수 있도록 한다.

(1) 소방시설

소방시설은 건물에 대한 방화관리업무 전반에 관하여 필요한 사항을 수립, 실천하여 화재의 예방, 경계 및 유사시 초기 진화로 인명과 재산의 피해를 최소화하는 것을 그 목적으로 한다.

건축물 내의 시설물을 안전하고, 정상적인 상태에서 운전하기 위해서는 종합 점검이 필요하다. 특히 소방설비는 소화기구, 옥내 소화전, 옥외 소화전, 스프링클러, 소화설비, 비상경보에 대한 전반적인 점검이 이루어져야 된다. 소방은 기본적으로 건축물 공사시에는 스프링클러가 설치되어 있지 않기에 소화기 등의 가용성이 높은 제품을 주로 사용하게 되며, 공사 완료 후 소방시설이 설치 준공된 이후부터는 자동소화방지 시설에 의해 소방을 실시한다.

1) 소화기구

소화기구는 소화기, 간이소화기, 자동확산소화기로 나뉘는데 각각의 설치 대상물과 기준이 정해져 있다. 소화기 또는 간이소화용구는 연면적 33㎡ 이상에, 주방용 자동소화장치는 아파트의 주방과 30층 이상 오피스텔 주방에 설치한다. 건축물의 주요 구조부가 내화구조이고, 벽 및 반자의 실내에 면한 부분이 불연재료, 준불연재료 또는 난연재료로 된 특정소방대상물의 경우에는 기준면적의 2배를 기준 면적으로 한다. 부속 용도별 추가해야 할 소화기구표는 다음 [표 2-2-1]과 같다.

[표 2-2-1] 부속 용도별 추가해야 할 소화기구

용도별	소화기구의 능력단위
• 발전실, 변전실, 송전실, 변압기실, 배전반실, 통신기기실, 전산기기실 기타 이와 유사한 시설이 있는 장소	• 해당 용도의 바닥면적 50m²마다 적응성이 있는 소화기 1개 이상 또는 가스식, 분말식, 고체 에어로졸식 자동소화장치 설치(관리자의 출입이 곤란한 변전실, 송전실, 변압기실 등 제외)
• 고압가스안전관리법, 액화석유가스의 안전 관리 및 사업법, 도시가스 사업법에 규정하는 가연성 가스를 연료로 사용하는 장소	• 각 연소기로부터 보행거리 10m 이내마다 3단위 이상 소화기 1개 이상 설치(주방용 자동소화장치 설치 장소 제외)
• 보일러실, 건조실, 세탁소	• 소화기구의 능력단위 : 해당 용도의 바닥면적 25m²마다 능력단위 1단위 이상의 소화기로 하고, 그 외에 자동확산소화장치를 바닥 면에서 10m² 이하는 1개, 10m² 초과는 2개를 설치한다. • 다만, 지하구의 제어반 또는 분전반의 경우 그 내부에 가스식, 분말식, 고체 에어로졸식 자동소화장치를 설치하여야 한다.
• 음식점, 호텔, 업무시설, 기숙사, 다중이용 시설 등	
• 관리자의 출입이 곤란한 변전실, 송전실, 변압기실 및 배전반실	
• 지하구의 제어반 또는 분전반	

자료 : 소화기구 및 자동 소화장치의 화재 안전기준

소형 소화기의 경우 보행거리 20m 이내, 대형 소화기의 경우 보행거리 30m 이내마다 설치하며, 소화기는 '소화기', 투척용 소화용구는 '투척용 소화용구'라고 표시한 표지를 눈에 띄는 곳에 부착하고, 바닥으로부터 1.5m 이하 되는 위치에 비치한다.

안전을 위해 설치 제한이 있는데 이산화탄소 또는 할로겐화합물을 방사하는 소화기구는 지하층이나 무창층 또는 밀폐된 거실의 바닥면적이 20㎡ 미만의 장소에는 설치할 수 없다. 단, 배기를 위한 유효한 개구부가 있는 장소는 제외된다.

소화기구 및 자동소화장치의 화재 안전기준에 따르면 분사헤드의 설치 높이는 방호구역의 바닥으로부터 최소 0.2m 이상 최대 3.7m 이하로 한다. 단, 별도의 높이로 형식승인 받은 경우에는 그 범위 내에서 설치한다. 가스식, 분말식, 고체에어로졸식 자동소화장치의 소화약제 방출구는 형식승인 받은 유효설치범위 내에 설치한다. 이산화탄소 및 할로겐화합물 소화기는 지하층이나 무창층 또는 사무실 및 거실에 사용하는데 바닥면적 20㎡ 미만의 장소는 예외다.

[표 2-2-2] 소화기 점검

소화기 점검	
• 점검표에 검사기일 기재 여부	• 밸브 및 패킹의 노후 또는 탈락 여부
• 소화기 본체에 봉인 탈락 여부	• 노즐 등에 이물질 유무 여부
• 사용방법 및 적응화재 표시 여부	• 적응화재에 맞게 비치 여부
• 용기본체의 도장이 벗겨진 부분 부식 여부	• 보기 쉽고 사용하기 편리한 장소에 비치 여부
• 설치장소에 소화기 표시 여부	• 10년 지난 분말소화기 교체 여부

2) 소화설비

가. 옥내 소화전 설비

소화 활동에 필요한 물을 공급하기 위한 설비로 건물 내에 설치한다. 소방차량에 연결하거나 직접 수관에 연결하여 화재를 진압하는데 사용되며 연면적 1,500㎡ 이상의 전층에 대해서는 설치를 의무로 한다. 설비함은 두께 1.5mm 이상의 강판 또는 두께 4mm 이상의 합성수지재, 문짝의 면적은 0.5㎡ 이상, 밸브의 조작 및 호스의 수납 등에 충분한 여유를 가질 것, 옥내 소화전 방수구까지의 수평거리가 25m 이하로 하며 바닥으로부터 높이 1.5m 이하로 할 것, 호스는 구경 40mm호스릴 옥내 소화전설비의 경우 25mm 이상 형식 승인 받은 유효설치 범위내에 설치해야 한다. 이산화탄소 및 할로겐화합물 소화기는 지하층이나 무창층 또는 사무실 및 거실로써 바닥면적 20㎡ 표시 등 함의 상부에 설치, 부착지점으로부터 10m 이내의 곳에서 식별 가능한 적색등 설치, 표지함 표면에 '소화전'이라고 표시한 표지를 부쳐야 한다.

이 외에 옥내 소화전 설비에 필요한 안전 사항은 다음과 같다.

옥내 소화전 설비에 필요한 안전 사항

- 표시등 : 함의 상부에 설치, 부착지점으로부터 10m 이내의 곳에서 식별 가능한 적색등 설치
- 표지 : 함 표면에 '소화전'이라고 표기한 표지 붙일 것
- 수원 : 설치된 소화전 개수에 따른 유효수량 확보 여부 및 취수배관 계통 확인
  수조 외측에 수위계 및 표지 설치여부 확인
  옥내 소화전 흡수배관 또는 설비의 수직배관과 수조의 접속부분에 표지 설치 여부 확인
- 배관 : 배관의 전용여부 및 소화전 설치개수에 따른 배관구경(유수량) 확인
  동결방지조치 및 배관의 지지상태 확인
  옥상수조 등의 연결배관의 역류방지(체크밸브), 개폐밸브 설치 확인
  주배관에 설치된 개폐밸브는 개폐표시형 밸브인가를 확인
  물올림장치의 필요성 판정 및 탱크 용량(100ℓ 이상), 자동급수장치 상태 확인
  가압송수장치 토출측 배관에 압력계, 흡입측에 최대눈금 760mmHg인 진공계(연성계)의 설치 여부 확인, 토출측 배관상에 필요시 수격방지장치 설치 여부 확인
  펌프 흡입측 공기 배출 관련 에어벤트 설치 여부

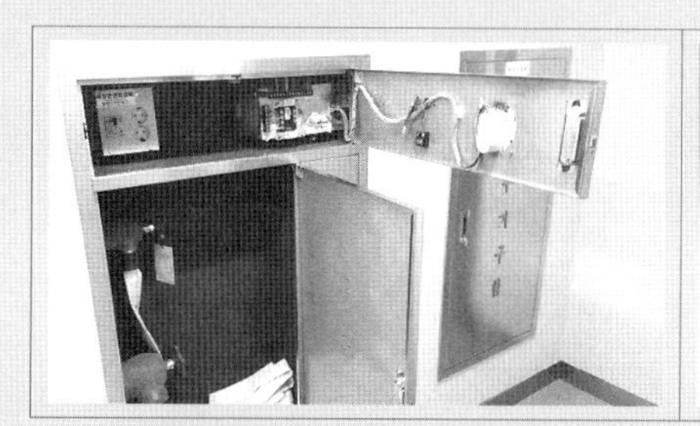

옥내 소화전 설비 현장 점검사항

• 소화전의 위치 표시등은 점등되어 있는가?	• 수원은 정량 확보되어 있는가?
• 소화전 개폐밸브는 바닥으로부터 1.5m 이하에 설치되어 있는가?	• 결합부 등에서 개폐조작은 용이한가?
• 소화전은 통행 또는 피난에 지장이 없고 쉽게 사용할 수 있는 장소에 설치되어 있는가?	• 수동밸브의 경우 개폐상태를 알 수 있도록 되어 있는가?
• 소화전함, 호스, 노즐, 배관, 관부속, 밸브류 등이 변형, 손상, 부식되지 않았는가?	• 동결방지조치 및 배관의 지지상태 등을 확인하는가?
• 소화전함, 펌프, 전동기 주위에 장애물은 없는가?	• 소화전 상하부는 마감처리 되어있는가?

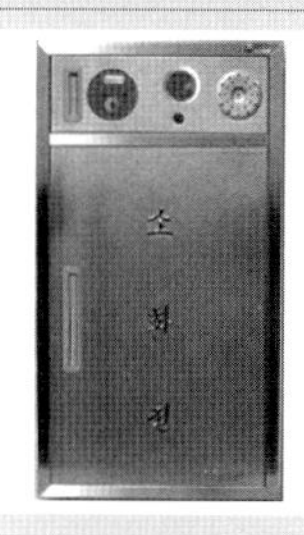

나. 옥외 소화전 설비

옥외 소화전에는 지상식과 지하식 두 종류가 있다. 지상식은 보통 차도와 보도의 경계에 설치하는데, 이는 야간 또는 비가 오거나 눈 내릴 때에도 쉽게 보이고 청소나 표지 등에 비용이 들지 않는 이점이 있다. 작업도 쉽고 빠르게 할 수 있는 장점이 있다. 그러나 겨울철에 동결될 염려가 있다는 것이 단점이다. 지하식은 보도가 없는 도로에 설치한다. 그 속에 호스를 장치하는데 필요한 접속구 등을 가설한 것인데, 겨울철의 동결이나 노면상의 장애는 없으나 야간이나 적설 시에는 발견이 쉽지가 않다. 옥외 소화전의 주요 구성요소는 옥내 소화전과 거의 같으나 방수압력이 노즐 끝에서 2.5kg/㎠ 이상이고 방수량이 350 ℓ/min 이상이 되어야 한다.

옥외 소화전설비는 지상 1층과 2층의 바닥면적 합계가 9,000㎡ 이상인 건물이 설치 대상이며 수조의 설치 기준은 점검에 편리하고, 동결방지 조치되어 있거나 동결 우려가 없어야 한다. 수위계와 고정식 사다리 등이 설치돼 있어야 한다. 적정 조도 이상의 조명 설치와 수조 밑부분에는 청소용 배수밸브 또는 배수관이 설치되고, 표지옥외 소화전설비용 수조 및 레벨게이지를 설치해 실시간으로 확인할 수 있도록 한다.

옥외 소화전 설비의 호스 접결구는 특정 소방 대상물의 각 부분으로부터 하나의 호스 접결구까지의 수평거리가 40m 이하 및 호스는 구경 65mm 이상 되도록 설치한다. 옥외 소화전이 10개 이하로 설치된 경우, 옥외 소화전마다 5m 이내의 장소에 1개 이상의 함을 설치하며, 함 표면에 '옥외 소화전'이라고 표시한 표지를 붙인다. 가압송수장치의 조작부 또는 그 부근에는 가압송수장치의 기동을 명시하는 적색등을 설치한다.

다. 스프링클러

소화용 스프링클러는 천장에 설치하는데 불이 나면 꼭지를 막고 있는 합금이 온도가 올라가며 자동적으로 녹아서 물을 뿜어 불을 끄거나 불의 확장을 막는 역할을 한다. 적은 양의 물로 효과적인 물대기를 할 수 있다는 장점이 있다. 물 이외에도 약제, 이산화탄소 등을 사용하기도 한다.

설치 대상은 건물의 전 층스프링클러 헤드 기준개수 30개이며, 송수구 설치 기준은 지면으로부터 높이가 0.5m 이상 1m 이하의 위치로 소방차가 쉽게 접근할 수 있는 잘 보이는 장소 또는 구경 65mm 쌍구형으로 개폐상태를 쉽게 확인 및 조작할 수 있는 옥외 또는 기계실 등이다. 송수압력 범위를 표시해야 하며 이물질을 막기 위한 마개를 씌우고, 송수구 주변에 자동배수밸브 및 체크밸브 설치한다. 물분무식과 포소화약제 분무식, 이산화탄소 분무식 등이 있다.

스프링클러 현장 점검사항

• 수원은 정량 확보되어 있는가?	• 동결 또는 부식할 우려가 있는 부분에 보온, 방호 조치가 되고 있는가?
• 제어밸브는 개폐, 작동, 접근을 쉽게 할 수 있는가?	• 헤드주위에는 작동에 필요한 공간이 확보되어 있으며 살수에 방해되는 장애물은 없는가?
• 제어밸브 개폐상태는 정상인가?	• 헤드는 장애물로부터 60cm 이상 이격되어 있는가?(단, 벽과 헤드 간의 공간은 10cm 이상으로 함)
• 제어밸브의 수압 및 공기압을 나타내는 계기가 정상압으로 유지되고 있는가?	• 헤드 보호용 가드프레임 설치 여부(200cm 이하로 부딪힘 위험이 있는 경우)
• 배관 및 헤드의 누수 부분은 없는가?	• 반사판은 부착면과 평행 설치 여부

<배관의 명칭>

라. 물 분무 등 소화설비

물 분무 등 소화설비는 물분무소화설비, 포 소화설비, 이산화탄소 소화설비로 구분할 수 있다. 물분무소화설비는 화재시 분무헤드노즐에서 미립자의 물을 무상으로 방사하여 소화하는 설비로 냉각작용, 질식작용 및 희석작용을 하며, 주로 가연성액체, 전기설비 등의 화재에 효과적이고 소화 및 제어 또는 연소방지가 목적이다.

포소화설비는 가연성 액체 등의 화재에 사용하는 설비로써 물과 포소화약제를 혼합한 수용액을 공기로 발포시켜 형성된 미세한 기포의 집합체가 연소물의 표면을 차단하는 질식소화 효과와 포에 함유된 수분에 의한 냉각소화 효과가 있다. 마지막으로, 이산화탄소소화설비는 질식소화 목적, 일정합 고압용기에 저장해 두었다가 화재 발생시 수동 또는 자동으로 분사하는 설비이다. 소화설비 저장용기 설치장소는 온도가 40℃ 이하이고, 온도변화가 적고, 직사광선 및 빗물이 침투할 우려가 없는 곳에 설치한다. 용기 간의 간격은 점검에 지장이 없도록 3cm 이상의 간격 유지하고, 용기 설치장소에는 해당 용기가 설치된 곳임을 표시하며, 저장 용기와 집합관을 연결하는 연결배관에는 체크밸브를 설치해야 한다단, 저장용기가 하나의 방호구역만을 담당하는 경우 예외.

소화설비는 수동식 기동장치와 자동식 기동장치로 구분할 수 있는데, 수동식 기동 장치의 부근에는 소화약제의 방출을 지연시킬 수 있는 비상 스위치를 설치해야 한다. 전역방출방식은 방호구역마다, 국소방출방식은 방호대상물마다 설치하며, 전기를 사용하는 기동장치에는 전원표시등을 설치해야 한다. 전기식 기동장치로써 7병 이상의 저장용기를 동시에 개방하는 설비는 2병 이상의 저장용기에 전자 개방밸브 부착해야 한다. 기동장치의 조작부는 바닥으로부터 높이 0.8m 이상 1.5m 이하의 위치에 설치, 보호판 등에 따른 보호장치 설치, 비상스위치는 음향경보장치와 연동하여 조작되게 해야 한다. 물 분무 등 소화설비의 종류는 아래와 같다.

① 물 분무 소화설비

화재시 분무헤드에서 미립자의 물을 무상으로 방사하여 소화하는 설비로, 냉각작용과 질식작용 및 희석작용을 하며 주로 가연성액체, 전기설비 등의 화재에 효과적이고 소화 및 제어 또는 연소방지가 목적이다.

② 포 소화설비

물과 포소화약제를 혼합한 수용액을 공기로 발포시켜 형성된 미세한 기포의 집합체가 연소물의 표면을 차단하는 질식소화 효과와 포에 함유된 수분에 의한 냉각소화 효과가 있다.

③ 이산화탄소 소화설비

압축한 이산화탄소를 노즐을 통해 연소하는 면에 방사하여 공기 공급을 차단하는 방식으로 일정한 고압용기에 저장해 두었다가 화재 발생시 수동 또는 자동으로 분사하는 설비이다. 설치 장소는 온도가 40℃ 이하가 유지되고 온도변화가 적어야 하며 직사광선 및 빗물이 침투할 우려가 없는 곳이어야 한다. 용기 간의 간격은 점검에 지장이 없도록 3cm 이상의 간격 유지하고, 용기 설치장소에는 해당 용기가 설치된 곳임을 표시하며, 저장 용기와 집합관을 연결하는 연결배관에는 체크밸브를 설치한다. 단, 저장용기가 하나의 방호구역만을 담당하는 경우 예외로 한다.

- 수동식 기동장치 : 수동식 기동장치의 부근에는 소화약제의 방출을 지연시킬 수 있는 비상 스위치를 설치하는데 전역방출방식은 방호구역마다 그리고 국소방출방식은 방호대상물마다 설치해야 한다. 전기를 사용하는 기동장치에는 전원 표시등을 달아야 한다. 기동장치의 조작부는 바닥으로부터 높이 0.8m 이상 1.5m 이하의 위치에 설치하며, 보호판 등에 따른 보호장치도 함께 설치해야 한다. 비상스위치는 음향경보장치와 연동하여 조작되도록 한다.
- 자동식 기동장치 : 전기식 기동장치로 7병 이상의 저장용기를 동시에 개방하는 설비는 2병 이

상의 저장용기에 전자 개방밸브를 부착한다. 소화약제의 방사를 표시하는 표시등과 과압으로 인하여 구조물 등에 손상이 생길 우려가 있는 장소에 과압배출구를 설치한다.

④ 할로겐 소화설비

할로겐화합물 소화약제를 사용하여 가연물과 산소의 연쇄화학반응을 억제 및 냉각하고 희석작용에 의한 소화하는 설비이다.

⑤ 청정소화약제 소화설비

할로겐화합물 및 불활성기체로써 전기적으로 비전도성이며, 휘발성이 있거나 증발 후 잔여물을 남기지 않는 소화약제이다. 청정소화약제HCFC-123 제조공장에서 약제 충전작업을 하던 근로자 급성독성 간염에 걸려 병원 치료를 받던 도중 숨지는 사고가 발생하기도 했으므로 각별한 주의가 필요하다.

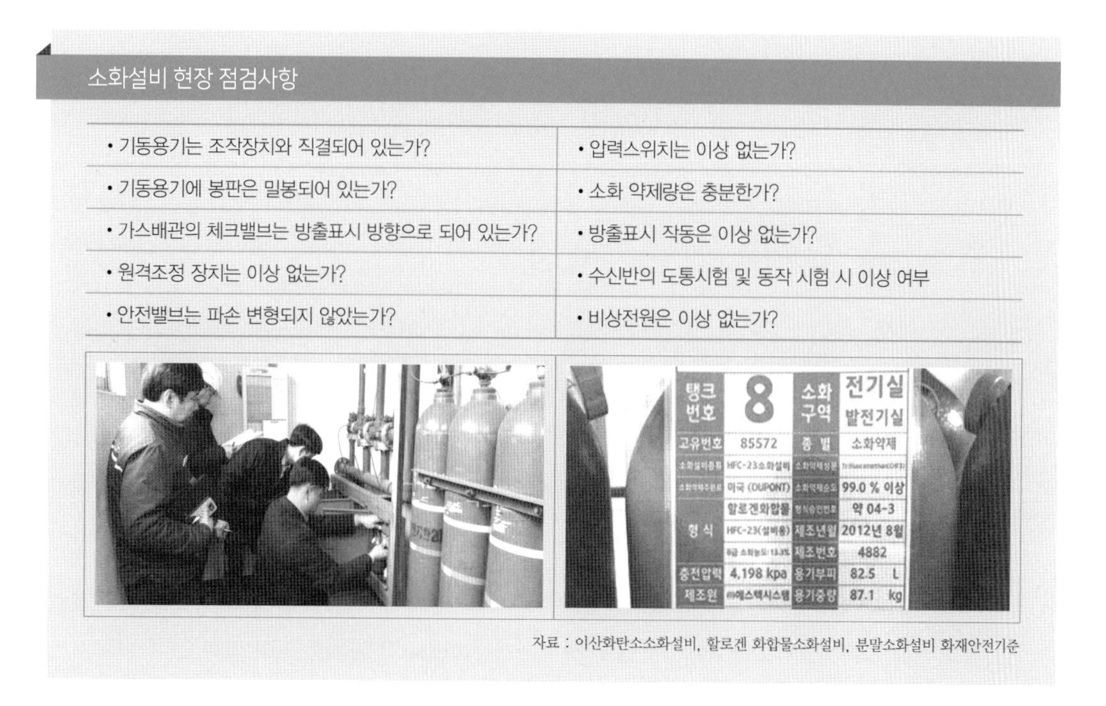

소화설비 현장 점검사항

• 기동용기는 조작장치와 직결되어 있는가?	• 압력스위치는 이상 없는가?
• 기동용기에 봉판은 밀봉되어 있는가?	• 소화 약제량은 충분한가?
• 가스배관의 체크밸브는 방출표시 방향으로 되어 있는가?	• 방출표시 작동은 이상 없는가?
• 원격조정 장치는 이상 없는가?	• 수신반의 도통시험 및 동작 시험 시 이상 여부
• 안전밸브는 파손 변형되지 않았는가?	• 비상전원은 이상 없는가?

자료 : 이산화탄소소화설비, 할로겐 화합물소화설비, 분말소화설비 화재안전기준

3) 경보설비

가. 비상경보설비

화재의 발생 또는 상황을 소방대상물의 관계인에게 경보음 또는 음향으로 통보하여 초기소화 활동 및 피난유도 등을 원활하게 하기 위한 목적으로 설치하는 설비로써, 그 종류는 비상벨설비,

자동식 사이렌설비 및 단독경보형 감지기가 있다. 연면적 400㎡ 이상의 소화전이 설치된 건축물이 설치 대상이다.

비상경보설비 현장 점검사항

• 음향장치는 수평거리 25m 이하인가?	• 발신기 조작스위치는 바닥으로부터 0.8m 이상 1.5m 이하 설치되어 있는가?
• 발신기의 위치표시등은 함의 상부에 설치 하되, 부착면으로부터 15° 이상의 범위 안에서 부착 지점으로부터 10m 이내의 어느 곳에서도 쉽게 식별할 수 있는 적색등으로 되어 있는가?	• 발신기는 특정소방대상물의 층마다 설치하며, 해당 특정소방대상물의 각 부분으로부터 하나의 발신기까지의 수평거리가 25m 이하가 되도록 되어 있는가?(단, 복도 또는 별도로 구획된 실로서 보행거리가 40m 이상일 경우 추가 설치)
• 음향장치는 1m 떨어진 위치에서 90dB 이상이 되는가?	• 비상전원이 방전되고 있지 않았는가?
• 음향장치는 정격전압 80% 전압에서 음향을 발하는가?	

자료 : 비상경보설비 및 단독경보형감지기의 화재안전기준

나. 비상방송설비

화재 발생시 수동으로 발신기를 조작하거나 감지기 동작으로 인한 화재 신호를 자동화재 탐지설비의 수신기가 수신하고 비상방송설비로 발신하여 건물에 설치된 확성기로 방송을 하는 설비이다. 연면적 3,500㎡ 이상, 지하층을 제외한 층수가 11층 이상, 지하층의 층수가 3개 층 이상인 건축물이 설치 대상이며 특정소방대상물의 경보순서는 다음의 [표 2-2-3]과 같다.

[표 2-2-3] 특정소방대상물의 경보순서

5층 이상 연면적 3,000㎡ 초과 시	30층 이상 또는 120m 이상 시
• 2층 이상 층에서 발화 : 발화층 및 그 직상층 경보	• 2층 이상 층에서 발화 : 발화층 및 그 직상 4층 경보
• 1층 발화 : 발화층, 직상층, 지하층 경보	• 1층 발화 : 발화층, 직상 4개층, 지하층 경보
• 지하층 발화 : 발화층, 직상층, 기타의 지하층 경보	• 지하층 발화 : 발화층, 직상층, 기타의 지하층 경보

비상방송설비 현장 점검사항

• 음향장치는 정격전압 80% 전압에서 음향을 발하는가?	• 조작스위치는 바닥으로부터 0.8m 이상 1.5m 이하 설치되어 있는가?
• 확성기는 수평거리 25m 이하인가?	• 비상전원이 방전되고 있지 않았는가?
• 음량조정기 배선은 3선식으로 하는가?	

자료 : 비상방송설비의 화재 안전기준

다. 자동화재탐지설비

화재 초기 단계에서 발생하는 열이나 연기를 자동적으로 검출하여, 건물 내의 관계자에게 발화 장소를 알리고 동시에 경보를 내보내는 설비로 열이나 연기를 감지하는 장치, 발화 장소를 명시하는 수신기, 발신기, 음향 장치, 배선, 전원으로 구성되어 있다. 설치대상은 연면적 600㎡ 이상이다. 각 점검사항은 다음과 같다.

자동화재탐지설비 점검사항

1. 감지기 점검

- 외형의 변형, 손상, 탈락 등이 없는가?
- 감지기의 기능 장애를 일으킬 요인은 없는가?
- 설치 후의 용도변경, 칸막이 공사 등에 의해 미 경계 부분은 없는가?
- 설치 장소에 적응하는 감지기가 설치되었는가?
- 감지구역의 설정이 적정한가?(감지구역 면적 및 부착면의 높이에 따른 감지기의 종별 및 수량이 적절한가?)
- 설계 도면과 적합하게 시공되고 유지되고 있는가?(설계와 다른 경우 원인 파악할 것)

자동화재탐지설비 점검사항

2. 발신기 점검

- 조작스위치는 바닥으로부터 0.8m 이상 1.5m 이하의 높이에 설치되어 있는가?
- 수평거리 25m 이하, 해당 층의 각 부분에 유효하게 발신하는가?(단, 복도 또는 별도로 구획된 실로서 보행거리가 40m 이상일 경우 추가)
- 발신기 위치표시등은 10m 이내 쉽게 식별되며, 적색등으로 상시 점등되어 있는가?

3. 전원 점검

- 전용회로로 되어 있는가?
- 개폐기 등에 '자동화재탐지설비 전용전원'이라는 표지가 되어 있는가?
- 전용개폐기에서 수신기까지의 배선에 분기가 없는가?
- 전원전압은 수신기가 필요로 하는 입력 전압에 적합한가?
- 개폐기 및 퓨즈는 수신기의 정격용량에 적합한가?
- 배선은 전선의 종류나 용량 등의 적절한 것인가?

자료 : 자동화재탐지설비 및 시각경보장치의 화재안전기준

라. 자동화재속보설비

화재가 발생하면 자동적으로 화재 발생장소를 신속하게 소방서에 통보하는 설비이다. 관계자가 24시간 상시 근무하고 있는 호텔 방재실 등은 설치대상에서 제외한다.

마. 누전경보기

전기가 전선 밖으로 새어 흐르는 것을 신호를 통해 위험을 알리는 장치다. 건축물의 천장, 바닥, 벽 등의 보강재로 사용하고 있는 금속류 등이 누전의 경로가 되어 화재가 발생하기 쉬운데 이것을 방지하기 위해 누설전류가 흐르면 자동적으로 경보가 울린다. 설치대상은 내화 구조가 아닌 건축물로써 벽, 바닥 또는 반자의 전부나 일부를 불연재료 또는 준불연재료가 아닌 재료에 철망을 넣어 만든 계약 전류용량이 100A암페어를 초과하는 특정소방대상물이다.

가연성의 증기·먼지·가스 등이나 부식성의 증기·가스 등이 다량으로 체류하며, 화약류를 제조하거나 저장 또는 취급, 습도가 높고 온도의 변화가 급격한 장소, 대전류회로·고주파 발생회로 등에 따른 영향을 받을 우려가 있는 장소에는 설치를 제외한다.

(2) 화재발생시 대처 방안

1) 피난계획

유사시 다수의 수용인원을 동시에 질서정연하게 전원 대피를 유도함으로써 인명의 안전에 만전을 기하고 혼란으로 인한 2차 안전사고발생을 미연에 방지하는데 그 목적이 있다.

가. 피난유도의 조직

건물의 구조, 용도, 영업장의 위치에 따라 층별로 적합한 피난유도요원을 편성한다.

나. 피난유도자의 임무

피난상황을 방재실과 긴밀히 연락하여 거주, 근무자의 피난 대피명령하며, 지체부자유자, 노약자 및 연소자를 피난계단으로 우선 대피하도록 안내한다. 피난 장애요인 제거, 엘리베이터 탑승 금지 조치화재, 정전 등하며, 밀폐장소 내 거주하고 있는 은둔자를 색출한다.

다. 피난방송

비상방송 요령에 따르며 화재발생층, 직상층, 직하층 순으로 방송하며, 경보요령은 화재상황에 따라 연기 확산이 우려되는 부분은 정해진 방송구역에 따라 실시하고 필요시 당직지배인은 방재실에서 안내 방송 및 상황 처리한다.

[그림 2-2-4] 92F~87F 피난대피 통신 및 인력 배치 현황 예시

구분	내용	
피난동선	←--------	
피난 안내자	◀	
배치 인원	구간	82F ~ 87F
	층별인원	2명
	총 인원	12명

배치층	명단
92	
91	
90	
89	
88	
87	

자료: A호텔 피난대비 인력 배치도

[그림 2-2-5] 화재 발생시 피난유도 대피로 예시

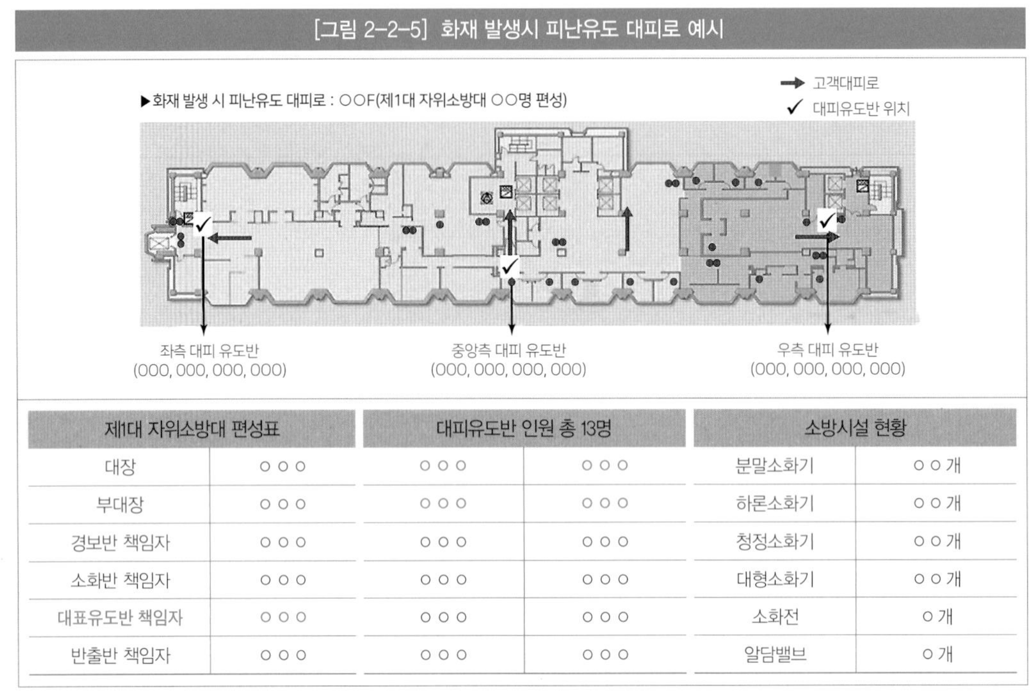

제1대 자위소방대 편성표	
대장	○ ○ ○
부대장	○ ○ ○
경보반 책임자	○ ○ ○
소화반 책임자	○ ○ ○
대표유도반 책임자	○ ○ ○
반출반 책임자	○ ○ ○

대피유도반 인원 총 13명	
○ ○ ○	○ ○ ○
○ ○ ○	○ ○ ○
○ ○ ○	○ ○ ○
○ ○ ○	○ ○ ○
○ ○ ○	○ ○ ○
○ ○ ○	○ ○ ○

소방시설 현황	
분말소화기	○ ○ 개
하론소화기	○ ○ 개
청정소화기	○ ○ 개
대형소화기	○ ○ 개
소화전	○ 개
알담밸브	○ 개

※ 대피유도반 연두색 표기자는 장애인 및 노약자 피난대피 지정자

2) 행동요령

가. 건물 구조와 화재 상황에 따른 대피 유도

발화층의 경우 화재 발생과 동시에 모든 고객을 신속히 피난계단을 통하여 피난층으로 대피를 유도한다. 화재 발생 상층부는 연소 확대와 매연침투 등으로 인명 안전상 극히 위험하므로 발화층의 직상층으로부터 순차적으로 대피 유도하여 발화층의 하층이나 피난층까지 대피한다.

나. 2차적 피해 방지에 중점을 둔 대피유도 주의사항

고객들을 대피 유도시에 자칫 생길 수도 있는 2차 피해를 위해 다음과 같은 사항에 유념하여 실시한다. 첫째, 군중심리 유발 방지, 둘째, 계단 내부에서 뛰지 않도록 유도, 셋째, 정전으로 인한 혼란 방지, 넷째, 굽 높은 신발 착용 금지 등이 있다.

다. 대피요령 원칙

피난로를 확보했다면 설치하는 표시는 눈에 띄고 알기 쉽게 해야 한다. 내외국인 남녀노소 모두가 인식할 수 있고, 피난 방법 역시 치밀하면서 신속해야 한다. 통로와 방 끝에 안전한 장소를 확보하고 소로의 형태로 해서는 안 된다. 즉, 창과 복도가 막혀있는 경우 발코니를 설치하여 피난 혹은 소방대가 구조활동하기 위한 거점을 만들어야 한다. 단, 철재사다리 등 출입을 저지하는 것은 설치하지 않는다. 건물 내와 실내의 어느 곳에서도 2방향으로 피난할 수 있도록 피난로를 확보해야 하며, 피난계단과 통로, 방 끝의 안전한 장소는 직접 옥외에 면하도록 설치한다. 통로, 피난계단 등 구획하는 장소의 문은 항시 폐쇄하여 두지만 비상시에는 피난이 쉽도록 열어 놓고, 피난 후에는 자동적으로 폐쇄하도록 하여 화재의 화염과 연기를 건물 내의 각 부분에 전파 확대되지 않도록 해야 한다. 최초발견자가 발화지점 인근 소화기구 및 소방시설에 의한 초기 진화를 개시하고, 2차 소방요원 및 비상대기조가 출동하여 임무에 임하며 소방관 도착시는 소방서의 지원을 받아 완벽히 진화한다. 발화초기 자위소방대에 의한 진화, 소방요원 및 비상대기조 출동, 진화에 의한 초기대응, 소방관 및 당사 비상대기조, 자위소방대에 의한 합동 진화 등을 실시한다.

라. 스프링클러 동작시 출동 요령

사고에 의한 누수헤드 충격, 동파, 작업 등시에는 스프링클러의 알람밸브를 닫은 후 드레인 밸브를 개방시켜 배관내 물을 퇴수시키며 말단 시험밸브를 드레인시켜 피해를 최소화시킨다. 화재로 인한 살수시는 화재현장 소화상태를 파악하여 완전 소화된 경우에는 알람밸브를 닫고, 연소 확대시 소화전을 이용하여 완전 진화 조치하고, 상황이 종료되면 즉시 헤드를 교체한 후 물을 충수시킨다.

마. 신고 대처

첫째, 화재신고는 비상용 엘리베이터를 이용하여 신속히 화재신고 장소에 비상장비, 마스터 키 등을 휴대하여 출동한다. 화재시 인근 소화기 및 소화전을 이용하여 초기에 소화한다. 상황에 따라 비상대기조 소집 및 관할소방서에 신고 후 비상방송으로 고객을 대피시킨다.

둘째, 냄새 신고의 경우 신속히 현장 출동하여 종이 또는 고무 타는 냄새 등 냄새 종류를 파악하고 필요시 담당 부서에 통보 조치토록 한다.

셋째, 누수신고는 신속히 응급조치 및 퇴수하여 2차적 피해를 최소화하고 헤드, 배관 누수시 즉시 수리 교체하여 정상 작동 시킨다.

넷째, 소음신고는 신속히 현장 출동 소음 원인 파악한다. 작업에 의한 소음일 경우 영업에 지장이 없도록 작업을 즉시 일시 중단시키고 영업행사 종료 후 작업 개시한다. 기타 공조에 의한 소음이나 배관에서 나는 소음일 경우 고객을 안심시키고 담당부서에 즉시 통보 조치토록 한다.

3) 화재 시 행동요령

가. 비상방송

화재 발생층, 직상층, 직하층 순서로 비상 방송하며, 신속한 대응 및 고객 혼란 방지를 목표로 방송한다.

나. 대피유도

좌측, 우측, 중앙 피난계단을 이용하여 1층 옥외로 대피유도 한다. 1층 옥외로 대피가 어려울 경우 옥상으로 대피하며, 저층부 옥상은 소방서 고가 사다리차 이용1층 옥외로 대피 불가 시, 고층부 옥상은 피난교, 비상 곤돌라, 헬기 등을 이용한다.

다. 발화초기 안전조치

먼저 "불이야" 큰 소리로 외치며, 다른 사람에게 화재 사실을 전파하고 소화기, 마른 모래, 옥내 소화전 등으로 초기 소화한다. 연기에 질식하거나 불길에 갇히는 일이 없도록 주의하고 초기소화가 불가능하다고 판단되면 지체 없이 소방서에 신고하며 연소속도를 늦추기 위하여 반드시 출입문을 닫고 대피한다.

라. 주의사항

화재발생시 가장 주의해야 할 것은 유독가스와 연기로 인한 질식이다. 통계에 의하면 화재로 인한 사망 중 60% 이상 화염이 사람의 몸에 채 닿기도 전에 가스와 연기로 인한 질식 사망이고, 약 20% 정도만이 소사하는 것으로 나타났다. 그 외에 충분히 피난할 방법이 있는데도 불구하고 당황하거나 공포에 질려 창문으로 뛰어내리거나 다른 건물로 건너 뛰다가 사망하는 경우가 상당히 많다. 대피시에는 문에 손을 대어본 후 만약 문 밖에 연기와 화기가 없다고 판단될 때에는 어깨로 문을 떠받친 다음, 문 쪽의 반대방향으로 고개를 돌리고 숨을 멈춘 후 조심해서 비상구나 출입문을 열고 대피한다. 연기 속을 통과하여 대피할 때에는 수건 등을 물에 적셔서 입과 코를 막고 숨을 짧게 쉬며 낮은 자세로 엎드려 신속하게 대피하며, 고층건물이나 복합, 지하상가 화재 시에는 안내원의 지시에 따르거나 통로의 유도등을 따라 낮은 자세로 침착하고 질서 있게 대피한다. 아래층으로 대피가 불가능할 때에는 옥상으로 대피하여 구조를 기다려야 하며 반드시 바람을 등지고 구조를 기다려야 한다. 화염을 통과하여 대피할 때에는 물에 적신담요 등을 뒤집어 쓰고 신속히 안전한 곳으로 이동한다. 고층건물 화재시 엘리베이터는 화재발생 층에서 열리거나 정전으로 멈추어 안에 갇힐 염려가 있고 또 엘리베이터 통로 자체가 굴뚝 역할을 하여 질식할 우려가 있으므로 비상용 엘리베이터를 제외하고는 절대로 이용해서는 안 된다.

화재발생시 건물 내 갇혔을 경우에는 건물 내에 불길이나 연기가 주위까지 접근하여 대피가 어려울 때에는 무리하게 통로나 계단 등을 이용하기보다는 건물 내에서 안전조치를 취한 후 갇혀 있다는 사실을 외부로 알려야 한다. 일단 실내에 고립되면 화기나 연기가 없는 창문을 통해 소리를 지르거나 물건 등을 창 밖으로 던져 갇혀 있다는 사실을 외부로 알린다. 실내 물이 있으면 불에 타기 쉬운 물건에 물을 뿌려 불길의 확산을 지연시킨다. 화상을 입기 쉬운 얼굴이나 팔 등을 물에 적신 수건 또는 두꺼운 천으로 감싸 화상을 예방한다. 아무리 위급한 상황일지라도 반드시 구조된다는 신념을 가지고 기다려야 하며, 창 밖으로 뛰어 내리거나 불길이 있는데 함부로 열어서는 안 된다.

(3) 피난설비

화재나 지진 등의 재난 발생시 건축물로부터의 피난을 위한 기구 또는 설비를 말하며 유도등과 유도 표시도 이에 포함된다. 피난설비는 특정소방대상물의 모든 층에 설치하여야 하며 단, 피난층, 지상1층, 지상2층 및 층수가 11층 이상의 층과 가스시설 지하구 또는 지하구 중 터널은 제외한다. 또한 지하층을 포함하는 층수가 7층 이상인 관광호텔은 인명구조기구를 비치해야 한다방열복 또는 방화복, 공기호흡기, 인공소생기 각 2개 이상 비치.

피난설비 중 피난기구는 2층에서는 미끄럼대, 피난사다리, 구조대, 완강기, 다수인피난장비, 승강기피난기를 준비해야 하며, 3층은 미끄럼대, 피난사다리, 구조대, 완강기간이완강기, 피난교, 피난용 트랩, 피난밧줄, 공기안전매트, 다수인피난장비, 승강식피난기를 구비해야 된다. 4층 이상 10층 이하에서는 피난사다리, 구조대, 완강기, 피난교, 공기안전매트, 다수인피난장비, 승강식피난기가 해당된다.

소방서장은 특정소방대상물의 위치, 구조 및 설비의 상황을 판단하여 대형피난구 유도등을 중형피난구 유도등으로 설치하게 할 수 있다. 피난구 유도등 설치기준은 옥내로부터 직접 지상으로 통하는 출입구 및 그 부속실의 출입구, 직통계단, 직통계단의 계단실 및 그 부속실의 출입구, 출입구에 이르는 복도 또는 통로로 통하는 출입구, 안전구획된 거실로 통하는 출입구에 설치해야 한다.

피난기구

- 2층 : 미끄럼대, 피난사다리, 구조대, 완강기, 다수인피난장비, 승강기피난기
- 3층 : 미끄럼대, 피난사다리, 구조대, 완강기(간이완강기), 피난교, 피난용 트랩, 피난밧줄, 공기안전매트, 다수인피난장비, 승강식피난기
- 4층 이상 10층 이하 : 피난사다리, 구조대, 완강기(간이완강기), 피난교, 공기안전매트, 다수인피난장비, 승강식피난기
- 해당 층마다 설치하되 숙박시설의 경우 바닥면적 500㎡마다 설치

피난기구

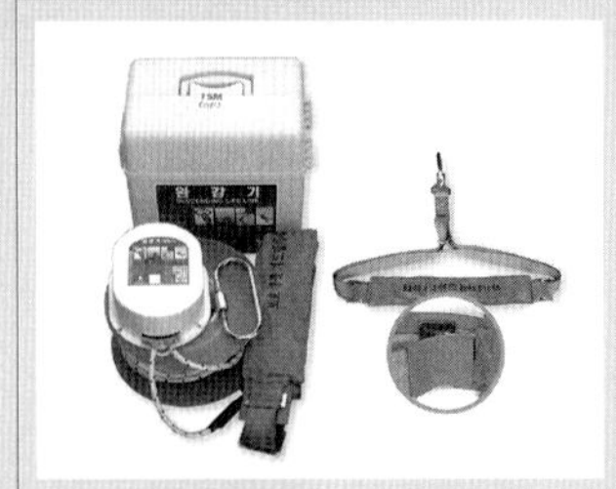

자료 : 비상방송설비의 화재 안전기준

피난기구 현장 점검사항

1. 외관 점검

- 피난구 유도등은 적절하게 설치되어 있는가?
- 상시 점등되어 있는가?
- 바닥으로부터 높이 1.5m 이상의 곳에 설치되어 있는가?
- 복도통로 유도등, 거실통로 유도등은 구부러진 모퉁이 및 보행거리 20m마다 설치되어 있는가?
- 거실통로 유도등은 바닥으로부터 높이 1.5m 이상의 위치에 설치되어 있는가?
- 계단통로 유도등은 각 층의 경사로참, 계단참마다 설치되어 있는가?(2개의 계단참마다)
- 복도통로 유도등, 계단통로 유도등은 바닥으로부터 높이 1m 이하의 위치에 설치되어 있는가?
- 설치 위치는 적절하며, 육안으로 식별 가능한가?

2. 휴대용 비상조명등 점검

- 객실 또는 영업장 안의 구획된 실마다 잘 보이는 곳에 1개 이상 설치되어 있는가?(외부 설치시 출입문 손잡이로부터 1m 이내 설치)
- 바닥으로부터 0.8m 이상 1.5m 이하의 높이에 설치되어 있는가?
- 어둠 속에서 위치를 확인할 수 있는가?
- 사용시 자동으로 점등되는 구조이며, 외함은 난연성능이 있는가?
- 건전지 사용시 방전방지조치하며, 충전식 배터리 사용시 상시 충전되는가?
- 20분 이상 유효하게 사용할 수 있는가?

거실 각 부분으로부터 쉽게 도달할 수 있는 출입구, 출입구에 이르는 보행거리가 20m 이하이고 비상조명등과 유도표지가 설치된 거실의 출입구, 출입구가 3m 이상 있는 거실로써 그 거실 각 부분으로부터 하나의 출입구에 이르는 보행거리가 30m 이하인 경우에는 피난구 유도등 설치를 제외한다.

피난설비 점검사항

- 피난기구의 사용방법은 표시되어 있는가?
- 피난기구의 설치장소와 장치구의 표시는 잘 되어 있는가?
- 장치구 부근에는 공간이 확보되어 있는가?
- 피난구 및 고정장치는 노후, 파손, 변형되지 않았는가?
- 비상구의 문은 밖으로 열게 되어 있으며 용이하게 개방되는가?
- 통로에는 피난에 방해가 되는 물건을 방치하지 않았는가?
- 비상구나 출입구 등의 부근에 커튼, 거울 등을 설치 여부
- 옥외계단은 노후되였거나 파손되어 있지 않았으며, 유도등의 전원 항시 점등 여부

자료 : 피난기구의 화재안전기준, 인명구조기구의 화재안전기준, 유도등 및 유도표지의 화재안전기준, 비상조명등의 화재안전기준

(4) 화재진압 설비

1) 소화용수 설비

도로에 설치된 공설소화전 및 지하수조와 지상수조의 저수조로써 대규모의 건축물의 화재시 건물 축 화재의 확대를 방지하기 위하여 소방대가 사용하도록 설치한다. 설치대상은 연면적 5,000㎡ 이상의 건물이다.

소화용수설비 점검사항

- 저수탱크는 파손, 누수, 동결 등으로 사용에 지장이 없는가?
- 소화용수는 80% 이상인가?
- 사용에 지장이 있는 장애물이 방치되어 있지 않은가?
- 소방차가 2m 이내의 지점까지 접근이 가능한가?
- 소화수조에는 적당한 크기의 흡수관 투입구 설치되어 있으며 시건관리되고 있는가?
- 흡수관 투입구에 흡수관 '투입구'라는 표지가 되어 있는가?

자료 : 상수도소화용수설비, 소화수조 및 저수조의 화재안전기준

2) 제연 설비

화재로 인한 유독가스가 들어오지 못하도록 차단·배출하고, 유입된 매연을 희석시키는 등의 제어 방식을 통해 실내 공기를 청정하게 유지시키는 설비로, 바닥면적 합계가 1,000㎡ 이상의 건물에 설치한다.

제연설비 점검사항

- 각 제연구역의 공기유입구는 이상 없는가?
- 제연경계벽 및 자동폐쇄식 갑종 방화문은 이상 없는가?
- 배연기가 가열될 우려가 있는 부분에 설치되어 있지 않은가?
- 배연용 풍도는 파손, 변형된 부분이 없는가?
- 제연설비 앞에 기물, 물건 등이 비치되어 있지 않은가?
- 비상전원은 이상 없는가?

자료 : 제연설비의 화재안전기준

3) 연결송수관 설비

고층빌딩의 경우 화재 발생시에 소방차로부터의 주수소화가 불가능한 경우가 많다. 그래서 소방차와 접속이 쉬운 도로면에 송수구를 설치하고 빌딩 내에는 방수구를 설치하여 송수구로부터 전용 배관에 의해 가압송수가 가능할 수 있도록 한 설비이다.

설치대상은 5층 이상으로 바닥면적 합계가 6,000㎡ 이상 되는 건물이다.

연결송수관 설비 점검사항

- 소방펌프차는 쉽게 접근할 수 있는가?
- 송수구에는 나사식 보호용 덮개가 부착되어 있는가?
- 가압 송수장치는 이상 없으며 전원은 단절되어 있지 않은가?
- 방수용 기구함 속에는 15m 호스 2개 이상, 노즐 2개 이상이 수납되어 있는가?
- 살수 헤드의 살수에 지장이 있는 장애물은 없는가?
- 송수구에 소방펌프차가 쉽게 접근할 수 있으며 '연결 살수설비용 송수구' 표지는 이상 없는가?
- 하나의 송수구역의 부착헤드는 개방형 또는 폐쇄형 헤드의 어느 것이든 하나의 종류로 되어 있는가?
- 송수구역표시 계통도가 설치되었는가?
- 살수헤드가 파손, 탈락된 부분은 없는가?
- 방수용 기구함에 표시된 '방수기구함' 표지는 이상 없는가?

자료 : 연결송수관설비의 화재안전기준

4) 위험물 저장 취급시설

지정수량 이상의 위험물을 저장하기 위한 곳으로 「위험물안전관리법」에 따른 허가를 받은 장소를 말한다. 위험물안전관리법에 의한 위험물은 인화성 또는 발화성 등의 성질을 가지는 것으로써 산화성 고체, 가연성 고체, 자연발화성물질 및 금수성물질, 인화성액체, 자기반응성물질, 산화성액체 등을 말한다. 위험물 저장 취급시설은 각별하게 관리되어야 하며 다음과 같은 사항을 수시로 확인해야 한다.

위험물 저장 취급시설 점검사항

- 외부인의 출입이 통제되고 있는가?
- 불필요한 가연물이 방치되어 있지는 않은가?
- 전선과 전기기구 등의 스파크 현상에 대한 방지 이상 유무
- 차광 및 환기설비는 이상 없는가?
- 용기의 전도 및 배관의 충격, 마찰 또는 가열의 위험성 여부
- 기름찌꺼기나 폐액이 방치되고 있지 않은가?
- 불티, 불꽃 및 고온체에 접근방지 조치가 되어 있는가?
- 위험물 안전관리자 입회 하에 위험물을 취급하고 있는가?
- 방유제가 설치되어 있으며, 바닥은 모래로 채워져 있는가?
- MSDS 자료가 비치 되어있는가?

자료: 위험물안전관리법

3. 전기재난

전기는 건물의 운용을 가능하게 하는 혈관 역할을 담당하는 설비로 유지보수 및 개·보수 공사를 통하여 전기공급을 원활히 하고 사전에 고장을 철저히 예방하여야 한다. 수시로 꼼꼼한 점검과 세심한 관리가 필요하다. 전기설비는 수변전설비, 예비전원 설비, 접지설비, 간선설비, 동력설비, 조명 및 전열 설비, 전화설비, 공청설비, 승강기 설비 등에 걸쳐 종합 점검이 진행되어야 한다.

[표 2-2-4] 전기 설비 종합 점검표

구분		점검항목
수변전 설비	수변전 설비	수전방식, 인입경로 및 선로, 접속점, 책임분계점 등 계통설비의 확인
		모선구성방식, 부하설비용량, 수배전설비용량 등 설계 도서 확인
		변압기 및 차단기, 피뢰기, 보호계전 설비의 적정 시공 유무
		수배전반 설비, 케이블트레이, 전선관 설비의 적정 시공 유무
		역률개선설비, 서지옵서버, 고조파 제거장치 등의 시공 유무
		보호 계측기 기기 및 계량기 등의 적정 시공 유무
		변압기 및 차단기 용량 및 규격, 전선로 규격 등의 적합 유무
		동력, 전등, 전열, 비상부하설비별 배전반 구분 설치 유무

구분		점검항목
수변전 설비	수변전 설비	차단기별 부하설비 용량 적정 사용(차단기 용량의 75% 이하)
		각 부하별 전류 평형 및 부하 균등 적정 유무
		정류기설비, 축전지설비 등 비상전원 설비 적정 설치 유무
		감시제어시스템, 조명제어시스템 구성 및 정상 운영 유무
		배전반 내 차단기 설치 유무(10% 내외)
		전력기기류의 고효율, 고품질, 표준성, 안전성, 범용성 등의 적정 유무
		변전실내 조명기구 배치, 조도, 냉방설비 등 적정유무
		변전실내 비상조명, 비상조명등(충전식), 감시CCTV 설치 유무
		보호장구류, 예비부품, 장비 매뉴얼 등의 비치 유무
예비전원 설비	비상발전 설비	발전기실의 위치, 면적, 기초, 연도 등 구조물 적합유무
		발전기실 내 진동 및 소음 대책, 누수, 크랙 등의 적합 유무
		발전기의 용량설정, 모선구성, 배전방식의 적합 유무
		발전기 보호 시스템 및 인터록, 계통제어시스템의 안전성 유무
		발전기실 내 조명기구 배치, 조도, 비상조명 등 적정유무
		냉각수계통, 연료계통, 환기설비, 소방 및 안전설비의 적정 시공 유무
		보호장구류, 예비부품, 장비 매뉴얼 등의 비치 유무
접지설비	접지 및 피뢰설비	접지 방식 및 저항 계산서, 저항값 확인 유무
		접지 계통 및 접속점, 접지 전선로 규격 적정 유무
		피뢰방식, 피뢰침, 인하도선, 접지극 시공 적합 유무
간선설비	분전반실	전기 면적, 방화구획마감, 내장재 마감 적정 유무
		시건장치, 실내조명설비, 실내조도, 소방설비 적합유무
		케이블트레이 시공 적정 유무
		타설비와의 혼용, 간섭 등 사용 유무
	분전반	분전반 설치 위치, 분전반 전면 안전거리 확보 유무(최소 1.2m)
		분전반 간선 전선로 분기거리, 간선용량, 부하용량 적정 유무
		분전반 외관, 차단기 배치, 보호판, 차단기 절연격판 설치 적정 유무
		차단기별 부하설비 용량 적정 사용(차단기 용량의 75% 이하)
		차단기 도금상태, 상별 표시 상태 표기 유무
		전등, 전열, 비상부하별 차단기 구분 설치 및 부하명 표기 유무
		미터 등의 설치 유무
		차단기 표준성, 범용성, 부하 절연 측정값 등의 적정 유무
		배전반 내 차단기 설치 유무(10% 내외)

구분		점검항목
간선설비	전력간선	부하용량 계산서 및 부하 전류 평형 적정 유무
		전선 규격 및 품질, 사용 용도, 허용전류, 전압강하 등 적정 유무
		공급전압 및 상수, 중성점 결속 상태, 차단기 단자 접속 상태 적합 유무
		전력간선 공급점 표기 및 부하별 명칭 부착 유무
동력설비	동력기기	동력부하별 전선용량, 기동방식 적정 유무
		동력기기 외관, 배관배선, 결속 상태 적정 유무
		동력기기 절연 및 운전상태, 기동 전류 등 적정 유무
		고효율 동력기기 사용 유무
		부하별 명칭 및 용도, 규격 표기 부착 유무
	제어반	제어반의 위치, 규격, 외관, 케이블 인입, 인출 등 적정 유무
		제어방식, 기동방식의 적합 유무
		차단기, 전자접촉기 규격 적정 유무
		전원선, 제어선 및 계측기 2차전선 적정 규격 사용 유무
		예비 기동기, 역률 개선 콘덴서, 설치 유무
		인버터, 리액터기동기 등 에너지 세이빙 장비 적용 유무
		조작전원, 제어회로, 인터록 접점 등의 구성 유무
조명 및 전열설비	조명	조명기구의 안전성, 효율성, 내구성, 범용성 등 적정 유무
		광원의 종류, 광원 색온도, 광도 등의 적정 유무
		위치별 적정 조도, 배광 곡선 등의 적정 유무
		외관조명, 수목등 기구의 설치 위치, 고정 상태 등의 적합 유무
		특수조명, 행사용 조명기구 등의 규격, 수량 등의 적정 유무
		조명제어시스템, 조광기, 점멸기 등의 용량 및 규격의 적정 유무
		비상조명회로, 전원회로, 일반 조명 회로의 적정 구성 유무
		조명용 전열 수구와 일반 전열 수구와 구분 설치 유무
		장식 조명기구의 내구성, 안전성 적정 유무
		비상조명기구, 조명기구 표시 부착 유무
		회로별 스위치 구성, 설치위치, 기구상태 등 적합 유무
		스위치 제품의 표준성, 범용성 적용 유무
	전열설비	벽부형, 플로어용 등 용도 및 규격 적정 유무
		전열회로 전용회로 구성, 절연저항 등 적합 유무
		전열회로별 전열아울렛 적정 수량 설치 유무
		전선의 규격, 용량, 결속상태, 배선기구의 외관 상태 적정 유무
		타 배선기구와 위치, 배열, 설치 높이 등 적정 유무

구분		점검항목
전화설비	국선 및 내선설비	국선 인입 계통도, 분기점, 접속점 위치 점검
		용량, 국선 및 내선, 예비 단자 등 설치 유무
		국선 및 내선 회선수, 예비 회선수의 적정 유무
	배선	국선 및 내선 간선배선 및 배관 시공상태 적합 유무
		배선방식, 단자함 위치, 케이블 배선, 결속상태 적합 유무
		통신선 사양, 규격 적정 유무
	교환대	교환기실 위치, 면적, 높이, 조도, 확장성 적정 유무
		전원설비, 예비전원설비 장비 등 용량 및 규격 적정 유무
		교환기 접지 계통 및 접지저항값 적정 유무
		항온항습기 설치 및 용량, 규격 적정설치 유무
		공조설비, 환기설비, 시건장치, 보안설비 등 적정 유무
	이동통신설비	이동통신설비 설치, 통신 음영구역 확인 유무
방송설비	방송설비	구역별, 면적별 적정 수량 배치, 음량, 소음레벨 적정 유무
		구역별 리모트 절체 스위치 채택, 국소방송 장비 설치 유무
		방송장비 규격, 형식, 앰프 규격 및 용량 적정 유무
		방송선로 단자반 규격, 회로구분, 회로별 구역 명칭 등의 표기 유무
		구역별(기계실, 옥외 주차장 등) 스피커 적정 설치 유무
		전원설비, 예비전원설비 장비 등 용량 및 규격 적정 유무
		특수음향 설비(강당, 홀 등) 적정 설치 유무
	방송실	방송실 위치, 면적, 적정 유무
		공조 및 환기설비 적정 유무
		화재신호 연동설비, 소방설비 적정 유무
공청설비	TV설비	공용방송 안테나설비, 시내케이블, 위성방송 채널 인입 유무
		전계 강도 감도 적정 유무
		안테나 위치, 지지구조물 및 지지선 강도 적정 유무
	CCTV	녹화장비 사양, 저장용량(1주일 녹화분량), 전원설비 적정 유무
		CCTV 카메라 사양, 해상도, 설치 위치(취약지역) 적정 유무
승강기 설비	승객 및 인화물용	승강기 사양, 전원계통, 냉난방 장치, 기계실 환기, 조도 적정 유무
		승강장 버튼 정상작동 유무
		Car내부조명기구, 조도, CCTV, 인터폰 정상작동 유무
승강기 설비	승객 및 인화물용	Door 개폐상태, 기계적 소음, 진동, 떨림 등 운행 상태
		비상용 승강기 내 하부 배수펌프 설치 유무
		기타 승강기 관련 점검사항 점검 유무

구분		점검항목
객실	ROOM & Bath Room	Room Controller 기능 및 동작 상태 적정 유무
		Room Control Board 설치 위치, 배선, 차단기 용량 적합 유무
		Door 입구 차임벨, 동작 상태 유무
		카드키홀더 위치 및 동작 상태 적정 유무
		조명기구 위치, 광원, 조도, 색온도 적정 유무
		조명기구류 위치, 내구성 적정 유무
		조명기구 안정기의 안전성, 내구성, 소음 등 적정 유무
		상시전열, 일반전열 회로의 구분 시공 유무
		객실내 전열기구, TV, 전화, 냉장고 등 가전기구류 동작 유무
		객실내 유 · 무선 네트워크 선로, 장비 설치 유무
		TV 수신감도 적정 유무(70dB 이상)
		TV채널, 공중파채널 제공 유무
		화장실 조명기구 방수, 조도 적합 유무
		화장실 비데용 전열, 다용도전열소켓 설치 유무
		비상벨 설치 위치, 작동 유무
		비상방송 스피커 설치 및 음량 적정 유무
		풍량 조절 스위치 및 온도센서 정상 작동 유무(풍량, 소음)
기타 부문	공통사항	광원 사양, 조명회로, 조도, 색온도 등 적정 유무
		비상조명 회로 적정 배치 유무
		조명제어시스템, 조광기, 스위치 등 정상 작동 유무
		서비스용 전열, 통신, TV 아울렛 등 설치 상태 유무
		스피커 음량, 비상방송 절체 상태 유무
	주방	주방기기용 차단기 용량 적정 유무
		주방조명기구 사양, 조도 적정 유무
		주방기구용 전열 아울렛 적정 설치 유무
	기타	주차관제시스템, 객실관리시스템 설치 및 정상 작동 유무
		프런트 및 객실관리시스템 전원공급(비상전원) 적합 유무

전기안전관리자는 전기안전관리자의 직무에 의거하여 점검의 종류에 따른 측정 주기 및 시험항목 예시를 참고하여 동법 제3조 제1항의 안전관리규정을 매년 작성하고 점검 계획을 수립하여 점검을 실시하여야 한다. 전기 현장 점검은 육안 점검과 더불어 부하측정과 절연저항, 누설전류 등의 측정 및 관리가 필요하다.

[표 2-2-5] 점검 종류별 측정 및 시험항목 예시

단위: □ 필수, ▣ 필요시

측정 및 시험항목		주기						기록서식
		월차	분기	반기	연차	공사중	감리	
외관 점검 및 부하측정		□	□	□	□	□	□	
저압 전기설비 점검		–	–	–	–	–	–	
– 절연저항 측정		–	–	▣	□	–	–	
– 누설전류 측정		–	▣	▣	–	–	–	
– 접지저항 측정		–	–	□	□	–	–	
고압 전기설비 점검		–	–	–	–	–	–	
– 절연저항 측정		–	–	–	□	–	–	
– 접지저항 측정		–	–	–	□	–	–	
– 절연내력 측정		–	–	–	□	–	–	
변압기 점검		–	–	–	□	–	–	
– 절연저항 측정		–	–	–	□	–	–	
– 절연내력 측정, 산가도 측정(절연유)		–	–	–	▣	–	–	
계전기 및 차단기 동작시험		–	–	–	□	–	–	
예비 발전 설비	절연 및 접지저항 측정	–	–	□	–	–	–	
	축전지 및 충전장치 점검	–	–	□	–	–	–	
	발전기 무부하 또는 부하시험	–	□	□	–	–	–	
적외선 열화상 측정		–	□	□	□	–	–	
전원품질분석		–	–	–	□	–	–	

절연 측정과 함께 열화성 측정도 유용하게 활용할 수 있는데 열화성 측정기기는 열을 추적, 탐지하여 화면으로 한 눈에 보여주는 장치로써 오직 열을 이용해서 촬영하는 특수 장비이다. 시설물 점검 시 열화상 카메라 측정을 통해 눈에 보이지 않을 정도의 작은 화재, 화재 발생 위험이 있는 것을 사전에 찾아 예방할 수 있다. 판정기준은 3상 비교법으로 최고치와 최저치의 온도차를 비교하며, 정상 5℃ 이하, 요주의는 5℃ 초과 10℃ 이하, 이상은 10℃ 이상으로 분류된다.

[그림 2-2-6] A호텔 열화상 측정 사진

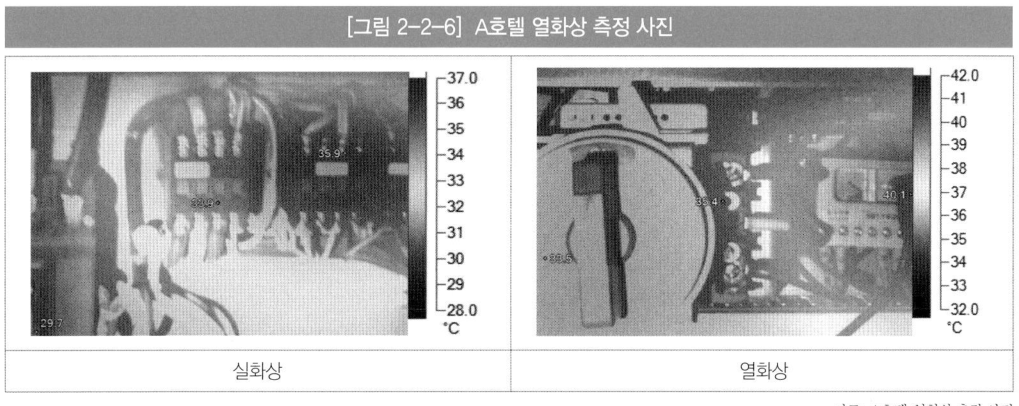

실화상 | 열화상

자료: A호텔 열화상 측정 사진

[그림 2-2-7] A호텔 열화상 측정에 따른 메인브레커 적색라인 본드이완 사진

실화상	열화상

자료: A호텔 열화상 측정에 따른 메인브레커 적색라인 본드이완 사진

가. 비상콘센트설비

화재로 인해 전원의 개폐장치가 단락되면 소화활동에 어려움이 있으므로, 내화배선에 의한 고정설비인 비상콘센트 설비를 설치해 화재시 소방대의 조명용을 비롯해 소화활동에 사용한다. 지하층을 포함하는 층수가 11층 이상이며, 지하층의 층수가 3개층 이상이고 지하층의 바닥 면적의 합계가 1,000㎡ 이상 되는 건물에 설치한다.

비상콘센트설비 점검사항

• 바닥으로부터 0.8m 이상 1.5m 이하의 높이에 설치되어 있는가?	• 매립식 보호함 안에 설치되었는가?
• 주배전반에서 전용회로로 되어 있는가?	• 보호함 표면에 표시된 '비상콘센트' 표지는 이상 없는가?
• 3상교류 200, 300V로써 30A 이상 및 단상교류 100, 200V로써 15A 이상의 전기가 공급되고 있는가?	• 보호함 상부에 설치된 적색표시등은 점등되어 있는가?
• 콘센트의 플러그는 3상교류 200, 300V에는 4극 또는 3극 플러그 단상교류 100V, 200V에 2극 플러그 적합한가?	• 비상전원은 이상 없는가?

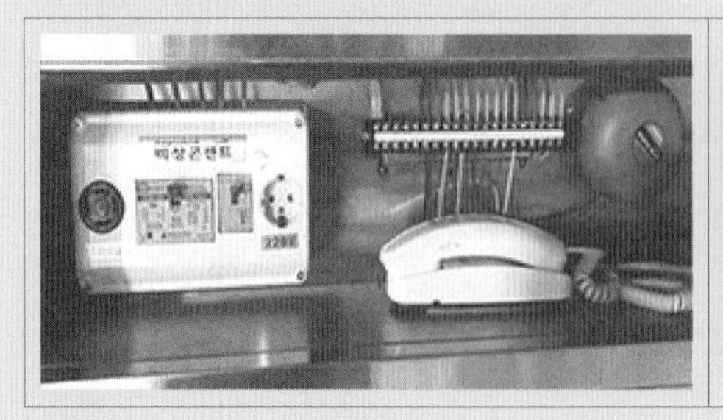

자료: 비상콘센트설비의 화재안전기준<NFSC 504>

전기설비의 안전성을 보장하기 위해서는 각각의 전기 설비의 내구연한 기간에 맞게 주기적인 교체 및 정비가 이뤄져야 한다. 내구연한이란 어떠한 물체를 원래의 상태대로 사용할 수 있는 기간을 뜻한다. 전기의 주시설인 변전설비 및 변전정류기의 내구연한은 20년에 해당하며, 통신설비는 광전송설비 및 DMB중계기각각 10년를 제외한 관제전화시스템 및 디지털전송설비, 화상전송설비, 방송설비 등 모두 20년의 내구연한을 갖고 있다. 그러나 배전반 등 전력기자재의 내구연한에 대한 법적인 기준이 별도로 마련되지 않음에 따라 각 시설 담당자의 직관과 경험에 따라 교체가 이루어지는 한계점을 갖고 있다. 절연장화, 절연장갑, 특고압검전기 등 안전과 직결되는 전기 설비에 대해서는 내구연한에 대한 법적 기준을 정립하여 안전성에 대한 보장을 높여야 할 필요가 있다.

4. 건축재난

건축은 건물 자산가치의 증대와 수명연장 등 업무의 효율성 향상을 통하여 고객의 안전, 서비스를 제공함에 있다. 건축의 안전사고 예방을 위한 부분에서 가장 중요한 사항은 방화구획 및 방화문이다. 방화구획은 면적별, 층별 구획으로 구분되며, 외벽과 바닥 사이에 틈이 생겼거나 급수관, 배전관 기타의 관이 방화구획을 관통하는 경우에는 그 관과 방화구획과의 틈을 다음의 어느 하나로 메워야 한다.

- 「산업표준화법」에 따른 한국산업규격에서 내화충전성능을 인정한 구조로 된 것.
- 한국건설기술연구원장이 국토교통부장관이 정하여 고시하는 기준에 따라 내화충전성능을 인정한 구조로 된 것.

(1) 건축물 마감재료

건축물의 화재는 대형사고로 이어지는 경우가 많아 내화기준, 소방기준이 무엇보다도 엄격히 요구된다. 특히 내장재로 쓰이는 자재들이 연소하며 내뿜는 화학 연기로 질식사하는 경우가 많기 때문에 건축물 내부의 마감재료는 특히 신경을 써야 한다. 실내마감재료는 불연재료, 준불연재료 또는 난연재료를 의무적으로 사용해야 한다. 거실의 벽을 비롯하여 반자의 실내에 접하는 부분의 마감은 물론 그 거실에서 지상으로 통하는 주된 복도, 계단 기타 통로의 벽 및 반자의 실내에 접하는 부분의 마감도 불연재료 또는 준불연재료로 하여야 한다. 외장재 역시 대통령령으로 정하는 건축물의 외벽에 사용하는 마감재료로써 방화에 지장이 없는 재료여야 한다.

가. 난연재료

불에 잘 타지 아니하는 성능을 가진 재료로써국토교통부령이 정하는 기준에 적합한 재료 「산업표준화법」에 의한 한국산업규격이 정하는 바에 의하여 시험한 결과, 가스 유해성과 열방출량 등이 국토교통부장관이 정하여 고시하는 난연재료의 성능기준을 충족하는 것을 사용한다.

나. 불연재료

콘크리트·석재·벽돌·기와·철강·알루미늄·유리·시멘트 몰탈 및 석회가 여기에 속하는데 이 경우 시멘트 몰탈 또는 석회 등 미장재료를 사용하는 경우에는 「건설기술 진흥법」 제44조 제1항 제2호에 따라 제정된 건축공사표준시방서에서 정한 두께 이상인 것에 한한다. 「산업표준화법」에 의한 한국산업규격이정하는 바에 의하여 시험한 결과 질량감소율 등이 국토교통부장관이 정하여 고시하는 불연재료의 성능기준을 충족하는 것, 그 밖에 유사한 불연성의 재료로 국토교통부장관이 인정하는 재료. 다만, 제1호의 재료와 불연성재료가 아닌 재료가 복합으로 구성된 경우를 제외한다자료: 건축물의 피난, 방화구조 등의 기준에 관한 규칙 제 6조.

(2) 방염처리

방염의 사전적 정의는 불이 붙어 옮겨 그 자신이 연소 확대의 요인이 되지 않는 정도의 연소성을 방염 성능이 있다고 하고, 섬유 기타의 가연물에 약제를 사용하여 방염성능을 부여하는 것을 방염 가공이라고 한다.

가. 방염대상

창문에 설치하는 커튼류블라인드를 포함한다, 카펫, 두께가 2mm 미만인 벽지류종이벽지는 제외한다, 전시용 합판 또는 섬유판, 무대용 합판 또는 섬유판, 암막·무대막, 섬유류 또는 합성수지류 등을 원료로 하여 제작된 소파·의자, 숙박시설에서 사용하는 침구·소파 및 의자, 커튼 등에 대하여 방염처리가 필요하다고 인정되는 경우에 해당한다. 성능기준은 버너의 불꽃을 제거한 때부터 불꽃을 올리며 연소하는 상태가 그칠 때까지 시간은 20초 이내, 버너의 불꽃을 제거한 때부터 불꽃을 올리지 아니하고 연소하는 상태가 그칠 때까지 시간은 30초 이내, 탄화한 면적은 50㎠ 이내, 탄화한 길이는 20cm 이내, 불꽃에 의하여 완전히 녹을 때까지 불꽃의 접촉횟수는 3회 이상, 발열량을 측정하는 경우, 최대 연기밀도는 400 이하가 되어야 한다.

(3) 방화설비

1) 방화댐퍼

환기, 냉·난방시설의 풍도가 방화구획을 관통하는 경우 설치대상으로 방화구획 관통부분 또는 이에 근접한 부분에 설치한다. 구조는 철재로써 철판의 두께가 1.5mm 이상이며, 화재가 발생한 경우에는 연기의 발생 또는 온도의 상승에 의하여 자동적으로 닫히고, 닫힌 경우에는 방화에 지장이 있는 틈이 생기지 않아야 한다. 방화댐퍼 작동원리는 아래의 [그림 2-2-8]과 같다.

[그림 2-2-8] 방화댐퍼 작동원리

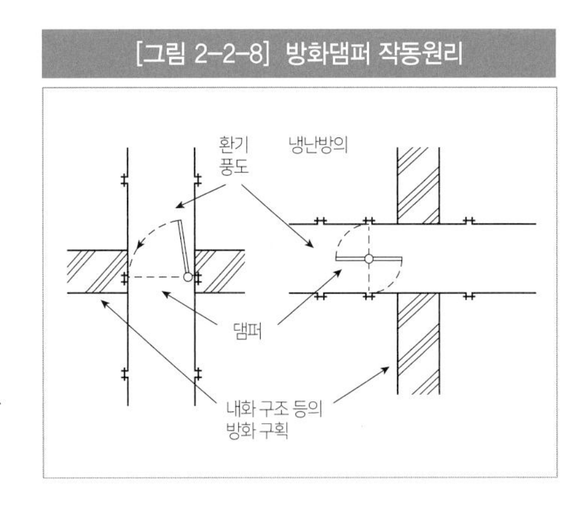

「산업표준화법」에 의한 한국산업규격상 방화댐퍼의 방연시험방법에 적합해야 한다. 종류별 방화댐퍼는 다음의 [그림 2-2-9]와 같다.

[그림 2-2-9] 방화댐퍼 종류

2) 방화문과 셔터

언제나 닫힌 상태를 유지하거나 화재로 인한 연기, 온도, 불꽃 등을 가장 신속하게 감지하여 자동적으로 닫히는 갑종방화문을 설치한다. 방화셔터는 면적별, 층별 방화구획 대상 건물 중 넓은 공간에 부득이하게 내화구조로 된 벽을 설치하지 못하는 경우 사용한다.

방화문과 셔터 점검사항

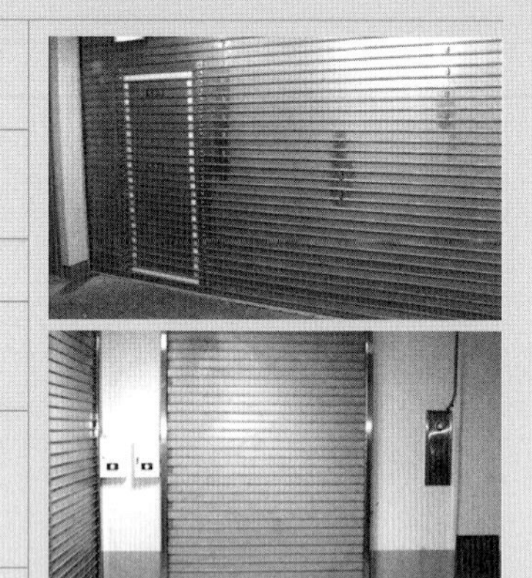

- 행정안전부장관이 정하는 기준에 적합한 비상구유도등 또는 비상구유도표지를 한다.
- 출입구 부분은 셔터의 다른 부분과 색상을 달리하여 쉽게 구분되도록 하여야 한다.
- 출입구의 유효너비는 0.9m 이상, 유효높이는 2m 이상이어야 한다.
- 전동 또는 수동에 의해서 개폐할 수 있는 장치와 감지기 등을 갖추고, 화재 발생시 연기 및 열에 의하여 자동 폐쇄 되는 장치 일체로 구성한다.
- 셔터의 상부는 상층 바닥에 직접 닿도록 하며, 부득이하게 발생한 바닥과의 틈새는 화재시 연기와 열의 이동통로가 되지 않도록 방화구획에 준하는 처리를 한다.
- 방화셔터 하부에 진열대 및 물건을 설치하지 않는다.

자료: 자동방화셔터 및 방화문의 기준<국토교통부 고시>

3) 피난 시설

건축물의 내부에 설치하는 피난계단 점검사항

- 계단실은 창문 · 출입구 기타 개구부(이하 '창문 등'이라 한다)를 제외한 당해 건축물의 다른 부분과 내화구조의 벽으로 구획할 것.
- 계단실의 실내에 접하는 부분(바닥 및 반자 등 실내에 면한 모든 부분을 말한다)의 마감(마감을 위한 바탕을 포함한다)은 불연재료로 할 것.
- 계단실에는 예비전원에 의한 조명설비를 할 것.
- 계단실의 바깥쪽과 접하는 창문 등(망이 들어 있는 유리의 붙박이창으로써 그 면적이 각각 1m² 이하인 것을 제외한다)은 당해 건축물의 다른 부분에 설치하는 창문 등으로부터 2m 이상의 거리를 두고 설치할 것.
- 건축물의 내부와 접하는 계단실의 창문 등(출입구를 제외한다)은 망이 들어 있는 유리의 붙박이창으로써 그 면적을 각각 1m² 이하로 할 것.
- 건축물의 내부에서 계단실로 통하는 출입구의 유효너비는 0.9m 이상으로 하고, 그 출입구에는 피난의 방향으로 열 수 있는 것으로 언제나 닫힌 상태를 유지하거나 화재로 인한 연기, 온도, 불꽃 등을 가장 신속하게 감지하여 자동적으로 닫히는 구조로 갑종방화문을 설치할 것.
- 계단은 내화구조로 하고 피난층 또는 지상까지 직접 연결되도록 할 것.

자료: 건축물의 피난 · 방화구조 등의 기준에 관한 규칙 제9조

건축물의 바깥쪽에 설치하는 피난계단 점검사항

- 계단은 그 계단으로 통하는 출입구 외의 창문 등(망이 들어 있는 유리의 붙박이창으로써 그 면적이 각각 $1m^2$ 이하인 것을 제외한다)으로 부터 2m 이상의 거리를 두고 설치할 것.
- 건축물의 내부에서 계단으로 통하는 출입구에는 갑종방화문을 설치할 것.
- 계단의 유효너비는 0.9m 이상으로 할 것.
- 계단은 내화구조로 하고 지상까지 직접 연결되도록 할 것.

특별피난계단의 점검사항

- 건축물의 내부와 계단실은 노대를 통하여 연결하거나 외부를 향하여 열 수 있는 면적 $1m^2$ 이상인 창문(바닥으로부터 1미터 이상의 높이에 설치한 것에 한한다) 또는 「건축물의 설비 기준 등에 관한 규칙」 제14조의 규정에 적합한 구조의 배연설비가 있는 면적 $3m^2$ 이상인 부속실을 통하여 연결할 것.
- 계단실 · 노대 및 부속실(「건축물의 설비기준 등에 관한 규칙」 제10조 제2호 가목의 규정에 의하여 비상용승강기의 승강장을 겸용하는 부속실을 포함한다)은 창문 등을 제외하고는 내화구조의 벽으로 각각 구획할 것.
- 계단실 및 부속실의 실내에 접하는 부분(바닥 및 반자 등 실내에 면한 모든 부분을 말한다)의 마감(마감을 위한 바탕을 포함한다)은 불연재료로 할 것.
- 계단실에는 예비전원에 의한 조명설비를 할 것.
- 계단실 · 노대 또는 부속실에 설치하는 건축물의 바깥쪽에 접하는 창문 등(망이 들어 있는 유리의 붙박이창으로써 그 면적이 각각 $1m^2$ 이하인 것을 제외한다)은 계단실 · 노대 또는 부속실 외의 당해 건축물의 다른 부분에 설치하는 창문 등으로부터 2m 이상의 거리를 두고 설치할 것.
- 계단실에는 노대 또는 부속실에 접하는 부분 외에는 건축물의 내부와 접하는 창문 등을 설치하지 아니할 것.
- 계단실의 노대 또는 부속실에 접하는 창문 등(출입구를 제외한다)은 망이 들어 있는 유리의 붙박이창으로 그 면적을 각각 $1m^2$ 이하로 할 것.
- 노대 및 부속실에는 계단실외의 건축물의 내부와 접하는 창문 등(출입구를 제외한다)을 설치하지 않을 것.
- 건축물의 내부에서 노대 또는 부속실로 통하는 출입구에는 갑종방화문을 설치하고, 노대 또는 부속실로부터 계단실로 통하는 출입구에는 갑종방화문 또는 을종방화문을 설치할 것. 이 경우 갑종방화문 또는 을종방화문은 언제나 닫힌 상태를 유지하거나 화재로 인한 연기, 온도, 불꽃 등을 가장 신속하게 감지하여 자동적으로 닫히는 구조로 하여야 한다.
- 계단은 내화구조로 하되, 피난층 또는 지상까지 직접 연결되도록 할 것.
- 출입구의 유효너비는 0.9m 이상으로 하고 피난의 방향으로 열 수 있을 것.

자료: 건축물의 피난 · 방화구조 등의 기준에 관한 규칙 제9조

[그림 2-2-10] 피난 안전구역

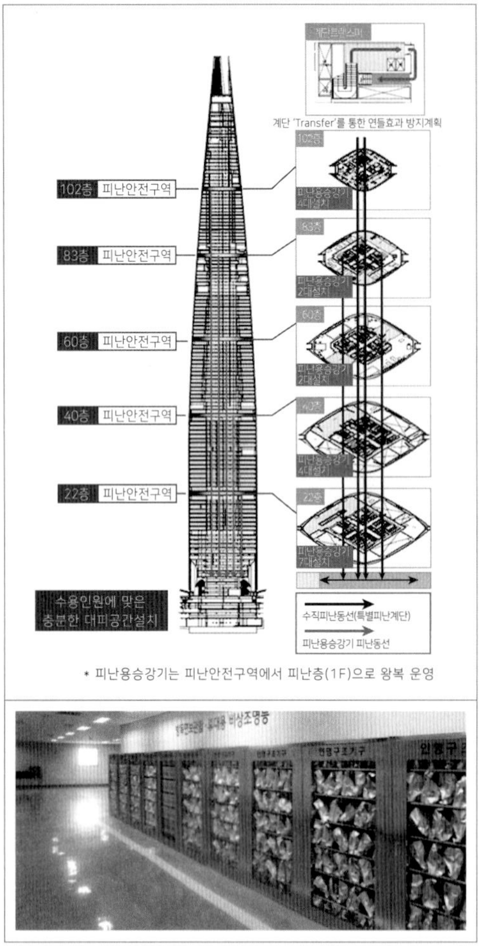

* 피난용승강기는 피난안전구역에서 피난층(1F)으로 왕복 운영

자료: A타워 피난 안전구역 보고서

건축물의 피난층 외의 층에서는 피난층 또는 지상으로 통하는 직통계단경사로 포함을 거실의 각 부분으로부터 계단거실로부터 가장 가까운 거리에 있는 계단을 말한다에 이르는 보행거리가 30m 이하가 되도록 설치하여야 한다. 다만, 건축물 지하층에 설치하는 불연재료로 된 건축물은 그 보행거리가 50m가 되도록 설치되어야 한다. 직통계단은 숙박시설의 용도로 쓰는 3층 이상의 층으로 그 층의 해당 용도로 쓰는 거실의 바닥면적 합계가 200㎡ 이상일 경우에는 2개소 이상 설치해야 한다. 직통계단 이외에도 건축물의 5층 이상 또는 지하 2층 이하의 층으로부터 피난층 또는 지상으로 통하는 직통계단지하 1층인 건축물의 경우에는 5층 이상의 층으로부터 피난층 또는 지상으로 통하는 직통계단과 직접 연결된 지하 1층의 계단을 포함한다은 피난계단 또는 특별피난계단을 설치하여야 한다.

건축물의 내외부에 설치하는 피난계단의 구조, 그리고 특별피난 계단 구조는 위와 같은 점검사항을 충족해야 한다. 직통계단, 피난계단, 특별피난계단의 피난 시설과 함께 건축의 사고 예방을 위해 반드시 선행되어야 할 사항은 피난안전구역이다. 보통 피난안전구역은 초고층건축물 및 준초고층 건축물에 적용된다. 피난안전구역을 적용해야 되는 대상은 다음 [표 2-2-6]과 같다.

[표 2-2-6] 피난안전구역

구분	규모	설치기준
초고층 건축물	50층 이상	지상층으로부터 최대 30개층마다 1개소 이상
	높이 200m 이상	
준초고층 건축물	30층 이상 49층 이하	해당 건축물 전체 층수의 2분의 1에 해당하는 층으로부터 상하 5개층 이내에 1개소 이상
	높이 120m~200m	

자료: 건축물의 피난 · 방화구조 등의 기준에 관한 규칙

[그림 2-2-11] 특별피난계단 내부 비교 사진

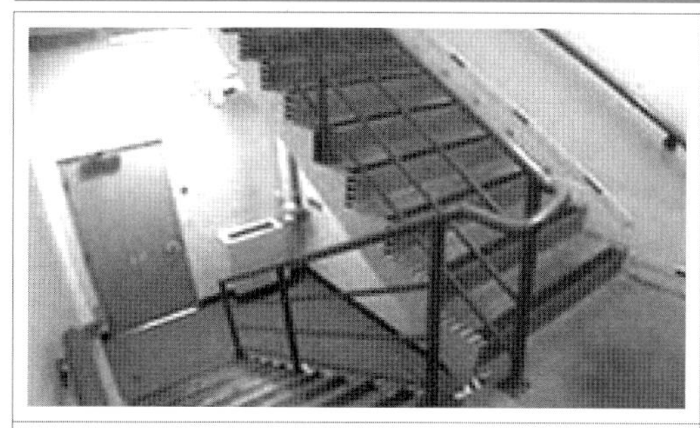

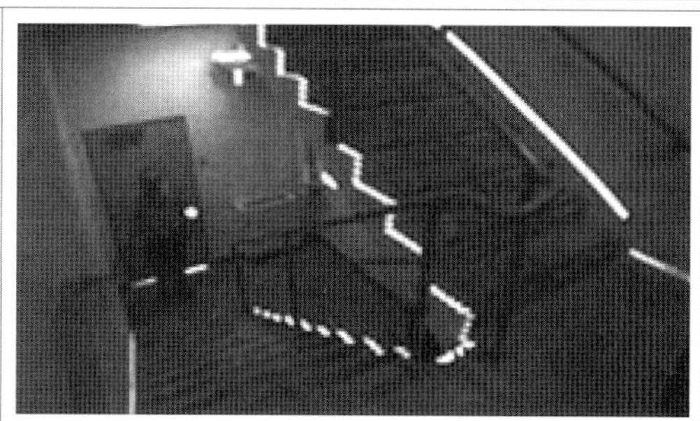

평상시 내부	비상시 내부

* 특별피난계단 내부에 피난유도선을 설치하여 유사시 피난동선 확보

[표 2-2-7] 피난안내도 비치등 방법

구분	내용
비치 대상	영업장으로 사용하는 바닥면적이 $33m^2$를 초과하는 경우
비치 위치	영업장 주 출입구 부분의 손님이 쉽게 볼 수 있는 위치, 구획된 실의 벽, 탁자 등 손님이 쉽게 볼 수 있는 위치
내용	화재시 대피할 수 있는 비상구 위치, 피난 및 대처방법, 구획된 실 등에서 비상구 및 출입구까지의 동선, 소화기, 옥내소화전 등 소방시설 위치 및 사용방법
크기	B4(257mmX364mm) 이상의 크기. 다만, 바닥면적이 $400m^2$ 이상인 경우에는 A3(297mmX420mm) 이상의 크기로 할 것.
재질	종이(코팅처리), 아크릴, 강판 등 쉽게 훼손 또는 변형되지 않는 것.

자료 : 다중이용업소의 안전관리에 관한 특별법 제12조

(4) 화재진압

최초발견자가 발화지점 인근 소화기구 및 소방시설에 의한 초기 진화를 개시하고, 2차 소방요원 및 비상대기조가 출동하여 임무에 임하며 소방관 도착시는 소방서의 지원을 받아 완전 진화한다.

발화초기 자위소방대에 의한 진화, 소방요원 및 비상대기조 출동, 진화에 의한 초기대응, 소방관 및 호텔 비상대기조, 자위소방대에 의한 합동 진화 등을 실시한다. 스프링클러에 의한 자동 진화 및 소화기 등으로 초기진화하며, 소화설비옥내소화전, 연결송수관 등로 진화 및 소방관 출동으로 완전 진화한다.

5. 화학물질

화학물질 등으로 인하여 환경상 위해 및 제반 사고를 예방하고 발생 시 신속한 대응 지침을 수립하여 운영하며 물질안전보건자료MSDS 비치 및 교육 등 확인이 필요하다.

(1) 화학물질 보관 · 저장 · 취급

화학물질 표시가 오염되거나 손상되지 않도록 하며, 쉽게 확인 가능한 장소에 부착한다. 폭발·화재 등의 사고를 예방하는 안전장치를 설치한다방폭 설비 등. 취급하는 화학물질 특성에 맞는 소화설비 및 보호구 비치한다. 유사시 중화·흡착·희석하거나 회수할 수 있는 방제약품 또는 자재 비치한다.

- 고체 물질 : 용기를 가능한 밀폐 상태로 보관한다.
- 액체, 기체 물질 : 완전 밀폐 상태로 보관하여 보관 용기가 파손 또는 부식되거나 균열이 발생되지 않도록 관리한다.

화학물질 보관시설의 출입문, 창문 및 잠금장치의 부식·노후를 예방하고 관리한다. 종류가 다른 화학물질을 보관하는 경우 칸막이나 바닥을 구분하고 상호간에 적절한 간격을 유지하며 서로 반응하는 물질은 같이 보관하지 않는다. 화학물질의 저장량은 기준 이하로 유지하며 최소화한다. 소분용기, 저장용기에 화학물질 관련 자료MSDS 등를 표시한다. 화학물질은 옥내와 옥외저장소에 보관하는 게 좋으며, 유의할 사항은 다음과 같다.

옥내저장소 보관할 경우

- 보기 쉬운 곳에 'ㅇㅇㅇ 옥내저장소'라는 표시 등 게시판을 설치한다.
- 저장소의 벽 · 기둥 · 바닥 · 보 및 지붕이 내화구조여야 한다.
- 저장소의 출입구에 수시로 열 수 있는 자동폐쇄방식의 갑종방화문을 설치한다.
- 저장소의 창 또는 출입구에 유리를 이용하는 경우 망입유리로 설치한다.
- 액상 위험물의 저장소 바닥은 위험물이 스며들지 않는 구조로 하고, 적당하게 경사지게 하여 그 최저부에 집유설비를 설치한다.
- 선반 등의 수납장을 설치하는 경우에는 불연재료로 하고 견고한 기초 위에 고정하고 수납한 용기가 쉽게 떨어지지 않게 조치한다.
- 외부로 유출되거나 지하로 스며들거나 흩날리는 것을 방지할 수 있는 시설을 설치한다.(국소배기장치, 집진시설, 배수설비 및 집수설비 등)
- 적절한 환기시설 및 유독물 특성에 맞는 온도 · 습도 유지한다.

옥외저장소 보관할 경우

- 보기 쉬운 곳에 'ㅇㅇㅇ 옥외저장소'라는 표시 등 게시판을 설치한다.
- 화학물이 지하로 스며들지 않도록 배수시설 및 집수설비를 설치한다.
- 누출된 화학물질이 보관시설 밖으로 유출되지 않도록 방류벽을 설치하고 유출된 화학물질을 회수할 수 있는 시설을 구비한다.
- 관계자 외 출입을 통제 할 수 있는 울타리 등을 설치하여 시건한다.
- 물과 반응할 수 있는 화학물질을 취득하는 경우 물과의 접촉을 금지하는 등 조치를 한다.
- 옥외저장소는 사고 발생 우려 장소 및 시설과 일정한 안전거리를 확보한다.
- 옥외저장소 선반은 불연재료로 만들고 견고한 지반면에 고정 및 설치한다.(과도하게 높은 선반 높이 제한, 낙하방지조치 등)
- 캐노피 또는 지붕을 설치하는 경우에는 환기 및 소화활동에 지장을 주지 아니하는 구조로 설치한다.
- 햇빛에 의하여 반응하는 물질 보관 시에는 불연성 또는 난연성의 천막 등을 설치하여 햇빛을 차단한다.

자료 : A호텔안전관리 매뉴얼

그리고 화학물질을 옥내 탱크에 저장 보관하여 취급할 경우에는 다음사항을 준수해야 한다.

① 단층 건물에 설치된 전용실에 설치한다.

② 저장시설 및 그 부속시설은 저장물질로 인한 부식 등에 견딜 수 있는 재질을 사용한다.

③ 옥내 저장 탱크의 외면에는 녹을 방지하기 위한 도장을 실시한다부식 우려가 없는 스테인리스 강판 등은 제외.

④ 액체 위험물의 옥내 저장 탱크에는 위험물의 양을 자동으로 표시하는 장치를 설치한다.

⑤ 탱크 전용실의 지붕은 불연재로 하고 천장은 설치하지 않으며 창 및 출입구는 갑종방화문 또는 을종방화문을 설치한다.

⑥ 연소의 우려가 있는 외벽에 두는 출입구는 수시로 열 수 있는 자동 폐쇄식의 갑종방화문을 설치한다.

⑦ 액상의 위험물의 탱크 전용실의 바닥은 위험물이 침투하지 않는 구조로 하고, 적당한 경사를 두며 집유설비를 설치한다.

(2) 주요 점검사항

저장 상태 점검사항

- 허가 조건에 적합한지 여부(반입 · 반출양을 정확히 파악)
- 서상량 및 서장방법 등 법적 규정 준수
- 주변 화기 및 가연물 방치 등 확인, 정리정돈
- 직사광선 노출 및 온도 · 습도의 물질 상태에 적정 유지
- 유입 · 유출을 위한 연결부분 및 배관의 파손 · 변형 · 마모 등 누설 방지

작동 상태 점검사항

- 시설 주변에 사고유발 환경 사전 제거
- 화학물질 유출 시 포집시설 및 폐수처리장 유입시설의 정상적인 상태 유지
- 방유제 등 정상작동
- 사용 시설물의 외부 파손 · 변형 · 부식 등으로 인한 누출 가능 상태 제거
- 저장장소의 환기시설 및 정리정돈, 청결상태 유지
- 저장설비 내부의 적정 조건 유지(조명, 온도, 압력, 반응, 충격, 진동, 이물질 혼입 등)
- 누출을 대비한 감지장치와 경보장치의 설치 및 상시 정상 작동 상태 유지
- 원료 및 제품의 하역과 수송이 컨베이어 등으로 자동화되어 있을시 근무자의 상시 감시기능 유지

소방시설 및 보호장구 점검사항

- 소화설비 등 소방설비의 주기적인 점검 · 정비 실시로 정상작동 상태 유지
- 포 소화설비 등 해당 물질에 대한 방재시설의 정상 상태 유지
- 자동화재탐지설비 등 화재경보시설의 적정 설치 및 정상 상태 유지
- 시설 내 소방설비와 방재실 등과의 화재신호 연동설비 상시 가동
- 방재장비 및 보호구의 적정유무 및 신속 사용 가능 위치에 비치
- 보호구의 규정품목, 적정수량 비치 및 정상 사용가능 상태 유지

자료 : A호텔안전관리 매뉴얼

(3) 물질안전보건자료(MSDS: Material Safety Data Sheets)

근로자에게 자신이 취급하는 화학물질의 유해, 위험성 등을 알려줌으로써 화학물질 취급시 발생될 수 있는 외상이나 직업병을 사전에 예방하고 불의의 사고에도 신속히 대응하도록 하기 위한 자료이다. 고용노동부령으로 정하는 분류기준에 해당하는 화학물질 및 화학물질을 함유한 제제를 양도하거나 제공하는 자는 이를 양도받거나 제공받는 자에게 물질안전보건자료를 작성하여 제공해야 한다. 기재 내용을 변경할 필요가 생긴 경우에는 이를 물질안전보건자료에 반영하여 물질안전보건자료를 양도받거나 제공받은 자에게 신속하게 제공하도록 규정하고 있다.

A호텔 건축물 내 연간 1,000kg 이상 사용 중인 유해화학물질은 아래와 같다.

[표 2-2-8] 건축물 내 주요 사용 유해화학물질

No	제품명	물질명	CAS 번호
1	매직풀 ph 감소제	Sodium hydrogen sulfate ; Sodium hydrosulfate	7681-38-1
2	스팅거 올크린	Triphosphoric acid pentasodium salt ; Sodium tripolyphosphate	7758-29-4
3	MIURA MATE IS-102K	Water	7732-18-5
4	복수관처리제 New Tra M	(R)-1-Methyl-4-(1methylethenyl)cyclohexene ; D-Limonene	5989-27-5
5	슈퍼크리놀 S-100	Disodium metasilicate	6834-92-0
6	할록싸이드	성분정보 없음	
7	시스니	Potassium hydroxide	1310-58-3
8	크린슈퍼-C	성분정보 없음	
9	산이솔	성분정보 없음	
10	방청제(POH)	Water	7732-18-5
11	GP CLEANER	(1-Hydroxyethylidene)bisphosphonic acid Etidronic acid	2809-21-4
12	스케일 제로	Triphosphoric acid pentasodium salt ; Sodium tripolyphosphate	7758-29-4
13	린즈D	성분정보 없음	
14	프라임브레이크	Sodium hypochlorite	7681-52-9
15	프라임옥시	Copper dinitrate	3251-23-8
16	프라임소프트	Water	7732-18-5
17	프라임플러스	Water	7732-18-5

화학물질은 환경부 소관의 화학물질관리법에 의거 관리 대상에 포함된다. 다만, 화학물질과 유해화학물질의 차이에 대해서 명확히 구분할 수 있어야 한다. 화학물질은 원소, 화학물 및 인위적인 반응을 일으켜 얻어지는 물질, 자연 상태 존재하는 물질을 화학적으로 변형시키거나 추출 또는 정제한 것을 뜻하며, 유해화학물질은 유독물질, 허가물질, 제한물질, 금지물질 그 밖에 유행성 및 위해성이 있거나 우려 있는 화학물질을 뜻한다. 2015년 화학물질의 체계적 관리와 화학사고 예방을 통해 국민 건강 및 환경을 보호하기 위한 목적으로 화학물질에 대한 통계조사 및 정보체계 구축, 유해화학물질 취급 및 설치, 운영기준을 구체화한 화학물질관리법이하 화관법이라 한다이 시행되었다. 화관법의 주요 법령은 안전관리강화와 화학사고 장외영향평가제도 및 영업허가제 신설 등을 통한 유해화학물질 예방관리체계 강화, 화학사고의 발생시 즉시 신고 의무를 부여, 현장조정관 파견 등 화학사고의 대비 및 대응으로 나뉘어 진다. 화학물질관리법에서 명시하고 있는 용어 정의는 아래와 같다.

[표 2-2-9] 화학물질 관련 용어 정의

용어	정의
화학물질	원소 · 화합물 및 인위적인 반응을 일으켜 얻어진 물질, 자연 상태 존재하는 물질을 화학적으로 변형시키거나 추출 또는 정제한 것
유독물질	유해성이 있는 화학물질로써 대통령령으로 정하는 기준에 따라 환경부장관이 지정하여 고시한 것
허가물질	위해성이 있다고 우려되는 화학물질로써 환경부장관의 허가를 받아 제조, 수입, 사용하도록 환경부장관이 고시한 것
제한물질	특정용도로 사용되는 경우 위해성이 크다고 인정되는 화학물질로써 그 용도로의 제조, 수입, 판매, 보관 · 저장, 운반, 사용을 금지 하기 위하여 환경부장관이 고시한 것
금지물질	위해성이 크다고 인정된 화학물질로 모든 용도로 제조, 수입, 판매, 보관 · 저장, 운반, 사용 금지 위해 환경부장관이 고시한 것
사고대비물질	화학물질 중에서 급성독성 · 폭발성 등이 강하여 화학사고의 발생가능성이 높거나 화학사고가 발생한 경우에 그 피해규모가 클것으로 우려되는 화학물질로써 화학사고 대비가 필요하다고 인정하여 환경부장관이 지정 · 고시한 화학물질
유해화학물질	유독물질, 허가물질, 제한물질, 금지물질 그밖에 유해성 · 위해성이 있거나 우려있는 화학물질
유해화학물질 영업	유해화학물질 중 허가물질 및 금지물질을 제외한 나머지 물질에 대한 영업을 말함
유해성	사람의 건강이나 환경에 좋지 않은 영향을 미치는 화학물질 고유의 성질
위해성	화학물질이 노출되는 경우 사람의 건강이나 환경에 피해를 줄 수 있는 정도
취급시설	화학물질을 제조, 보관 · 저장, 운반(항공기 · 선박 · 철도를 이용한 운반은 제외한다) 또는 사용하는 시설이나 설비를 말함
취급	화학물질을 제조, 수입, 판매, 보관 · 저장, 운반 또는 사용하는 것을 말함
화학사고	시설의 교체 등 작업시작업자의 과실, 시설결함 · 노후화, 자연재해, 운송사고 등으로 인하여 화학물질이 사람이나 환경에 유출 · 누출되어 발생하는 일체의 상황을 말함

화학물질관리법에서 중요하게 알아야 되는 사안은 화학사고 발생으로 사업장 주변 지역의 사람이나 환경 등에 영향을 평가하여 위험을 최소화하는 장외영향평가를 반드시 시행해야 한다. 장외영향평가는 유해화학물질 취급시설을 설치·운영하려는 자, 혹은 신규 설치 및 운영하는 사업장은 착공일 30일전까지 반드시 제출해야 한다. 또한 장외영향평가는 단위 공장별로 제출해야만 한다. 해당 건축물이 장외영향평가 대상 사업장일 경우, 준수해야 되는 설치검사 관리기준은 아래와 같다.

[그림 2-2-12] 건축물 내 설치검사 관리기준

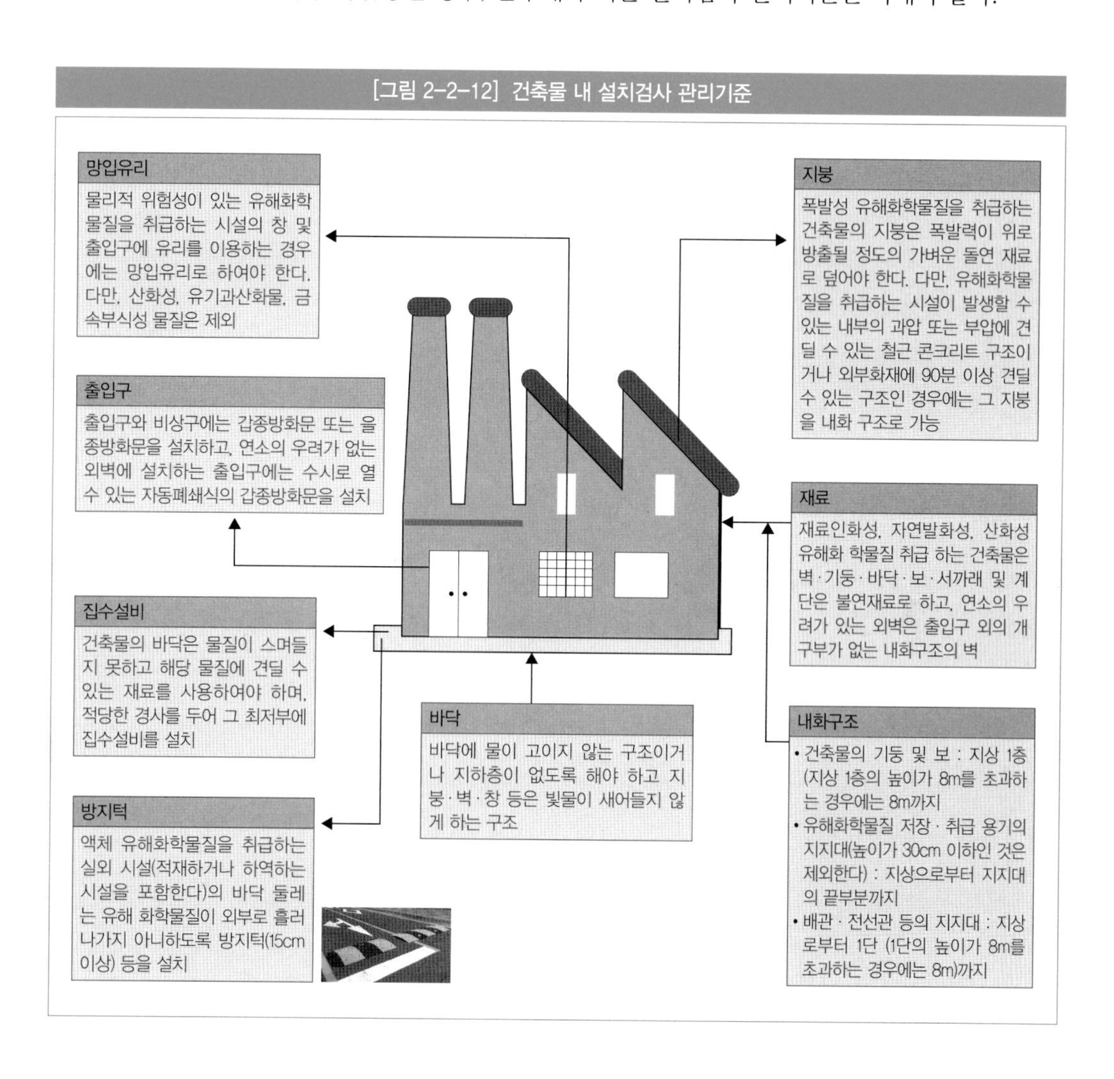

물질안전보건자료 관련 유의사항

- 취급, 사용하는 화학물질에 대한 MSDS자료가 비치되지 않은 경우
  - 사업장에서 간과하기 쉬운 화학물질 : 용접봉(철, 이산화티탄 등), 페인트, 경유, 오일류 등
  - 상기 화학물질들은 작업환경측정 대상 유해인자, 특수건강진단 대상 유해인자 등이 포함된 화학물질로 물질안전보건자료를 비치해야 한다.

- 화학물질을 담은 용기에 경고표시를 하지 않은 경우
  - 이소프로필 알코올(CAS No.67-63-0)을 함유하고 있는 청소용 세척제, 톨루엔(CAS No.67-63-0)을 함유하고 있는 시너를 담은 용기에는 경고표시를 해야 한다.

자료 : A호텔안전관리 매뉴얼

가. 물질안전보건자료(MSDS)의 작성, 비치 및 조치사항

화학물질을 양도, 제공하는 자가 이를 양도받거나 제공받는 자에게 유해, 위험성이 포함된 물질안전보건자료MSDS를 작성하여 제공하고, 사업주는 대상 화학물질을 취급하는 작업장 내에 취급 근로자가 쉽게 보거나 접근할 수 있는 장소에 게시 또는 갖추어 두며, 교육, 작업공정별 관리 요령 게시 등의 안전조치를 취하여야 한다관련법령: 산업안전보건법 제41조 물질안전보건자료의 작성, 비치 등, 산업안전보건법 시행규칙 제92조의2 물질안전보건자료의 작성방법 제92조의7 작업공정별 관리 요령 게시.

나. 물질안전보건자료에 관한 교육

사업주는 화학물질 또는 화학물질을 함유한 제제를 제조, 사용, 운반 또는 저장하는 작업에 근로자를 배치하게 된 경우, 새로운 대상 화학물질이 도입된 경우, 유해성, 위험성 정보가 변경된 경우 해당 물질안전보건자료에 관한 교육을 실시하여야 한다. 다만 근로자에게 산업안전보건법 제31조에 따른 안전보건교육을 실시할 때, 해당 물질안전보건자료에 관한 교육 내용을 포함하여 실시하면, MSDS교육을 실시한 것으로 간주한다.

다. 물질안전보건자료(MSDS) 교육 내용과 시기

사업주는 대상 화학물질을 제조, 사용, 운반 또는 저장하는 작업에 근로자를 배치하게 된 경우, 새로운 대상 화학물질이 도입된 경우, 유해성, 위험성이 변경된 경우에는 취급하는 근로자의 안전보건을 위하여 근로자를 교육하고 기록, 보존하여야 한다. 교육 내용으로는 물리적 위험성 및 건강 유해성, 취급상의 주의사항, 적절한 보호구, 응급조치 요령 및 사고시 대처방법, 물질안전보건자료 및 경고표지를 이해하는 방법 등이 있다관련법령: 산업안전보건법 제 41조 물질안전보건자료의 작성, 비치 등, 산업안전보건법 시행규칙 제92조의5 경고표시 방법 및 기재항목, 산업안전보건법 시행규칙 제92조의6 물질안전보건자료에 관한 교육의 시기, 내용, 방법 등, 산업안전보건법 시행규칙 별표 8의2 교육대상 별 교육내용, 화학물질 분류표시 및 물질안전보건자료에 관한 기준 고용노동부고시 제2016-19호.

대상 화학물질의 명칭또는 제품명, 물리적 위험성 및 건강 유해성, 취급주의사항, 적절한 보호구, 응급조치 요령 및 사고시 대처방법, 물질안전보건자료 및 경고표지를 이해하는 방법 등 유해성, 위험성이 유사한 대상 화학물질을 그룹별로 분류하여 교육할 수 있다.

라. 경고표지 방법 및 기재항목

산업안전보건법 제41조에 근거하여 사업자에서 사용하는 화학물질의 용기 및 포장에는 경고표지를 부착하여야 하며, 사업장에서 자체적으로 덜어 쓰는 소분용기에도 반드시 다음의 [그림 2-2-13]과 같이 경고표지를 부착하여 사용하여야 한다.

[그림 2-2-13] 위험경고표지

자료: 고용노동부

(4) 화학물질 위험성평가

사업장에서 취급하는 화학물질 중 유해성·위험성이 있는 유해화학물질을 위험성평가 대상으로 선정·목록화하고, 이들 유해화학물질의 MSDS, 작업환경측정 및 특수건강진단 결과표 등을 활용하여 위험성평가에 필요한 직업병 유소견자 발생현황, 유해성정보, 노출기준, 취급량, 물질특성 등을 파악한다. 화학물질로부터 근로자의 위험 또는 건강장해를 방지하기 위해 사업장에서 취급하고 있는 유해화학물질을 찾아내어 위험성을 결정하고, 그 결과에 따라 우선순위를 정하여 작업환경을 개선하고 필요한 조치를 하여야 한다.

[표 2-2-10] 위험성 추정 방법

곱셈식에 의한 위험성 추정 및 결정표(보건분야)	
실시방법	가능성과 중대성을 추정한 수치를 곱셈에 의해 위험성을 구하고 위험성 수준을 결정함

유해 · 위험요인	가능성	중대성	위험성

※ 가능성 × 중대성 = 위험성으로 추정

〈가능성(예시)〉 〈중대성(예시)〉

구분	가능성	내용	구분	중대성	노출기준	
					발생형태분진	발생형태 : 증기
최상	4	화학물질(분진)의 노출수준이 100% 초과	최상	4	0.01mg/m^2 이하	0.5ppm 이하
상	3	화학물질(분진)의 노출수준이 50% 초과~100% 이하	상	3	0.01 ~ 0.1mg /m^2 이하	0.5 ~ 5ppm 이하
중	2	화학물질(분진)의 노출수준이 10% 초과~50% 이하	중	2	0.1 ~ 1mg /m^2 이하	5 ~ 50ppm 이하
하	1	화학물질(분진)의 노출수준이 10% 이하	하	1	1 ~ 10mg /m^2 이하	50 ~ 500ppm 이하

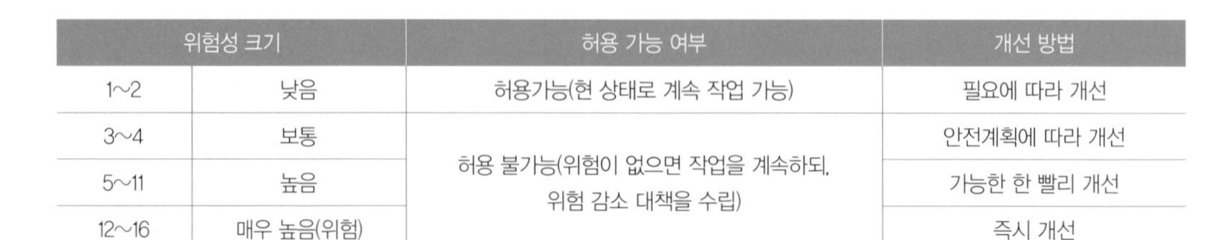

위험성 크기		허용 가능 여부	개선 방법
1~2	낮음	허용가능(현 상태로 계속 작업 가능)	필요에 따라 개선
3~4	보통	허용 불가능(위험이 없으면 작업을 계속하되, 위험 감소 대책을 수립)	안전계획에 따라 개선
5~11	높음		가능한 한 빨리 개선
12~16	매우 높음(위험)		즉시 개선

자료: A호텔 안전관리 매뉴얼

6. 공사장 사고

각종 공사를 진행함에 있어 발생하는 각종 사고와 화재를 미연에 방지하고자 작업신청서 통제, 작업자 교육, 위험물 및 용접기 취급 안전수칙, 소화기, 소화전 비치상태 등을 확인하여야 한다.

(1) 작업 관리 및 통제

작업의 통제가 적절히 이루어지면 다음으로 작업 교육 및 작업장 현장 관리 그리고 각종 위험 작업에 대한 통제와 안전수칙을 준수하는지 확인해야 한다.

위험물은 통제 및 작업에 대한 안전수칙, 사용 중에 대한 안전수칙, 그리고 작업 완료 후 안전수칙이 준수되어야 한다. 위험물의 분무작업은 작업장 밖에 배기 팬, 콤프레샤를 설치하고 옥외 환기하여 가스농도가 하한치 이하가 되게 한다. 작업장에는 화기엄금, 페인트 작업중 등의 경계표시를 하고, 완전건조할 때까지 감시 또는 출입통제 한다. 위험물 작업과 불티나는 작업용접, 전동공구, 전기스파크, 마찰, 충격 등과 절대 동시에 작업해서는 안되며, 작업장에서는 절대 금연하도록 지시해야 한다.

끝으로, 위험물 작업이 완료후에는 남은 위험물질은 하수구, 화장실 등에 버리지 말고 완전 밀폐된 용기철재 BOX에 보관이나 외부로 반출하며, 사용한 페인트 용기는 즉시 외부로 반출하도록 한다.

작업 관리 및 통제 점검사항

- 공사 착공 전 최소 1주일 전 공사장 안전관리 계획서를 확인 및 검토한다.
- 작업신청서는 1일 전 결재를 득한 후 작업하도록 한다.
- 내용은 작업 현황에 기록 후 야간작업 및 명일 작업 현황으로 작성, 결재를 받는다.
- 작업신청서 통제 시 위험 작업이 있을 시 별도 용접기, 위험물, 고소작업, 밀폐공간, 중량물 취급 허가필증 교부, 발주부서 감독 확인 후 통제하여야 한다.
- 1일~2일 작업 시 작업신청서로 대체하고, 2일 이상 작업 시 작업 안전 일지 교부, 업체에서 별도 작성, 통제한 후 작업한다.
- 작업 내용이 목재, 벽지, 기타 소방법에 필요한 서류 보안 작업일 때에는 사전에 현장 책임자에게 교육, 준공시 증빙 서류 제출에 차질이 없도록 한다.
- 작업 내용상 기타 사항은 사전 협의 후 시행토록 한다.
- 작업자는 지정된 출입구로 표찰을 받고 깨끗한 복장으로 지정된 동선을 이용한다.
- 현장소장은 작업장 상주 소방법, 산업안전 법규 등을 준수하여 사고를 예방하고 안전 관리 책임을 진다.

작업 관리 및 통제 점검사항

- 공사개요, 현황, 안전 표식 등을 부착하여 안전의식을 갖도록 한다.
- 작업장은 가연물질 제거, 청소, 정리 정돈 및 폐자재를 반출 청결유지한다.
- 소화기구를 배치 후, 비상통로를 확보한다(소화기, 방수구, 소화전, 비상렌턴, 마스크).
- 작업지는 안전교육을 받고 작업에 임한다.
- 작업자는 현장에서 흡연, 음주를 금한다.
- 중요 시설(전기, 설비, 건축 등)은 사전 담당기사의 허가를 받고 점검하여 안전사고가 발생되지 않도록 한다.
- 영업에 지장을 주는 소음이 발생되지 않도록 한다.
- 바닥, 벽 등의 대리석, 카펫, 벽지 등을 훼손되지 않도록 한다.
- 방염대상 품목은 필히 방염처리하고 관련 서류를 방재실로 제출한다.
- 작업 종료 후 불씨 잔재 유무 확인 및 소등, 전원 차단하고 퇴실한다.

(2) 작업 교육 및 현장관리

작업 개시 전 작업자는 방재실 또는 교육장이나 현장 교육받으며, 교육받은 사업자에게는 허가증을 교부, 교육 일지에 서명 후 결재를 완료한다. 작업 전 현장 별도 TBM 미팅 등을 진행하며, 위험요소 발견 시 즉시 해당 작업자에게 작업을 중지시키고 관련 예방 교육 및 개선을 실시한다. 교육 내용은 소화전, 소화기 사용법, 위험물, 용접기 사용 시 주의사항, 비상시화재시 대피요령 및 신고방법 및 기타 작업장 안전에 관한 사항으로 한다. 현장 내 공사 현황판 작성, 부착 관리하며, 임시 소화전 설치는 현장 여건에 준하여 설치한다. 소화기는 현장 여건에 따라 다르지만 바닥 면적 약 10㎡마다 1대 배치, 방화수통은 면적 50㎡ 준하여 비치하고 현장 출입문이 있으면 시건장치 설치 후 Key는 별도 보관한다. 관리(방재실 및 현장사무실) 현장은 항상 청결을 유지하여야 하며, 폐자재는 반출하며 미 반출시 정리 정돈한다.

(3) 위험물 통제

위험물질은 페인트나 신나 등의 인화성 강한 물질이 대부분이라 사고로 이어질 경우 인적 물적 피해가 매우 크다. 그렇기 때문에 현장 반입부터 사용, 그리고 폐기까지 주의를 해야한다. 반입시에는 허가량을 준수하며 운반에 있어 각별한 유의가 필요하다. 통풍이 잘되고 외부에 노출이 되지않는 공간에 보관하여 사람의 손이 닿지 않도록 한다. 위험물에 대한 관리 통제는 작업자의 안전과 현장의 순조로운 공사진행을 위해 반드시 필요하다.

(4) 작업 안전수칙

산업 현장 내에서의 산업재해를 예방하여 근로자가 안전하고 건강하게 일할 수 있는 분위기를 조성하기 위해서 지켜야 하는 수칙들이 있다.

① 작업 전 안전점검, 작업 중 정리 정돈

② 작업장 안전통로 확보

③ 개인보호구 지급 착용

④ 전기 활선작업 중 절연용 방호 기구 사용

⑤ 기계, 설비 정비시 시건장치 및 표지판 부착

⑥ 유해, 위험 화학물질 경고표지 부착

⑦ 프레스, 전단기, 압력용기, 둥근톱에 방호장치 설치

⑧ 고소 작업시 안전 난간, 개구부 덮개 설치

⑨ 추락방지용 기준 안전방망 설치

⑩ 용접시 인화성, 폭발성 물질 격리

⑪ 밀폐공간 작업 전 산소 농도 측정

이외에도 건축 또는 개보수 현장에서 지켜야 할 중요 안전수칙은 다음과 같다.

용접(전기, 가스) 작업 안전수칙

- 용접 작업은 사전 허가를 받아 [용접기 사용 허가 필증]을 용접기에 부착하고 작업한다.
- 페인트 작업 등 인화물질 작업과 동시작업은 절대 할 수 없다.
- 전기용접기, 전선 상태 점검 및 전원공급 및 접지 선의 결선은 담당 전기기사의 허락을 받아야 한다.
- GAS 용접기는 용기, 안정기, 조절기, 호스 등의 이상 유무 점검을 한다.
- 용접 작업은 주변의 가연, 인화, 폭발성 물질을 완전 제거 후 작업한다. 제거가 불가능할 때 철판, 버미글라스 등으로 방어막을 설치한다.
- 용접불티가 하부에 확산 낙하 여부를 사전 확인 후 작업한다.(약11m 비산)
- 용접 작업은 최소한 2인 1조로 하되 1명은 불티 감시 요원(화기 감시자)으로 배치한다.
- 작업 종료 후 불티가 남아있는지 최소 30분간은 감시한다.
- 작업 종료 후 사용하지 않는 용접기는 전원, 밸브를 차단 후 정리하여 지정된 장소에 보관한다.
- 용접 작업장 내에는 소화기 2대, 소화수통 20ℓ, 양동이를 비치하고 사용법을 숙지한다.

고소작업 시 안전수칙

- 안전모, 안전벨트는 필수적으로 착용하고, 안전모 턱 끈을 단단하게 조여야 한다.
- 작업장에 불필요한 물건을 두지 말아야 한다.
- 강풍(풍속 10m/s), 비, 눈 등 악천후 시에는 작업을 중지해야 한다.
- 신체의 상태가 좋지 않을 때는 무리하지 말고 감독자에게 보고한다.
- 적당한 조도를 확보해야 한다.
- 걸려있는 발판은 임의로 이동하지 말아야 한다.
- 발판의 정격하중을 준수해야 한다.
- 발판 위에 물, 기름이나 용접 스파크 등의 물질이 떨어져 있으면 미끄러지기 쉬우므로 청소해야 한다.
- 바퀴가 달린 이동식 틀비계에서 작업을 할 때는 반드시 바퀴를 고정한다.
- 이동할 때는 사람을 태운 채로 이동하지 말아야 한다.
- 사다리는 바닥에서 75° 각도로 걸치고 윗부분은 1m 이상 돌출되도록 한다.
- 공구나 재료는 로프를 이용하여 공구대에 담아서 올리거나 내리도록 한다.
- 개구부 주위에 반드시 난간, 덮개 등을 설치해야 한다.

작업 안전수칙

- 작업자 전원 안전보호구(안전화, 안전모, 마스크 등)을 착용하고 작업에 임한다
- 내부 철거(특히 천장)시에는 스프링클러 헤드를 제거하고 플러그를 채우고 철거한다.
- 현장소장 및 선임자에게 스프링클러 위치를 알려주고 출입문을 열어둔다.
- 소방시설 설비를 사용치 못할시에는 임시 가설 소화전을 현장으로 이설 설치하고 방화수, 소화기를 병행 비치하여야 한다.(유사시에는 임시 소화전 및 방화수, 소화기로 대처한다)
- 현장 청소, 소화수, 소화기를 관리하는 안전관리자를 선임한다.
- 철거시에는 배기 FAN이나 집진기를 설치하고 물을 자주 뿌린다.
- 폐기물 반출시에는 바닥과 엘리베이터 내부 및 통로에 합판으로 보강하고 바닥 대리석, 벽체 등이 훼손되어서는 안 된다.(반출 후에는 엘리베이터 내부, 통로 바닥을 청소)
- 철거한 폐기물은 야간에 반출을 원칙으로 한다
- 소음은 최대한 적게 발생하도록 작업하며, 컴플레인이 발생되면 즉시 작업을 중단한다
- 작업자는 지정된 동선만을 이용한다.(로비 이동 금지)

(5) 비상상황 긴급 조치

예기치 않은 비상 상황이 발생할 때를 대비해 건물 구조와 상황에 맞는 안전관리 매뉴얼을 작성하여 숙지하고, 각 상황에 맞는 조치들을 미리 세워둠으로써 시간을 절약하고 인적 물적 피해를 최소화할 수 있다.

가. 화재 발생

화재 발견 즉시 상황을 즉시 방재실과 현장사무실로 전파하고 비치된 소화기로 초기 진압을 실시한다. 비치된 소화기로 화재진압이 불가하다고 판단될 경우, 화재 신고 후 즉각 모든 작업자를 비상계단을 이용 피난층으로 대피시킨다. 상황을 접수한 방재실 및 현장사무실은 비상방송으로 상황을 전파하고 화재시 비상출동 시스템에 입각하여 화재를 진압하며 현장 인원을 체크한다. 부상자 발생시 119신고 후 즉각 인근 병원으로 후송한다.

나. 안전사고 발생

안전사고 발생시 각층 안전 관리 담당자는 즉시 작업을 중단시키고 방재실, 현장사무실에 상황을 통보 및 응급조치 후 119신고, 인근 병원으로 후송한다. 안전사고 발생을 통보받은 방재실 및 현장사무실은 즉시 담당 부서 책임자, 관련 기관에 사고 내용을 통보한다.

(6) 주요 점검사항

언제 어디서 발생할지 모르는 안전사고에 대비하여 정기 점검 및 교육을 실시한다. 특히 사고 빈도수가 높은 곳은 중점적으로 살펴야 예방할 수 있다. 점검은 안전사고 예방의 기본으로 정기 혹은 수시로 시행되어야 한다.

가. 가설 숙소, 현장사무실 및 창고 등의 난방 기구 배치 및 전열기 상태의 적정성

난방기구 주변 유류 및 가연성 물질 방치 여부, 화기 주변 및 출입구 주위에 소화기, 방화사 등 진화장비 비치 여부, 전기기계·기구의 누전차단기 설치 적정 여부 등을 점검한다.

나. 위험 물질 관리 상태의 적정성

용접 작업 주변 신나, 방수제, 유류 등 인화성, 발화성 물질 방치 여부, 위험 물질 보관 저장소의 위치, 상태 등의 적정성 여부 등을 점검한다.

다. 밀폐공간 내 작업시 안전기준 준수 여부

산소 농도적정 농도 18%~23.5% 측정 및 환기 실시 여부, 유기용제 사용 작업장 주변 담배, 모닥불 등 화기 사용 금지 여부, 작업 장소 출입 시 호흡용 보호구 착용 여부 등을 점검한다.

라. 밀폐공간 내 환기·통풍시설 설치 및 정상 작동 여부

마. 기타사항

- 동절기 대비 공종별 작업관리 계획서 작성 및 관리 상태
- 비상 연락망 구축 여부유관기관 및 응급조치 기관
- 화기관리 책임자 지정 및 점검 상태 이상 유무
- 폭설 등 비상사태 발생시 이에 대한 대책 수립 여부
- 지하매설물 안전상태 확인 및 지하매설물 관련 기관과의 협의 여부
- 제설자재염화칼슘, 모래, 삽, 넉가래, 이동대차 등, 장비 확보 여부 및 관리 방안
- 산간지역 현장의 경우 비상용 유류, 식량 및 스노우체인 등 월동장비 준비 여부

바. 공사장 작업 현장 주요 점검 포인트

[그림 2-2-14] 고소작업대 점검사항

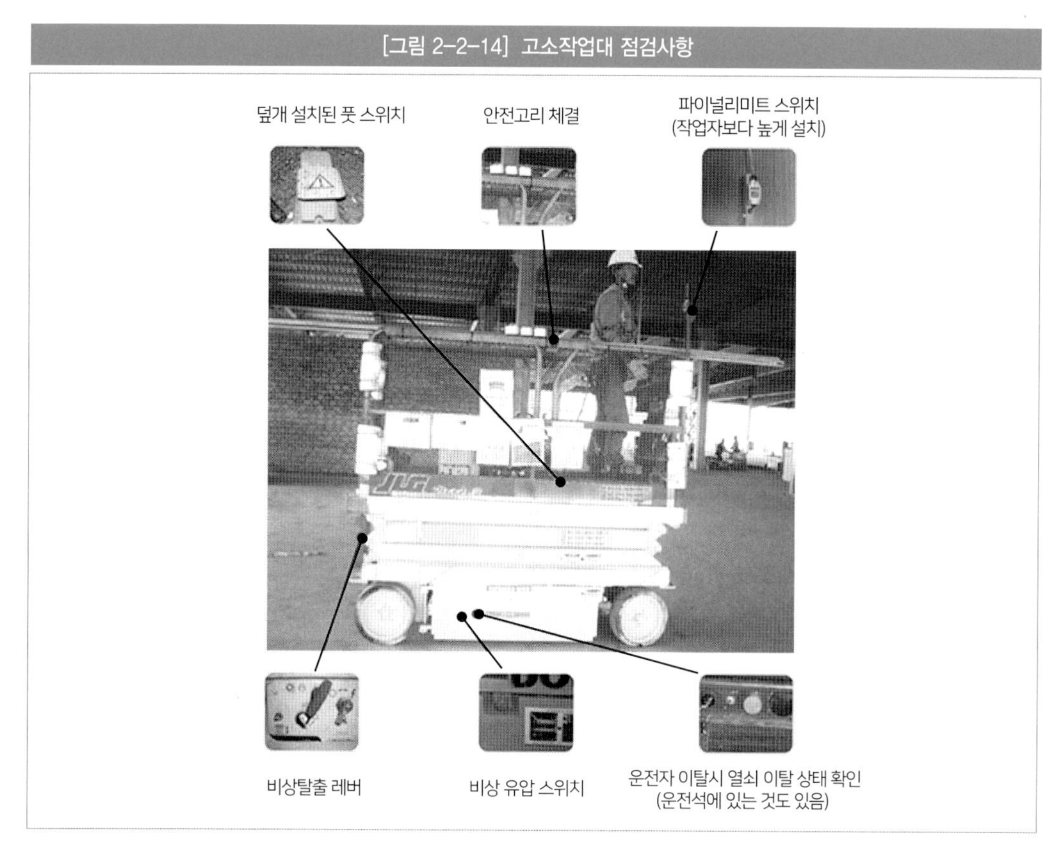

자료 : 대우건설

고소작업대 점검은 덮개 설치된 풋 스위치, 안전고리 체결, 파이널리미트 스위치, 비상탈출 레버, 비상 유압 스위치, 운전자 이탈시 열쇠 이탈 상태 확인 등의 사전 점검이 필요하다. 고소작업대는 특히 최근의 사건사고 사례를 보면 장비아웃트리거, 전도방지 인터록 장치, 협착방지 리미트 스위치 미설치 등의 관리 부실로 인하여 전도 사고 발생에 따라 다수의 인명피해가 발생한 사례가 있다. 고소작업대는 전도 사고가 발생시, 큰 인명 및 물적 피해를 야기함에 따라 장비 작업시 단독 사용을 금지하고 작업 주위에 항상 관리감독자가 상주하여 관리해야 한다. 또한 바닥의 평탄한 장소에서 사용하는 등 고소작업대 작업절차를 준수해야 안전사고를 미연에 방지할 수 있게 된다.

[그림 2-2-15] 임시분전반 점검사항

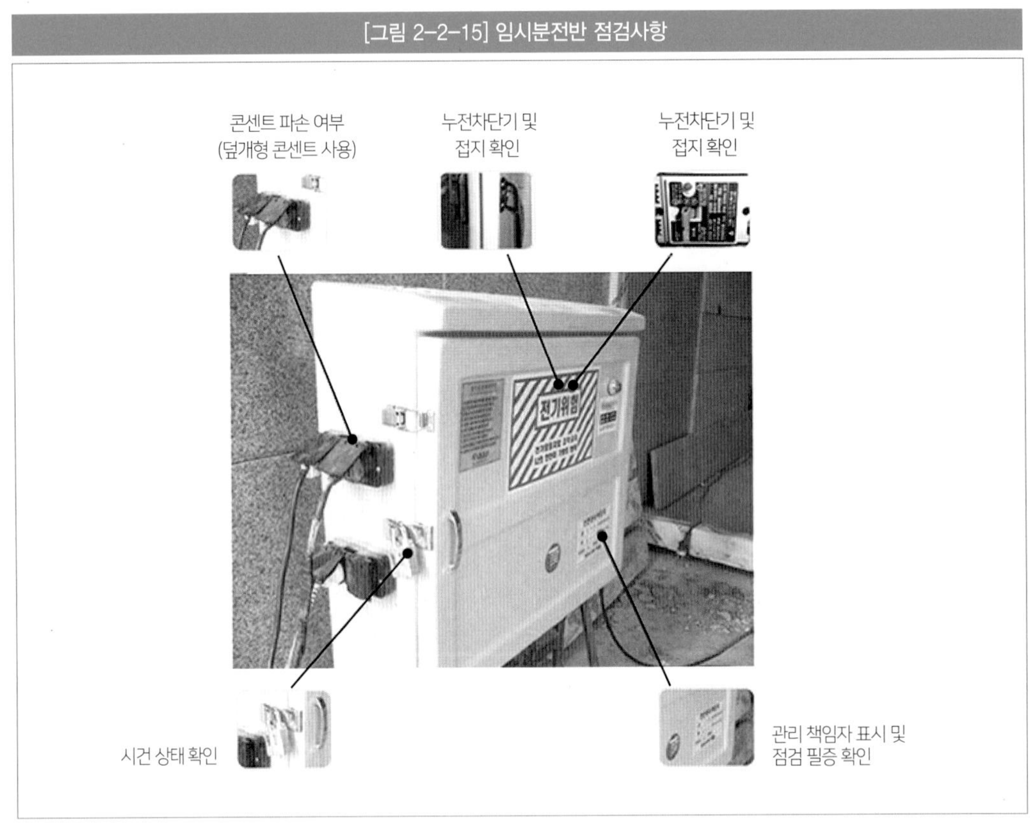

자료 : 대우건설

임시분전반의 점검은 콘센트 파손 여부, 누전차단기 및 접지 확인, 그리고 시건 상태 확인과 관리 책임자 표시 등이 명시된 점검 필증을 반드시 부착하여야 한다. 임시분전반은 공사현장의 고압 전기 사용시 누전 혹은 합선으로 인하여 화재가 발생시, 신속하게 전기를 차단하기 위해 반드시 갖추어야 되는 설비에 해당한다. 간혹 큰 규모의 공사현장이 아닌 작은 공사현장의 경우, 임시분전반을 사용하지 않고 메인전기를 사용하는 경우가 있으며 이러한 행위는 안전사고를 예방하기 위해 반드시 금지되어야 한다. 임시분전반은 공사현장이 미가동될때 불필요한 전기 사용을 막기 위해 평소에는 시건 장치가 되어 있어야 하며, 누전차단기 및 접지 상태의 적절성을 확인하여 만약에 있을 감전사고에 대해서도 대비할 수 있어야 한다.

[그림 2-2-16] 용접작업 점검사항

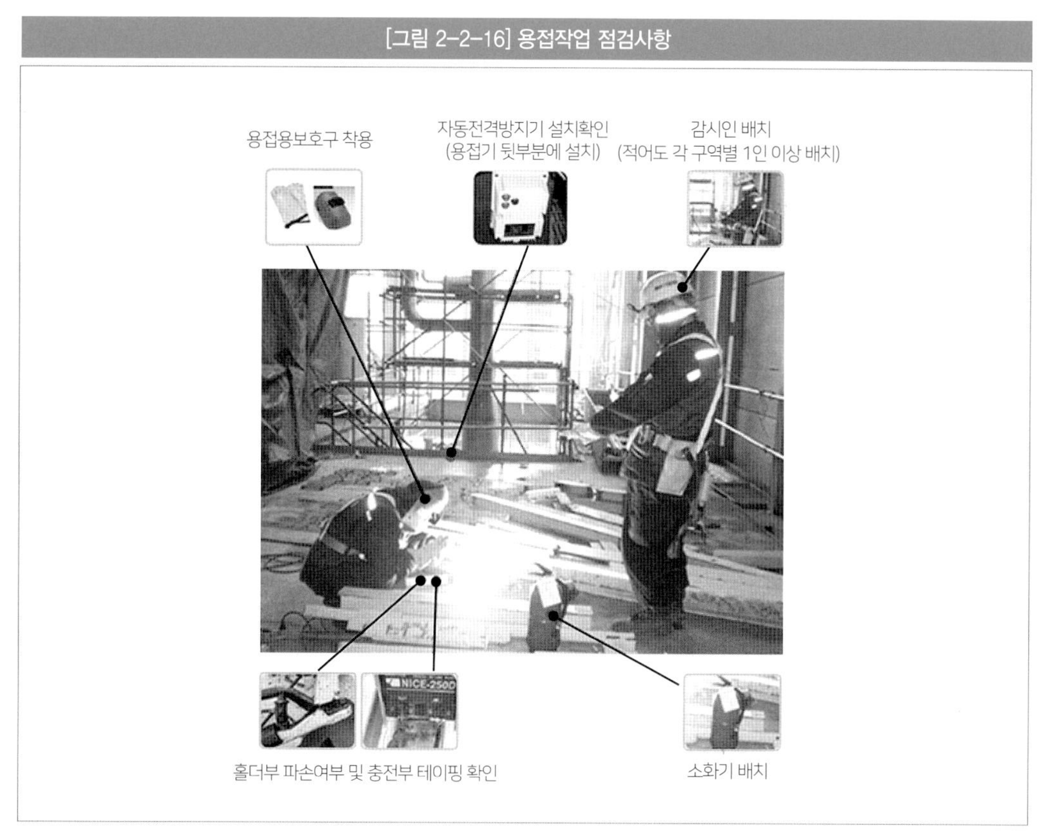

자료 : 대우건설

공사현장의 90% 이상 화재사고 발생 원인이 용접작업으로 인해 발생한다고 해도 과언이 아닐 것이다. 따라서 공사장 작업에서의 안전한 용접작업에 대한 점검은 아무리 강조해도 지나치지 않다. 용접 작업시 발생한 불꽃으로 인해 발생한 화재 사고 유형을 살펴보면 대부분 적절한 버미글라스 미사용, 불티감시인 미배치, 소화기 미배치로 인한 초기소화 실패를 원인으로 지목할 수 있다. 용접작업자는 용접보호구를 착용하여 작업을 함에 따라, 용접불꽃으로 인한 화재를 즉각적으로 감지하기가 어렵다. 따라서 안전감시인이 적어도 각 구역별 1인 이상 상주하여 만일의 사태에 대비한 비상안전체계를 구축하고 있어야 한다.

[그림 2-2-17] 작업릴선(코드릴) 및 전선 점검사항

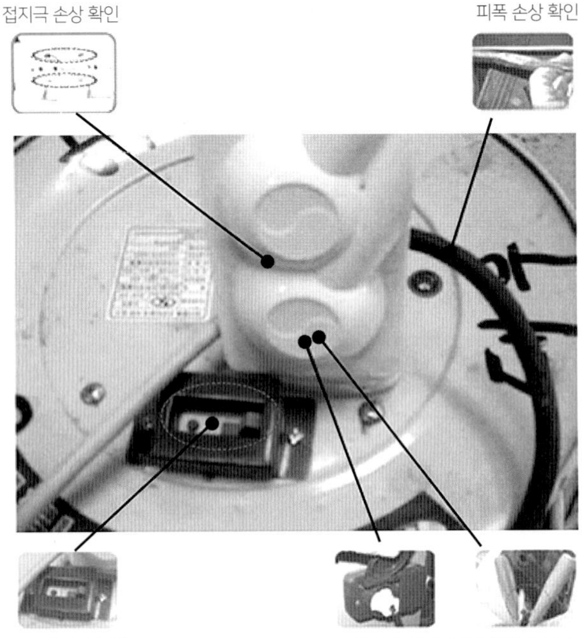

접지극 손상 확인

피폭 손상 확인

누전차단기 부착

코드 및 플러그 3P선(접지) 확인

자료 : 대우건설

공사현장에서 대부분 임시분전반의 길이적 제약으로 인해 작업릴선코드릴 및 전선을 주로 사용하게 된다. 작업릴선 및 전선은 사용 전에 접지극 손상확인, 피복 손상 확인, 누전차단기 부착, 코드 및 플러그 선의 접지 확인 등의 안전점검을 실시해야 한다. 피복의 손상이나 접지극이 손상되어 작업시 전류가 흐르게 되면 감전사고로 인해 인명 피해를 야기할 수 있게 된다. 또한 전선은 공사현장 바닥에 잘 정리정돈되어야 하며, 이를 통해 근로자들의 동선에 방해가 되지 않도록 해야 한다. 공사현장에서 산업안전보건법을 위반하여 전도, 추락 등의 사고 발생 유형을 살펴보면 정리되지 않은 전선으로 인해 발생한 사례들을 확인할 수 있다.

[그림 2-2-18] 핸드그라인더 점검사항

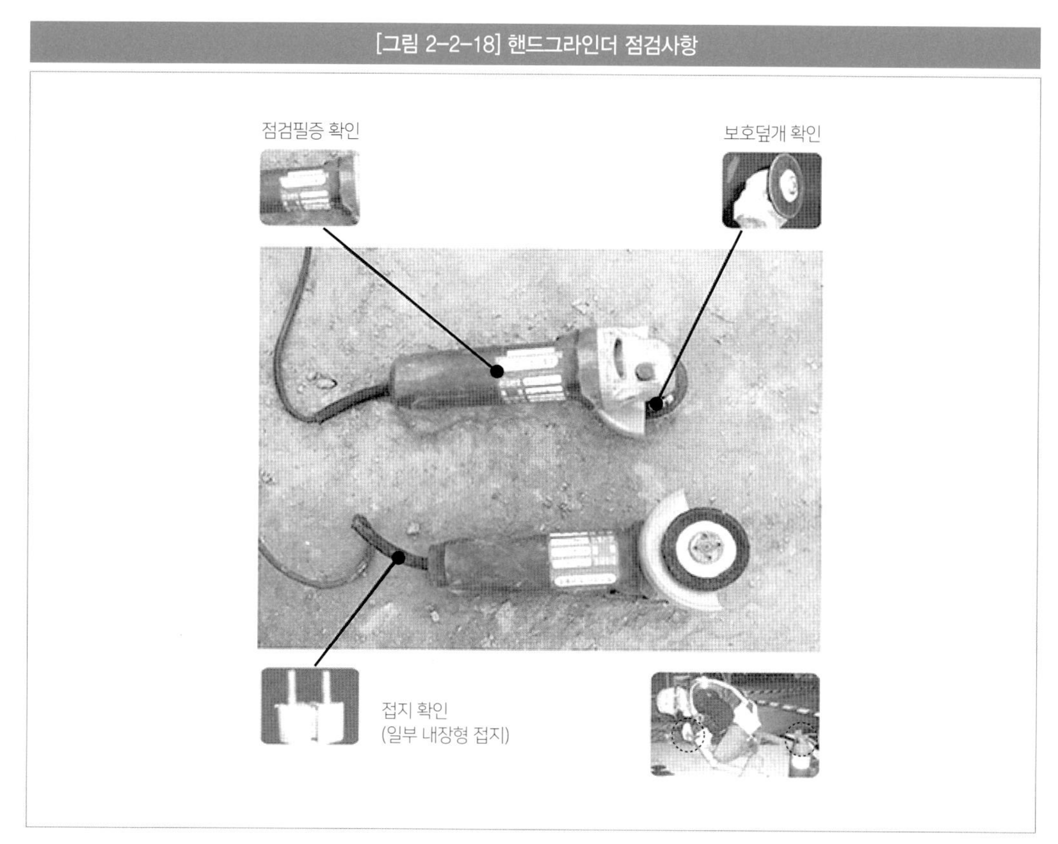

자료 : 대우건설

핸드그라인더는 드릴 날을 갈거나 철근을 자를 때 주로 사용하는 장비이다. 작업시 점검사항으로 점검필증, 접지확인 등의 수칙도 중요하지만 가장 중요한 점검 조치는 보호덮개 유무를 확인하는 것이다. 핸드그라인더는 고속절단기에 비해 주로 거친면을 제거하거나 석재 등을 절단하는 작업에 사용하는 장비로, 작업자들이 고속절단기에 비해 핸드그라인더에 대한 안전수칙을 경시하는 경향이 있다. 그러나 보호덮개가 절단재료와 회전축을 안전하게 덮여있지 않고, 무분별하게 사용시 날의 파손으로 인해 심각한 인명피해를 초래할 수 있다. 또한 고속으로 회전하는 연마석은 균열과 변형이 있는지 확인하고, RPM의 정상 회전 여부 및 이중절연 구조를 반드시 확인하고 핸드그라인더를 사용해야 안전한 공사현장을 유지할 수 있다.

[그림 2-2-19] 고속절단기 점검사항

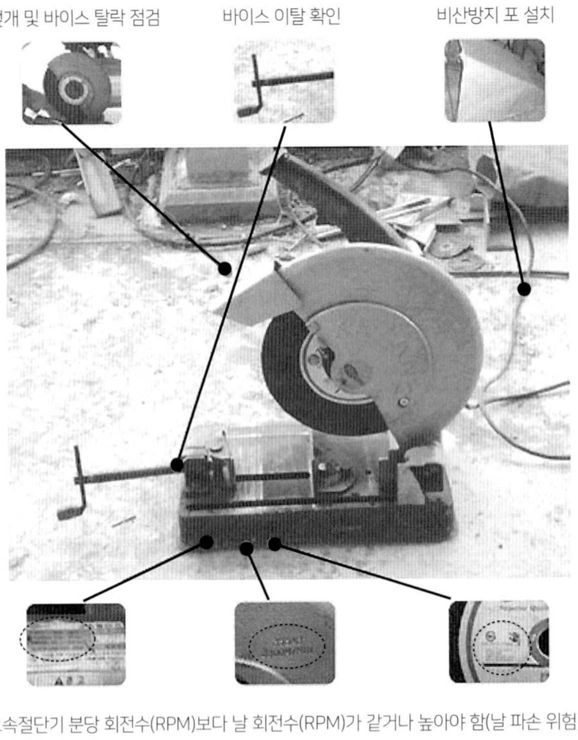

덮개 및 바이스 탈락 점검

바이스 이탈 확인

비산방지 포 설치

고속절단기 분당 회전수(RPM)보다 날 회전수(RPM)가 같거나 높아야 함(날 파손 위험)

자료 : 대우건설

고속절단기는 환봉이나 파이프, 여러가지 형강을 절단하는 공구로 반드시 보호구를 착용하고 작업에 사용해야 한다. 고속절단기 점검사항으로는 덮개 및 바이스 탈락 점검, 바이스 이탈 확인, 비산방지포가 주변에 적절히 설치하여 작업시 먼지가 날리지 않도록 해야 한다. 또한 고속절단기는 분당 회전수RPM보다 날 회전수가 같거나 높아야 한다. 그렇지 않을 경우, 날 파손의 위험이 있다. 고속절단기에 대한 법적 안전 방호장치는 산업안전보건에 관한 규칙 제101조 원형톱기계의 톱날예방장치에 구체적으로 명시됨에 따라 작업자는 사용 전 반드시 안전수칙을 확인하고 작업에 임해야 한다.

[그림 2-2-20] 개구부 점검사항

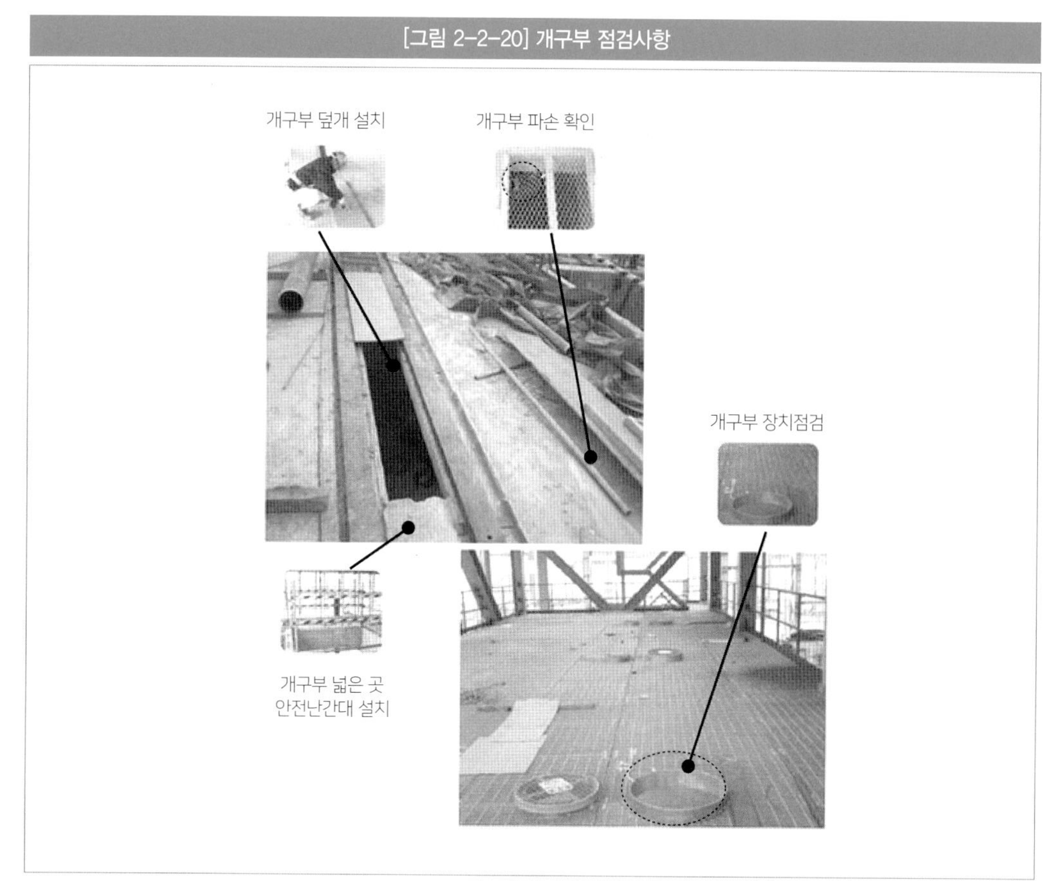

자료 : 대우건설

개구부는 구조물의 시공과정에서 주로 콘크리트 벽면 또는 슬라브 바닥에 어떤 용도에 따라서 소요크기로 만들어 뚫린 부분을 지칭하며, 작업자가 작업 현장에서 개구부를 사전 인지하지 못하고 작업시, 전도 및 추락 등의 안전사고가 발생할 수 있다. 개구부의 안전 점검 사항으로는 개구부 덮개 설치, 개구부 파손 확인이 필요하며, 개구부가 넓은 곳은 특별히 안전난간대를 설치해야 한다. 또한 눈에 보이지 않는 개구부도 잠재적 위험 요인으로 작용할 수 있음에 따라 사전에 위험요소가 있는 장치에는 안전점검을 실시해야만 한다.

[그림 2-2-21] 산소 및 LPG 점검사항

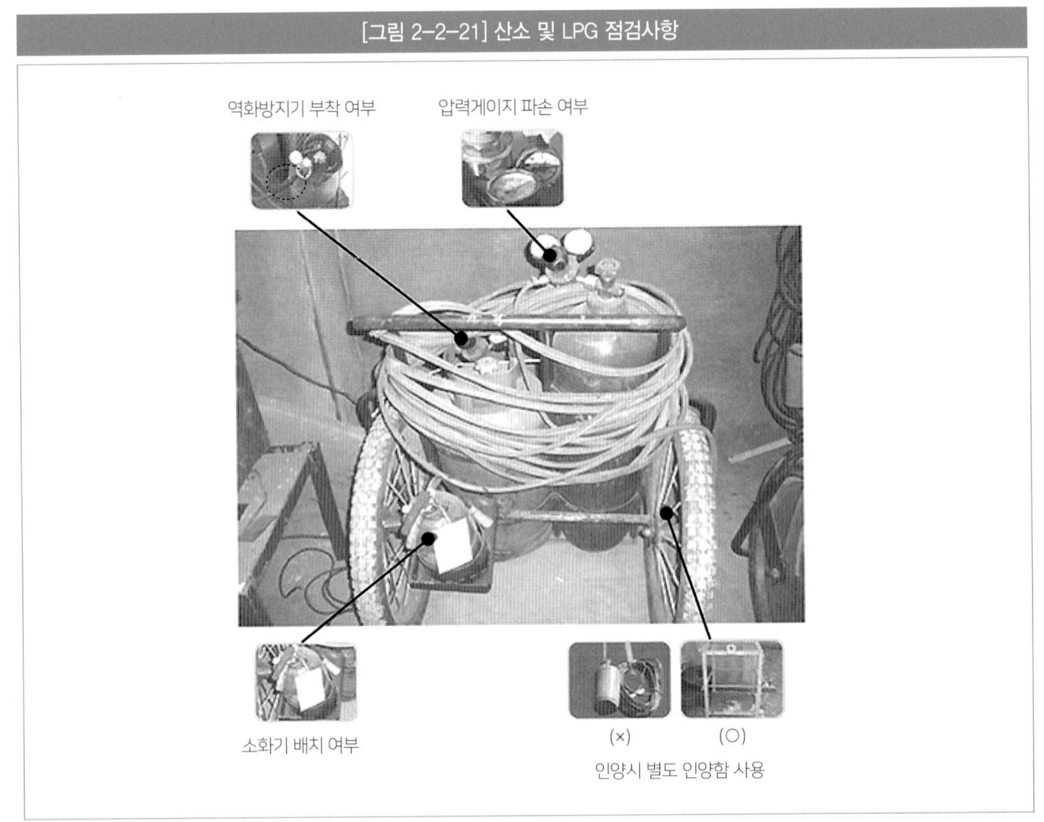

자료 : 대우건설

용접시 주로 사용하는 산소 및 LPG 저장소도 공사장에서 잠재적으로 발생할 수 있는 안전사고의 인자 요인이다. 대표적인 사고 발생 요인으로는 저장장소에 미고정됨에 따라, 작업자의 부주의로 인해 전도로 인한 폭발사고가 발생할 수 있다. 따라서 산소 및 LPG 저장탱크는 미사용시 벽에 부착하여 고정될 수 있도록 해야 하며, 역화방지기 부착여부, 압력게이지 파손여부, 소화기 배치여부 등의 안전점검이 필요하다. 아울러 인양시 별도 인양함을 사용하여 이동간에 사고가 발생하지 않도록 해야 한다.

[그림 2-2-22] 위험물 저장소 점검사항

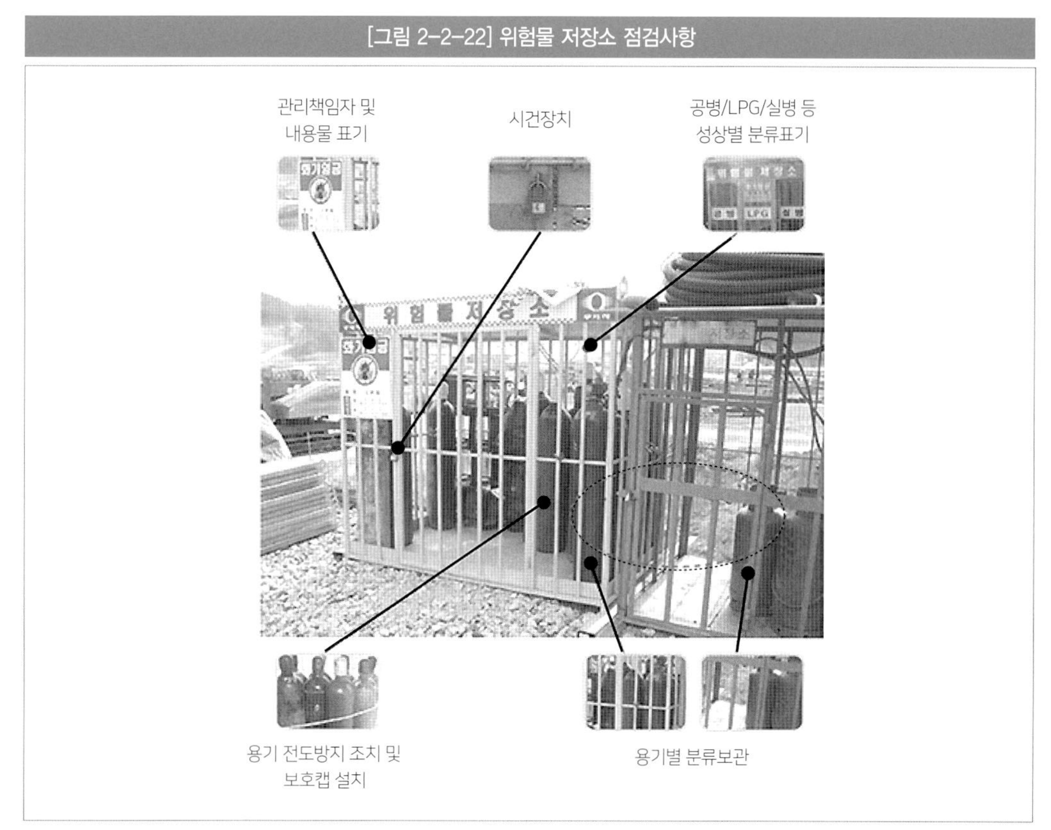

자료 : 대우건설

공사현장에서 작업은 동시다발적으로 진행되는 것이 특징이다. 그러나 동시에 작업하면 안되는 것으로 페인트작업과 용접작업이 있다. 페인트는 보통 유증기가 발생하게 되며, 발생된 유증기에 용접작업시 발생한 불꽃이 튀게 되면 대형 화재로 발전할 수 있다. 특히 공사현장의 마감현장에서는 유성페인트를 주로 사용하게 되며, 유성페인트는 희석제로 신나를 사용함에 따라 화재시 취약한 단점이 있다. 따라서 페인트 등 화재를 유발할 수 있는 물질들은 별도 위험물 저장소에 보관해야 되며, 위험물 저장소는 시건장치, 위험물질 용기별 및 성상별 분류표기, 관리책임자 및 내용물 표기 등의 점검이 적절히 이루어져야 한다.

[그림 2-2-23] 외부 로프작업 점검사항

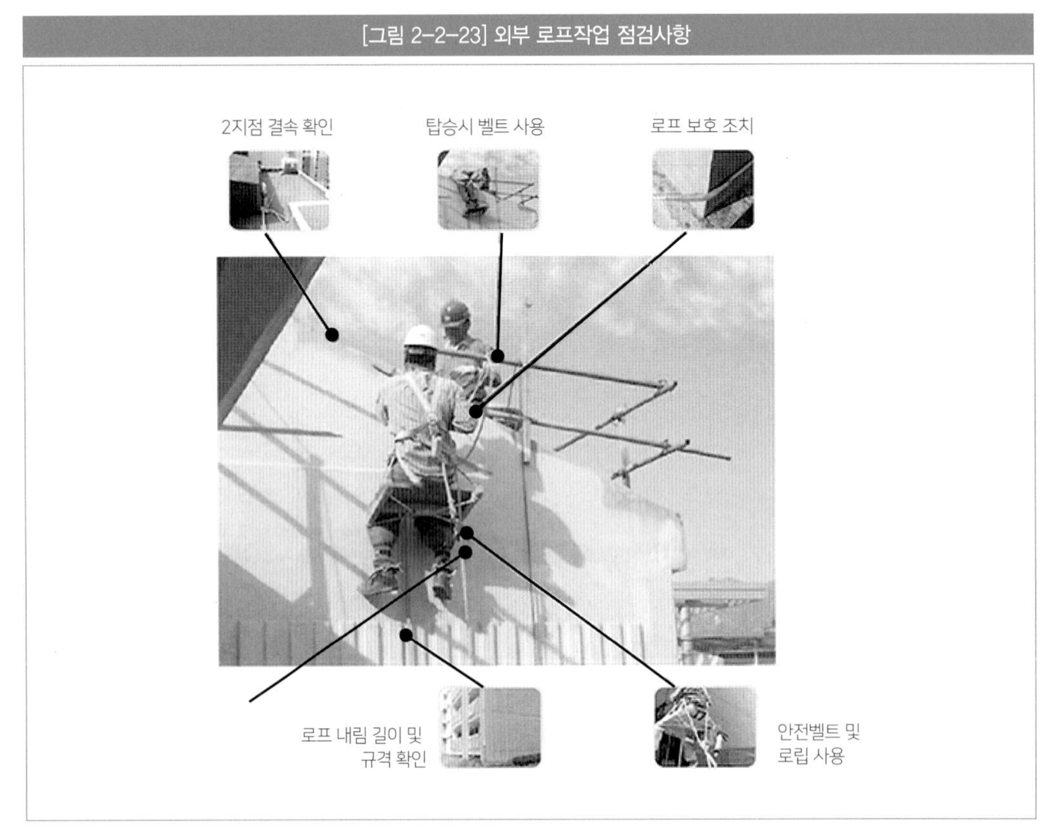

자료 : 대우건설

외부로프는 기본적으로 고소 작업시 사용하는 장비임에 따라, 작업자의 안전의식과 더불어 장비에 대한 안전장치도 철저히 마련되어 있어야 한다. 우선 외부 로프가 외벽에 단단히 고정될 수 있도록 앙카고리를 설치하여야 하며, 너트 풀림을 방지하기 위해 록타이트 나사고정제를 충분히 사용해야 한다. 이러한 행위를 통해 로프와 앙카고리의 결속이 확인되면 로프 보호 조치와 로프내림 길이 및 규격을 확인한 후, 탑승시 벨트를 적절히 사용하는지 최종 확인하도록 한다. 또한 로프와 안전벨트의 고립, 즉 이음새 부분이 적절히 고정되어 있는지 확인하고, 작업자에게 외부 로프작업 시 안전관리 주의사항을 충분히 주지시킨 후 작업에 임할 수 있도록 한다.

7. 안전사고 발생 유형

화재, 전기재난, 건축재난 등 재난위험에 대한 전반적인 사안에 대해 알 수 있었으며 이에 따른 사고 유형을 알고 대응하는 예방이 필요하다. 산업재해의 평균 35%를 차지하는 업종은 서비스업에 해당하며, 그 다음으로는 제조업으로 32%를 차지하고 있다. 특히 서비스업에서 가장 재해가 많이 발생하는 업종은 음식 및 숙박업, 도소매 및 소비자용품 수리업이다. 제조업보다 서비스업에서 산업재해가 많이 발생하는 원인으로는 제조업에 비해 임시직 근로자 수가 많음과 더불어 인원 변동이 많음에 따라 영향을 미치게 된다. 서비스업 전체 재해자수 13,788명 중 재해유형별 세부 인원을 살펴보면 넘어짐 5,154명, 절단, 베임, 찔림 1,110명, 사업장 외 교통사고 1,107명, 떨어짐 1,021명, 작업 관련 질병뇌심 등 999명, 기타 4,397명으로 발생하는 것을 확인할 수 있었다.

서비스업이 행해지는 호텔 건축물 내에서 기관 설비가 있는 기계실, 보일러실, 냉동기 등의 설비 주변에서는 넘어짐, 떨어짐추락 등의 사고가 주로 발생되며, 고객 대면의 서비스업 행위가 제공되는 주방, 식음업장 장소에서는 절단, 베임, 찔림 등의 재해가 주로 발생하게 된다. 건축물 내 서비스업에서의 대표적인 사고발생 유형을 살펴보면 주방 청소를 위해 뜨거운 물을 큰 냄비에 담아 나르던 중 미끄러져 화상을 입는 사고와 염화칼슘 포대위에서 적재작업 중 적재된 포대가 무너지면서 바닥으로 떨어져 다치는 사고, 복도청소를 위해 물과 세제를 복도에 뿌려 놓은 상태에서 엘리베이터에서 내리다 넘어지는 사고가 발생하는 경우가 있다. 아울러 마트 납품을 위해 박스를 등에 지고 운반하던 중 맨 위의 박스가 떨어져 발등을 찧는 경우, 충전 드릴을 이용하여 칸막이를 수리하던 중 장갑이 드릴에 감겨 손가락에 부상을 당하는 경우도 종종 발생한다.

한국산업안전보건공단www.kosha.or.kr은 홈페이지 자료마당 메뉴를 통해 6개 업종, 19개 직종별 재해를 예방할 수 있는 메뉴얼을 별도 제작 및 보급하였으며, 서비스업종 가운데 산업재해 비중이 높은 6개 업종도소매 및 소비자용품 수리업, 음식 및 숙박업, 고층건물 등 종합관리사업, 위생 및 유사서비스업, 보건 및 사회복지사업, 교육서비스업의 구체적인 가이드라인이 제시되어 있다. 건축물의 안전을 책임지는 시설 담당자들은 참고하기를 권하는 바이다.

건축물 내에서 근로하는 작업자는 본인의 부주의 혹은 사업주에서 준수해야 되는 안전보호장비의 미설치로 인해서 산업재해로 발생할 수 있다. 그러나 이외에도 시설물의 유지관리 미비로 인해 화재사고로 발생할 수도 있다. 2015년~2017년 3개년도 기간 동안의 발화요인별 화재발생 현황은 다음의 도표와 같다.

[표 2-2-11] 3개년도('15년~'17년) 발화요인별 화재발생 현황

연도	건수	인명피해			재산피해
		소계	사망	부상	
2015	44,435	2,093	253	1,840	433,166,488
부주의	23,525	847	63	784	77,271,666
전기적 요인	8,980	396	36	273	77,173,519
기계적 요인	4,511	99	5	94	29,485,983
방화의심	795	104	25	79	3,757,834
방화의심	467	141	30	111	36,695,083
가스누출(폭발)	146	94	2	92	2,059,437
교통사고	520	33	4	29	5,711,662
자연적인 요인	283	2	–	2	1,289,389
화학적 요인	452	38	1	37	11,360,012
기타	847	39	3	36	9,180,811
미상	3,909	387	84	303	179,181,152
2016	43,413	2,024	306	1,718	420,638,287
부주의	22,629	822	65	757	68,742,623
전기적 요인	8,962	343	47	296	70,671,126
기계적 요인	5,187	92	3	92	41,556,780
방화의심	584	79	29	50	2,948,182
방화의심	403	129	34	95	4,347,855
가스누출(폭발)	177	90	4	86	1,848,023
교통사고	486	42	15	27	4,772,778
자연적인 요인	191	2	–	2	1,269,087
화학적 요인	625	54	5	49	15,733,351
기타	175	11	2	9	1,443,827
미상	3,994	357	102	255	207,304,655
2017	44,178	2,197	345	1,852	506,914,061
부주의	23,429	964	109	855	103,658,396
전기적 요인	9,264	233	32	201	111,762,580
기계적 요인	4,489	140	11	129	38,843,110
방화의심	515	84	32	52	2,439,054
방화의심	383	102	27	75	3,620,033
가스누출(폭발)	175	89	5	84	5,482,879
교통사고	457	20	7	13	4,815,777
자연적인 요인	250	2	–	2	2,033,826
화학적 요인	625	46	4	42	22,199,181
기타	282	43	4	39	4,957,557
미상	4,309	474	114	360	207,101,668

2017년 화재발생 건수는 44,178건으로 2016년도에 비해 765건, 비율로는 1.8% 증가하였다. 화재발생 원인별로 유형을 분석하면 부주의가 23,429건53.0%으로 작년과 동일하게 가장 높은 발생률을 보였고, 다음으로는 전기적요인 21.0%9,264건, 기계적요인 10.2%4,489건, 화학적요인 1.4%625건, 방화의심 1.2%515건, 교통사고 1.0%457건, 방화 0.9%383건, 자연적요인 0.6%250건, 가스누출 0.4%175건 순으로 나타났다. 부주의로 인한 화재 23,429건은 세부적으로 구분해서 살펴보면 담배로 인한 발생이 6,991건29.8%으로 가장 많고, 그 다음으로 음식물조리 3,658건15.6%, 쓰레기소각 3,618건15.4%, 불씨 및 불꽃 방치가 3,372건으로 뒤를 이어가고 있다.

건축물 내 현장에서 고소 작업시, 작업 발판을 간이 설치하는 작업이 종종 발생하게 되며, 이때에는 특히 사고 발생에 대비한 철저한 준비가 필요하다. 브라켓 고정용 볼트 미체결, 관리감독자 작업 시작 전 점검 부적절, 안전대 고리 미체결, 작업장소에서의 적정 조도 미확보시 사고로 연계될 수 있다. 이러한 사고를 사전에 예방하기 위해서는 브라켓 고정용 볼트를 견고히 체결해야 한다. 발판의 하중을 지지하기 위해 설치되는 브라켓의 고정용 볼트는 작업 시 가해지는 하중을 충분히 견딜 수 있도록 규정수량에 맞게 빠짐없이 견고히 체결해야 한다.

그리고 관리감독자 작업시작 전 안전점검을 철저히 해야 한다. 관리감독자는 작업발판 설치작업 시 브라켓 고정용 볼트 등 작업발판의 재료, 공구 등 이상 유무 및 작업자가 안전대와 안전모 등을 착용하도록 점검하여 작업자가 안전하게 작업을 하도록 조치하여야 한다. 추락위험이 높은 작업발판 설치작업 시 재해자는 안전대를 착용하고, 안전한 주변 구조물 등에 안전고리를 체결해야 한다. 끝으로, 추락위험이 높은 작업발판 설치작업 장소는 작업자가 안전한 작업을 수행하기 위하여 150Lux 이상의 조도가 확보되도록 하여야 한다.

제 3 장

산업안전보건 관리

산업재해는 Industrial accident, 즉, 노동과정에서 작업환경 또는 작업행동 등 업무상의 사유로 발생하는 노동자의 신체적 · 정신적 피해로 정의하고 있다. 흔히 산업재해는 제조업의 노동과정에서 발생하는 것으로 인식하기 쉬우나 실제로는 광업, 토목, 운수업 등 모든 분야에서 발생할 가능성이 높다. 우리나라의 경우, 공업화의 지속적인 진행으로 인해 산업재해가 꾸준히 증가하고 있는 상황이다. 산업재해의 발생 원인을 근로자 측면에서 보면 근로자의 피로, 근로자의 작업상 부주의 및 실수, 근로자 작업상의 숙련미달에서 찾을 수 있다. 이와 반대로 사업주 측면에서 살펴보면 주로 산업재해에 대한 안전대책이나 예방대책이 미비하고 부실하여 발생하는 것으로 볼 수 있다. 결국 산업재해 발생은 양측 모두에게 책임이 있다고 할 수 있다.

1. 산업안전보건법

산업안전보건제도는 근로자가 일하고 있는 사업장의 산업재해를 예방하고 쾌적한 작업환경을 조성하여 근로자의 생명과 신체의 안전을 도모하고 질병을 방지하며, 건강을 유지, 증진시키기 위한 근로자 보호제도이다.

산업고도화와 함께 국가 간 경쟁이 치열해지면서 산업안전보건제도가 단순히 인도주의적 차원이 아니라 기업경영 차원에서도 매우 중요한 의미를 지니고 있다. 산업안전보건법은 산업안전보건에 관한 기준 확립 및 그 책임의 소재를 명확히 하고, '사업주 의무'와 이에 대한 행정관청의 관리, 감독 및 위반에 대한 처벌에 의하여 근로자의 안전과 보건을 확보하는 법적 구조를 취하고 있다.

[그림 2-3-1] 산업안전보건법

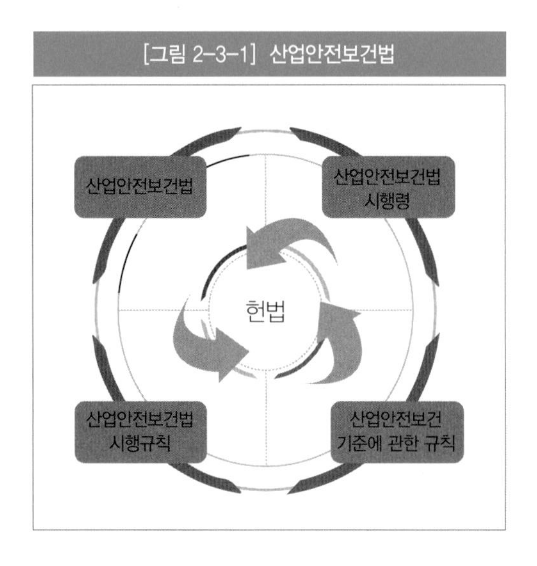

그 내용은 제1장 총칙, 제2장 안전보건관리체제, 제3장 안전보건교육, 제4장 유해 위험 예방조치, 제5장 도급시 산업재해 예방, 제6장 유해 위험 기계 등에 대한 조치, 제7장 유해 위험물질에

대한 조치, 제8장 근로자 보건관리, 제9장 산업안전지도사 및 산업보건지도사, 제10장 근로감독관, 제11장 보칙, 제12장 벌칙으로 이루어져 있다. 산업안전보건법은 산업안전보건에 관한 기준을 확립하고 그 책임의 소재를 명확하게 하여 산업재해를 예방하고 쾌적한 작업환경을 조성함으로써 근로자의 안전과 보건을 유지, 증진함을 목적으로 한다. 관련 내용은 산업안전보건법과 동법 시행령 및 시행규칙에 명시되어 있다.

본 도서는 산업안전보건법의 주요 골자에 대해서만 내용을 기술하였으며, 산업안전보건법이 2020년 1월 전부 개정되어 시행됨에 따라 사업주 및 근로자 모두 해당 변경 내용에 대해 충분히 숙지되어야 한다. 산업안전보건법 주요 개정 사안으로 법의 적용 대상이 기존 근로자에서 노무를 제공하는 자로 확대된다. 따라서 특수형태근로종사자와 배달 종사자까지 산업안전보건법 대상으로 인정되며, 새로운 노동관계를 고려하여 보호대상을 확대할 가능성이 크다.

두 번째로, 유해위험 작업 사내도급이 금지된다. 여기서 말하는 유해위험 작업이란 도금작업, 수은·납카드뮴의 제련, 주공, 가공, 가열작업, 허가대상물질을 제조 및 사용하는 작업을 뜻하며, 본 작업에 대해서는 사내 도급이 원칙적으로 금지된다. 단, 2가지 경우일시 및 간헐적인 작업, 하청이 보유한 기술이 전문적이고 원청의 사업 운영에 필수 불가결한 경우로서 고용노동부 장관의 승인을 받은 경우는 제외된다.

세 번째로, 원청의 책임범위 및 처벌수준이 강화된다. 책임범위 강화는 도급인의 사업장을 명확히 하는 것으로, 기존의 원청이 안전 및 보건조치를 취해야 하는 장소의 범위를 원청 사업장 전체와 원청이 지정·제공한 장소 중 원청이 지배·관리하는 장소로써 대통령령으로 정하는 장소로 확대된다.

네 번째로, 사업주의 처벌수준 강화, 건설업의 산업재해 예방을 위한 별도 규정 마련, 근로자 알권리 보장을 위해 물질안전보건자료 제도가 개선된다. 여기서 주의깊게 볼 사안은 사업주의 처벌수준이 강화됨으로써 안전 및 보건조치 위반으로 근로자 사망시 기존에는 현행 도급인 1년 이하 징역 또는 1천만원 이하 벌금에서 사업주가 7년 이하 징역 또는 1억원 이하의 벌금으로 강화된다는 점이다. 또한, 법인 즉, 원하청의 처벌수준이 기존 1억원에서 10억원으로 대폭 강화된다. 건설업의 산업재해 예방 강화 내용은 건축물의 환경안전관리 내용과 매칭되지 않아 본 도서에서는 제외하였으나, 건설현장과 관련된 근로자와 사업주는 반드시 이해해야만 된다.

비록 산업안전보건법이 지속적으로 개정되고, 법이 강화되더라도 산업안전보건법 내 안전보건 관리체계에서 각 주체들이 필수적으로 이행해야 되는 의무와 책임의 골자는 유지됨에 따라, 큰 틀에서의 산업안전보건법을 이해하고, 상시 변경되는 사안에 대해 주의를 해야 한다.

2. 안전보건 관리체계

산업안전보건에 관한 책임소재를 명확히 하고 사업장 자율안전관리 활동을 지속적으로 수행하기 위한 조직체계로 사업의 종류, 규모, 근로자 수에 따라 적절한 조직을 구성·운영하여야 한다.

[그림 2-3-2] 산업안전보건법 내 안전보건 관리체계

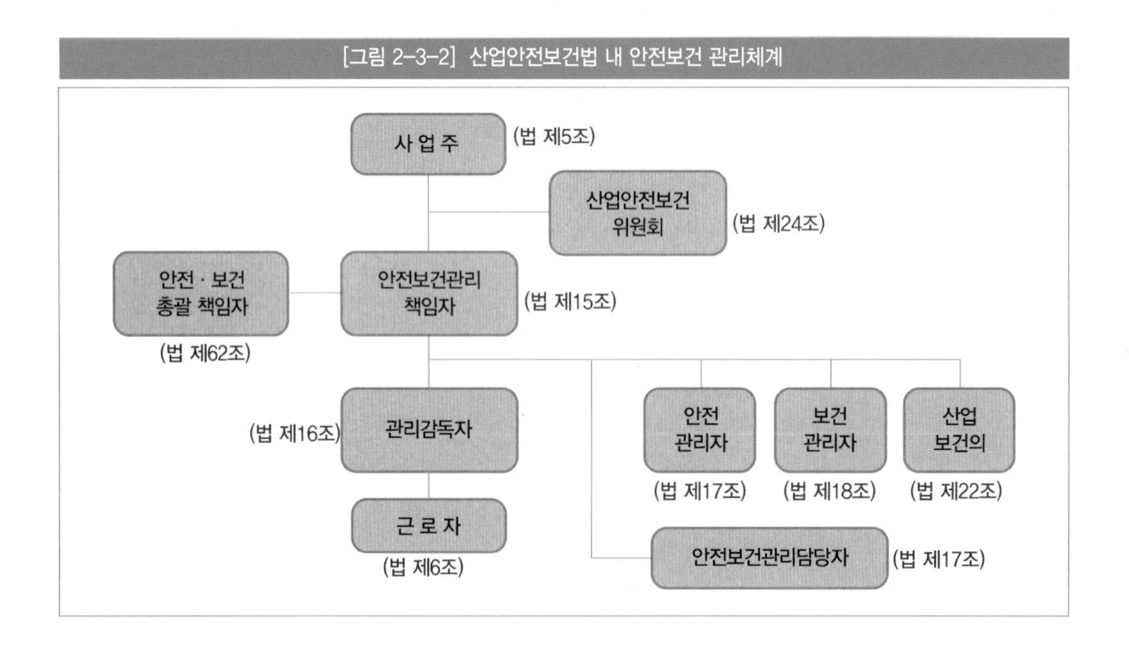

(1) 안전관리 담당자

1) 안전보건 관리책임자

기업의 자율적인 재해예방활동을 촉진하기 위하여 해당 사업장을 실질적으로 총괄·관리하는 자를 안전보건 관리책임자로 선임하여 산업안전보건 업무를 총괄·관리하도록 의무를 부여하였다.

※ 관리책임자는 해당 사업에서 그 사업을 실질적으로 총괄 관리하는 사람이어야 하며, 사업주는 관리책임자에게 법 제15조제1항에 따른 업무를 수행하는 데 필요한 권한을 주어야 한다.

▶ 선임 기준 : 상시근로자파트너사 제외 최소 규모 50명 이상인 경우호텔

2) 관리감독자

사업주는 조직에서 생산과 관련되는 업무와 소속직원을 직접 지휘·감독하는 부서의 장 또는 그 직

위를 담당하는 자를 관리 감독자로 지정하여 생산 업무 외의 안전·보건에 관한 업무도 수행토록 하여야 한다.

[표 2-3-1] 안전보건 관리책임자의 업무

내용
• 산업재해 예방 계획의 수립에 관한 사항
• 안전보건관리규정의 작성 및 변경에 관한 사항
• 근로자의 안전 · 보건교육에 관한 사항
• 작업환경측정 등 작업환경의 점검 및 개선에 관한 사항
• 근로자의 건강진단 등 건강관리에 관한 사항
• 산업재해의 원인 조사 및 재발 방지대책 수립에 관한 사항
• 산업재해에 관한 통계의 기록 및 유지에 관한 사항
• 안전 · 보건과 관련된 안전장치 및 보호구 구입 시의 적격품 여부 확인에 관한 사항
• 그 밖에 근로자의 유해 · 위험 예방조치에 관한 사항으로써 고용노동부령으로 정하는 사항
• 관리책임자는 안전관리자와 보건관리자를 지휘 · 감독한다.

[표 2-3-2] 관리감독자 업무

내용
• 사업장 내 관리감독자가 지휘 · 감독하는 작업(이하 "해당 작업"이라 한다)과 관련된 기계 · 기구 또는 설비의 안전 · 보건 점검 및 이상 유무의 확인
• 관리감독자에게 소속된 근로자의 작업복 · 보호구 및 방호장치의 점검과 그 착용 · 사용에 관한 교육 · 지도
• 해당 작업에서 발생한 산업재해에 관한 보고 및 이에 대한 응급조치
• 해당 작업의 작업장 정리 · 정돈 및 통로확보에 대한 확인 · 감독
• 해당 사업장의 산업보건의, 안전관리자의 지도 · 조언에 대한 협조
• 위험성평가를 위한 업무에 기인하는 유해 · 위험요인의 파악 및 그 결과에 따른 개선 조치의 시행
• 유해하거나 위험한 작업에 근로자를 사용할 때 실시하는 특별교육 중 안전에 관한 교육(시행규칙 별표 8의 2 특별안전 · 보건교육 참조)

[표 2-3-3] 관리감독자 지정

내용
• 사업주는 관리감독자에게 그 직무를 수행할 수 있도록 필요한 권한을 부여하고 시설 · 장비 · 예산 기타 업무 수행에 필요한 지원을 하여야 한다.
• 관리감독자는 시행령 10조에 관련된 업무내용을 이행하여야 한다.

3) 안전관리자

사업장 내 산업안전에 관한 기술적인 사항에 대하여 사업주와 안전보건관리 책임자를 보좌하고 관리감독자에 대하여 지도·조언을 하도록 하기 위해 사업장에 안전관리자를 두어야 한다.

[표 2-3-4] 안전관리자 선임

내용
• 안전관리자를 두어야 할 사업의 최소 규모는 상시근로자 50명 이상 사업장이다. – 상시근로자는 사업주가 자신이 사용하는 근로자와 도급사업의 수급인(파트너사)이 사용하는 상시근로자를 포함한다.
• 상시근로자 300명 이상을 사용하는 사업장에는 시행령 제13조 제1항 각 호에 규정된 업무만을 전담하는 안전관리자를 두어야 한다.

[표 2-3-5] 안전관리자 업무

내용
• 산업안전보건위원회에 심의 · 의결한 업무와 해당 사업장의 안전보건관리규정 및 취업규칙에서 정한 업무
• 위험성평가에 관한 보좌 및 조언 · 지도
• 해당 사업장 안전교육계획의 수립 및 안전교육 실시에 관한 보좌 및 조언 · 지도
• 사업장 순회점검 · 지도 및 조치의 건의
• 산업재해 발생의 원인 조사 · 분석 및 재발 방지를 위한 기술적 보좌 및 조언과 지도
• 관리감독자에게 소속된 근로자의 작업복 · 보호구 및 방호장치의 점검과 그 착용 · 사용에 관한 교육 및 지도

[표 2-3-6] 안전관리자 위탁

내용
• 상시근로자 300명 미만을 사용하는 사업의 사업주는 고용노동부 장관이 지정하는 안전관리 대행 기관에 위탁할 수 있다.
• 사업주가 안전관리 전문기관에 위탁한 경우에는 그 전문기관을 안전관리자로 본다.

4) 보건관리자

산업보건에 관한 사항은 전문·기술적 사항이 많으므로 해당분야의 전문지식을 보유하고 있는 보건관리자를 선임하도록 하여 안전보건관리책임자의 총괄·관리업무 중 보건에 관한 기술적인 사항에 관하여 사업주 또는 관리책임자를 보좌하고 관리감독자에게 이에 관한 지도·조언을 하도록 하고 있다.

보건관리자를 두어야 할 사업장의 최소 규모는 상시근로자 50명 이상이다. 상시근로자는 사업주가 자신이 사용하는 근로자와 도급사업의 수급인파트너사이 사용하는 상시근로자를 포함한다. 상시근로자 300명 미만을 사용하는 사업장에서의 보건관리자는 보건관리업무에 지장이 없는 범위 안에서 다른 업무를 겸할 수 있다. 상시근로자 300명 미만을 사용하는 사업의 사업주는 고용노동부 장관이 지정하는 보건 관리대행기관에 위탁할 수 있다. 사업주가 보건관리전문기관에 위탁한 경우에는 그

전문기관을 보건관리자로 본다.

[표 2-3-7] 보건관리자 업무

내용
• 산업안전보건위원회에서 심의 · 의결한 업무와 안전보건관리규정 및 취업규칙에서 정한 업무
• 물질안전보건자료의 게시 또는 비치에 관한 보좌 및 조언 · 지도
• 해당 사업장 보건교육계획의 수립 및 보건교육 실시에 관한 보좌 및 조언 · 지도
• 해당 사업장의 근로자를 보호하기 위한 의료행위(보건관리자가 의사 또는 간호사에 해당하는 경우로 한정)
• 작업장 내에서 사용되는 전체 환기장치 및 국소 배기장치 등에 관한 설비의 점검과 작업방법의 조언 · 지도
• 그 밖에 작업관리 및 작업환경관리에 관한 사항

5) 안전보건총괄책임자

같은 장소에서 행하여지는 도급사업에서는 도급인·수급인의 근로자가 같은 장소에서 작업한다는 점을 감안하여 산업재해 업무를 총괄·관리하게 하기 위해 도급인의 안전보건관리 책임자를 안전보건총괄책임자로 지정하도록 하고 있다.

[표 2-3-8] 안전보건총괄책임자 선임

내용
• 안전보건총괄책임자를 두어야 할 사업의 최소 규모는 상시근로자 100명 이상 사업장이다. 상시근로자는 사업주가 자신이 사용하는 근로자와 도급사업의 수급인(파트너사)이 사용하는 상시근로자를 포함한다.
• 안전보건총괄책임자 지정 요건 – 사업의 일부를 분리하여 도급을 주어하는 사업 – 사업이 전문분야의 공사로 이루어져 시행되는 경우 각 전문분야에 대한 공사의 전부를 도급을 주어하는 사업

[표 2-3-9] 안전보건총괄책임자 업무

내용
• 작업의 중지 및 재개
• 도급사업시의 안전 · 보건 조치
• 수급인의 산업안전보건관리비의 집행 감독 및 그 사용에 관한 수급인 간의 협의 · 조정
• 안전인증대상 기계 · 기구 등과 자율안전확인대상 기계 · 기구 등의 사용 여부 확인
• 위험성평가의 실시에 관한 사항
• 산업재해 예방계획의 수립에 관한 사항
• 안전보건관리규정의 작성 및 변경에 관한 사항
• 근로자의 안전 · 보건교육에 관한 사항
• 작업환경측정 등 작업환경의 점검 및 개선에 관한 사항
• 근로자의 건강진단 등 건강관리에 관한 사항

산업안전보건위원회

산업안전보건위원회는 사업장에서 근로자의 위험 또는 건강장해를 예방하기 위한 계획 및 대책 등 산업안전 · 보건에 관한 중요한 사항에 대하여 노사가 함께 심의 · 의결하기 위한 기구로써 산업재해예방에 대하여 근로자의 이행 및 협력을 구하는 한편, 근로자의 의견을 반영하는 역할을 수행한다. 설치대상은 상시근로사 100명 이상을 고용한 사업장으로 산업안전보건위원회는 노사 동수로 구성하되, 근로자 위원 및 사용자 위원은 각각 10명 이내를 원칙으로 하고 위원회의 위원장은 위원중에 호선하며 근로자 위원과 사용자 위원중 각 1명을 공동 위원장으로 선출할 수 있다. 산업안전보건위원회 최소 구성인원은 근로자 · 사용자 위원 각 3명으로 한다.

산업안전보건위원회의 심의 · 의결사항은 법 제13조 1항 제1호~5호, 제7호, 제6호의 규정 중 중대재해, 유해 · 위험한 기계, 기구의 안전 · 보건 조치사항 등으로 심의 · 의결사항은 다음과 같다.

- 산업재해 예방계획의 수립에 관한 사항
- 안전보건관리규정의 작성 및 변경에 관한 사항
- 근로자의 안전 · 보건교육에 관한 사항
- 작업환경측정 등 작업환경의 점검 및 개선에 관한 사항
- 근로자의 건강진단 등 건강관리에 관한 사항
- 산업재해에 관한 통계의 기록 및 유지에 관한 사항
- 유해 · 위험 기계, 기구와 그 밖의 설비를 도입한 경우 안전 · 보건조치에 관한 사항
- 중대재해의 원인 조사 및 재발 방지 대책 수립에 관한 사항

(2) 노 · 사의 안전 준수 의무 사항

1) 사업주의 의무

산업안전보건법은 근로자의 안전·보건을 유지·증진하는 것을 목적으로 하고 있으므로 이를 달성하기 위해 필요한 사업주의 의무를 주로 규정하고 있다.

첫째, 이 법과 이 법에 따른 명령으로 정하는 산업재해 예방을 위한 기준을 지킬 것, 둘째, 근로자의 신체적 피로와 정신적 스트레스 등을 줄일 수 있는 쾌적한 작업환경을 조성하고 근로조건을 개선할 것, 셋째, 해당 사업장의 안전·보건에 관한 정보를 근로자에게 제공할 것, 넷째 국가의 산업재해 예방시책에 따라야 할 것이다.

가. 산업재해 발생기록 및 보고 의무

사업주는 산업재해가 발생하였을 때에는 고용노동부령으로 정하는 바에 따라 재해 발생원인 등을 기록, 보존하며 산업재해조사표를 고용노동부장관에게 보고하여야 한다.

[표 2-3-10] 산업재해 조사표

구분	내용
보고 대상	사망, 3일 이상의 휴업이 필요한 부상을 입거나 질병에 걸린 경우
보고방법 및 시기	1개월 이내에 산업재해조사표를 작성하여 관할 지방고용노동관서의 장에게 제출한다(전자문서 포함).
	※ 다만 중대재해의 경우 발생한 사실을 알게 된 경우에는 지체 없이 관할 지방 고용노동관서의 장에게 전화, 팩스 또는 그 밖에 적절한 방법으로 보고한다.
산업재해 기록보존	①사업장의 개요 및 근로자의 인적 사항
	②재해 발생의 일시 및 장소
	③재해 발생의 원인 및 과정
	④재해 재발방지 계획
	※ 산업재해조사표 사본을 보존하거나 요양 신청서의 사본에 재해 재발방지 계획을 작성하여 보존하여도 된다.

나. 법령요지 게시 등의 의무

사업주는 이 법과 이 법에 따른 명령의 요지를 상시 각 사업장에 게시하거나 갖추어 두어 근로자로 하여금 인지하도록 한다. 사업주는 산업안전보건위원회 의결 사항 등을 근로자 대표가 요구하는 경우 성실히 응하여야 한다. 근로자 대표 요청사항으로는 산업안전보건위원회 의결사항, 안전보건관리 규정내용, 도급사업시의 안전보건 조치, 물질안전보건자료, 작업환경 측정에 관한 사항, 안전, 보건 진단 결과, 안전보건 개선계획의 수립·시행내용 등이 있다.

다. 안전표지 부착 등의 의무

사업주는 사업장의 유해하거나 위험한 시설 및 장소에 대한 경고, 비상시 조치에 대한 안내, 그 밖에 안전의식의 고취를 위하여 안전보건 표지를 근로자가 쉽게 알아 볼 수 있는 장소, 시설 또는 물체에 설치하거나 부착하여야 한다. 외국인 근로자를 채용한 사업주는 외국어로 된 안전보건 표지와 작업안전수칙을 부착하도록 노력하여야 한다.

[그림 2-3-3] 산업안전보건 표지와 작업안전수칙

1. 금지표지	출입금지	보행금지	차량통행금지	사용금지	탑승금지	금연
화기금지	물체이동금지	2. 경고표지	인화성물질 경고	산화성물질 경고	폭발성물질 경고	급성독성물질 경고
부식성물질 경고	방사성물질 경고	고압전기 경고	매달린물체 경고	낙하물 경고	고온 경고	저온 경고
몸균형상실 경고	레이저광선 경고	발암성, 변이원성, 생식독성, 전신독성, 호흡기과민성물질	위험장소 경고	3. 지시표지	보안경 착용	방독마스크 착용
방진마스크 착용	보안면 착용	안전모 착용	귀마개 착용	안전화 착용	안전장갑 착용	안전복 착용
4. 안내표시	녹십자표지	응급구호표지	들것	세안장치	비상구	좌측비상구
우측비상구	비상용기구 비상용 기구	5. 관계자외 출입금지	허가대상물질 작업장 관계자외 출입금지 (허가물질 명칭) 제조/사용/보관 중 보호구/보호복 착용 흡연 및 음식물 섭취 금지	석면취급/해체 작업장 관계자외 출입금지 석면 취급 해체 중 보호구/보호복 착용 흡연 및 음식물 섭취 금지	금지대상물질의 취급 실험실 등 관계자외 출입금지 발암물질 취급 중 보호구/보호복 착용 흡연 및 음식물 섭취 금지	

자료 : 안전 · 보건표지 종류(규칙 제6조 별표1의2, 별표 2참조

라. 안전보건관리규정 등의 작성

사업주는 사업장의 안전보건을 유지하기 위하여 안전보건관리규정을 작성하여 사업장에 게시하거나 비치하고 이를 근로자에게 알려야 한다.

[표 2-3-11] 안전보건관리규정의 작성, 변경 절차

내용
• 안전보건관리규정을 작성하는 사업장은 상시근로자의 최소 규모 100명 이상 사용하는 사업장
• 안전보건관리규정 작성, 변경 시 산업안전보건위원회 심의 · 의결을 거치거나 근로자 대표의 동의 필요

[표 2-3-12] 안전보건관리규정 작성

세부 내용	
• 총칙 : ①안전보건관리규정 작성의 목적 및 적용 범위에 관한 사항	• 안전 · 보건 관리조직과 그 직무
②사업주 및 근로자의 재해 예방 책임 및 의무 등에 관한 사항	• 안전 · 보건교육 및 작업장 안전 · 보건관리
③하도급 사업장에 대한 안전 · 보건관리에 관한 사항	• 사고 조사 및 대책 수립, 위험성평가에 관한 사항
	• 보칙 및 그 밖의 사항

2) 유해위험 예방조치

가. 안전조치(법 제38조)

산업재해 예방을 위해 사업주가 안전상의 조치를 취해야 할 유해·위험요인의 범위를 정하여 필요한 조치를 하도록 하고, 사업주가 강구하여야 할 구체적인 안전상의 조치사항은 『산업안전보건기준에 관한 규칙』에서 정하고 있다.

[표 2-3-13] 안전조치 종류

기계적 · 화학적 및 에너지 등 물적 위험에 대한 안전조치	작업방법에서 생기는 위험에 대한 안전조치
• 기계 · 기구, 그 밖의 설비에 의한 위험	• 굴착, 채석, 하역, 벌목, 운송, 조작, 운반, 해체, 중량물 취급, 그 밖의 작업을 할 때 불량한 작업 방법 등으로 인하여 발생하는 위험
• 폭발성, 발화성 및 인화성 물질 등에 의한 위험	
• 전기, 열, 그 밖의 에너지에 의한 위험	
작업장소가 특수한 위험 장소를 가지고 있는 경우에 대한 안전조치	
• 작업 중 근로자가 추락할 위험이 있는 장소, 토사, 구축물 등이 붕괴할 우려가 있는 장소, 물체가 떨어지거나 날아올 위험이 있는 장소, 그 밖의 작업시 천재지변으로 인한 위험이 발생할 우려가 있는 장소 등에서 발생하는 위험	

3) 근로자의 의무

정부의 산업재해 예방정책과 사업주의 안전보건조치가 효과를 얻을 수 있으려면 근로자의 협조가 필수적이다. 이에 따라 산업안전보건법 제6조에서는 근로자는 이 법과 이 법에 대한 명령으로 정하는 산업재해 예방을 위한 기준을 지켜야 하며, 사업주나 그 밖의 관련 단체에서 실시하는 산업재해 방지에 관한 조치에 따라야 한다고 근로자의 일반적인 의무에 대해 규정하고 있다.

가. 근로자의 준수사항

법 제40조에서 근로자의 구체적인 의무준수사항를 규정하고, 위반시 300만 원 이하의 과태료를 부과할 수 있도록 하고 있다. 근로자가 준수해야 하는 안전조치제23조 및 보건조치제24조는 산업안전보건기준에 관한 규칙에서 구체적으로 정하고 있다.

나. 기타의 준수 사항

근로자는 산업안전보건위원회 심의·의결 또는 결정사항을 성실히 이행하여야 하고제24조 제4항, 사업주가 실시하는 건강진단을 받아야 하며제129조, 역학조사 실시시 협조하여야 하고제141조, 공정안전보고서의 내용 및 안전보건개선 계획을 준수하여야 한다제44조, 제49조.

■ 보건조치법 제39조

근로자의 건강장해를 예방하기 위하여 사업주가 보건상의 조치를 취해야 할 유해·위험 요인의 범위를 정하여 필요한 조치를 하도록 하고, 사업주가 강구하여야 할 구체적인 보건상의 조치사항은 『산업안전보건기준에 관한 규칙』에서 정하고 있다.

건강장해를 예방하기 위하여 필요한 조치
• 원재료 · 가스 · 증기 · 분진 · 흄 · 미스트 · 산소결핍 · 병원체 등에 의한 건강장해
• 방사선 · 유해광선 · 고온 · 저온 · 초음파 · 소음 · 진동 · 이상기압 등에 의한 건강장해
• 사업장에서 배출되는 기체 · 액체 또는 찌꺼기 등에 의한 건강장해
• 계측감시, 컴퓨터 단말기 조작, 정밀공작 등의 작업에 의한 건강장해
• 단순반복작업 또는 인체에 과도한 부담을 주는 작업에 의한 건강장해
• 환기 · 채광 · 조명 · 보온 · 방습 · 청결 등의 적정기준을 유지하지 않아 발생하는 건강장해

■ 산업안전보건기준에 관한 규칙

법 제38조안전조치와 법 제39조보건조치의 세부사항을 고용노동부령으로 정한 것으로 1편 총칙제1조~제85조, 2편제86조~제419조, 3편 보건기준제420조~제670조로 구성되어 있다.

※ 위반시 범죄인지 대상은 '산업안전보건 업무담당 근로감독관 집무규정고용노동부 예규'에서 정한다.

■ 도급사업에 있어서의 안전조치법 제63조

같은 장소에서 행하여지는 사업의 일부를 도급을 주어 하는 사업으로 그가 사용하는 근로자와 그의 수급인이 사용하는 근로자가 같은 장소에 작업을 할때 생기는 산업재해를 예방하기 위하여 안전보건조치를 해야 한다. 다만, 보호구 착용의 지시 등 관계 수급인 근로자의 작업 행동에 관한 직접적인 조치는 제외한다.

[표 2-3-14] 도급사업에 있어서의 안전보건조치 대상사업

내용
• 사무직에 종사하는 근로자만 사용하는 사업을 제외한 사업
①사업의 일부를 분리하여 도급을 주어 하는 사업
②사업이 전문분야의 공사로 이루어져 시행되는 경우 각 전문분야에 대한 공사의 전부에 대해 도급을 주어 하는 사업

[표 2-3-15] 도급사업에 있어서의 안전보건조치 조치할 사항(법 제64조 1항)

내용
• 안전 · 보건에 관한 협의체의 구성 및 운영(규칙 제29조 참조 – 매월 1회 이상 회의)
• 작업장 순회점검 등 안전 · 보건관리(규칙 제30조 참조 – 매주 1회 이상)
• 수급인이 근로자에게 하는 안전 · 보건 교육에 대한 지도와 지원
• 작업환경 측정
• 작업장소에서 화재사고 발생할 경우 경보 운영사항 통보

[표 2-3-16] 도급사업에 있어서의 안전보건조치 주요 사항

내용
• 산업재해 발생 위험이 있는 장소에서 작업시 안전 · 보건시설의 설치 등 산업재해 예방을 한 조치(규칙 제30조 참조)
• 사업주는 그가 사용하는 근로자와 수급인이 사용하는 근로자와 함께 정기적 또는 수시로 안전 · 보건점검을 하여야 한다.(규칙 제30조의 2 참조 – 분기별 1회)
• 사업을 타인에게 도급하는 자는 근로자의 건강을 보호하기 위하여 수급인에게 위생시설을 설치할 수 있는 장소를 제공하거나 자신의 위생시설을 수급인의 근로자가 이용할 수 있도록 하는 등 적절한 협조를 하여야 한다.(규칙 제30조의 5 참조) ※ 위생시설 : ①휴게시설 ②세면 · 목욕시설 ③세탁시설 ④탈의시설 ⑤수면시설

■ 근로자 안전·보건교육법 제29조

근로자가 작업장의 유해·위험요인 등 안전보건에 관한 지식을 습득하고 적절한 대응능력을 배양함으로써, 근로자 스스로 자신을 보호하기 위한 주의를 기울이도록 하여 산업재해를 예방하기 위한 차원에서 사업주에게 근로자에 대한 각종 안전보건교육을 시키도록 의무화하고 있다.

[표 2-3-17] 근로자 안전보건교육 강사 요건(사업주가 자체적으로 실시하는 경우)

내용
• 안전보건관리책임자, 관리감독자
• 안전관리자(안전관리대행기관 포함), 보건관리자(보건관리대행기관 포함) 및 산업보건의
• 공단에서 실시하는 해당분야의 강사 교육과정을 이수한 사람
• 산업안전지도사 또는 산업위생지도사
• 산업안전보건에 관하여 학식과 경험이 있는 사람으로서 고용노동부장관이 정하는 기준에 해당하는 사람(산업안전보건교육규정)

[표 2-3-18] 산업안전 · 보건 관련 교육과정별 교육시간(규칙 제33조 제1항)

교육과정	교육대상		교육시간
가. 정기교육	사무직 종사 근로자		매 분기 3시간 이상
	사무직 종사 근로자 외의 근로자	판매업무에 직접 종사하는 근로자	매 분기 3시간 이상
가. 정기교육	사무직 종사 근로자 외의 근로자	판매업무에 직접 종사하는 근로자 외의 근로자	매 분기 6시간 이상
		관리감독자의 지위에 있는 사람	연간 16시간 이상
나. 채용시의 교육	일용근로자		1시간 이상
	일용근로자를 제외한 근로자		8시간 이상
다. 작업내용 변경 시의 교육	일용근로자		1시간 이상
	일용근로자를 제외한 근로자		2시간 이상
라. 특별교육	별표 8의 2 제1호 라목 각 호의 어느 하나에 해당하는 작업에 종사하는 일용근로자		2시간 이상
라. 특별교육	별표 8의 2 제1호 라목 각 호의 어느 하나에 해당하는 작업에 종사하는 일용근로자를 제외한 근로자		– 16시간 이상(최초 작업에 종사하기 전 4시간 이상 실시하고 12시간은 3개월 이내에 분할하여 실시 가능) – 단기간 작업 또는 간헐적 작업인 경우에는 2시간 이상
마. 건설업 기초 안전 · 보건교육	건설일용근로자		4시간

[표 2-3-19] 교육 대상별 교육내용(시행규칙 별표8의 2) 근로자 정기안전 · 보건교육

내용	
• 산업안전 및 사고 예방에 관한 사항	• 유해 · 위험 작업환경 관리에 관한 사항
• 산업보건 및 직업병 예방에 관한 사항	• 「산업안전보건법」 및 일반관리에 관한 사항
• 건강증진 및 질병 예방에 관한 사항	

[표 2-3-20] 교육 대상별 교육내용(시행규칙 별표 8의 2) 관리감독자 정기 안전 · 보건교육

내용	
• 작업공정의 유해 · 위험과 재해 예방대책에 관한 사항	• 산업보건 및 직업병 예방에 관한 사항
• 표준안전작업방법 및 지도 요령에 관한 사항	• 유해 · 위험 작업환경 관리에 관한 사항
• 관리감독자의 역할과 임무에 관한 사항	•「산업안전보건법」 및 일반관리에 관한 사항

[표 2-3-21] 교육 대상별 교육내용(시행규칙 별표 8의 2) 채용 시의 교육 및 작업내용 변경 시의 교육

내용	
• 기계 · 기구의 위험성과 작업의 순서 및 동선에 관한 사항	• 사고 발생시 긴급조치에 관한 사항
• 작업 개시 전 점검에 관한 사항	• 산업보건 및 직업병 예방에 관한 사항
• 정리정돈 및 청소에 관한 사항	• 물질안전보건자료에 관한 사항
	•「산업안전보건법」 및 일반 관리에 관한 사항

[표 2-3-22] 교육 대상별 교육내용(시행규칙 별표8의 2) 특별안전 · 보건교육 대상 작업별 교육내용

내용	
• 시행규칙 별표 8의 2 제1호~38호까지의 작업시 공통 기본교육	• 사고 발생시 긴급조치에 관한 사항
• 기계 · 기구의 위험성과 작업의 순서 및 동선에 관한 사항	• 산업보건 및 직업병 예방에 관한 사항
• 작업 개시 전 점검에 관한 사항	• 물질안전보건자료에 관한 사항
• 정리정돈 및 청소에 관한 사항	•「산업안전보건법」 및 일반관리에 관한 사항
	• 시행규칙 별표 8의 2 제1호~38호까지의 개별적 작업내용 교육

■ 유해·위험 기계·기구 등의 방호조치(법 제80조)

유해하거나 위험한 작업을 필요로 하거나 동력으로 작동하는 기계·기구를 유해·위험 방지를 위한 방호조치를 아니하고는 이를 양도·대여·설치·사용하거나, 양도·대여의 목적으로 진열하여서는 안 된다.

[표 2-3-23] 방호조치에 대한 근로자 준수사항 및 사업주 조치

내용	
• 근로자 준수 사항	근로자는 방호조치를 해체하고자 하는 경우 사업주의 허가를 받아야 하며, 방호조치를 해체한 후 그 사유가 소멸한 때에는 지체 없이 원상 회복해야 하고, 방호조치의 기능이 상실된 것을 발견한 때에는 지체 없이 사업주에게 신고하여야 한다.
• 사업주의 조치사항	사업주는 방호조치가 정상적인 기능을 발휘할 수 있도록 상시 점검 및 정비하여야 하며, 근로자가 방호장치의 기능이 상실된 것을 신고한 때에는 즉시 수리, 보수 및 작업 중지 등 적절한 조치를 취해야 한다.

[표 2-3-24] 방호조치를 하여야 할 기계 · 기구

내용	
• 예초기, 금속절단기 : 날 접촉 예방 장치	• 공기압축기 : 압력방출장치
• 원심기 : 회전체 접촉 예방 장치	• 포장기계(진공포장기, 랩핑기) : 구동부 방호 연동장치

■ 물질안전보건자료의 게시 및 교육법 제114조

대상 화학물질을 취급하려는 근로자에게 자신이 취급하는 대상화학물질의 유해·위험성 등을 알려줌으로써 대상화학물질 취급시 발생될 수 있는 산업재해나 직업병을 사전에 예방하고 불의의 사고에도 신속히 대응하도록 하기 위해 사업주에게 화학물질의 명칭·성분 및 함유량, 안전·보건상의 취급주의 사항 등을 게시하거나 갖추어 두도록 하고 있다. 고용노동부장관은 대상화학물질을 취급하는 근로자의 안전·보건을 유지하기 위하여 필요하다고 인정하는 경우에는 고용노동부령으로 정하는 바에 따라 대상화학물질을 양도, 제공하는 자 또는 대상화학물질을 취급하는 사업주에게 물질안전보건자료의 제출을 명령할 수 있다.

[표 2-3-25] 물질안전보건자료 작성 · 제공

내용	
• 대상화학물질의 명칭	• 구성성분의 명칭 및 함유량
• 안전 · 보건상의 취급주의 사항	• 건강 유해성 및 물리적 위험성
• 물리 · 화학적 특성	• 독성에 관한 정보
• 폭발 · 화재시의 대처방법	• 응급조치 요령
• 그밖에 고용노동부 장관이 정하는 사항	

[표 2-3-26] 물질안전보건자료 게시

내용
• 대상 화학물질을 취급하는 근로자가 쉽게 보거나 접근할 수 있는 장소에 각 대상화학 물질에 대한 물질안전보건자료를 항상 게시하거나 갖추어 둘 것.
• 대상 화학물질을 취급하는 근로자가 물질안전보건자료를 쉽게 확인할 수 있는 전산장비를 갖추어 둘 것.

[표 2-3-27] 용기 및 포장의 경고표시

내용
• 대상화학물질을 취급하는 사업주는 대상화학물질 단위로 경고표지를 작성하여 대상화학 물질을 담은 용기 및 포장에 붙이거나 인쇄하는 등 유해 · 위험정보를 명확히 나타나도록 해야 한다.
• 경고표지에는 명칭, 그림문자, 신호어, 유해 · 위험 문구, 예방조치 문구, 공급자 정보가 모두 포함되어야 한다.

[표 2-3-28] 물질안전보건자료에 관한 교육

내용	
• 사업주는 대상화학물질을 취급하는 근로자의 안전 · 보건을 위하여 근로자를 교육하여야 한다.(매 분기 6시간 이상)	
• 교육내용	
①대상화학물질의 명칭(또는 제품명)	②물리적 위험성 및 건강 유해성
③취급시 주의사항	④적절한 보호구
⑤응급조치 요령 및 사고시 대처방법	⑥물질안전보건자료 및 경고표지를 이해하는 방법

4) 산업안전 주요 법규 사항

[표 2-3-29] 산업안전 체크리스트

연번	주요 내용	관련 법령	준비서류목록	과태료
1	법정관리자 선임 · 지정 (안전보건관리책임자, 안전보건총괄책임자, 안전관리자, 보건관리자)	• 안전보건관리책임자 선임(산업안전보건법 제15조) – 상시근로자 100명 이상시 1명 선임 • 안전보건총괄책임자 지정(산업안전보건법 제62조) – 같은 장소에서 사업의 일부를 도급을 주는 경우 총괄책임자 지정 • 안전관리자 선임(산업안전보건법 제17조) – 상시근로자 50명 이상시 1명 선임(상시근로자 300명 이상시 전담관리자 선임) – 상시근로자 1,000명 이상시 2명 이상 선임	선임관련 고용노동부 신고 및 지정관련 지정서 사업장 비치	• 법정관리자 미선임 – 500만원 • 법정관리자에게 업무를 수행하도록 하지 않은 경우 – 300~500만 원 • 안전보건관리담당자 미지정 – 500만원
2	관리감독자 지정 및 교육	• 관리감독자 지정(산업안전보건법 제16조) – 부서별 및 업장 지휘, 감독하는 부서의 장 또는 그 직위를 담당하는 자로 지정	관리감독자 지정서 및 교육 수료증 사업장 비치	• 관리감독자 정기교육 미실시 – 연간/1명당 – 최대 10만원
		• 관리감독자 교육(산업안전보건법 제16조) – 고용노동부 지정 교육기관에서 매년 16시간 교육		
3	안전보건관리 규정 작성	• 안전보건관리조항과 그 직무에 관한 사항, 안전보건교육에 관한 사항, 작업장 안전 및 보건관리에 관한 사항, 사고조사 및 대책수립에 관한 사항, 그 밖에 안전보건에 관한 사항 등을 포함하여 작성 및 사업장 비치(산업안전보건법 제25조)	안전보건관리 규정 작성 및 비치	• 작성하지 않은 경우 – 최대 500만 원 • 비치하지 않은 경우 – 최대 300만원
4	근로자 안전 · 보건교육, 신규채용자 교육, 특별안전 · 보건교육	• 산업안전 및 사고 예방 등 전반적 사항 교육 – 근로자 안전 · 보건교육 가. 사무직 : 매 분기 3시간 나. 판매업무에 직접 종사하는 근로자 : 매 분기 3시간 다. 그 외 근로자 : 매 분기 6시간 – 신규채용자교육 : 8시간 이상 – 특별안전보건교육 : 16시간 이상(산업안전보건법 제29조)	교육자료 및 교육실시 결과보고서 비치	• 근로자 안전보건교육 미실시 (분기/1명당) – 최대 10만원

연번	주요 내용	관련 법령	준비서류목록	과태료
5	물질 안전보건 자료(MSDS) 비치 및 교육	• 사업장에서 사용하는 화학물질에 대해서는 MSDS를 비치 및 그에 따른 교육을 물질별로 응급조치요령 등 교육을 실시하여야 한다. 또한 소분용기에 덜어서 사용시 경고표시 부착(산업안전보건법 제114조)	MSDS 자료 비치 및 교육 실시 결과보고서 비치, 소분용기 경고표지 부착	• MSDS자료를 미비치한 경우 : 1종당 최대 50만원 • MSDS교육을 미실시한 경우 : 1명당 최대 15만원 • 소분용기 경고표지 미부착한 경우 : 1종당 최대 20만원
6	위험성평가	• 업무에 기인하는 유해, 위험 요인의 파악 및 그 결과에 따른 개선 조치의 시행(산업안전보건법 제36조)	매년 정기적 시행 및 결과자료 사업장 비치	• 위험성평가 미 이행시 – 과태료 부과 – 규정은 없으나 관리감독자, 안전보건관리자 직무 미이행으로 최대 500만원
7	파트너사 협의체 구성 및 운영 (회의, 점검 등)	• 도급사업시의 안전보건 조치 : 안전보건에 관한 협의체 구성 및 운영, 작업장 순회점검 등(산업안전보건법 제64조)	파트너사 협의체 구성 및 매월 회의 분기 1회 점검 증빙자료 비치	• 도급 사업시의 안전보건조치 위반 – 1년 이하의 징역 또는 1,000만원 이하의 벌금
8	산업안전보건 위원회	• 사업주는 산업안전보건에 관한 중요 사항을 심의, 의결하기 위하여 근로자와 사용자가 같은 수로 구성되는 산업안전보건위원회를 설치 · 운영하여야 한다.(산업안전보건법 제24조)	산업안전보건위원회 구성, 분기별 정기회의 실시 및 회의록 보관	• 산업안전보건위원회 미구성 및 활동 미실시 – 500만원 이하 부과
9	안전보건 표지, 작업 안전 수칙 부착	• 사업주는 사업장의 유해하거나 위험한 시설 및 장소에 대한 경고, 비상시 조치에 대한 안내, 그 밖에 안전의식의 고취를 위하여 고용노동부령으로 정하는 바에 따라 안전 · 보건표지와 작업안전수칙을 부착하도록 하여야 한다.(산업안전보건법 제37조)	위험한 시설 및 장소에 대한 경고 등 안전보건표지, 작업안전수칙 부착	• 산업안전보건 표지를 설치하거나 부착하지 않은 경우 : 1개소 당 최대 30만원 부과
10	법령요지의 게시	• 사업주는 이 법과 이 법에 따른 요지를 상시 각 사업장 내에 근로자가 쉽게 볼 수 있는 장소에 게시하거나 갖추어 두어 근로자로 하여금 알게 하여야 한다.(산업안전보건법 제34조)	산업안전 보건법과 이법에 따른 명령의 요지를 각 작업장 내 게시	• 법령요지를 전부 게시하지 않은 경우 : 최대 과태료 500만원 • 일부 게시하지 않은 경우 : 최대 300만원
11	산업재해 발생 및 보고	• 사업주는 산업재해로 사망자가 발생하거나 3일 이상의 휴업이 필요한 부상을 입거나 질병에 걸린 사람이 발생한 경우 산업재해 발생일로부터 1개월 이내에 산업재해조사표를 작성하여 관할 지방고용노동관서의 장에게 제출하여야 한다.(산업안전보건법 시행규칙 제4조)	산업재해 발생 시 1개월 이내 산업재해 조사표 작성하여 관할 지방고용 노동부에 제출	• 산업재해를 보고하지 않은 경우 : 최대 1,000만원 • 산업재해를 거짓으로 보고한 경우 : 최대 1,000만원

(3) 산업재해 현황

2016년 1월 1일부터 12월 31일까지 1년에 걸쳐 발생한 재해자 52,157명과 그 중 사고사망자 974명에 대한 분석 결과이다. 산업재해 현황을 통해 산업별, 규모별, 성별 재해 발생자를 파악해 보았다.

1) 산업별 산업재해 현황

재해자 현황은 제조업이 32.2%으로 가장 많이 발생하였으며, 그 다음으로 건설업 26.2%, 음식 및 숙박업 6.1%, 도매 및 소매업 4.8% 순이었다. 사망자 현황은 건설업이 48.3%로 가장 많이 발생하였으며, 제조업 24.2%, 도매 및 소매업 3.2%, 운수업 3.0% 순으로 이어졌다. 호텔업은 음식 및 숙박업에 해당하며, 그래프에 표시된 것처럼 재해율에 비해 사망률은 가장 낮은 업종으로 분류되고 있다.

2) 규모별 산업재해 현황

재해자 현황은 10~29인 사업장이 23.7%로 가장 많이 발생하였으며, 5인 미만 23.3%, 5~9인 15.8% 순으로 발생하였고, 사망자 현황은 5인 미만 사업장이 26.2%로 가장 많이 발생하였으며, 10~29인 21.9%, 5~9인 15.7% 순으로 발생하였다. 29인 미만 사업장에서 재해율 62.8%, 사망률 63.8%로 소규모 사업장이 산업재해의 많은 부분을 차지하고 있다.

[그림 2-3-4] 산업별 산업재해 발생 보고현황(산업재해조사표 제출 기준)

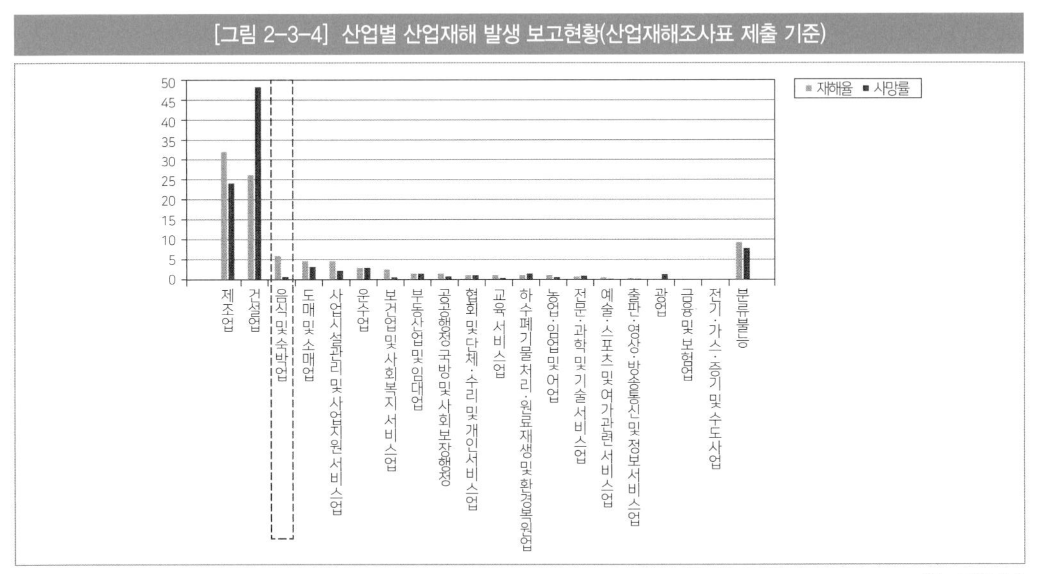

자료 : 고용노동부

3) 성별 산업재해 현황

재해자 현황은 남자가 84.6%로 여자가 15.4%로 남자가 월등히 높았다. 사망자 현황은 남자가 96.4%, 여자가 3.6% 순으로 발생하였다.

[그림 2-3-5] 규모별 산업재해 발생 보고현황(산업재해조사표 제출 기준)

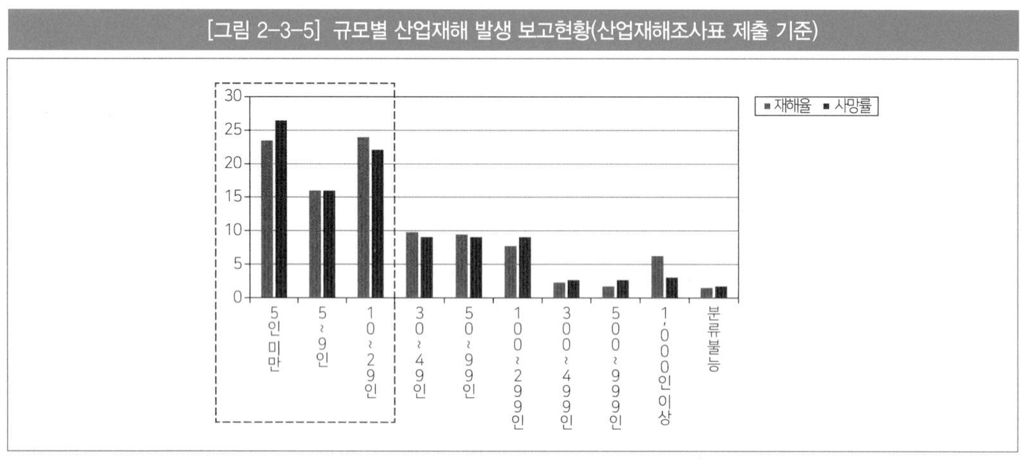

자료 : 고용노동부

2016년 데이터를 분석하면 건설업, 제조업에서 많은 산업재해가 발생하였으며, 특히 대규모 사업장보다는 상대적으로 취약한 소규모 사업장에서 사고가 더 많이 발생했음을 알 수 있다. 최근 늘어나는 호텔에 따라 음식 및 숙박업도 꾸준히 안전사고가 발생하고 향후 증가할 가능성이 높다. 산업재해 분석을 통해 기존의 발생했던 재해를 사전에 예방하는 조치가 필요하다.

[그림 2-3-6] 성별 산업재해 발생 보고현황(산업재해조사표 제출 기준)

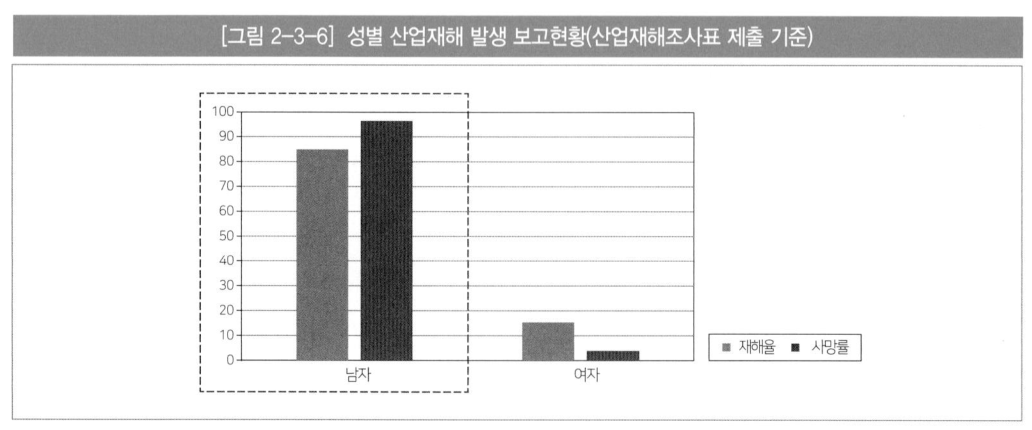

자료 : 고용노동부

제 4 장

안전사고 대응방안

안전사고 발생 예방대책을 통해 사전 예방을 했음에도 불구하고 안전사고가 발생했을 때 그에 맞는 적절한 대응방안이 마련되어 있다면 피해를 줄일 수 있다. 안전사고 발생은 천재지변으로 인한 재난과 관리 소홀로 인한 인적 사고로 구분될 수 있다. 먼저, 천재지변으로 인한 재난 발생시 효과적인 대응을 위해는 기본적인 재난 대응 체계구축이 필요하다.

안전사고 대응방안에 대한 세부적인 내용에 앞서서 건축물에서 주로 발생하는 안전점검 미비사항을 확인하는 것 또한 사고 발생에 좋은 방향성이 될 수 있음에 따라, A호텔 대상으로 실시한 안전점검 결과를 일부 수록하였다. 1년간의 15개 A호텔 대상으로 안전점검을 시행한 결과, 총 미비사항이 151건 도출 되었으며, 이를 안전관리, 소방설비, 전기설비, 기계설비, 건축설비, 위험물로 세분화하여 살펴보면 아래와 같다.

[그림 2-4-1] 안전관리 주요 미비사항

분류	계	안전시설 · 장비	정리정돈	안전점검	피난동선	충돌보호대	기타
안전관리	44	19(43%)	15(34%)	2(5%)	2(5%)	2(5%)	4(8%)

상부 충돌위험부 보호대 미 설치

안전난간대 미 설치

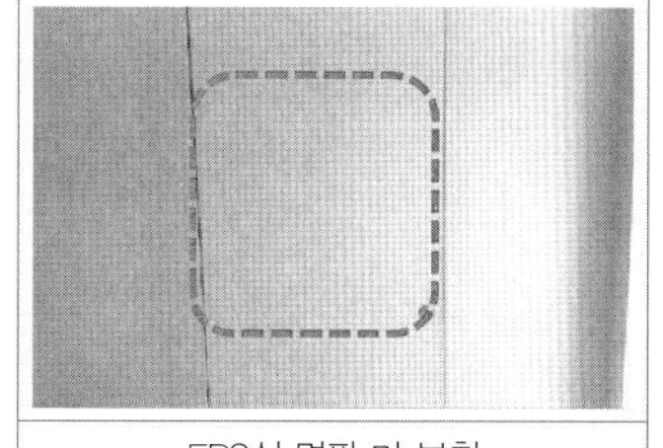
EPS실 명판 미 부착

안전관리 미비사항 44건중 안전시설 장비와 정리정돈이 가장 높은 수치를 차지하였으며, 안전시설 장비 중 개선이 시급한 사안으로는 상부 충돌위험부 보호대 미설치와 안전난간대 미설치가 발견되었다.

[그림 2-4-2] 소방설비 주요 미비사항

분류	계	감지기	스프링클러	유도등	가스소화설비	인명구조기구	기타
소방설비	42	8(19%)	6(14%)	6(14%)	6(14%)	3(7%)	13(31%)

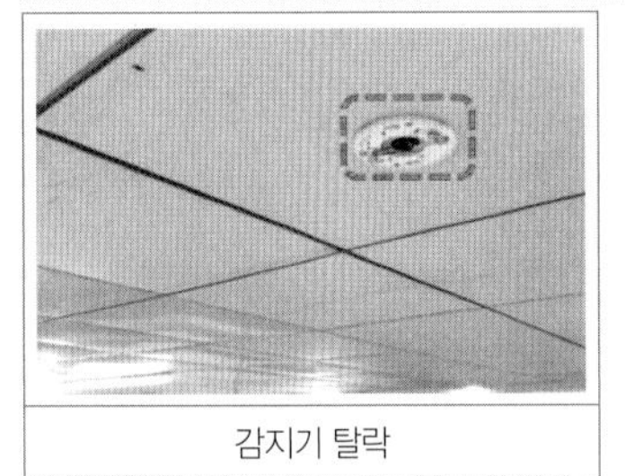
감지기 탈락

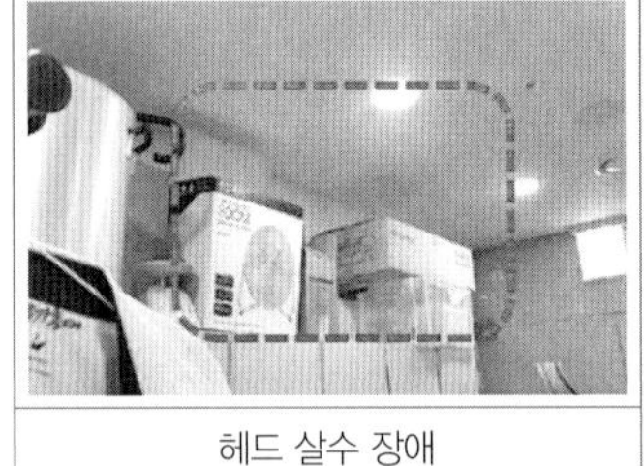
헤드 살수 장애

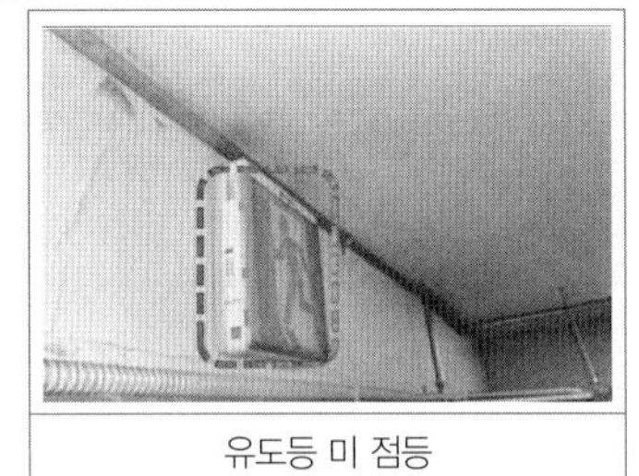
유도등 미 점등

소방설비 점검 중 미비사항이 가장 높은 요인으로는 감지기 탈락이 뽑혔으며, 건축물 중에서 특히 호텔업 특성상 창고에 적재물을 방치하여 헤드 살수가 장애 받는 요인들이 많이 발견되었다. 또한 유도등이 미점등 되는 것도 주요 발견 사항이었다.

[그림 2-4-3] 전기설비 주요 미비사항

분류	계	분전함	콘센트	조명설비	전열기구	전선류	기타
전기설비	26	7(27%)	4(15%)	3(12%)	2(8%)	2(8%)	8(30%)

분전함 충전부 노출 및 상간격벽 미 설치

전기콘센트 벽체 고정 및 가연물 정리

기계실 내 조도 확보 필요

전기설비는 분전함 내 안전관리 미조치가 가장 먼저 발견되었으며, 특히 충전부가 노출되고 상간격벽이 미설치되어 화재의 위험으로 연계될 수 있음에 따라, 즉각적인 조치가 필요한 사안이었다.

[그림 2-4-4] 기계설비 주요 미비사항

분류	계	냉동 냉장고	배관 · 덕트류	가스 설비	공조설비	주방배기 후드	기타
기계설비	20	5(25%)	4(20%)	3(15%)	3(15%)	2(10%)	3(15%)

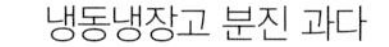
냉동냉장고 분진 과다

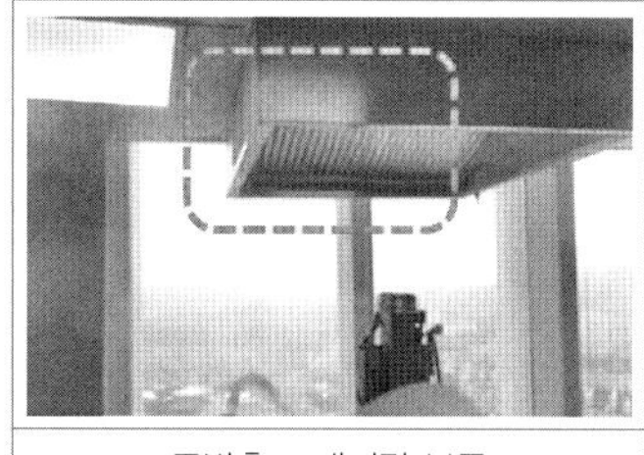
주방후드 배기량 부족

주방 호스릴 점화봉 사용

기계설비는 냉동냉장고와 배관 및 덕트류에서 많은 개선사안이 발견되었으며, 특히 냉동냉장고에 분진이 과다한 부분과 주방의 후드 배기량이 부족한 사안은 시급히 개선이 되어야 할 항목이다. 이러한 분진과 후드 배기량 부족은 화재의 위험으로 바로 직결될 수 있는 잠재적 위험 요인을 내포하고 있다.

[그림 2-4-5] 건축설비 주요 미비사항

분류	계	마감재	방화구획	방화셔터	자동문
건축설비	13	7(54%)	4(31%)	1(8%)	1(8%)

린넨실 유리 파손

천장 마감 미비

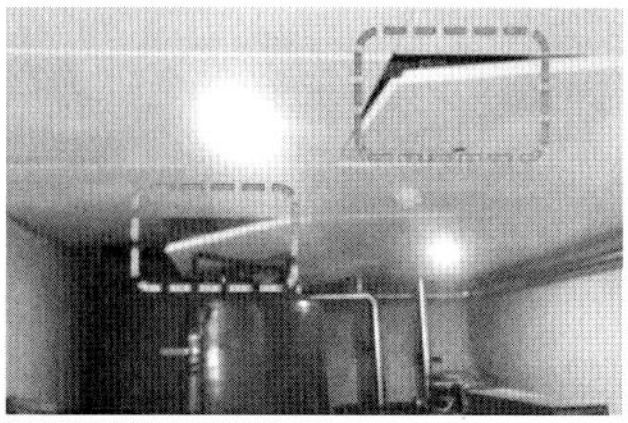

방화구획 관통부 마감 미비

건축설비는 마감재와 방화구획에서 다수의 지적 요소가 발견되었으며 특히 방화구획 관통부 마감이 미비한 사안들은 공통적으로 자주 지적되는 항목이다. 방화구획과 방화셔터는 화재 사고의 대처가 취약한 점이 있음에 따라, 방지 대책을 마련해야 할 필요성이 있다.

[그림 2-4-6] 위험물 주요 미비사항

분류	계	MSDS	보관관리	저장소	방유제
위험물	6	2(33%)	2(33%)	1(17%)	1(17%)

린넨실 유해화학물질 MSDS자료미비치

파이프샤프트 내부 LPG보관

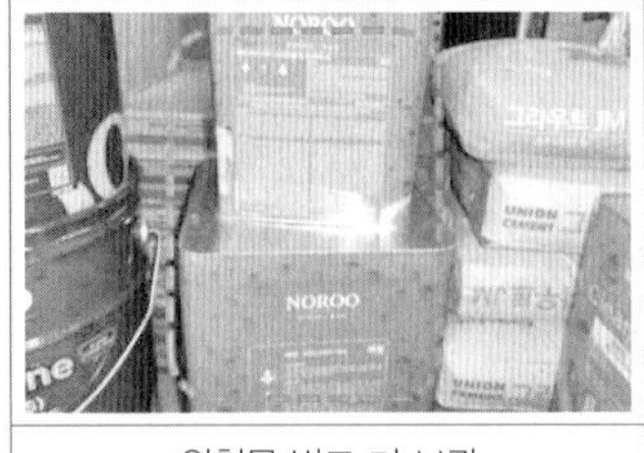

위험물 별도 미 보관

위험물 관리의 중요성에 대해서는 본 도서에서 상세히 기술하였다. 위험물은 반드시 유해화학물질 MSDS 자료를 상시 비치하고 있어야 하며, 위험물을 기계실파이프샤프트 등에 방치하는 것은 대형 화재의 위험으로 발전할 수 있음에 따라 각별한 주의가 필요하다.

1. 화재 발생 대응방안

화재는 불로 비롯된 재앙, 또는 불로 인한 재난으로 정의할 수 있다. 화재는 연소 대상물에 따라 4가지로 구분할 수 있으며, 각 등급의 화재마다 특성이 다르기 때문에 화재의 종류별로 맞춤형 대응방법에 대해 정확히 인지하고 있어야 한다.

[표 2-4-1] 화재 등급 구분

등급	구분	세부 내용
A	가연물화재	연소 후 재를 남기는 종류의 화재로써 목재, 종이, 섬유, 플라스틱 등으로 만들어진 가재도구, 각종 생활용품 등이 타는 화재
B	유류 및 가스화재	연소 후 아무 것도 남기지 않는 종류의 화재로써 휘발유, 경유, 알코올, LPG 등 인화성액체, 기체 등의 화재
C	전기화재	전기기계, 기구 등에 전기가 공급되는 상태에서 발생된 화재로써 전기적 절연성을 가진 소화약제로 소화해야 하는 화재
D	금속화재	특별히 금속화재를 분류할 경우에는 리튬, 나트륨, 마그네슘 같은 금속화재를 D급 화재로 분류

예를 들어, 전기기계의 기구 또는 전선에서 화재가 발행했을 경우 C급 화재에 해당하며, 이때는 차단기를 내리고 소화에 들어간다. 유사하게 가스로 인한 화재가 발생했을 경우B급, 가스 공급원을 차단 후 소화를 진행하며, 금속 화재D급의 경우에는 모래 등의 불가연성 물질을 덮어서 진압을 시도한다. 다만, 초기 소화에 실패했을 경우는 지체없이 대피하도록 한다.

[표 2-4-2] 소화기 단계별 사용 방법

단계	세부 내용
1단계	화재 발견시 "불이야!"를 외치고 소화기가 비치된 장소로 이동하여 소화기를 집어 든다. 소화기함에서 꺼내거나 거치대에서 분리할 때 안전핀을 먼저 뽑지 않도록 한다.
2단계	소화기를 들고 불이 난 장소로 이동하여 가급적 가까이(4~6m 정도) 가서 안전핀을 뽑는다. 연습시에는 "안전핀을 뽑는다!"고 외친다.
3단계	왼손(왼손잡이는 오른손)으로 약제 방출호스 끝부분을 잡고 불이 난 방향으로 향하게 한 다음 오른손으로 손잡이를 힘껏 움켜쥐면 소화약제가 방출된다. 연습시에는 "호스는 화점을 향하고, 레버를 누른다!"고 외친다.
4단계	빗자루로 마당을 쓸 듯이 앞에서부터 방사하여 불을 끈다. 이때 바람이 불면 바람을 등지고 방사하여 불을 끈다.

화재가 발생했을 때 가장 기초적인 대응방안은 소화기를 사용하는 것이다. 보통 화재로 인한 피해가 확산되는 원인은 조기발견에 실패하거나 그렇지 않으면 초기진압에 실패했을 경우이다. 화재는 확산속도 및 연쇄반응속도가 빠르기 때문에 초기진압이 어려운 원인이 있다. 화재의 초기진압에 성공하기 위해서는 소화기의 올바른 사용 방법에 대해 숙지해야 한다. 소화기는 총 4단계를 거쳐 사용하는데 위의 표를 참고하면 된다.

초기 소화에 성공하여 1차 진압이 완료되면 상황이 종료되나, 화재의 범위와 규모에 따라 1차 진압이 실패하여 2차 진압이 필요한 상황이 있을 수 있다. 2차 진압은 내부 자체 편성된 자위소방대를 활용하여 종합적인 화재 진압을 시도하게 된다. 보통 건축물의 경우, 많은 고객 및 이해관계자가 상주하고 있기 때문에 인명 피해를 방지하기 위해서는 2차 화재 진압시, 고객 대피를 위한 상황 시나리오가 적절히 마련되어 있어야 한다. 피난 대비를 위한 상황별 구체적인 행동요령은 "5. 재난 발생 대피 방안"에 구체적으로 명시하였다. 화재 발생시 상황별 구체적인 대응 시나리오는 [그림 2-4-7]과 같다.

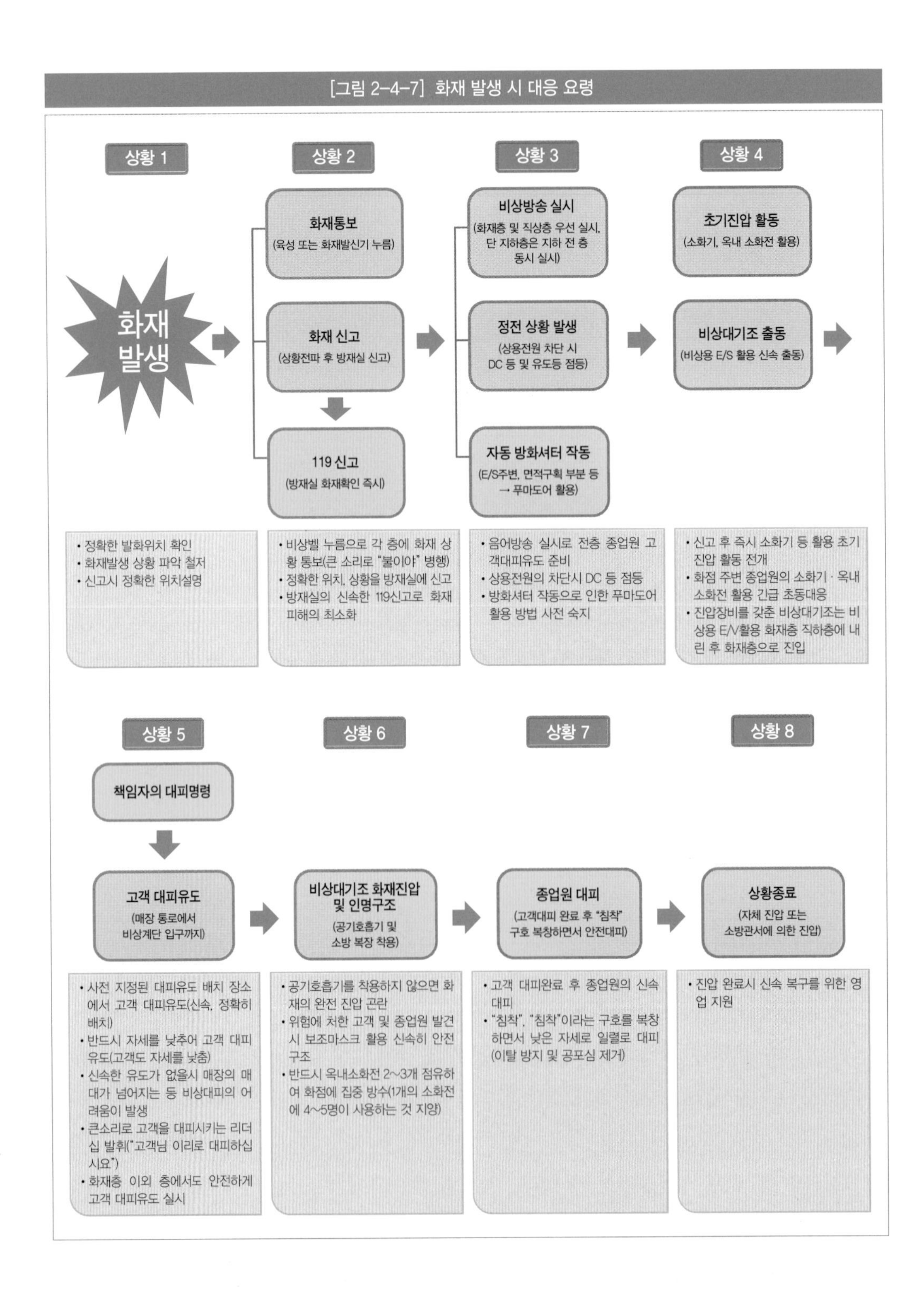

[그림 2-4-7] 화재 발생 시 대응 요령

2. 지진 발생 대응방안

지진은 지구 내부에 급격한 변화가 일어나 땅이 갈라지며 흔들리는 현상 또는 내부에 급격한 변화가 일어나는 현상 및 발파나 핵실험과 같은 인공적인 폭발에 의해 발생한 지진파가 사방으로 전달되어 지반이 흔들리는 상태를 뜻한다. 예고 없이 찾아오기 때문에 많은 피해를 줄 수 있는 자연재해이다.

[표 2-4-3] 지진의 진도(규모 비교표)

수정 메르칼리(MM) 진도(1956년 수정)		
진도	가속도(gal)	내용
Ⅰ	1이하	미세한 진동. 특수한 조건에서 극히 소수 느낌
Ⅱ	1~2.1	실내에서 극히 소수 느낌
Ⅲ	2.1~5	실내에서 소수 느낌. 매달린 물체가 약하게 움직임
Ⅳ	5~10	실내에서 다수 느낌. 실외에서는 감지하지 못함
Ⅴ	10~21	건물 전체가 흔들림. 물체의 파손, 뒤집힘, 추락, 가벼운 물체의 위치 이동
Ⅵ	21~44	똑바로 걷기 어려움. 약한 건물의 외벽이 떨어지거나 금이 감. 무거운 물체의 이동 또는 뒤집힘
Ⅶ	44~94	서 있기 곤란함. 운전 중에도 지진을 느낌. 외벽이 무너지고 느슨한 적재물과 담장이 무너짐
Ⅷ	94~202	차량 운전 곤란. 일부 건물 붕괴. 사면이나 지표의 균열. 탑. 굴뚝 붕괴
Ⅸ	202~432	견고한 건물의 피해가 심하거나 붕괴. 지표의 균열이 발생하고 지하 파이프관 파손
Ⅹ		대다수 견고한 건물과 구조물 파괴. 지표 균열. 대규모 사태. 아스팔트 균열
Ⅺ		철로가 심하게 휨. 구조물 거의 파괴. 지하 파이프관 작동 불가
Ⅻ		지면이 파도 형태로 움직임. 물체가 공중으로 튀어오름

일본기상청 JMA진도계급(1949년)			
진도	호칭	가속도(gal)	리히터규모
0	무감	0.8 이하	0~0.4
Ⅰ		0.8~2	
Ⅱ		2.5~8	
Ⅲ	미진		0.5~1.4
Ⅳ	경진	8~25	1.5~2.4
Ⅴ	약진	25~80	2.5~3.4
Ⅵ	중진		3.5~4.4
Ⅶ	강진	80~250	4.5~5.4
Ⅷ	열진	250~400	5.5~6.4
Ⅸ	격진	400 이상	6.5~
Ⅹ			

우리나라도 이제 지진의 안전지대가 아닌 것을 2016년 경상북도 경주시에서 발생한 지진과 2017년 7월 경상북도 포항시에서 발생한 지진을 통해 확인할 수 있었다.

특히, 2016년 9월에서 발생한 경주 지진은 대한민국이 지진을 관측한 이래 일어난 최대 규모의 지진으로 규모 5.8에 해당하였다. 당시 경주 지진이 발생했을 때 지속시간은 10초 이내로 길지 않았지만, 전국의 모든 국민들이 확실한 진동을 느낄 정도로 큰 지진에 속하였다. 지진은 지진 발생시 그 자체의 크기를 정량적으로 나타내는 "리히터 규모"와 사람의 느낌이나 주변의 물체 또는 구조물의 흔들림 정도를 수치로 표현한 "MM진도"로 구분할 수 있다. 우리나라는 2000년도까지는 일본기상청이 정한 JMA 진도계급8등급을 사용하다가, 2001년도부터 세계 많은 나라에서 사용하고 있는 MM진도계급12등급을 사용 중에 있다. 지진이 발생하게 되면 진동이 멈출때까지 생명의 안전을 최우선으로 하며 불필요한 행동을 절대 금지하여야 한다. 또한 진동이 멈추더라도 여진이 오기 전까지 반드시 비상구를 개방하여 피난출구 확보 및 가스차단 등 화재위험요인 제거가 필요하며, 안내방송에 따라 주변 고객 및 직원 대피유도가 일사분란하게 실시될 수 있도록 한다. 지진 발생시 대응 시나리오는 [그림 2-4-8]과 같다.

[그림 2-4-8] 지진 발생 시 대응 시나리오

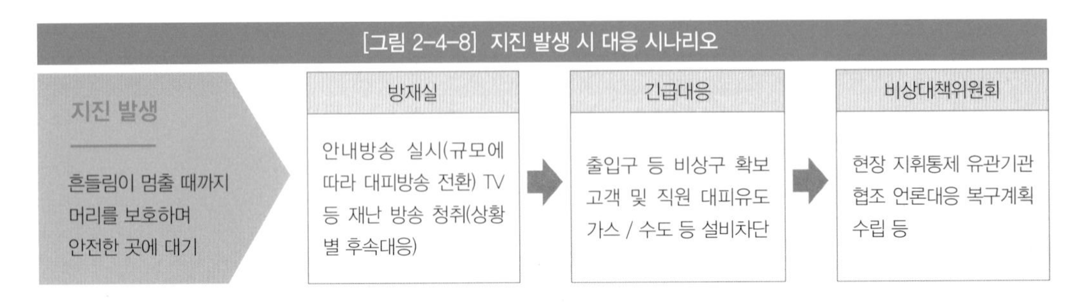

[표 2-4-4] 건축물 지진 진도 4~6 발생 시 행동 요령

구분	진도 4 이하 대부분의 사람이 흔들림을 느끼는 정도 (창문이 흔들리거나 고정 안 된 물건이 넘어짐)	진도 5 모든 사람이 두려움을 느끼는 정도 (부분적인 유리, 집기 파손 및 물건이 떨어짐)	진도 6 이상 모든 사람이 심한 공포를 느끼는 정도 (건물, 유리 파손 발생 및 대부분 물건이 떨어짐)
영업중	• 흔들림이 멈출 때까지 머리를 보호하며 대기(가방, 쿠션, 장바구니 등 활용) • 지진 안내방송 실시 – 인터폰 이용 승강기 탑승자 대피 안내	• 집기 전도, 물건 낙하시 안전지대로 이동(계단, 테이블 하부, E/L 홀, 동선 등) • 피난계단을 통해 외부로 대피(승강기 운행 중지) ※ 지진 안내방송 병행 실시 – 인터폰 이용 승강기 탑승자 대피 안내	• 머리를 보호하며 즉시 계단을 통해 외부로 대피 ※ 지진 안내방송 병행 실시(엘리베이터 포함) ※ 승강기 사용 불가
영업중	• 흔들림이 멈춘 후 피난계단을 통해 대피(승강기 운행 중지) • 대피완료 상황 확인 • 가스/수도 사용장소 설비 차단 • 출입자 통제/물적 자산 보호 • 지진 재난 방송 청취 – 규모, 추가 지진 가능성 확인 • 안정화 단계 시설물 이상유무 점검 • 피해현황 확인 및 사업지속유무 판단	• 대피확인 및 비상연락망 가동 • 대피완료 상황 확인 • 메인 가스, 수도 설비 차단 • 출입자 통제/물적 자산 보호 • 지진 재난 방송 청취 – 규모, 추가 지진 가능성 확인 • 안정화단계 시설물 점검 및 복구	• 잔류자 확인 및 출입자 통제 • 메인 가스, 전기, 수도 설비 차단 • 잔류자 확인 및 출입자 통제 • 메인 가스, 전기, 수도 설비 차단 • 출입자 통제/물적 자산 보호 • 비상대책위원회 운영 • 부상자 확인 및 이송(119협조) • 대피확인 및 비상연락망 가동 • 피해현황 확인 보고 • 지진 재난방송 청취 – 규모, 추가 지진 가능성 확인 • 안정화단계 안전진단 실시 • 시설물 복구 • 종합 구조안전진단 실시

지진 규모 4~6은 인적 및 물적 피해를 야기할 뿐만 아니라 우리나라에서도 발생이 가능한 지진 규모에 해당한다. 따라서, 진도 4~6 수준의 지진이 발생하게 되면 준수해야 될 행동요령을 반드시 숙지하고 있어야 한다.

대한민국 건축물에 대하여 내진설계 기준이 마련된 것은 1988년 이후부터이다. 최초의 기준은 6층 이상 또는 연면적 10만㎡ 이상이었으며, 지속적으로 기준은 점차 강화되어 현재는 2층 이상 또는 연면적 500㎡ 이상, 높이 13m 이상의 건축물에 대해서는 내진설계가 의무적으로 적용되어야 한다. 연도별 내진설계 변경된 적용 기준은 아래의 표와 같다.

[표 2-4-5] 국내 건축물 내진설계 적용 기준

연도	적용 기준	연도	적용 기준
1988년	6층 이상 또는 연면적 10만m² 이상	2009년	3층 이상 또는 연면적 1000m² 이상, 높이 13m 이상
1995년	6층 이상(아파트 5층 이상) 또는 연면적 1만m² 이상	2015년	3층 이상 또는 연면적 500m² 이상, 높이 13m 이상
2005년	3층 이상 또는 연면적 1000m² 이상	2017년	2층 이상 또는 연면적 500m² 이상, 높이 13m 이상

표처럼 내진설계에 대한 기준이 1988년에 마련됨에 따라 법령시행 이전에 신축된 건축물은 지진에 취약한 단점을 갖고 있다. 산업은행의 연구 결과 보고서에 따르면 국내 전체 건축물 700만동 중 내진이 확보된 건물은 47만동으로 내진율이 6.8%에 불과하며, 특히 단독주택은 내진율 3.4%로 400만동 중 14만동만 내진이 확보되어 지진에 매우 취약한 것으로 분석되고 있다. 내진대상 건축물 및 내진확보 건축물 현황은 아래의 표와 같다.

[표 2-4-6] 건축물별 내진설계 기준

단위 : 동

구분		전체	내진대상	내진확보	내진율	
					내진대상	전체건축물
총계		6,986,913	1,439,547	475,336	33.0%	6.8%
주택	소계	4,568,851	806,225	314,376	39.0%	6.9%
	단독주택	4,168,793	445,236	143,204	32.2%	3.4%
	공동주택	400,058	360,989	171,172	47.4%	42.8%
주택 외	소계	2,418,062	633,322	160,960	25.4%	6.7%
	학교	46,324	31,638	7,336	23.2%	15.8%
	의료시설	6,260	5,079	2,576	50.7%	41.2%
	공공업무시설	42,077	15,003	2,663	17.7%	6.3%
	기타	2,323,401	581,602	148,385	25.5%	6.4%

자료 : '15년 12월 기준, 국토교통부

지진 및 강풍이 발생하여 건축물이 흔들리게 될 경우, 건축물 내에 상주하고 있는 인원은 극심한 혼란과 스트레스를 겪을 수 있다. 빌딩의 진동을 저감하여 빌딩의 거주성능을 향상시키고 쾌적한 공간을 유지할 수 있는 방안으로 능동형 제진장치가 효과적인 대응방안이 될 수 있다. 제진장치는 진동체의 운동을 통하여 건물에 가해지는 외력을 상쇄시킴으로써 건물의 진동을 저감시킬 수 있는 시설물이다. 제진장치는 진동체가 X, Y 방향의 2축 운동이 가능하기 때문에 건물의 장長방향과 단短방향 2가지 방향에 대해 효과를 발휘할 수 있다. 또한 제진장치를 아래의 도면과 같이 건물의 대각위치에 2대를 위치시킬 경우, 건물의 비틀림회전 진동에 대해서도 효과적인 기능을 발휘할 수 있다.

[그림 2-4-9] 건물 옥상 제진장치 배치 예시도(대각선 위치)

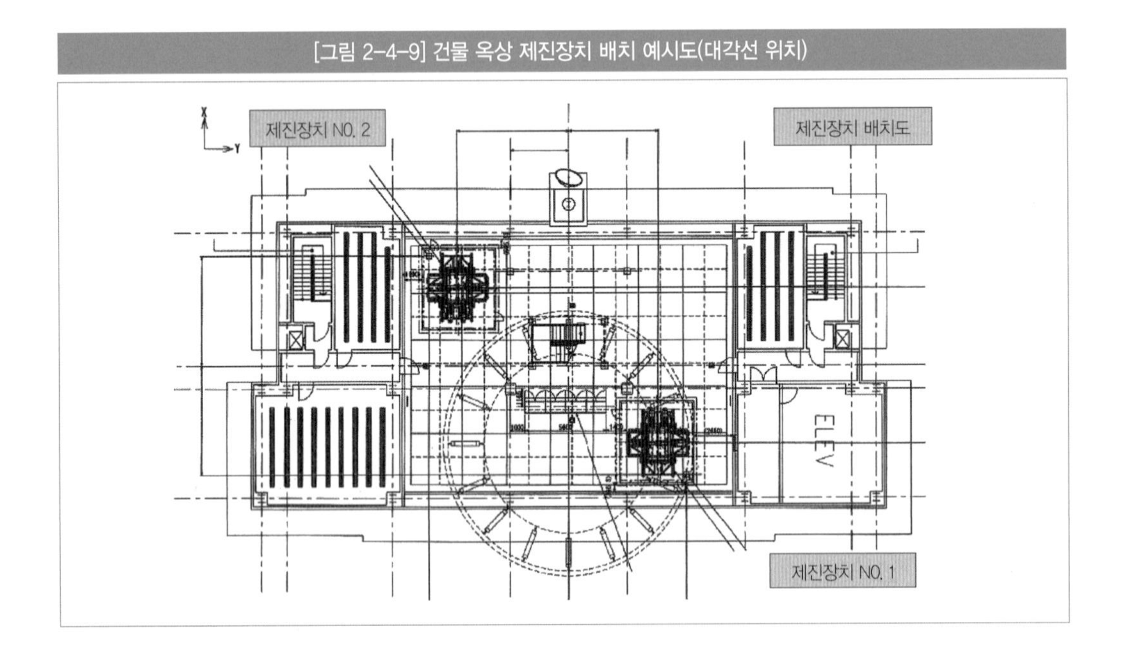

[그림 2-4-10] 제진장치 엑티브 진동제어 시스템 구성도

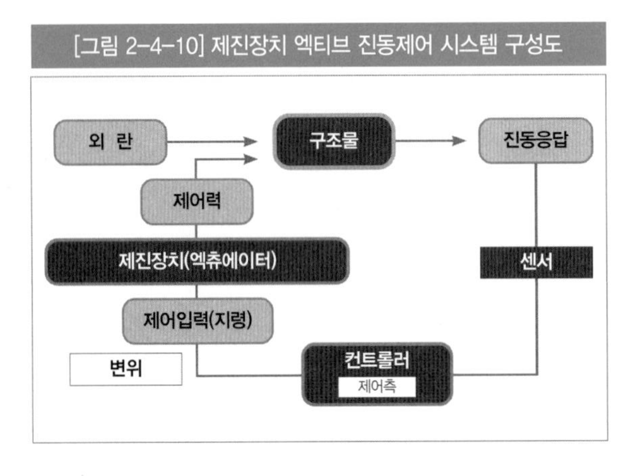

제진장치는 전동모터나 유압장치를 이용해 외부로부터 제어를 위한 에너지를 도입하는 엑티브 진동제어 시스템Active Vibration Control을 통해 운전되며, 제진장치, 즉 엑츄에이터는 변위 제어 방식, 힘 제어 방식, 속도 제어 방식 중 하나를 적용하게 된다. 엑티브 진동제어 시스템은 [그림 2-4-10] 구성도에 따라 운전하게 된다.

엑티브 진동 제어 시스템의 변위 제어 방식은 가동 매스의 변위를 제어하므로 큰 압력시의 충돌 방지가 가능하다. 힘 제어 방식은 물리적 이미지를 형성하기 쉬우며 응답 특성을 높게 얻을 수 있으므로 스필오버특정 지역에 나타나는 형상이나 성질이 흘러 넘쳐 다른 지역에까지 퍼지거나 영향을 미치는 것을 뜻함의 회피에 유리하다. 속도 제어 방식은 변위 제어와 힘 제어 방식의 중간적인 성격을 띄고 있다. 제진장치, 엑츄에이터의 각 제어방식 개념도는 아래와 같다.

[그림 2-4-11] 제진장치(엑츄에이터) 제어방식

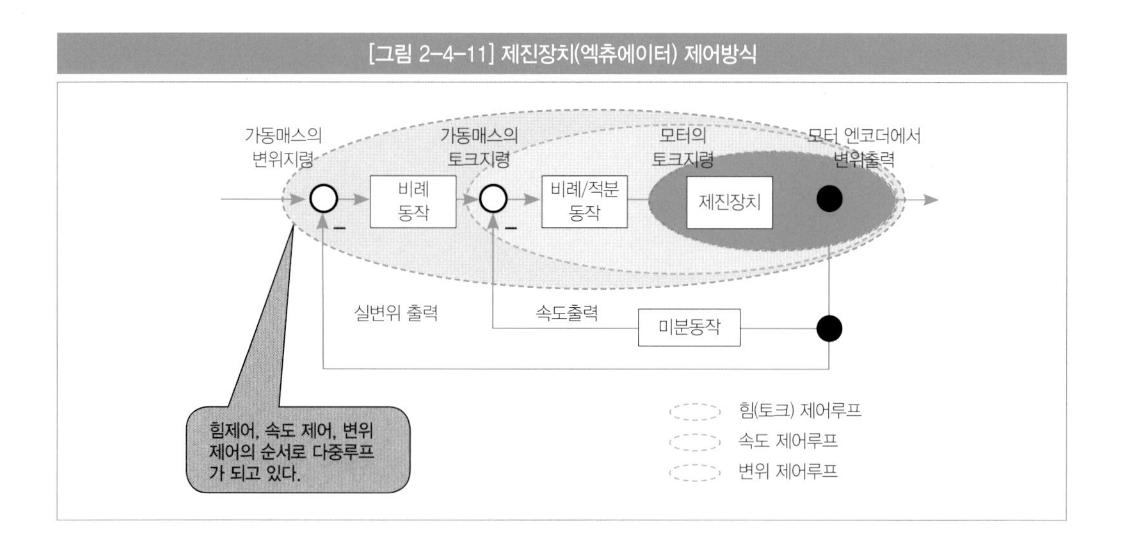

제진장치 설비별 주요 부품 구성은 아래와 같으며, A건물 옥상층에 제진장치총 2대, 26TON, X 장치 방향 : 질량 20TON, 진폭 ±60cm, 진동기 용량 45Kw×2대, Y장치 방향 : 질량 10TON, 진폭 ±60cm, 진동기 용량 22Kw×1대를 설치하여 1년의 재현기간 동안 풍향 0℃의 풍하층에 대한 건물의 시간이력응답 시뮬레이션 응답 결과 X, Y 2가지 방향 모두 진폭이 상당히 줄어드는 것을 확인할 수 있었다.

[그림 2-4-12] 제진장치 설비별 주요 부품 구성

[그림 2-4-13] 제진장치 시뮬레이션 결과

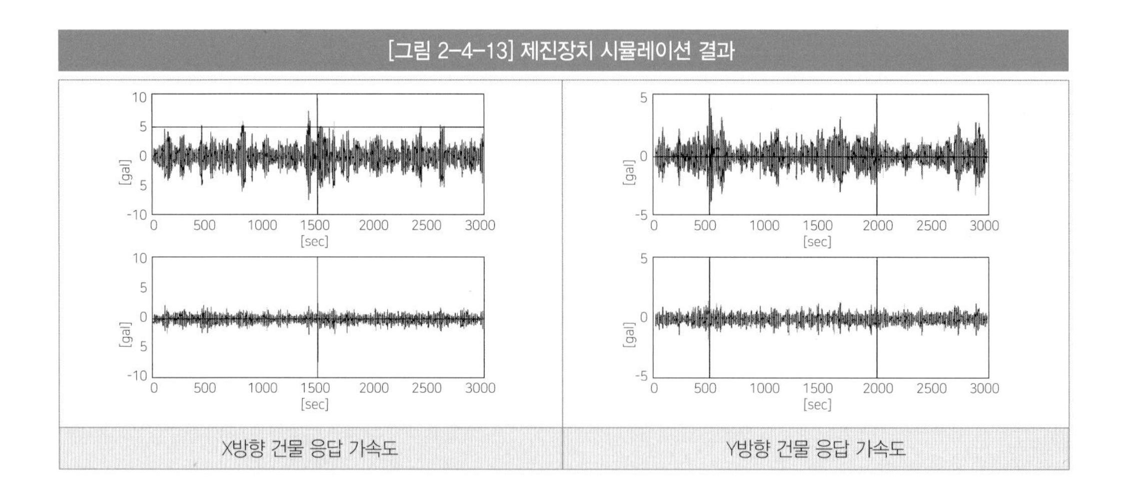

3. 테러 발생 대응방안

테러는 특정목적을 가진 개인 혹은 단체가 다양한 방법을 동원하여 폭력을 행사하여 사회적 공포를 야기시키는 것이다. 테러는 2가지로 구분할 수 있는데 사상적, 정치적 목적 달성을 위한 테러와 뚜렷한 목적없이 불특정 다수를 공격하는 맹목적 테러로 분류된다. 테러가 기존의 재난화재, 지진과 다른 것은 특정한 목적을 갖고 인위적으로 사건을 일으킨다는 점이다. 따라서 기존 건축물의 주요 시설물 안전점검의 활동이 테러의 사고는 예방할 수 없는 한계점을 내포하고 있다. 테러는 발생하게 되면 반드시 테러 주관 관서와 협의하여 행동하는 것을 원칙으로 해야 한다. 테러 발생시 대응 시나리오는 [그림 2-4-14]와 같다. 테러는 협박 전화, 폭발 의심물 발견, 억류 및 납치 등 다양한 유형이 있음에 따라, 각각의 유형별 유형에 맞는 상황별 대응 요령을 반드시 숙지해야 한다.

[그림 2-4-14] 테러 발생 시 대응 시나리오

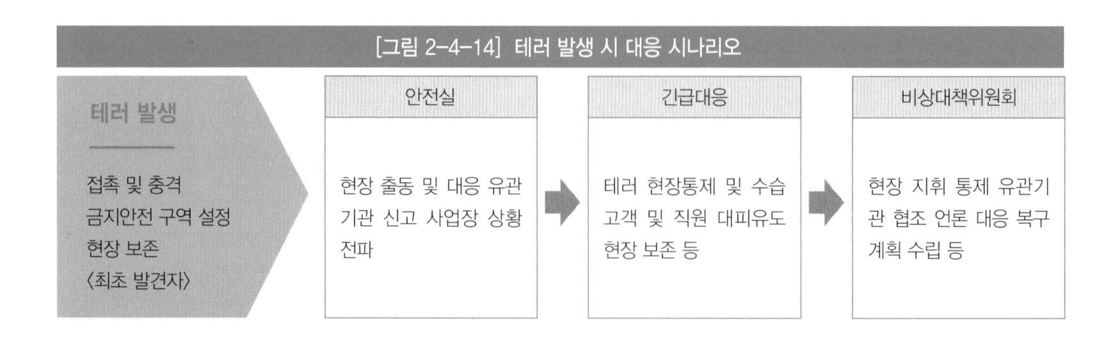

[표 2-4-7] 협박 전화, 폭발물 테러 대응 요령

협박전화	폭발 의심물 발견	폭발물이 폭발한 경우
	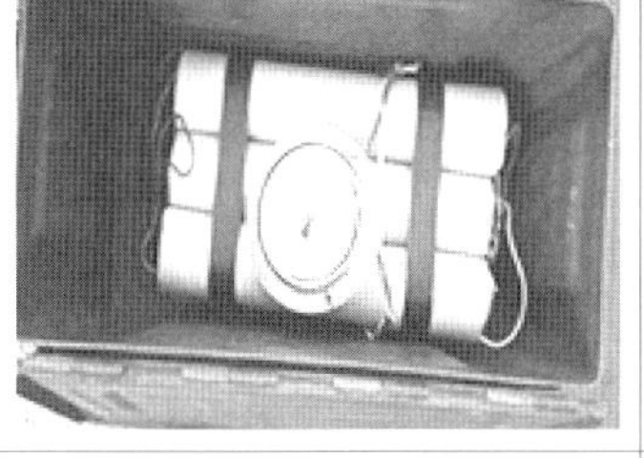	
• 접수시 당황하지 말고 침착하게 통화 • 수신상태를 이유로 통화내용 녹취 • 긴급한 상황일 경우 선조치 후보고 진행 • 전화 통화시 확인사항 – 신원사항(성명, 나이, 직업, 말투, 지식 정도) – 전화배경음(자동차소리, 소음, 공범 등) – 폭발물 정보(장소, 종류, 폭파예정시간 등)	• 현장통제 및 신속히 대피 후 안전실 신고 • 현장부근 가연물제거 및 가스, 전기 차단 • 폭발물 반대방향 비상계단 이용 • 주의사항 – 의심가는 물건을 만지지 않음 – 무전기, 핸드폰 사용금지 – 화기 접근금지 및 인화성물질 제거	• 폭발음이 들리면 즉시 바닥에 엎드림 • 양팔과 팔꿈치를 붙여 가슴을 보호 • 귀와 머리를 손으로 감싸 두개골 보호 • 폭발 직후 이동금지(추가 폭발 우려) • 추가 폭발이 없을시 반대방향으로 대피

[표 2-4-8] 화학 · 생물 / 억류 · 납치 / 우편물 대응 요령

화학 · 생물	억류 · 납치	우편물

• 오염공기 감지시 손수건 · 휴지 등으로 코와 입을 가리고 천천히 호흡 • 오염지역과 오염원 확인 후 긴급대피 • 공조 급 · 배기시설 가동 중지 • 화학물질 등에 노출되었을 경우 비누로 얼굴과 손 등을 깨끗이 씻고 응급치료	• 납치범을 자극하지 말고 적절히 응함 • 서한 · 녹음을 요청시 수용 • 눈을 가릴 때 주변 소리 · 냄새 확인 • 이동시 도로 · 바닥 상태 및 경로파악 • 범인의 목소리 및 대화 내용 기억	• 의심되는 우편물 식별요령 – 크기보다 무거운 우편물 – 이상한 냄새가 나는 경우 – 발송주소와 다른 우편소인 • 우편물 테러 대응요령 – 던지거나 충격금지 및 가연물 이격 – 노출된 전선 접촉금지 및 비닐에 보관

4. 기타 재난 발생 대응방안

기타 재난 사고로는 풍수해와 같은 재해사고 뿐만 아니라 가스노출, 정전사고, 승강기 사고 등 근무자의 안전수칙 미준수 및 안전관리 소홀로 인해 발생하는 인재도 포함된다. 천재지변과 달리 사전교육과 준비만 되었다면 예방이 가능하다.

다만 가스노출, 정전사고와 같이 사전에 사고를 미연에 예방할 수 있는 사항에 대해서는 안전사고 예방을 철저히 하여 사전에 사고 발생을 미연에 차단하는 것이 무엇보다도 중요하다. 풍수해 등 기타 재해사고가 발생했을 때의 구체적인 대응방안은 아래 [표 2-4-9]와 같다.

[표 2-4-9] 풍수해 등 기타 재해사고 발생시 대응방안

구분	예방활동	대응조치
풍수해	• 종합방지대책 수립 • 사면붕괴 방지대책 수립 • 강우 및 이에 대한 대책 강화	• 비상대기조 편성 및 비상연락망 운영 • 토사면 및 옹벽 관리 • 배수시설 확보, 관리 및 수방장비 사전배치 • 옥상이나 건축물 간판, 현수막 등의 부착상태 점검
가스 누출	• 가스시설 점검 및 유지관리 강화 – 정압기실, 공급배관, 사용시설, 사용장소 등 가스화재 · 폭발 · 질식 예방설비 설치강화 – 가스누출 감지기, 자동차단장치, 소화설비 등	• 가스누출시 메인밸브 긴급차단 실내 환기설비 긴급가동 • 화재시 자동소화설비 작동 – 인접구역에 대한 연소확산방지
정전 사고	• 변전실 근무자 개별 임무부여 및 교육 · 훈련 • 비상발전기 설치 및 정기적 작동 점검 • 비상연료, 축전지, UPS 등 비상동력 사전확보	• 한전 정전시 1분 이내 비상발전기 가동 • 승강기, 전산실 등 비상부하 전원투입 유무 확인 • 복전대비 사전 안내방송 및 대비태세 유지
승강기 사고	• 승강기 종류별 유사시 세부 대응대책 수립 • 정기적 점검 및 소모품 교체 등 유지 관리 • 승강기 유지 · 보수업체와의 비상연락체계 유지	• 사고시 승강기 내부 잔류인원 구조 최우선화 – 승강기 조작은 전문교육을 이수한 자에 한함 • 화재 및 정전 등 비상시 승강기 운행 정지
이벤트 행사	• 이벤트장소 직원배치 및 정기적 순찰 • 고객운집에 따른 사전 안전조치	• 사고 발생시 즉시 인원통제 및 대피유도 • 안내고지 및 방송을 통한 동요방지

직접적인 재난에는 해당하지 않으나 최근에 사회적으로 이슈화되고 있는 사고 사례와 대응방안에 대해 별도 추가하였다. 또한 안전사고와 직접 연관은 없으나 건축물 내 빈번히 발생하는 하자경량벽체 벽지 파손 등와 이에 대한 대처 방안도 명시하였다. 강풍으로 인한 건물 외벽 타일 발생과 고양 저유소 화재 사고 등의 사건을 반면교사로 삼아 해당 건축물의 안전관리에 각별히 주의를 기울일 필요가 있다.

(1) 강풍으로 인한 건물 외벽 타일 탈락

18년 4월 10일 21시 10분경 강원도에서는 강풍경보가 발효되었고 22시 30분에는 강원남부 지역으로까지 경보가 확대되었다. 당시 순간최대풍속은 32m/s였다. 강풍 특보는 주의보와 경보로 나뉘는데 강풍경보는 순간최대풍속이 30m/s 이상이 예상될 때 발효된다.

4월 11일 05시 강풍경보가 해제 되고나서 확인된 바 강원지역 총 69곳에서 피해가 있었다. 대표적인 사례로 R호텔의 외벽 타일이 탈락되었고 도로의 철골구조물이 탈락되었으며 조양동의 철골구조물은 전도되었다. G마트는 외장판넬 탈락의 피해가 있었다. 당시 강원도 내 많은 호텔, 리조트들의 외벽 타일이 탈락되었다.

1차 조치로 사고상황 통보 및 내용 공유를 진행하였고 즉시 주변을 통제하고 투숙객을 외부로 이동시켰다. 또한 탈락부위 및 주변 잔해 처리를 진행하면서 동시에 옥상 난간대 로프 고정 작업을 실시하였다. 2차 조치로 타일 탈락 부위를 철거하고 잔해 처리를 진행하였다. 외벽 타일은 자재수급에 시간이 소요될 수 있으므로, 2차 피해 예방 목적으로 시멘트보드 마감재 보수를 진행하였다. 외벽 타일이 탈락된 부위는 타일을 교체하고 타일 각 모서리 부위에 탈락방지 point 보강작업을 실시하였다. 특히 옥상 조형물의 경우 탈락 부위를 steel band로 4면 추가 보강하여 탈락을 방지하였다.

향후 재발 방지를 위해 취약부분에 대한 풍동테스트를 실시했고, 풍압설계 하중이 적정했는지 여부도 확인하였다. 또한 옥상 캐노피 등 취약부분에 대한 steel banding 처리를 포함한 근본적 대책을 수립하였다. 외벽 타일은 시각적으로도 탈락이 바로 인지되는 사항이고 안전과 밀접한 연관이 있어 작업 스케줄의 신속 수립이 필요하다.

풍동 시험(Wind tunnel test)

풍동(Wind tunnel) 내에서 구조물의 모형을 이용하여 그 구조물의 내풍 안정성을 확인하는 시험이다. 풍동은 자연풍 상태에서의 구조물의 거동을 실험실 내에서 재현하기 위해 만든 실험 시설로, 풍속이나 분출 각도를 자유롭게 바꿀 수 있다.

(2) 고양저유소 화재사고

2018년 10월 7일 오전 10시 56분경 대한송유관 경인지사 관할의 고양저유소 휘발유탱크에서 폭발 화재가 발생했다. 화재가 발생한 휘발유 탱크는 고양저유소 옥외탱크 14기 중 하나로 지름 28.4m, 높이 8.5m의 규모였고, 당시 휘발유 잔여량은 440만ℓ였다. 화재발생의 원인은 유증기 폭발 때문이었는데 화재 자동감지 센서가 미작동했고, 화재의 초기진화에 실패해 대형 화재로 번졌다.

이 사고로 인하여 호텔 내의 위험물 저장소 및 가스 저장소를 전수 조사하였다.

위험물 저장 장소, 저장 용량, 사용용도, 안전관리자, 유증기 배출 배관 및 가스방출관 위치를 종합적으로 점검하였다. 일부 호텔에서 배출관 높이 개선 필요, 배출관 설치상태 확인 등의 보완사항들이 나왔고, 추가적으로 아래의 6가지 항목을 재점검 요청하였다.

[표 2-4-10] 건축물 내 위험물 보관 관련 집중점검 항목

6가지 집중점검 항목(건축물 대상)		
• 인화 방지망 설치 여부 재점검(유증기 배출관)	• 전기시설물 방폭 구성 여부	• 안전 표지
• 감시 CCTV 설치 현황	• 점검계획 강화(순회점검)	• 소화기 비치 여부

위험물탱크유류 통기관의 법적 설치기준을 확인하였다. 통기관의 직경은 30mm 이상이어야 하며, 통기관의 끝은 수평면보다 45℃ 이상 구부려 빗물 등의 침투를 막는 구조여야 한다. 또한 통기관의 끝에 구리로 된 인화방지망을 설치해야 한다. 통기관을 지면으로부터 4m 이상의 높이로 설치되어야 하며, 통기관의 끝은 창 등의 개구부로부터 1m 이상 떨어진 위치에 설치해야 한다.

고양저유소 화재사고에 대한 후속조치로 유류 및 가스 저장시설 전반의 관리대책을 수립하였다.

[표 2-4-11] 유류 및 가스 저장시설 안전관리 대책

구분	주요 내용
출입 관리	• 위험물저장소 취급 및 출입시 지정된 안전관리자 입회 • 저장소 내부 및 인접지역 작업시 사전 안전교육 실시 및 감독자 입회 • 위험물저장소 저장표지 관리 철저(종류, 취급량, 안전관리자 등)
시설물 관리	• 통기관 현황 점검 및 보완(지름 30mm, 높이 4m, 이격거리 1m, 인화방지망) • 가스방출관 현황 점검 및 보완(높이 5m 이상, 전기 접촉 우려시 3m 이상) • 전기시설은 방폭 구조로 설치(조명, 스위치 등) • 급배기 설비 및 환기구 등 적정 환기시설 확보 • 저장탱크 외함 접지 및 정전기 방지조치 실시(대전설비 및 제전 장구류) • 옥내저장소 시건 철저, 옥외저장소 적정 이격거리 확보 및 펜스 등 설치 • 저장소 및 일반취급시설 방화문, 방화구획 구축 철저 • 감시카메라(CCTV)설치, 실시간 관리체계 구축
점검시행	• 법정 점검 실시 철저 및 기록 보관(연 1회) • 화재 경보설비(감지기 등) 및 소화설비 점검 및 기록 보관(월 1회) • 순회점검 실시 및 기록 보관(일 1회)
기타 관리	• 저장소 내부 가연성 물건 적재 금지 • 불꽃, 스파크 및 고온체 등의 접근 금지 • 저장소 및 주변 적재적소에 충분한 용량의 소화기 비치(유류 및 가스 화재용)

추가적으로 관련 법령인 위험물 안전관리법을 소개한다. 위험물은 인화성 또는 발화성 등의 성질을 가지는 것으로 위험물안전관리자는 법적 근거에 의해 연 1회 정기점검을 필수로 시행하여야 한다. 위험물의 종류는 제1류부터 제4류까지 있는데 제1류는 산화성 고체아염소산염류 외를 의미하며 상온에서 고체상태이다. 제2류는 가연성 고체적린, 유황 외로 상온에서 역시 고체상태이다. 제3류 위험물은 자연발화성 및 금수성 물질로 칼륨, 나트륨 등이 포함된다. 제4류 위험물은 인화성 액체인 석유류를 말하며 다시 특수인화물과 제1석유류, 제2석유류, 제3석유류, 제4석유류로 구분된다.

(3) 객실 내 경량벽체 벽지(도배지) 파손 대비

준공 후 3~4년이 지나 객실간, 복도-객실간 내화차음벽체 최종 마감인 벽지에서 하자가 주로 발생한다. 경량칸막이 석고보드 조인트 부위에서의 벽지 파손이 모든 객실의 칸막이벽에서 발생할 수 있다. A호텔의 구조 시스템을 분석한 결과, 처짐에 불리한 플랫슬래브Flat Slab 구조였고, 슬래브 두께는 270mm, 최대 스팬은 9150mm였다. 객실 및 복도의 바닥하중은 적정하였고, 기준층 바닥슬래브 두께 또한 적정한 기준 내의 범위였다.

[그림 2-4-15] 플랫슬래브 구조와 슬래브

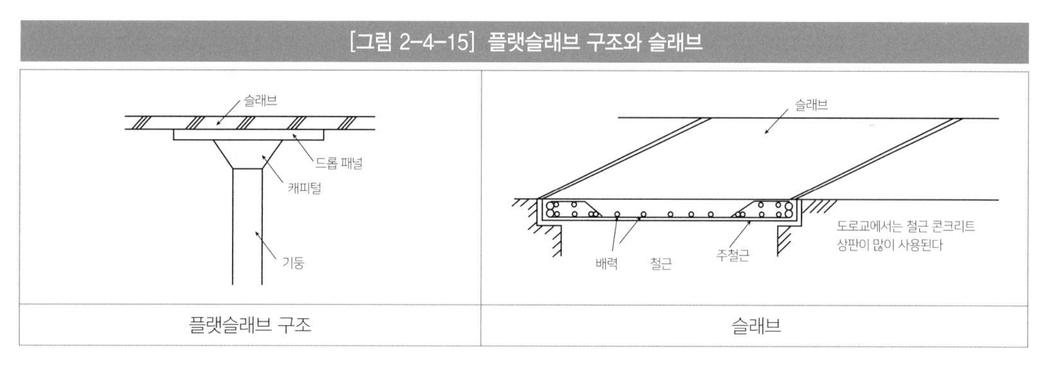

※ 플랫슬래브 : 슬래브(보의 높이가 낮고 폭이 큰 평판 구조물)가 보의 지지없이 직접 철근 콘크리트 기둥에 접하고, 휨에 안전하도록 여기에 직결된 2방향 이상의 배근(철근의 위치)을 갖는 철근 콘크리트 슬래브를 뜻한다.

※ 스팬 : 건축물, 구조물, 교량 등에서 지점(지주, 교각)과 지점 사이의 거리로 보통 경간이라고도 불린다.

파손 원인을 분석하기 위해, 건축구조해석 및 설계시스템인 MIDAS-SDS를 실행해 본 바 장기 처짐의 영향이 컸다. 준공 이후 1년, 2년, 3년이 지날수록 바닥판의 장기 처짐이 심화되어 플랫과 보와 기둥 사이의 차이가 벌어졌고 이는 석고보드 변형을 유발하였다.

파손의 두 번째 원인으로 태풍 및 지진의 영향을 들 수 있다. 해당 지역은 연중 7월부터 10월 사이의 주기적으로 태풍 및 지진이 발생하였고 이로 인하여 경량칸막이 변형이 증가한 것으로 판단된다.

경량벽체 벽지 파손이 발생한 호텔에는 태풍 및 지진의 영향을 줄이고자, 옥상층에 2대의 제진장치를 설치하였다. 제진장치는 풍하중에 의한 건물의 진동 발생시 복구되는 힘을 발생시켜 건물의 흔들림을 제어하는 장치를 의미한다. 보통 바람에 의한 건물의 진동시 진동 반대방향으로 장치가 기동되어 건물의 복구력을 발생시킨다. 1대는 장치 질량이 20ton으로 X축 제어를 위해, 다른 1대는 10ton으로 Y축 제어를 위해 설치되었다.

지진이 건축물에 미치는 영향을 줄이기 위해서 건물에는 여러 구조들을 적용한다. 바로 제진, 내진, 면진구조이다. 앞서 경량벽체 벽지 파손 호텔의 경우에 언급했었던 제진구조는 지진에 효율적으로 대항하여 지진의 피해를 극복하고자 하는 것이 주 목적이다. 구조물 내 외부에 필요한 장치를 부착하여 다가오는 지진파에 반대파를 작동하여 지진파를 감소, 상쇄 및 변형시켜 지진파를 소멸시키는 원리이다. 보통 구조물의 최상부에 흔들림의 고유주기가 구조물의 고유주기와 일치하는 진자를 설치하여 건물이 바람 등에 의해 흔들리기 시작함과 동시에 진자의 추가 진동하여 수평반력이 설치 바닥판의 움직임과 역방향으로 작용하여 건물의 진동을 저감시킨다. 내진구조는 구조물 내에 강성물체에 압력이 가해져도 모양이나 부피가 변하지 않는 물체의 단단한 성질이 우수한 내진벽 등을 설치하여 지진에 견딜 수 있게 한 구조이다. 내진구조 시스템의 종류에는, 라멘골조 시스템, 내력벽 시스템, 골조튜브 시스템이 있다.

라멘골조 시스템은 기둥과 보와의 접합부 강성에 의하여 수평력에 저항하는 구조방식을 의미한다. 여기서 라멘Rahmen은 '테두리, 틀' 이라는 독일어에서 따온 건축 용어로 내부의 벽이 아닌 층을 수평으로 지지하는 '보'와 수직으로 세워진 '기둥'이 건물의 하중을 버티는 구조를 뜻한다. 라멘 구조는 위·아래층의 소음이 벽을 타고 전달되지 않고, 층과 층 사이에서 무게를 떠받치는 보가 완충 역할을 해 층간소음에 강하다는 장점이 있다. 내력벽 시스템은 횡방향의 강성을 높일 수 있어 라멘과의 연성효과로 건물의 횡방향 변형을 제어할 수 있는 구조방식이다.

골조튜브 시스템은 내력벽의 휨 저항을 적게 하기 위해 코어의 전단벽을 외벽을 주체구조로 한 구조방식이다. 똑같은 자재를 사용한 라멘골조에 비해 횡변위를 1/5 이하로 줄일 수 있는 구조형식이다. 튜브형식의 특징은 변형 정도가 라멘골조식과 내력벽식의 중간 정도 수준이다.

면진구조는 지진에 대항하지 않고 피하고자 하는 수동적인 개념을 뜻한다. 지반과 구조물 사이에 즉 건물의 하부에 고무와 같은 절연체를 설치하여 지반의 진동에너지가 구조물에 전달되지 않도록 하는 구조를 의미한다. 면진장치는 온도에 의한 변위를 조절할 수 있어야 하고, 사용 하중 내에서 저항성이 있어야 한다. 또한 지진하중에 의해서 과도한 변위가 발생하지 않아야 한다.

5. 재난 발생 대피 방안

안전사고 발생시 대응방안은 재난의 종류화재, 지진, 풍수해 등별로 세분화하여 구분하였으나, 재난 발생에 따른 피난 대비 방안은 화재 발생에 따른 대응방안으로 일원화하였다. 그 이유는 첫째, 모든 재난 발생은 화재를 수반하게 되며, 둘째, 피난 대피 방안이 여러가지로 수립되어 있을 경우, 실제 재난이 발생시 신속하고 정확한 행동 지침이 떠오르지 않는다는 것이다. 따라서 반복적인 훈련을 통해 재난 발생시 피난 대피 방안에 대해 머리와 몸에 충분히 숙지하고 있어야 한다.

재난 발생 대피 계획 수립은 유사시 다수의 수용인원을 동시에 질서정연하게 전원 대피유도 함으로써 인명의 안전에 만전을 기하고 혼란으로 인한 2차 안전사고발생을 미연에 방지하는데 그 목적이 있다. 피난 계획을 수립하기 위해서 가장 먼저 선행되어야 할 것은 피난유도의 조직을 구성해야 된다.

피난유도자는 피난상황을 방재실과 긴밀히 연락하여 거주자나 근무자에게 피난 대피명령하며, 지체부자유자, 노약자 및 연소자를 피난계단으로 우선 대피 유도하는 등 안내를 한다. 피난 장애요인 제거, 엘리베이터 탑승 금지 조치화재, 정전 등하며, 밀폐장소 은둔자를 색출해야 한다. 재난이 발생하게 되면 피난방송을 작동해야 하며, 피난방송은 화재발생층, 직상층, 직하층 순으로 진행되도록 한다. 건물구조와 화재상황에 따른 대피 유도는 다르게 수행되어야 하는데, 발화층의 경우 화재발생과 동시, 발화층의 모든 고객을 신속히 피난계단을 통하여 피난층으로 대피유도하며, 화재발생 상층부는 연소확대, 매연침투 등으로 인명 안전상 극히 위험하므로 발화층의 직상층으로부터 순차적으로 대피유도하여 발화층의 하층 및 피난층까지 대피시키도록 한다. 피난대피를 유도할 때 각별히 주의할 사항은 2차적 피해 방지를 사전에 예방해야 된다는 것이다.

이를 위해서는 첫째, 군중심리 유발 방지, 둘째, 계단 내부에서 뛰지 않도록 유도, 셋째, 정전으로 인한 혼란 방지, 넷째, 굽 높은 신발 착용을 금지해야 한다. 피난대피로를 확보하기 위해서는 단순히 알기 쉬운 것으로 해야 하며, 또한 여기에 설치하는 표시도 보기 쉽고 인지하기 쉬운 것으로 하여야 한다. 급하다고 개인의 섣부른 판단으로 피난을 유도해서는 안된다.

즉, 보통 사용하고 있는 통로와 방을 활용하는 것만으로는 부족하다. 통로와 방 끝에 안전한 장소를 확보하여야 하며, 소로의 형태로 해서는 안된다. 또한 창과 복도가 막혀있는 경우 발코니를 설치하여 피난 혹은 소방대가 구조활동하기 위한 거점을 만들어야 한다. 단, 철제사다리 등 출입을 저지하는 것은 설치하지 않는다.

건물 내와 실내의 어느 곳에서도 양방향으로 피난할 수 있도록 피난로를 확보하여야 하며, 피난계단과 통로, 방 끝의 안전한 장소는 직접 옥외에 면하도록 설치해야 한다. 통로, 피난계단 등 구획하는 장소의 문은 항시 폐쇄하여 두고 비상시 피난에 있어서는 용이하게 열어놓고, 피난 후에는 자동적으로 폐쇄하도록 하여 화재의 화염과 연기를 건물 내의 각 부분에 전파 확대되지 않도록 해야 한다.

주요 선진국들은 가상의 재난 발생시, 대피 시뮬레이션 프로그램을 개발하여 재난으로 인한 인적 및 물적 피해를 최소화하기 위한 방안을 선도적으로 강구하고 있다.

1) PYROSIM – FDS(Fire Dynamics Simulator)

PyroSim은 Fire Dynamics SimulatorFDS를 위한 그래픽 사용자 인터페이스로써 AutoCAD DXF 및 DWG 파일을 가져 오면 모든 3D 데이터를 장애물로 처리하고 다른 모든 데이터선, 곡선 등는 별도의 CAD 데이터로 취급한다. 그림의 왼쪽 이미지는 DWG 파일의 데이터를 표시하고 오른쪽 이미지는 FDS 분석에 사용된다.

GIF, JPG 또는 PNG 형식의 그림을 가져 와서 배경으로 사용하여 모델을 이미지 위에 그릴 수 있으며, 한국어는 물론 중국어 간체, 독일어, 일본어, 폴란드어 및 러시아어 등으로 사용한다. 주요 기능은 HVAC난방, 환기 및 공기 조절 시스템을 FDS 시뮬레이션에 통합하며, HVAC 시스템은 건물을 통해 오염 물질과 열을 운반할 수 있다. HVAC 시스템은 덕트, 노드, 팬, 열교환기에어 코일 및 댐퍼 등 모든 것을 편집하고 시각화할 수 있다. HVAC 시스템은 화재 분석과 상관없이 흐름을 모델링할 수 있으며, 또한 연기를 배출하

[그림 2-4-15] PYROSIM

[그림 2-4-16] FDS

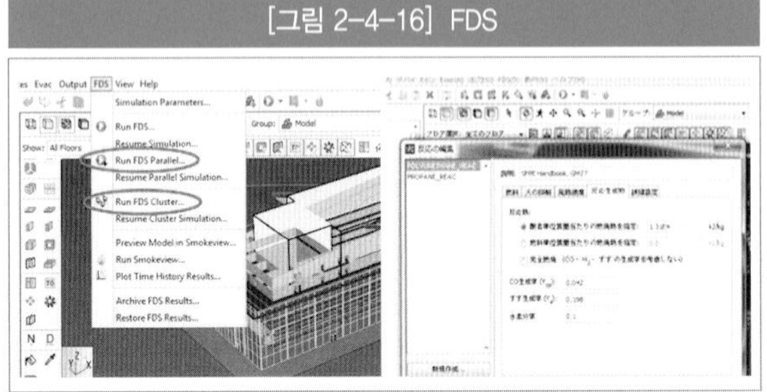

[그림 2-4-17] HVAC 시스템

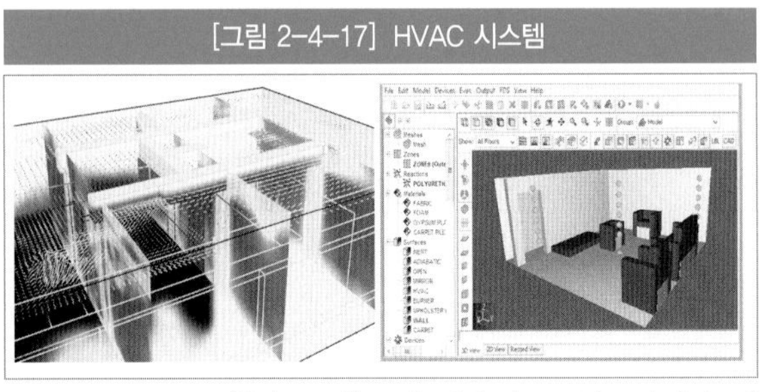

자료 : https : //www.thunderheadeng.com(pyrosim features)

거나 계단 가압을 유지할 때 건물의 화재 방지 시스템을 사용할 수 있다.

2) CFAST(Consolidated Model of Fire and Smoke Transport)

화재 및 연기 운송의 통합 모델 CFAST는 화재 조사관, 안전 공무원, 엔지니어, 건축가 및 건축업자가 특정 건물 환경에서 과거 또는 잠재적인 화재 및 연기의 영향을 시뮬레이션하는데 사용할 수 있는 컴퓨터 프로그램이다. 화재 발생 건물 구획 내 연기, 화재 가스 및 온도 분포가 진화하는 것을 계산하는데 사용된다.

최신 버전의 소프트웨어는 Windows와 작동하도록 설계되었으며 Windows 7, Windows 10, Linux 및 OSX 운영 체제에서 테스트를 했는데, CFAST 패키지에는 NIST의Smokeview 프로그램이 포함되어 있다. 이 프로그램은 특정 화재의 온도, 다양한 가스 농도 및 다층구조에 걸친 연기 층의 성장과 움직임에 대한 CFAST 시뮬레이션 결과를 컬러의 3차원 애니메이션으로 시각화한다.

[그림 2-4-18] CFAST

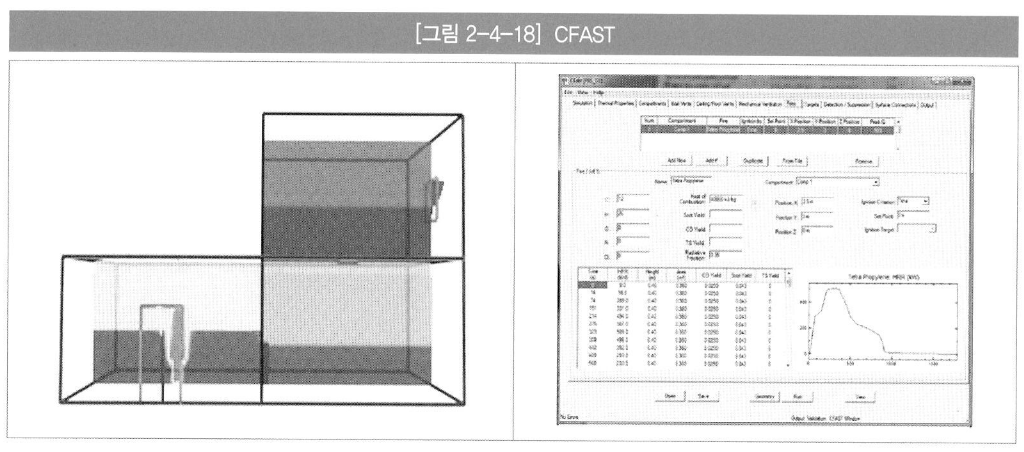

자료 : https : //www.thunderheadeng.com(pyrosim features)

3) SIMULEX

영국 IES사에서 개발한 SIMULEX 프로그램은 응급상황시 재실자들의 피난 행태를 분석하는 피난 시뮬레이션 프로그램으로써, 상황 발생시 재실자들의 피난 행태를 분석하여 건물 디자인의 문제점 파악 및 해결책을 찾는데 도움을 주며, 간편하고 빠르게 건물의 피난 안전성을 평가할 수 있다.

캐드 데이터dxf를 사용하여 건물을 용이하게 검토하며, Playback 기능을 제공하여 시뮬레이션 결과를 반복적으로 확인 가능하다. 또한 각 계층군별로 성별, 나이, 이동속도 설정하여, 출구, 대기시간 설정 기능으로 다양한 시나리오 검토가 가능하며, 시뮬레이션 결과의 3차원 출력이 가능하다.

[그림 2-4-19] SIMULEX

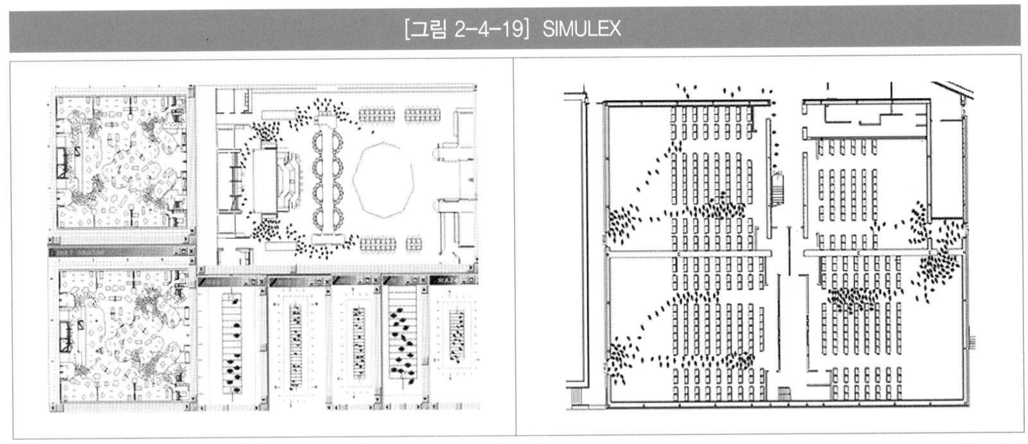

자료 : http : //www.basis.co.kr/index.php?route=product/product&product_id=252(제품 개요)

[그림 2-4-20] SIMULEX

자료 : http : //www.basis.co.kr/index.php?route=product/product&product_id=252(제품 특징)

4) PATHFINDER

고급 모션 시뮬레이션과 고품질의 3D 애니메이션 결과를 결합하여 신속하게 제공해주는 프로그램으로 통합 사용자 인터페이스와 애니메이션 3D 결과가 포함된 비상 출구 시뮬레이터이다. 이를 통해 사용하면 대피 모델을 빨리 평가하고 사실적인 그래픽을 생성할 수 있다.

Pathfinder는 AutoCAD 형식의 DXF 및 DWG 파일 가져오기를 지원하여 가져온 형상을 신속하게 대피 모델의 점유 공간으로 정의할 수 있다. 또한 FDSFire Dynamics Simulator 모델을 사용하여 걷기 공간을 추출할 수 있다. GIF, JPG 또는 PNG 형식으로 가져온 다음 배경으로 사용하여 모델을 이미지 위에 빠르게 삽입할 있으며, 고품질 3D 시각화로써 표준 그래픽카드를 사용하여 수만 명의 사람들에게 실시간으로 원활하게 애니메이션을 적용할 수 있다.

[그림 2-4-21] PATHFINDER

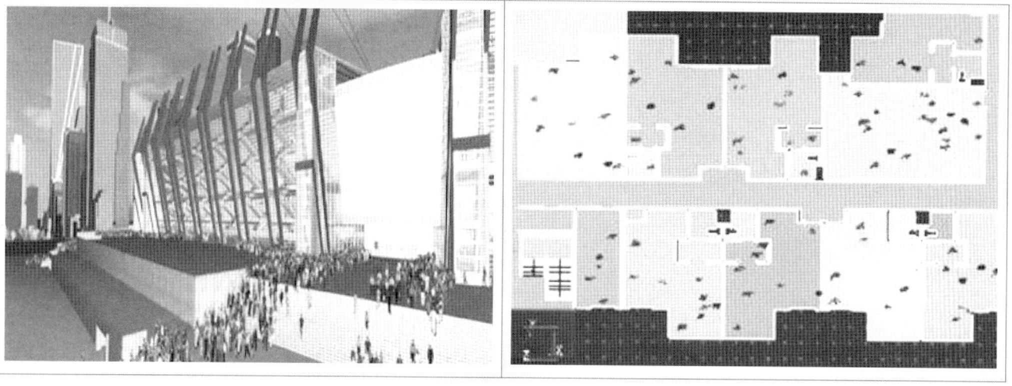

자료 : https : //www.thunderheadeng.com(PATHFINDER)

6. 호텔의 재난 대피방안

호텔이 특수성을 가진 시설인 만큼 유지와 관리는 다른 일반 건물과는 차원이 다른 세심함과 노하우가 필요하다. 호텔의 안전하고 쾌적한 시설 관리는 각 파트 담당자들의 우공이산과 같은 노력에 의해 유지된다. 특히 호텔 건물과 각종 부대시설의 유지상태가 항상 품위 있고 청결하며, 안정감을 유지하기 위해서는 각종 안전시설물의 정기적인 점검을 통해 유사시 정상적인 작동이 이루어지도록 관리해야 한다. 이는 호텔 시설관리의 필수 사항이다.

(1) 옥상광장 및 헬리패드

[표 2-4-12] 옥상광장과 헬리패드 설치기준 및 점검사항

• 헬리패드의 길이와 너비는 각각 22m 이상으로 할 것. 다만, 건축물의 옥상바닥의 길이와 너비가 각각 22m 이하인 경우에는 헬리패드의 길이와 너비를 각각 15m까지 감축할 수 있다.	• 헬리패드의 중앙부분에는 지름 8m의 'Ⓗ' 표지를 백색으로 하되, 'H' 표지의 선의 너비는 38cm로, 'ㅇ' 표지의 선의 너비는 60cm로 할 것.
• 헬리패드의 중심으로부터 반경 12m 이내에는 헬리콥터의 이 · 착륙에 장애가 되는 건축물, 공작물, 조경시설 또는 난간 등을 설치하지 아니할 것.	• 항공장애 표시등의 점등 여부(60m 이상 구조물 설치)
• 헬리패드의 주위한계선은 백색으로 하되 그 선의 너비는 38cm로 할 것.	• 바닥면 상태 여부

[표 2-4-12] 옥상광장과 헬리패드 설치기준 및 점검사항

자료 : 건축물의 피난 · 방화구조 등의 기준에 관한 규칙 제13조, 공항시설법 제 36조, 항공장애 표시등과 항공장애 주간표지의 설치 및 관리기준

[그림 2-4-22] 옥상광장 및 헬리패드 주요 점검 미비사항

옥상 헬리패드 도장 박리현상

옥상 피뢰침 고정 등 관리 상태

옥상 헬기장 피뢰침 피뢰도선 고정 미비

옥상 안테나 와이어클립 고정 방향 부적절

(2) 승강기 및 승강기 기계실, 기타

1) 비상용 승강기

높이 31m를 초과하는 건축물에는 대통령령으로 정하는 바에 따라 제1항에 따른 승강기와 비상용 승강기를 추가로 설치한다. [건축법 제64조]

[표 2-4-13] 비상용 승강기 설치기준 및 점검사항

• 승강장의 출입구를 제외한 부분은 해당 건축물의 다른 부분과 내화구조의 바닥 및 벽으로 구획할 것.	• 실내에 접하는 부분(바닥 및 반자 등 실내에 면한 모든 부분을 말한다)의 마감(마감을 위한 바탕을 포함한다)은 불연재료로 할 것.
• 승강장은 각 층의 내부와 연결될 수 있도록 하되 그 출입구에는 갑종방화문을 설치할 것. 이 경우 방화문은 언제나 닫힌 상태를 유지할 수 있는 구조이어야 한다.	• 승강장의 바닥면적은 피난용승강기 1대에 대하여 $6m^2$ 이상으로 할 것.
• 배연설비를 설치할 것.	• 승강장의 출입구 부근에는 피난용승강기임을 알리는 표지를 설치할 것.
• 예비전원으로 작동하는 조명설비를 설치할 것.	• 법정 검사를 할 것.
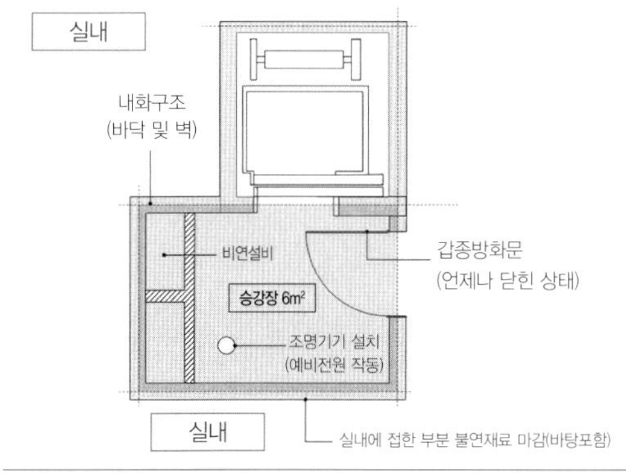	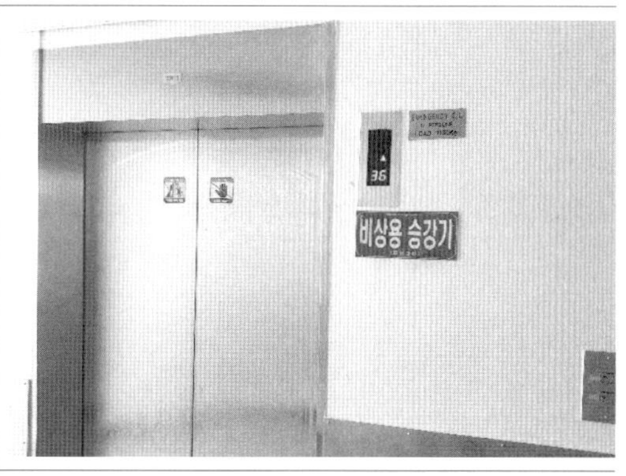

자료 : 건축물의 설비기준 등에 관한 규칙 제10조, 네이버 지식백과 재난대비용 승강기 설치기준(사진), 승강기 안전검사기준(행정안전부 고시)

[그림 2-4-23] 옥상광장 및 헬리패드 주요 점검 미비사항

비상용승강기 필증 갱신관리 미비

비상용승강기 전실 정리정돈 미비

비상용승강기 비상버튼 작동 미비

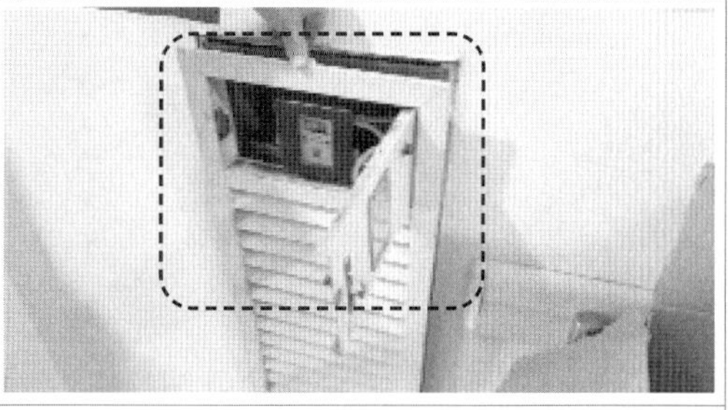

비상용승강기 전실 제연댐퍼 작동, 고정 미비

2) 비상용 승강기 기계실

[표 2-4-14] 비상용 승강기 기계실 설치기준 및 점검사항

• 출입구를 제외한 부분은 해당 건축물의 다른 부분과 내화구조의 바닥 및 벽으로 구획되어 있는가?	• 환풍기는 철제형으로 매립 설치했으며 안전커버 설치되어 있는가?
• 출입구에는 갑종방화문이 설치되어 있는가?	• 감지기 설치 여부
• 기계실 내 소화설비 및 휴대용 비상조명등은 비치되어 있는가?	• 유해화학물질 사용시 MSDS 자료를 비치하며 교육하였는가?
• 모서리 돌출부분 보호대 설치되어 있는가?	• 유도등 설치 및 상시 점등 여부
• 가바나 보호덮개 설치 및 안전구획 표시여부	• 안전수칙 및 안전보건표지 설치 여부
• 권상기 와이어 이송 부분 보호덮개 및 회전체 주변 안전 보호판 설치되어 있는가?	• 조명은 적절한가?

자료 : 건축물의 피난 · 방화구조 등의 기준에 관한 규칙 제30조, 승강기 안전검사 기준(행정안전부 고시)

[그림 2-4-24] 비상용 승강기 기계실 주요점검 미비시항

승강기 기계실 소화설비 미설치

승강기 기계실 조작판넬 청소 관리 미비

승강기 기계실 권상기 모서리 보호조치 양호

승강기 기계실 권상기 회전체방호울 설치 양호

3) 에스컬레이터

[표 2-4-15] 에스컬레이터 설치기준 및 점검사항

• 안전 브러쉬 설치되어 있는가?	• 법정 검사 여부
• 삼각안전판 및 삼각보호대 설치되어 있는가?(손잡이에서 벽까지 거리가 60cm 이내 설치)	• 각종 안전 스위치(비상 정지, 경보 장치, 운전 정지 스위치) 정상 작동되는가?
• 디딤판의 스커트가드 틈새 적정길이 유지되어 있는가?(디딤판에서 스커트가드 한쪽 4mm 이내, 양쪽 7mm 이내)	• 에스컬레이터 안전표지가 부착되어 있으며 운행시 이상 소음이 있는가?
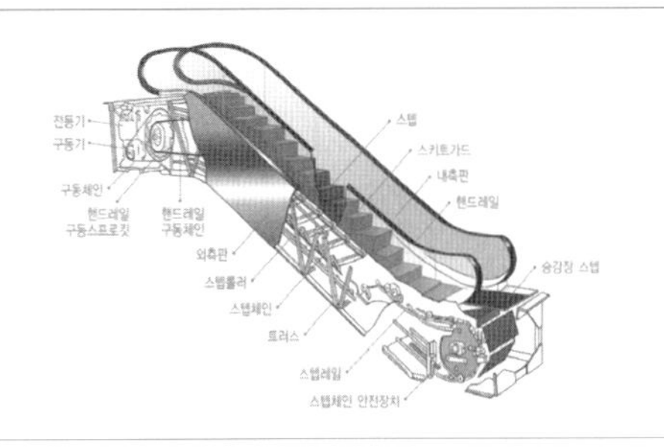	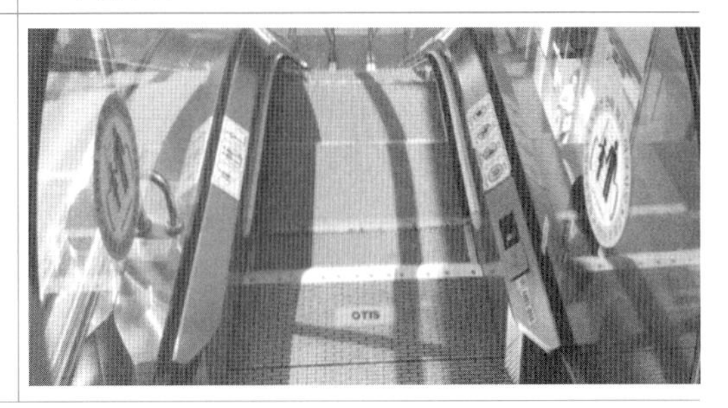

자료 : 승강기 안전검사 기준(행정안전부 고시)

[그림 2-4-25] 에스컬레이터 주요점검 미비시항

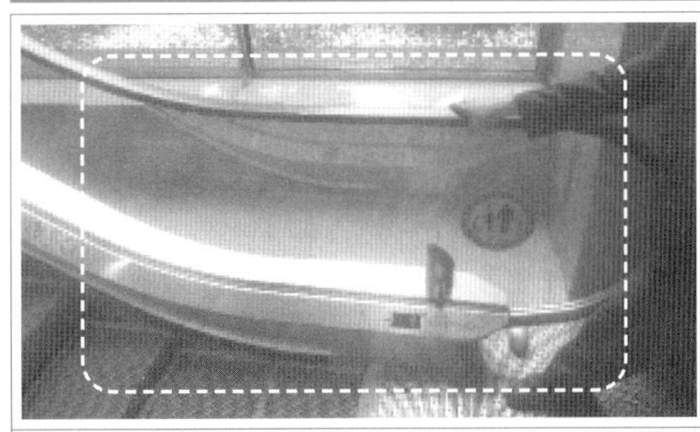	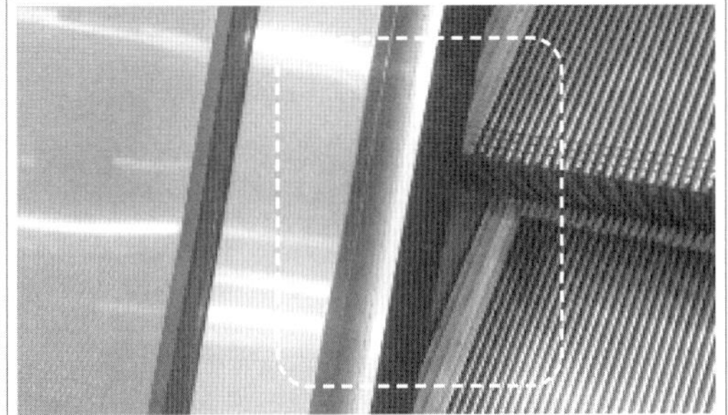
에스컬레이터 손잡이 벨트 텐션 늘어짐	에스컬레이터 안전 브러쉬 설치 양호

에스컬레이터 안전표지 부착 양호	에스컬레이터 측면 삼각보호판 설치 양호

에스컬레이터와 함께 안전에 유의할 설비로는 무빙워크가 있다. 무빙워크는 공항이나 지하도 등에서 쓰이는 컨베이어 벨트 구조의 기계장치로, 경사진 길이나 평면을 천천히 움직이므로 탑승자는 자동길 위에 걷거나 서서 이동할 수 있다. 무빙워크에서 발생할 수 있는 안전사고 유형으로는 끼임, 전도 등이 있으며, 무빙워크의 안전점검은 반드시 2인 1조로 작업해야만 한다. 무빙워크 안전점검 과거의 사고 유형을 살펴보면 안전수칙을 준수하지 않아 끼임 등의 작업 부주의가 발생하여 사망한 사고들을 볼 수 있다. 무빙워크도 에스컬레이터와 동일하게 각종 안전 스위치비상 정지, 경보 장치, 운전 정지 스위치가 정상 작동되는지 철저히 사전 점검해야 한다.

4) 기계실

[표 2-4-16] 기계실 설치기준 및 점검사항

• 출입구에는 갑종방화문이 설치되어 있는가?	• 변전실 내에는 절연매트를 설치하였는가?
• 적합한 소화설비 설치 여부	• 발전기실에는 유사시 필요한 운전매뉴얼을 비치하고 있는가?
• 작업에 적합한 조도가 되어있는가?	• 발전기실 배터리는 내구연한에 의해 관리되고 있는가?
• 배관 명칭 및 흐름 방향 표시	• 유해화학물질 사용시 MSDS 자료를 비치하며 교육하였는가?
• 전기판넬 물받이 지붕 설치	• 안전수칙 및 안전보건 표지 설치 여부
• 수직사다리 설치시 법적 규정을 준수하는가?(높이 7m 이상 수직 사다리 설치시 바닥에서 2.5m부터 등받이 설치)	• 유도등 설치 및 상시 점등 여부

자료 : A호텔 안전관리 매뉴얼

기계실은 건축물의 냉난방과 관련된 메인 설비들이 비치되어 있는 곳으로 항시 청결이 유지되고 현장의 정리정돈이 잘 되어 있어야 한다. 또한 긴급 상황 발생시 즉각적인 조치를 취할 수 있도록 적합한 조도가 유지되어야 한다. 아울러 기계실은 어두운 공간임에 따라, 비상대피도 동선상에 유도등을 설치하고, 유도등이 상시 점등되는지 주기적인 점검을 해야 한다.

[그림 2-4-26] 기계실 주요점검 미비시항

기계실 내부 정리정돈 미비	기계실 내부 MSDS 자료 비치 관리 미비
비상발전기실 상부 누수	변전실 절연매트 및 소화기 비치 양호

5) 주방

주방은 현장의 물 사용에 따라 습도가 높고 항상 물기가 바닥에 남아 있어서 넘어지는 사고가 발생할 수 있다. 아차 사고 발생시 대형 인명피해로 발전될 수 있기에 따라, 배수구 그리스트랩 논슬립 등의 안전장치를 구비하여 미끄럼을 방지할 필요성이 있다.

[표 2-4-17] 주방 설치기준 및 점검사항

• 감지기 및 가스누설경보기 설치되어 있는가?(가스누설경보기 위치 표시 및 인지 여부 등)	• 냉동고 및 냉장고 비상벨 설치되어 있으며 안전실로 시그널이 송출되는가?
• 후드 내에 자동소화장치가 설치되어 있으며, 소화 방향은 적절한가?	• 주방용 기계 기구는 덮개가 설치되어 있으며 자율안전 확인 인증 여부(식품가공용 기계)
• 부탄가스 사용시 일일 사용량을 확인하여 최소의 양을 보관하며, 보관 시 위험물 보관함에 별도 보관하는가?	• 자동 식기세척기 문 개방시 정지하는가?

[표 2-4-17] 주방 설치기준 및 점검사항

• K급 소화기 및 소화포 비치되어 있는가?	• 자동식기세척기 안전커버를 설치하는가?
• 미끄럼 방지 여부(배수구 그리스트랩 논슬립 등)	• 유해화학물질 사용시 MSDS 자료를 비치하며 교육하였는가?
• 후드 및 덕트는 정기적으로 청소하는가?	• 유도등 설치 및 상시 점등 여부
• 주방 안전수칙 등 안전보건 표지 설치되어 있는가?	• 휴대용 점화봉 비치 여부(가스레인지 점화봉 사용 금지)
• 주방 스팀회전솥 안전판 설치되어 있는가?	• 전기콘센트 방수형 설치되어 있는가?

자료 : A호텔 안전관리 매뉴얼

[그림 2-4-27] 주방 주요점검 미비시항

주방 소화포 및 K급소화기 비치 양호

주방 냉장고 비상벨 미설치

주방 후드 유지분 청소 미비

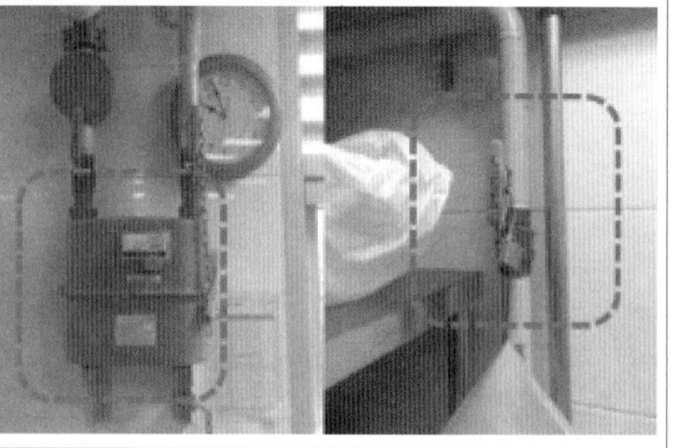

주방 가스 잠금장치 설치 양호

6) 식음업장

[표 2-4-18] 식음업장 설치기준 및 점검사항

• 와인냉장고 내 먼지 등 지속적인 관리를 통해 과열로 인한 화재를 미연에 예방하고 있는가?	• 부탄가스, 고체연료 사용시 일일 사용량을 확인하여 최소의 양을 보관하며, 보관시 위험물 보관함에 별도 보관하는가?
• 피난동선에 장애물이 방치되어 있지 않는가?	• 안전수칙 및 안전보건표지 설치 여부
• 감지기 설치되어있는가?	• 유도등 설치 및 상시 점등 여부
• 소화기 및 피난안내도 비치되어 있는가?	• 미끄럼방지 여부

자료 : A호텔 위험성 평가

[그림 2-4-28] 식음업장 주요점검 미비시항

소화기 및 피난안내도 미비치	비상구 앞 기물 적치
냉장고 응축기 필터 청소 미비	업장 오픈주방 자동소화장치 조작법 미숙지

7) 연회장

[표 2-4-19] 연회장 설치기준 및 점검사항

• 의자 및 테이블 운반시 이동대차를 사용하는가?	• 샹데리아 등 천장에 고정되어 있는 것은 주기적으로 점검하여 낙하 사고에 대비하는가?
• 중량물 운반시 2인 1조로 운영하는가?	• 유도등 설치 및 상시 점등 여부
• 소화기 비치되어 있는가?	• 안전수칙 및 안전보건 표지 설치 여부

자료 : A호텔 위험성 평가

[그림 2-4-29] 식음업장 주요점검 미비시항

연회장 내 소화기 미비치	연회장 피난안내도, 휴대용 비상조명등 미부착

연회장 후방 안전보건 표지 미부착(중량물 등)	연회장 기물 보관 관리 양호

8) 객실

[표 2-4-20] 객실 설치기준 및 점검사항

• 감지기 설치 여부	• 객실 내 유리 안전 필름 시공 여부
• 소화기, 피난안내도, 휴대용 비상 조명등, 화재대피용 간이호흡기구 비치 여부	• 안전수칙 및 안전보건 표지 설치 여부
• 완강기 설치 여부	• 유도등 설치 및 상시 점등 여부
• 점검구 안전고리 설치 여부	• 객실 스탠드 백열전구 사용 여부
• 객실 청소용 안전 사다리 비치 여부	• 객실 화장실 미끄럼 방지 여부

자료 : A호텔 위험성 평가

[그림 2-4-30] 객실 주요점검 미비시항

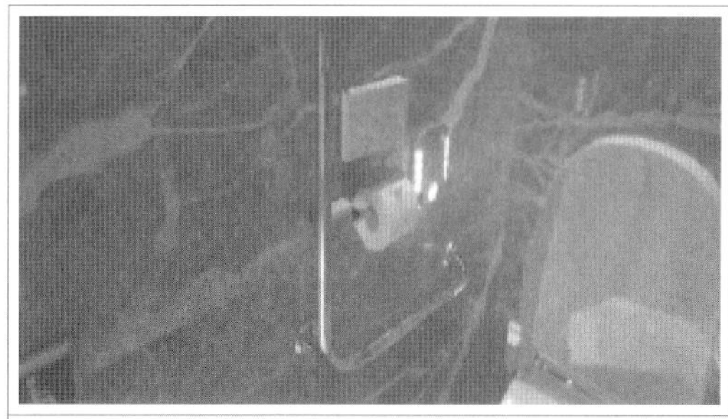

객실 화장실 내 비상벨 미작동

객실 테라스 측 완강기 걸이 고정 미비

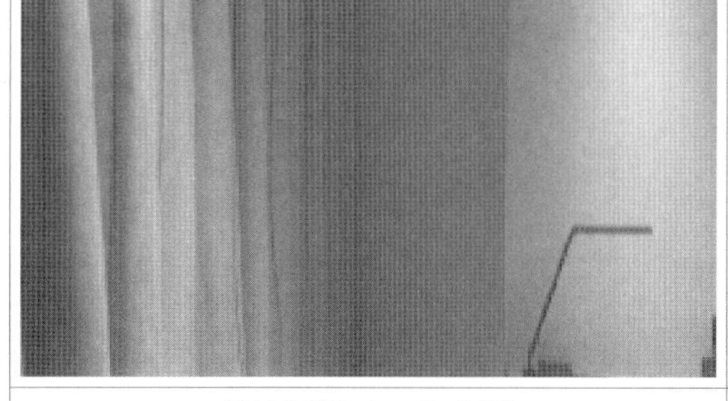

객실내 완강기 표지 미부착

객실내 소화기 점검표 미운영

9) 피트니스

[표 2-4-21] 피트니스 설치기준 및 점검사항

• 감지기 및 소화 설비 설치되었는가?	• 유도등 설치 및 상시 점등 여부
• 정리정돈 되어 있는가?	• 유해화학물질 사용시 MSDS 자료를 비치하며 교육하였는가?
• 중량물 취급시 2인 1조로 운반하는가?	• 안전수칙 및 안전보건 표지 설치 여부

자료 : A호텔 위험성 평가

[그림 2-4-31] 피트니스 주요점검 미비사항

유도등, 휴대용 비상조명등 미설치 / 피트니스 내부 비상구 폐쇄 운영 부적절

피트니스 락카 입구 손끼임주의 표지 미부착 / 피트니스 분전반 미시건 부적절

10) 세탁실

[표 2-4-22] 세탁실 설치기준 및 점검사항

• 감지기 및 소화 설비 설치되었는가?	• 미끄럼방지 여부
• 세탁기 작동 중 강제 도어 개방시 작동 정지 또는 문 미개방되는가?	• 유해화학물질 사용시 MSDS 자료를 비치하며 교육하였는가?
• 세탁기, 건조기 등 열축적에 의한 화재 예방을 위해 먼지를 정기적으로 제거하는가?	• 안전수칙 및 안전보건 표지 설치 여부
• 세탁물 운반시 이동 카트로 운반하는가?	• 유도등 설치 및 상시 점등 여부
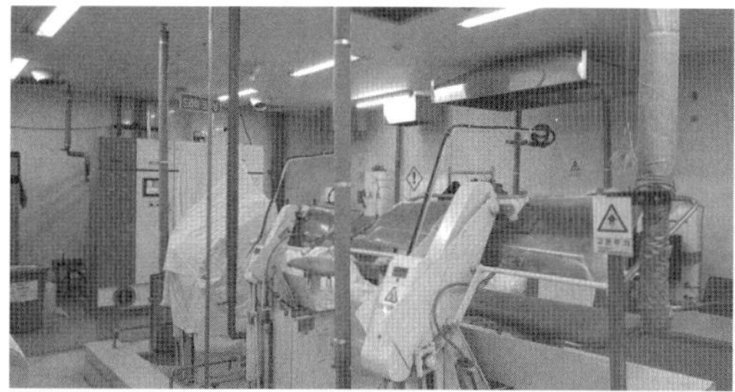	

자료 : A호텔 위험성 평가

[그림 2-4-32] 세탁실 주요점검 미비시항

세탁실 스팀배관 밸브손잡이 미설치	세탁실 세탁기계 배관 보온재 훼손

물질안전보건자료(MSDS) 미게시	세탁실 콤프레샤 주변 정리정돈 등 관리 미비

11) 창고

[표 2-4-23] 창고 설치기준 및 점검사항

• 감지기 및 소화 설비 설치되었는가?	• 유해화학물질 사용시 MSDS 자료를 비치하며 교육하였는가?
• 정리 정돈되어 있는가?	• 안전수칙 및 안전보건 표지 설치 여부
• 물건은 스프링클러와 60cm 이격되어 있는가?	• 유도등 설치 및 상시 점등 여부
• 중량물 취급시 2인 1조로 운반하는가?	• 위험물은 별도 보관하고 있는가?

자료 : A호텔 위험성 평가

[그림 2-4-33] 창고 주요점검 미비시항

창고 내 선반 상부 집기 적재 과다

창고 내 중량물 취급주의 표지 미부착

창고 내 위험물 보관 관리 미비

창고 내 고압용기 전도방지 장치 미설치

이외에도 송배전선 및 부하가 일체로 되어 전력의 발생 및 이용이 이루어지는 시스템인 EPSElectric Power Shaft를 비롯하여 배관 설비의 안전 관리가 수반되어야 한다.

12) EPS

[표 2-4-24] EPS 설치기준 및 점검사항

• 감지기 및 소화 설비 설치되었는가?	• 실내에 물건을 보관하고 있지 않은가?
• 관계자 외 접근을 금지하고 있는가?	• 차단기는 정상작동하며 탄화 흔적이 있지 않은가?
• 분전반에는 안전커버를 설치하였는가?	• 차단기 부하명을 기입하였는가?
• 차단기를 설치하여 유사시 작동하는가?	• 전선정리는 잘 되어 있는가?
• 전선 관통부 방화구획은 마감 처리되어 있는가?	• 접지되어 있는가?
• 압착 부분 볼트 조임은 적절한가?	• 안전수칙 및 안전보건 표지 설치 여부
• 전선은 터미널로 연결되어 있는가?(단선 예외)	• 열화상 측정시 과도하게 온도가 높지 않은가?
	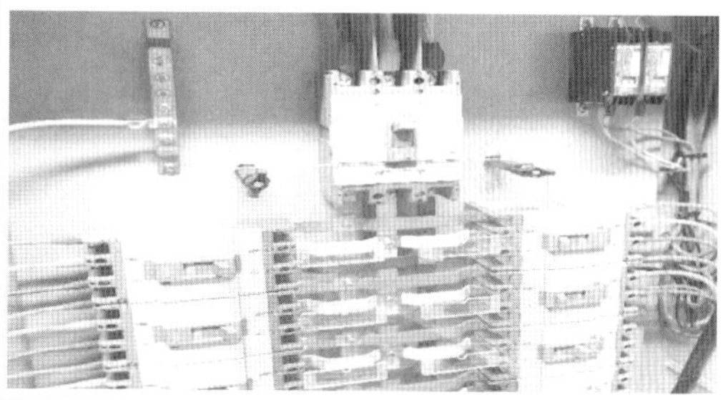

자료 : A호텔 위험성 평가

[그림 2-4-34] EPS 주요점검 미비시항

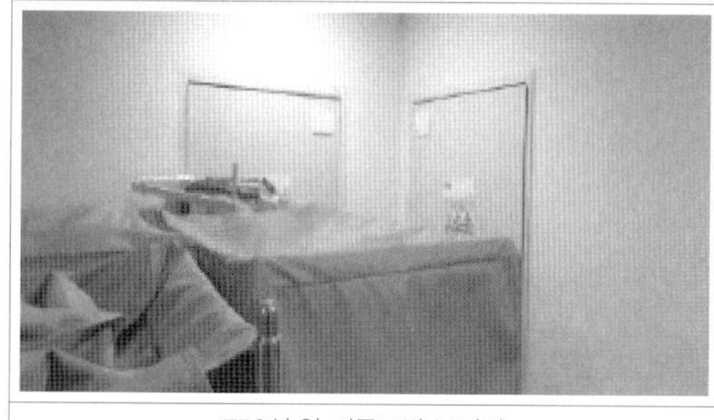	
EPS실 앞 기물보관 부적절	EPS실 정리정돈 미비

분전반 접지 미연결 및 압착터미널 미고정	EPS실 내 분전반 부하명 기입 상이

13) 배관설비

[표 2-4-25] 배관설비 설치기준 및 점검사항

• 배관 명칭 및 흐름 방향 표시 여부	• 배관 모서리 부분 보호대 설치 여부
• 배관 누수된 흔적이 있거나 누수되고 있는가?	• 배관 관통부 방화구획은 마감 처리되어 있는가?
• 배관으로 인해 넘어지거나 날카로운 부분이 있는가?	• 석고보드 내에 곰팡이가 있거나 악취가 나는가?
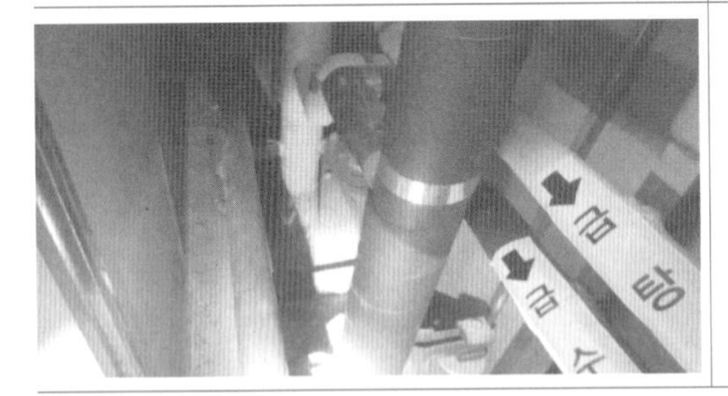	

자료 : A호텔 위험성 평가

[그림 2-4-35] 배관설비 주요점검 미비사항

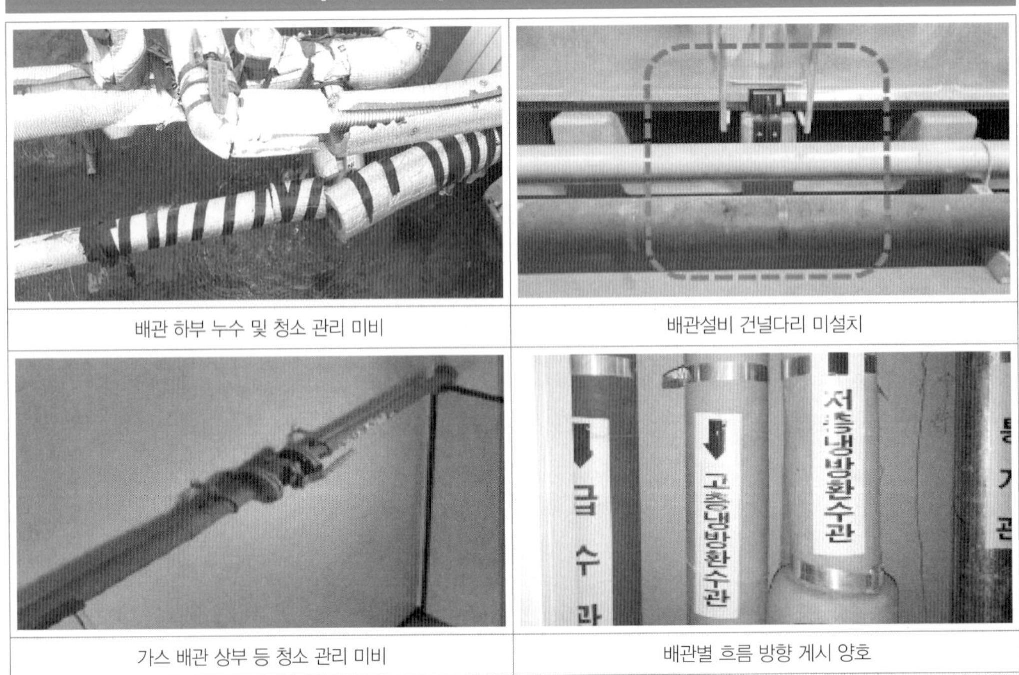

배관 하부 누수 및 청소 관리 미비	배관설비 건널다리 미설치
가스 배관 상부 등 청소 관리 미비	배관별 흐름 방향 게시 양호

제 5 장

안전관리 선진화 방안

안전관리 선진화는 사고 발생 후 수습과 대책 마련을 하는 후진국형 안전관리가 아닌 사전 예방형 관리 체계를 갖춘 선진국형 안전관리시스템이다. 위험요인을 파악하고 지속적 관리를 통한 사업장 내의 자율적 안전관리 활동과 현장 중심의 안전교육을 통한 예방과 훈련으로 재해나 사고위험에서 벗어날 수있다.

1. 안전보건경영시스템

자연재해로 인한 사고보다는 인재로 비롯된 사건 사고가 빈번해지며 각종 대형사고 위험과 안전사고 위험은 날로 증가하고 있다. 이에 따라 사전 예방과 관리체계의 선진화가 절실하게 필요해졌다. 기업에서도 산업 재해를 예방하고 쾌적한 작업 환경을 조성할 목적으로 근로자의 안전과 보건을 유지하고 증진하는데 필요한 재해의 방지 방법과 목표를 정하고 있다. 그리고 이를 달성하기 위한 조직과 책임, 절차를 규정한 후 기업 내 물적, 인적 자원을 효율적으로 배분하여 조직적으로 관리하는 경영시스템인 안전관리 선진화 방안을 검토하고 있다. 이는 곧, 사업주가 자율경영방침에 안전보건 정책을 반영하고, 이에 대한 세부 실행지침과 기준을 규정화하여 주기적으로 안전보건계획에 대한 실행 결과를 자체평가 후 개선토록 하는 등 재해예방과 기업손실감소 활동을 체계적으로 추진토록 하기 위한 자율안전 보건체계를 말한다.

(1) KOSHA 18001

한국산업안전보건공단은 1999년 7월 1일 영국의 안전보건경영시스템 BS 8800과 유럽 인증기관의 안전보건경영인증기준 OHSAS 18001을 모태로 공단 자체의 안전보건경영시스템 KOSHA 18001 인증업무처리 규칙공단 규격 제346호 / 2003. 2. 20. 최종 개정을 제정하고 제도를 도입하였다. 사업장별로 수립한 안전보건 경영방침에 따라, '안전사고 제로화' 목표를 설정한 후, 위험성 평가와 자체 성과측정모니터링을 통해 위험요소를 지속적으로 제거하고, 이를 다시 다음해 경영 목표에 반영되도록 하는 것이다.

안전보건 위험성의 원천적 관리, 체계적인 시스템 접근, 각종 법규 및 규제에 대한 대응 등 사업장에서 발생할 수 있는 안전보건에 대한 위험의 체계적 관리를 통해 근본적인 안전관리와 법규 및 규제의 자발적 대응을 할 수 있다. 2000년 7월 1일부터 시행하고 있는 KOSHAKorea Occupational Safety&Health Agency 2000프로그램은 선진국에서 시행 중인 사업장 자율안전관리기법인 영국의 ISRSInternational Safety Rating System, 안전보건경영시스템 규격 등을 우리나라 실정에 적합하도록 한국화하여 한국산업안전보건공단에서 개발, 추진하고 있는 사업장 자율안전 보건경영시스템 구축지원 프로그램을 말한다. 도입 이후 2001년 국제노동기구와 1999년 국제 인증기관 협의체의 OHSAS 18001이 제정됨에 따라 이를 참조하여 2003년 2월 KOSHA 18001로 개칭하여 국내 사업장에 적용하고 있다. 안전보건경영시스템은 매년 사후심사를 진행하고 3년마다 연장심사를 하여 시스템 운영을 관리한다.

(2) OHSAS 18001

OHSAS 18001은 보건 및 안전 경영시스템으로 조직이 자율적으로 산업재해를 예방하기 위해 위험요인을 파악하고 지속적으로 관리하기 위한 최소한의 요구사항을 정한 규격을 의미한다. 각국의 여러 인증기관들의 인증규격인 OHSASOccupational Health and Safety Assessment Series 이하 OHSAS라 함 18001은 BSIBritish Standard Institution, 영국 표준 규격 협회를 중심으로 아일랜드 국가표준기관, 남아프리카공화국 표준기관, BVQIBureau Veritas Quality International, DNVDet Norske Veritas, 로이드Lloyds Register Quality Assurance, NQANational Quality Assurance, SGSSGS Yarsley International Certification Services, ICSInternational Certification Services 등 국제적 인증기관Certification Body들이 안전보건평가시리즈OHSAS 인증규격Specification과 이 규격을 실행하기 위한 지침서를 마련하여 안전보건경영시스템의 평가 및 인증을 필요로 하는 조직을 위해 만들어진 규격이다.

안전보건경영시스템 규격은 ISO 등에서 국제 규격으로 안전보건경영시스템이 채택되기 이전에 인증시장 활성화 사업을 위해 만들어졌다. OHSAS 18001 규격은 품질, 환경, 안전보건경영시스템의 통합 운영이 쉽도록 ISO 9001 : 1994품질와 ISO 14001 : 1996환경 규격을 바탕으로 개발되었다.

OHSAS 18001은 국제적인 인증 기관들이 합의하여 공동 제정에 참여했다는 점이 주목할 만한데 이는 안전보건경영 분야가 국제 표준으로써의 채택이 임박했음을 시사한다. 규격의 기본개념은 영국의 직업건강 안전경영 BS 8800의 가이드 규격을 근본으로 하였으며 각 기관들의 여러 인증규격

들이 통일화를 이루게 된 것이다. 현재 국내에서 적용되고 있는 K-OHSAS 18001은 OHSAS 18001 규격을 KAB한국인정원가 국내 산업에 적용할 수 있도록 제정한 안전보건경영시스템 규격이다.

(3) K-OHSAS 18001

국내에서 시행되고 있는 K-OHSAS 18001은 OHSAS 18001 규격을 한국인정원이 국내 산업에 적용할 수 있도록 리비전하여 보급한 것이다. 1999년 OHSAS 18001 규격 제정에 참여한 13개 외국계 국제 인증기관의 국내 인증 이후, 산업자원부 및 한국인정원에서도 국내의 산하 인증기관들과 공동으로 K-OHSAS 18001을 2001년부터 도입 시행하고 있다. K-OHSAS는 OHSAS 18001과 동일한 규격과 운영절차를 갖고 있다.

(4) ISO 45001

2017년 국제노동기구ILO가 발표한 자료에 따르면 매년 2,788,000건의 치명적인 사고가 직장에서 발생하며 매일 7,700명 가까운 사람들이 직업 관련 질병이나 부상으로 사망한다고 나와 있다. 노동자가 근로 과정에서 심각한 결과를 겪을 수 있음을 의미한다. 2018년 3월 12일 ISO 45001 : 2018 표준이 정식 발표되었다. 직업 보건 및 안전 관리시스템으로 작업 안전을 개선하기 위한 강력하고 효과적인 일련의 프로세스를 제공하며, 모든 산업 분야를 지원하도록 설계된 새로운 국제 표준은 전 세계적으로 산업재해 및 질병을 감소시킬 것으로 기대된다.

ISO 45001은 정부 기관, 업계 및 기타 영향을 받는 이해 관계자에게 전 세계 국가의 근로자 안전 향상을 위한 효과적이고 유용한 지침을 알려주고, 사용하기 쉽고 적용하기 용이한 것을 제공한다. ISO 45001을 개발한 ISO / PC 283 프로젝트위원회 의장인 데이비드 스미스David Smith는 “새로운 국제 표준이 수백만 근로자를 위한 진정한 게임 체인저가 될 것”이라고 믿는다며 “ISO 45001이 작업장 관행에서 중요한 변화로 이어지고, 이 새로운 표준은 기관들은 지속적으로 개선함으로써 근로자와 고객에게 안전하고 쾌적한 환경을 제공할 수 있도록 지원할 것이다”라고 말했다. 아울러 이 프로그램은 일하는 분야와 그리고 세계 어느나라든 일하는 곳이라면 누구에게나 안전한 직장을 위한 기본 틀을 제공할 수 있을 것임을 강조했다.

ISO 45001은 70개국 이상이 중요한 문서의 작성에 직접 관여했으며, ISO / PC 283, 직업 안전 및 건강 관리시스템에 의해 개발되었으며, 영국 표준협회BSI가 위원회 사무국 역할을 수행하였다. ISO 45001은 또한 다른 ISO 관리시스템 표준과 통합되어 새로운 버전의 ISO 9001품질 관리 및 ISO

14001환경 관리과의 높은 수준의 호환성을 보장한다.

새로운 표준은 ISO의 모든 관리시스템 표준에서 공통적으로 사용되는 요소를 기반으로 하며 계획-점검-법 모델을 사용한다. 이 모델은 조직에서 필요한 것을 계획하는 데 필요한 것을 제공하며, 이러한 일련의 과정은 장기간의 건강 문제 및 업무 부재로 이어질 수 있는 사항뿐만 아니라 사고를 유발할 수 있는 사항을 해결하는데 도움을 준다.

ISO 45001은 전 세계 직장 보건 및 안전 기준 OHSAS 18001을 대체하며, 이미 OHSAS 18001 인증을 받은 조직은 새로운 ISO 45001 표준을 준수하는 데 시간이 걸리지만 ISO 45001을 도입할 기업 및 기관은 점차 증가할 것으로 예상된다.

[표 2-5-1] KOSHA 18001, OHSAS 18001, ISO 45001 요구 사항 비교

KOSHA 18001	OHSAS 18001	ISO 45001
1. 일반원칙	1. 범위	1. 적용범위
2. 안전보건방침	2. 인용표준	2. 인용규격
3. 계획수립	3. 용어와 정의	3. 용어와 정의
3.1 위험성 평가		4. 조직상황
3.2 법규 및 그 밖의 요구사항 검토		4.1 조직과 조직 상황의 이해
3.3 목표		4.2 근로자 및 그 밖의 이해관계자의 니즈와 기대에 대한 이해
3.4 안전보건 활동 추진 계획	4. 안전보건경영시스템 요구사항	4.3 안전보건 경영시스템의 적용 범위 결정
4. 실행 및 운영	4.1 일반요구사항	4.4 안전보건경영시스템
4.1 구조 및 책임		5. 리더십과 근로자 참여
4.2 교육, 훈련 및 자격		5.1 리더십과 의지표명
4.3 의사소통 및 정보제공	4.2 안전보건방침	5.2 안전보건방침
4.4 문서화	4.4.1 지원, 역할, 책임, 의무 및 권한	5.3 조직의 역할, 책임 및 권한
4.5 문서관리	4.4.3.2 참여 및 협의	5.4 근로자 협의 및 참여
4.6 운영관리	4.3 기획	6. 기획
4.7 비상시 대비 및 대응		6.1 리스크와 기회를 다루는 조치
5. 점검 및 시정조치		6.1.1 일반사항
5.1 성과측정 및 모니터링	4.3.1 위험파악, 리스크 평가 및 관리사항 결정	6.1.2 위험요인 파악 및 리스크와 기회의 평가
5.2 시정조치 및 예방조치	4.3.2 법규 및 그 밖의 요구사항	6.1.3 법적 요구사항 및 기타 요구 사항 결정
5.3 기록	4.3.3 목표 및 세부추진 계획	6.1.4 조치의 기획
5.4 내부심사		6.2 안전보건목표와 안전보건목표 달성 기획

KOSHA 18001	OHSAS 18001	ISO 45001
		6.2.1 안전보건목표
		6.2.2 안전보건목표 달성 기획
		7. 자원
	4.4.1 지원, 역할, 책임, 의무 및 권한	7.1 자원
	4.4.2 적격성, 교육 훈련 및 인식	7.2 역량/적격성
	4.4.2 적격성, 교육 훈련 및 인식	7.3 인식
	4.4.3.1 의사소통	7.4 의사소통
	4.4.4 문서화 / 4.4.5 문서관리	7.5 문서화된 정보
	4.5.4 기록관리	7.5.1 일반사항
		7.5.2 작성 및 갱신
		7.5.3 문서화된 정보의 관리
	4.4 실행 및 운영	8. 운용
	4.4.6 운영관리	8.1 운용 기획 및 관리
		8.1.1 일반사항
		8.1.2 위험요인 제거 및 안전보건 리스크 감소
6. 경영자 검토		8.1.3 변경관리
		8.1.4 조달
	4.4.7 비상사태 대비 및 대응	8.2 비상 대비 및 대응
	4.5 점검	9. 성과평가
	4.5.1 성과측정 및 모니터링	9.1 모니터링, 측정, 분석 및 평가
		9.1.1 일반사항
	4.5.2 준수평가	9.1.2 준수평가
	4.5.5 내부심사	9.2 내부심사
		9.2.1 일반사항
		9.2.2 내부 심사 프로그램
	4.6 경영검토	9.3 경영검토
		10. 개선
		10.1 일반사항
	4.5.3 사건 조사, 부적합, 시정 조치 및 예방 조치	10.2 사건, 부적합 및 시정 조치
		10.3 지속적 개선

2. 안전관리 전산시스템

행정안전부에서 국민의 생활 속 재난 또는 그 밖의 사고, 위험 등의 안전위협 요소를 제거하여 국민의 재난 재해를 예방하고자 안전신문고 시스템을 운영하고 있다. 생활안전, 교통안전, 시설안전, 학교안전, 어린이 안전 등 전 분야가 안전신고의 대상으로 관행, 법·제도 등을 포함한다.

소방청 국가화재정보센터에서는 국가화재정보시스템을 운영중이다. 대국민 서비스를 통해 화재정보 및 화재 관련 지식을 공유함으로써 궁극적으로 국민의 생명과 재산을 화재로부터 안전하게 보호함에 그 목적을 둔 국가적 안전관리 네트워크 시스템이다. 화재의 원인·발화·발견·통보 및 연소확대 등의 화재발생부터 피난상황, 소방설비의 작동 등 화재진압까지 화재의 메커니즘과 관련한 화재정보와 이를 통계화한 정보를 국민에게 제공함으로써 화재로 의한 피해를 알리고 유사화재 방지 및 화재예방을 하고 있다. 소방청을 중심으로 산·학·연 등 전문기관과 유관기관 등에 지식 공유 및 정보 제공을 함으로써 급속한 사회변화에 신속히 대응할 수 있는 합리적인 소방정책을 수립하고 대책 마련을 하고자 시행된 지식네트워크이다.

소방관계자뿐만 아니라 국민 개개인이 예보된 기상조건 및 화재발생인자 분석정보에 따라 지역별 화재발생 위험도를 확인하고 예방할 수 있는 프로그램이다. 화재현황 통계 및 분석을 통해 동종업종, 유사업종의 화재 사고 위험을 인지하고 사고사례를 전파하여 화재 사고를 사전에 예방하는데 도움을 준다.

3. 안전보건경영시스템의 기대 효과

안전보건경영시스템의 활성화는 사업장의 자율적인 산업재해 예방에 크게 기여할 뿐 아니라 자율안전보건 관리체제의 조속한 구축 및 지속적 개선을 가져온다. 이를 통해 효과적인 안전보건관리가 이뤄지며 재해율, 작업손실률 감소 등으로 재해보상액 감소, 생산성 향상, 근로자 복지개선 등으로 그 효과가 확대된다. 안전보건경영시스템 운영 현장 환경개선에 따른 불량률 감소로 인한 수익 증대는 물론 전 임직원들의 안전 경영시스템 참여로 인한 노사관계 안정으로 기업 안정을 꾀할 수 있다.

호텔의 경우, 지속가능한 경영 관점에서 기본의 업무 수칙을 준용하는 토대로 작용하기도 한다. 그러기 위해서는 체계적인 안전보건경영시스템이 구축되고 적용되어야 할 것이다.

4. 위험성 평가

사업장 위험성 평가에 관한 지침은 2012년 9월 26일 제정된 고용노동부 고시 제2012-104호에서 출발하였다. 당시 산업안전보건법 제5조 제1항 후단 및 같은 법 제27조 제1항 제1호에 따른 것이다. 여기에는 사업주가 스스로 사업장의 유해·위험요인에 대한 실태를 파악하고 이를 평가하여 관리·개선하는 등 필요한 조치를 할 수 있도록 지원하기 위하여 위험성 평가를 하는 방법으로 절차, 시기 등에 대한 기준을 제시하고, 위험성평가 활성화를 위한 시책의 운영 및 지원사업, 그 밖에 필요한 사항을 규정함을 목적으로 한다고 되어 있다. 그 후 산업안전보건법[법률 제11882호, 2013.6.12, 일부 개정] 제41조의 2위험성평가는 다음과 같이 기술되어 있다.

① 사업주는 건설물, 기계·기구, 설비, 원재료, 가스, 증기, 분진 등에 의하거나 작업행동, 그 밖에 업무에 기인하는 유해·위험요인을 찾아내어 위험성을 결정하고, 그 결과에 따라 이 법과 이 법에 따른 명령에 의한 조치를 하여야 하며, 근로자의 위험 또는 건강장해를 방지하기 위하여 필요한 경우에는 추가적인 조치를 하여야 한다.

② 사업주는 제1항에 따른 위험성평가를 실시한 경우에는 고용노동부령으로 정하는 바에 따라 실시내용 및 결과를 기록·보존하여야 한다.

③ 제1항에 따라 유해·위험요인을 찾아내어 위험성을 결정하고 조치하는 방법, 절차, 시기, 그 밖에 필요한 사항은 고용노동부장관이 정하여 고시한다는 내용으로 신설된다.

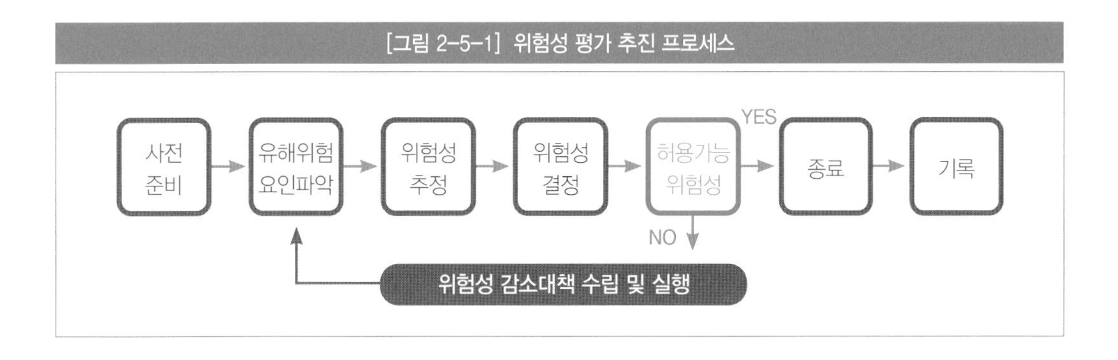

[그림 2-5-1] 위험성 평가 추진 프로세스

이렇듯 위험성 평가는 사업장의 유해, 위험요인을 파악하고 해당 유해, 위험요인에 의한 부상 또는 질병의 발생 가능성빈도과 중대성강도을 추정, 결정하고 감소대책을 수립하여 실행하는 일련의 과정을 말한다. 사업주는 건설물, 기계, 기구, 설비, 원재료, 가스, 증기, 분진 등에 의하거나 작업행동,

그 밖에 업무에 기인하는 유해, 위험요인을 찾아내어 위험성을 정하고, 그 결과에 따라 조치를 하는 것으로 위험성평가를 실시한 경우에는 실시 내용 및 결과를 3년간 보존하여야 한다. 단, 현행 모든 사업장은 2015년 3월 12일까지 최초평가를 실시하여야 하며, 2014년 3월 13일 이후 설립 사업장은 설립일로부터 1년이내 최초평가를 실시한다.

가. 사전준비

효과적인 위험성 평가를 실시하기 위해서는 지켜야 하는 사항이 있다. 첫 평가 때에 위험성 평가 실시 규정을 작성하고, 지속적으로 관리하는 것이 필요하며 규정 항목에는 목적 및 방법과 담당자의 역할, 시기 및 절차, 주지방법 및 유의사항, 결과의 기록 및 보존에 관하여 기록한다. 작업표준, 작업 절차 등에 관한 정보, 기계·기구, 설비 등의 공정 흐름과 작업 주변의 환경에 관한 정보, 같은 장소에서 사업의 일부 또는 전부를 도급을 주어 행하는 작업이 있는 경우 혼재 작업의 위험성 및 작업 상황 등에 관한 정보, 재해사례, 재해통계, 아차사고산업현장에서 작업자의 부주의나 현장설비의 결함 등으로 사고가 일어날 뻔했으나 직접적인 사고로 이어지지 않은 상황 등에 관한 정보, 작업환경 측정결과, 근로자 건강 진단결과에 관한 정보, 그 밖에 위험성 평가에 참고가 되는 자료 등의 안전보건정보를 사전 조사한다.

위험성 평가팀을 구성하며 주관적인 측면보다 객관적인 측면이 반영될 수 있도록 하며, 허용 가능한 위험성의 기준을 결정하여 설정한다.

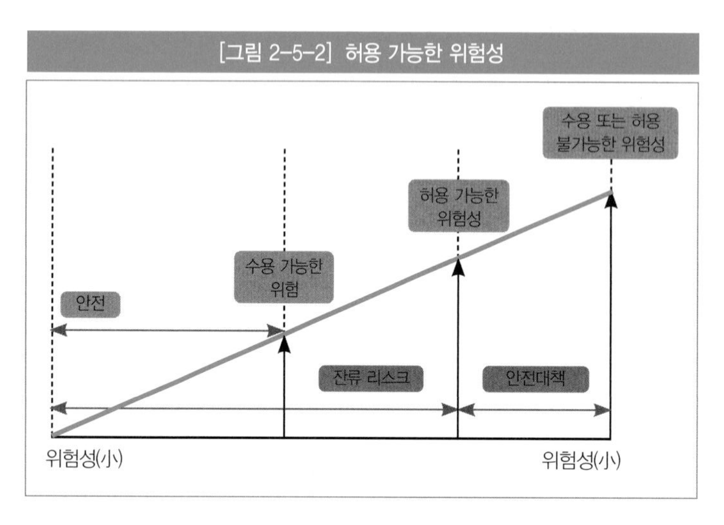

[그림 2-5-2] 허용 가능한 위험성

나. 유해 위험요인 파악

정기적 순회 점검 및 안전보건 체크리스트 등을 활용하여 사업장의 유해요인과 위험요인을 파악한다.

다. 위험성 추정

유해, 위험요인이 부상 또는 질병으로 이어질 수 있는 가능성과 그 정도를 추정하여 위험성의 크기를 산출한다.

라. 위험성 결정

유해, 위험 요인별 위험성 추정 결과와 사업장에서 설정한 허용 가능한 위험성의 기준을 비교하여, 추정된 위험성의 크기가 허용 가능한지 여부를 판단한다.

마. 위험성 감소대책 수립 및 실행

위험성 평가 결과, 허용 범위를 넘어선 위험성은 최대한 낮은 수준으로 감소시키기 위한 대책을 수립하고 실행한다. 위험성 감소대책의 우선 순위로는 위험한 작업의 폐지, 변경, 유해위험물질 대체 등의 조치 또는 설계나 계획 단계에서 위험성을 제거 또는 저감하는 조치 → 연동장치, 환기장치 설치 등의 공학적 대책 → 사업장 작업절차서 정비 등의 관리적 대책 → 개인용 보호구 지급 및 착용 순이다.

[그림 2-5-3] 위험성 감소대책 우선순위 선정 방법

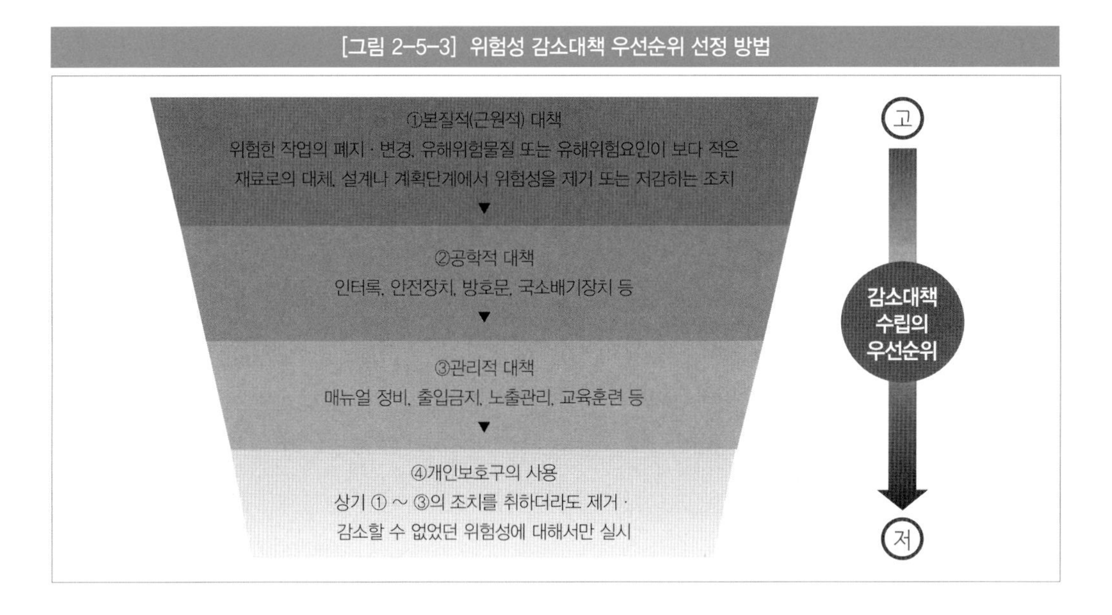

바. 기록 및 보존

위험성 감소대책을 수립하고 실행하여 개선한 내용은 최초 위험성 평가 자료를 포함해서 전부 보관하여 관리한다.

사. 위험성 평가 실시 시기

위험성 평가는 최초평가와 수시평가, 정기평가로 진행되며 최초평가 후 매년 정기평가를 실시한다. 최초평가 및 정기평가는 전체 작업을 대상으로 하며, 수시평가는 사업장 건설물의 설치·이전·변경 또는 해체, 기계·기구, 설비, 원재료 등의 신규 도입 또는 변경, 건설물, 기계·기구, 설비 등의 정비 또는 보수주기적·반복적 작업으로써 정기평가를 실시한 경우에는 제외, 작업방법 또는 작업절차의 신규 도입 또는 변경, 중대한 산업사고 또는 산업 재해휴업 이상의 요양을 요하는 경우에 한정 발생, 그 밖에 사업주가 필요하다고 판단한 경우에 실시한다.

제 6 장

맺음말

그동안 현장에서 가졌던, 환경과 에너지 그리고 안전에 대한 고민과 연구 그리고 실천과 바람을 한 권의 책으로 엮고 나니 미뤄둔 숙제를 끝낸 것처럼 후련하다. 현업 실무에 몸담고 있는 분들에게 도움이 되는 정보와 지식을 담기 위하여 나름대로 바쁜 시간을 내어 각고의 노력을 기울였다. 비록 이 책이 환경 및 안전관리의 성장과 발전에 미비한 한 걸음에 지나지 않겠지만, 인류의 지속가능 성장이라는 궁극적인 비전을 달성하는 과정에 작은 디딤돌 역할이 되길 소망해본다.

호텔서비스업에서 환경 및 안전관리가 필요한지에 대한 당위성을 설명하고 에너지 절감을 위한 고효율 설비 도입과 운영방법 개선, 그리고 산업안전부터 화재 안전관리 부분까지 폭넓은 내용을 담으려 애썼다. 욕심이 너무 앞섰던 것일까! 그러다보니 미진한 부분도 있고 또 독자 입장에서 쉽게 이해하지 못하는 부분도 있을 것이라 생각이 든다. 에너지경영시스템과 안전보건경영시스템 등 다양한 개선 요인들이 실제 현장에 적용하였을 경우의 기대 효과에 대해 정량적으로 분석하지 못한 점은 큰 아쉬움으로 남는다. 정량적 분석은 개선 방법에 대한 적용 가능성의 타당성 평가와 더불어 경제성 분석이 선행되어야 할 것으로 보인다. 혹시 후속 책을 출간한다면 반영할 생각이다.

이 분야가 사실 워낙 방대한지라 나 역시 궁금했던 부분이나 알지 못하는 부분은 많은 서적과 논문, 인터넷 등을 뒤적이며 공부해야만 했다. 나의 무지에 빛나는 지식과 정보를 주신 학계 관계자 및 저자들께 깊은 감사를 드린다.

환경과 에너지 그리고 안전 문제는 인류의 지속가능한 성장이라는 목표를 수행하기 위해서는 반드시 해결해야 할 수행 과제이자 임무다. 비단 건축물 관련 동종업계 종사자에게만 해당되는 얘기가 아니다. 지구촌에 사는 모든 사람들에게도 해당된다. 왜냐하면 우리는 아무리 사물인터넷IOT 최첨단 디지털시대가 되고 로봇이 사람 일을 대신한다 해도 건축 공간에서 나고 자라고 생활하며 생을 마감하기 때문이다. 그래서 건축물의 환경 안전관리는 중요하다.

에너지 사용량 절감을 통해 비용을 절감하며 깨끗한 환경을 만들고, 무사고 안전 현장을 조성하여 모두가 편안한 세상. 모두가 바라는 일이자 목표일 것이다. 이 책을 통해 우리나라의 건축물 산업 현장에도 환경 및 안전에 대한 관심이 더욱 증진되었으면 하는 바람이다.

안전사고의 예방과 발생시 행동요령에 대해서는 심도 있게 다루었다. 안전사고로 인한 물적 및 인적 피해는 단순히 일회성의 피해로만 끝나는 것이 아니라, 건축물의 존속, 더 나아가서는 한 기업과 사회 조직 기관의 지속성에 대해서도 의문점을 제기할 수 있는 심각한 사안으로 심화될 수 있다. 따라서 건축물의 유지관리에 종사하는 우리 모두 안전의식을 바탕으로 시설물 안전점검을 수행해야 된다. 그럼에도 불구하고, 자연 재해 및 작업 부주의로 인한 사고 발생시, 본 책에서 구체적으로 명시한 사고 유형별 대응방안에 입각하여 신속한 대피 및 대응이 필요하다. 아무쪼록 《건축물 환경안전 관리》에서 제시하고 있는 개선 요인들을 직접 현장에 적용하고, 경험함으로써 새로운 시대를 선도하는 지식인으로서의 충분한 보람을 맛보길 기대한다.

인류 역사상 처음으로 달에 발을 내디딘 암스트롱은 다음과 같은 말을 남겼다.

"이것은 한 사람에게는 작은 한 걸음에 지나지 않지만, 인류에게 있어서는 위대한 도약이다."

비록 이 책이 환경 및 안전관리의 성장과 발전에 미비한 한 걸음에 지나지 않겠지만, 인류의 지속 가능 성장이라는 궁극적인 비전을 달성하는 과정에 작은 디딤돌 역할이 되길 소망해본다.

참고문헌

1. 단행본

- 한국산업 안전보건공단 건설안전실, 동절기 건설현장 안전보건 길잡이, 2017
- 허남석, 안전한 일터가 행복한 세상을 만든다, 2016
- A호텔피해경감계획서
- A호텔안전관리 매뉴얼
- A호텔전기 안전관리 매뉴얼
- A호텔위험성평가
- 한국에너지공단, 건물에너지관리시스템(BEMS) 설치 가이드라인
- 한국에너지공단, 신재생에너지 R&D 전략 2030 시리즈
- 기문당, 신재생에너지 설비실무
- 한경사, 알기쉬운 녹색경영
- 신기술, 태양강발전 시스템 이론 및 설치 가이드북
- 에코리브르, 환경경영의 이해
- 민음사, 녹색경영
- 굿바이! 미세먼지, 한티재
- 담배보다 해로운 미세먼지, 홍동주

2. 학위논문

- 박나리, 온실가스 감축을 위한 그린빌딩 활성화 정책 방안 연구, 동의대학교 대학원, 석사학위 논문, 2013
- 김용현, 대학 온실가스 배출 특성 및 저감방안에 관한 연구, 경성대학교 대학원, 석사학위 논문, 2014
- 정영진 외 3명, 저탄소 그린캠퍼스 조성을 위한 온실가스 인벤토리 구축 및 감축잠재량 분석, 대구대학교 대학원, 석사학위 논문, 2014
- 박세훈, ISO 50001 요구사항의 온실가스·에너지 목표관리제 적용 가능성 및 효용성에 대한 연구, 경성대학교 대학원, 석사학위 논문, 2013
- 정호연, 건물에너지시뮬레이션의 검증 및 최적보정기법, 경희대학교 건축공학과 대학원, 석사학위 논문, 2014

- 박상헌, 호텔건축물에서 중수도 설비에 대한 경제성 평가에 관한 연구 동의대학교 대학원, 석사학위 논문, 2005
- 최재영, 사무소 건물의 중수도 설비 운영과 경제성 분석에 관한 연구 서울과학기술대학교 에너지환경대학원, 석사학위 논문, 2014
- 홍광민, 한국교원대학교 환경교육 대학원, 국내 중수도 현황과 운영 실태 분석, 석사학위 논문, 2003
- 신수영, 친환경 건축을 위한 빗물이용시설 보급확대 방안, 세명대학교 교육대학원, 석사학위 논문, 2006
- 김새미, 환경 친화적인 호텔 객실서비스 요인이 고객 만족에 미치는 영향, 영산대학교, 석사학위 논문, 2002
- 한정민외 2명, 오염 요인별 지역선정을 통한 대기-기상자료의 미세먼지 인과관계 검증 논문, 2017

3. 학술논문

- 전홍진, 호텔의 안전관리에 관한 연구, 2005
- 박상영 외 3명, 대학의 온실가스 인벤토리 구축 및 감축잠재량 평가, 강원대학교 환경과학과, 대한환경공학회지 연구 제34권 제1호, 2012
- 정영진 외 3명, 저탄소 그린캠퍼스 조성을 위한 온실가스 인벤토리 구축 및 감축잠재량 분석, 대한환경공학회지 연구 제34권 제9호, 2012
- 정순성, 녹색건축물 확대를 위한 기존 건축물의 경제적인 온실가스 배출량 저감 방법에 관한 연구, 한국건축친환경설비학회 논문집, 제7권 2호, 2013
- 정용주 외3명, 상향식 모형을 이용한 국내 주거부문의 온실가스 한계감축비용 분석, 에너지공학 제24권 제1호, 2015
- 윤종호, BIPV 시스템 활용 및 설계 사례, 한국그린빌딩협의회 그린빌딩 설계기술강습회 2005
- 손학식, BEMS(Building Energy Management System) 구축을 위한 주요 구성요소와 건물에너지 효율등급 개선효과에 관한 연구, 조명·전기설비학회 논문지 제28권 제1호
- 문현준 외 2명, BEMS 적용 건물의 에너지 절감 성능평가 및 검증사례 대한설비공학회 2014 하계학술발표대회 논문집 pp.247~248, 2013
- 이시철, 그린 어바니즘이 우리나라 도시관리에 주는 함의, 2013
- 윤용상, 독일의 리모델링 사례, 2005
- 박화춘 외 1인, 업무용 건물의 에너지 부하 모델, 2009
- 박성중, 패시브·제로에너지건축 요소기술 : 가동형 외부차양장치(전문가 칼럼), 2016

참고문헌

4. 언론 기사

- 경향신문, 지구 온난화 가속화 관련 환경기사, 2019.11
- 동아일보, 미세먼지 관련 환경기사, 2019.11
- 파이낸셜뉴스, 풀컬러 태양전기 개발 관련 기사, 2019.10
- 세계일보, 지구의 미래 연중기획 기사, 2019.11

5. 간행본

- 산업안전보건연구원, 기업의 안전보건경영 활성화 방안에 관한 연구, 2004
- 천세환, 웹 기반 건물 에너지 시뮬레이터, 에코시안 뉴스레터, 2015
- 김재근, EnMS를 활용한 기업의 에너지 관리 및 절감 방안, 2015
- 윤영근, BEMS를 이용한 건물의 에너지 절약 실현, 설비저널, 2003
- 빗물이용시설 설치로 지하 수자원 보전, 호텔신라 사업장, 환경기술인, 2006
- 환경부, 온실가스에너지 목표관리제 운영 등에 관한 지침, 2011
- 이시철, 그린 어바니즘 유럽의 도시에서 배운다, 2013
- 하인수, 건축물 에너지 평가사, 2013

6. 전문 세미나 자료

- 박순철, 탄소시장 주요 이슈 및 대응 방향, 2019.11
- 신정수, 건축물 에너지 수요관리 기술, 2018.08
- 이대호, 투명성체계 세부이행규칙 및 후속협상, 2019.11
- 진윤정, 기후변화협상과 산업계의 대응방안, 2019.11
- 이상문, IoE 기반 융복합 건자재(BIPV) 기술 개발 및 실증, 2019.11

7. 외국문헌

- IPCC, "Climate Change 2007 : Impacts, Adaptation and Vulnerability", IPCC(2007)
- WRI, "The Greenhouse Gas Protocol : A Corporate Accouning and Reporting Standard", WRI Protocol Guideline(2001)
- IPCC, "IPCC Guideline for National Greenhouse Gas Inventoried", IPCC(2006)
- Davide Ross, "GHG Emissions Resulting from Aircraft Travel", CARBON PLANET(2009)
- ISA Consulting. A Definition of CARBON Footprint(2007)
- Brown Margaret, "Envirnmental policy in the Hotel Secton : 'green'."
- Conlin, J. "Green-hotel concept spourts ardent following" Hotel and Motel Management(2000)